高等理工院校数学基础教材

GAODENG LIGONG YUANXIAO SHUXUE JICHU JIAOCAI

离散数学

LISAN SHUXUE

殷剑宏 邓 宝
陈华喜 陈 宇 编著

中国科学技术大学出版社

内容简介

本书以离散的观点描述自然科学研究中的具体问题，介绍离散数学的基本原理、具体方法和应用，内容包括命题逻辑、谓词逻辑、集合与关系、函数与运算、群论初步、图论基础等，取材侧重于介绍典型离散结构，以及如何建立离散结构的数学模型，或如何将已用连续数量关系建立起来的数学模型离散化，从而可由计算机加以处理.每章都精选了适量例题与习题，且书末附有部分习题解答.

本书可作为高等院校计算机科学与技术、软件工程、网络工程、信息安全、物联网工程、数字媒体技术、数学与应用数学、信息与计算科学、信息管理与信息系统、电子商务、电子信息工程、电子科学与技术、通信工程、信息工程等专业本科生教材，也可作为相关专业教学、科研和工程技术人员的参考资料.

图书在版编目(CIP)数据

离散数学/殷剑宏等编著. —合肥：中国科学技术大学出版社，2013.1
ISBN 978-7-312-03138-0

Ⅰ.离… Ⅱ.殷… Ⅲ.离散数学 Ⅳ.O158

中国版本图书馆 CIP 数据核字(2012)第 280381 号

出版 中国科学技术大学出版社
安徽省合肥市金寨路 96 号，230026
http://press.ustc.edu.cn
印刷 合肥华星印务有限责任公司
发行 中国科学技术大学出版社
经销 全国新华书店
开本 710 mm×960 mm 1/16
印张 20.75
字数 395 千
版次 2013 年 1 月第 1 版
印次 2013 年 1 月第 1 次印刷
定价 36.00 元

前　言

离散数学是研究离散的、有限量的结构及其相互关系的数学学科，以抽象和形式化为显著特征，是由数理逻辑、集合论、抽象代数、组合数学、图论、算法理论等汇集而成的一门综合学科，是现代数学的一个重要分支．它广泛地应用于各学科领域，特别是计算机科学与技术领域．

数学方法是现代科技发展的一种必不可少的认识手段，它为科技研究提供了简洁精确的形式化语言、数量分析和计算的方法、逻辑推理的工具等．离散和连续是现实世界中物质运动对立统一的两个方面，从数学的角度出发，数学本身可分为连续数学和离散数学，离散数学和连续数学是描述、刻画现实物质世界的重要工具．最早的数学本质上是一种离散型的数学，尤以古老的东方数学为代表．早在1667年，数理逻辑创始人莱布尼茨就发表了第一篇数学论文《论组合的艺术》，其基本思想就是把理论的真理性论证归结于一种计算的结果，其间闪耀的创新智慧和数学才华，蕴涵了数理逻辑的早期思想．牛顿和莱布尼茨创立微积分后，整个数学的研究发生了深刻的变化，人们以一种连续的观点描述自然科学研究中的各种具体问题，形成了如分析、代数等连续数学，奠定了近代工业革命的基础．随着计算机科学技术的兴起，"能行性"这个计算学科的根本问题决定了计算机本身的结构和它处理的对象都是离散的、有限的．因而无论是计算机科学本身，还是与计算机科学及其应用密切相关的现代科学研究领域，都面临着如何建立离散结构的数学模型，以及将已用连续数量关系建立起来的数学模型离散化，从而可由计算机加以处理的问题，而离散数学恰恰提供了描述离散结构的工具和方法，奠定了计算机革命的基础．同时，以微电子为基础、计算机与通信为载体、软件为核心、密码为安全的信息科学技术的飞速发展，又大大促进了离散数学的快速发展，因而离散数学被称为信息时代的数学．

离散数学广博而深奥，具有严密的逻辑、准确的含义和很强的专业性，其理论有其深奥而且枯燥的一面，本科阶段学生的学科知识体系只是初步成形，再多的学时也不可能讲透离散数学的全部理论和方法，但即使这样，其教学内容也不能随意删减，更不能偷工减料．为此，本书将离散数学学科内容做分门别类的精心整理、概括和总结，取材突出以下四个特色：

1. 经典与现代结合

每节以小标题的形式,提纲挈领,围绕知识点由易到难、由浅入深地铺展开来.由命题运算与集合运算的内在联系,抽象出代数系统的同态;由等价关系与划分解决相同的实际问题,引出两者的一一对应;由关系的复合到函数的复合再到置换的积,逐步引出置换群;由图的笛卡儿积导出超立方体等,适时突出重点,既阐述经典的概念、理论和方法,又展示日新月异的新理论、新技术、新成果、新应用,尤其是在计算机科学领域的广泛应用,促进离散数学与计算机科学相互促进与共同发展.

2. 思维与技术统一

强调命题翻译和谓词翻译的技巧,强调逻辑推理,反复训练学生的形式思维和逻辑思维能力.巧妙地导出关系是客观事物间联系的一种数学抽象,而图是客观事物间联系的另一种数学抽象,并用不同的数学模型描述关系和图;强调不同代数结构间的相互联系,不断训练学生的抽象思维能力.既注重通过对典型问题的描述、分析和解决,归纳与提炼解决问题的思想和方法,传授学科方法论,追求技术的精湛和高超,又强调选择适当的知识为载体,从引导学生思考与解决实际问题入手,模拟知识发现过程中大师们的思维过程,使学生能够较好地感受知识的创新过程,感受大师们的理性思维,激发数学创造潜能,追求思维的深奥和高远.

3. 理论与实践并举

由 n 元关系与关系数据库的渊源和等价关系的等价类来求解许多应用问题,从将哈斯图作为一种最基本的操作系统模型等角度,延伸关系的应用;用较大的篇幅阐述主合取范式与主析取范式、群、匹配、着色、最短路问题、欧拉图、哈密顿图、树、平面图等的广泛应用,且这些应用都真真切切地来自社会实践,使学生自然而然地理解离散数学与其他学科之间千丝万缕的联系,促进学生在充分体会理论与应用的结合点时,培养自己的探索兴趣与应用能力,培养运用离散数学理论知识的敏锐性.

4. 严谨与通俗相融

由命题逻辑的扩展潜移默化地导出谓词逻辑;从一种特殊集合引出关系,又从一种特殊关系导出函数,再从一种特殊函数引出运算等.在讨论集合时,将其限于合适定义范围内,采用经典集合论的原始描述,不但不会导致悖论,且所得结论和公理化集合论中的结论完全一致,又能避免展示过于复杂的公理化集合论.在讨论陪集的性质时,适时与等价类的性质相呼应,两者巧妙地殊途同归于 Lagrange 定理,充分展示数学的美妙与神奇.内容组织十分严谨,条理非常清晰,注重运用形式化方法.课程深度与广度适当,没有符号堆积.行文通俗而不随便,严谨而不枯燥,深入浅出,娓娓道来.既降低了学习难度,又激发了学习兴趣.

全书分为命题逻辑、谓词逻辑、集合与关系、函数与运算、群论初步、图论基础六章,其中命题逻辑与谓词逻辑由陈宇撰写,集合与关系由陈华喜撰写,函数与运算、群论初步由殷剑宏撰写,图论基础由邓宝撰写,并由殷剑宏负责全书统编工作.

各章既相互独立、自成体系,又前后呼应,每个概念都阐述清晰、每个定理都证明透彻、每道例题和习题都精心设计,且书末附有详细习题解答,以近于公理化、模式化的逻辑体系呈现给读者,展示明确的学习范围、目标、步骤、方法和方向,既能引人快速地一步一个台阶进入知识的殿堂,又能抛砖引玉,授人以渔,打开离散数学这扇有趣的大门.

本书特别适合拓展大学生自主学习时间、压缩课堂教学学时之需,以短平快见长,无需特别的预备知识,既易入门,又易激发学习兴趣,具备很强的普适性.

限于作者水平有限,书中错误和疏漏在所难免,恳请各位同仁和读者不吝指正.

编　者

2012 年 7 月

目　次

第1章 命题逻辑

早在17世纪,德国数学家莱布尼茨(Leibniz,1646～1716)就设想过用一种通用的科学语言来代替各种不同的推理过程.一般认为,数理逻辑的创立与发展从此开始.1847年,英国数学家布尔(Boole,1815～1864)发展了布尔代数,用一套系统来表示逻辑概念,以代数的方法来解决逻辑问题,奠定了数理逻辑的基础.1884年,德国数学家弗雷格(Frege,1848～1925)引入量词的概念,进一步完备了数理逻辑的符号系统.1930年,奥地利数学家哥德尔(Godel,1906～1978)证明了一阶逻辑完备性定理,数理逻辑的理论系统得到进一步完善.

数理逻辑(mathematical logic)又称符号逻辑,它运用数学方法,特别是引进一套符号的方法,建立严格的形式推理系统,运用形式语言来表达数学思维的形式结构和推理规律,把对数学思维规律的研究变换为对符号规律的研究,把严格的推理规律转换为简洁的逻辑关系.它既是数学,又是逻辑学.数理逻辑的内容大体可归纳为逻辑演算、公理化集合论、证明论、模型论、递归论等.

命题逻辑是数理逻辑的基础部分之一,它重点研究命题之间的关系,而不是研究一个具体命题的内容,也不是研究一个具体命题是否正确.

1.1 命 题

1.1.1 命题的概念

命题是命题逻辑的基础,它构成了推理的各种前提和结论.

定义1.1.1 **命题**(statement)是有真假意义且非真即假的陈述句.

判断为正确的命题,称为**真命题**(true statement),或者称该命题的**真值**(truth value)为**真**(truth),用1或T表示;判断为假的命题,称为**假命题**(false statement),或者称该命题的真值为**假**(false),用0或F表示.

一个命题的真值是唯一的.

例1.1.1 判断以下语句是否是命题.

(1) 6能被2整除.

(2) 明天会下雨吗?

(3) 中国是人口最多的国家.

(4) $x>y$.

(5) 举起双手!

(6) π是自然数.

(7) 明年的今天有日食.

(8) 这种蛋糕真好吃啊!

(9) 人类登陆过火星.

(10) 地心有生命存在.

解 以上的10个句子中,(2)是疑问句,(5)是祈使句,(8)是感叹句,都不是陈述句,因而都不是命题.

(4)中含有变量x与y,它既可以表示$2>1$,也可以表示$1>2$等,根据x与y的不同取值情况,它可真可假,即无唯一真值,所以不是命题.

(1)和(3)都是命题,且其真值均为真.

(6)和(9)都是命题,且其真值均为假.

(7)是命题,只是其真值要等到明年的今日才知道.

(10)是命题,其真值虽然现在不知道,但是其真值是客观存在且唯一确定的.

1.1.2 命题的分类

例1.1.1中的命题,都不能够分解成更简单的陈述句,称这样的命题为**原子命题**(atomic statement)或**简单命题**(simple statement);由简单命题通过联结词联结而成的命题称为**复合命题**(composite statement).

例1.1.2 举几个复合命题的例子.

(1) 奇林没有学过日语.

(2) 小徐出差不是去厦门就是去张家港.

(3) 如果你喜欢古典音乐,那么你就会去听今晚的歌剧.

1.1.3 命题常量与命题变量

在数理逻辑中,命题常用大写英文字母$A,B,\cdots$或小写英文字母$a,b,\cdots$表示.例如,A:2是整数.

表示命题的符号称为**命题标识符**(statement identifiers).如上述中的A就是命题标识符.

命题标识符分为命题常量与命题变量.一个命题标识符如果表示确定的命题,

就称其为**命题常量**(statement constant);一个命题标识符如果只表示任意命题的位置标识,就称其为**命题变量**(statement variable).因为命题变量可以表示任意命题,因而它没有确定的真值,因此命题变量不是命题.当命题变量 A 用一个特定命题取代时,A 才能确定真值,这时也称为对命题变量 A 进行**赋值**或**指派**(assignment).不特别说明时,常用 T 与 F 表示命题常量,其余的字符表示命题变量.

习题 1.1

判断下列语句是否是命题.如果是并且能判断其真值,指出其真值.

(1) 0 是最小的整数.

(2) 你下午会去看电影吗?

(3) 猫是哺乳动物.

(4) 如果 $x>y$,那么 $x+1>y+1$.

(5) 请把作业交上来!

(6) 爷爷是爸爸的父亲.

(7) 明天体育馆会有演出.

(8) 小林的舞跳得真好啊!

(9) 地球的体积比月球大.

(10) 全国姓王的人最多.

1.2 命题联结词

原子命题通过一些连词联结而成更复杂的命题,这些表示原子命题之间相互关系的连词,在数理逻辑里面用联结词来定义和符号化.下面介绍五种常用的联结词:否定、合取、析取、条件和双条件.

1.2.1 否定

定义 1.2.1 设 P 是命题变量,"$\neg P$"读作"P 的否定"或者"非 P"."$\neg$"称为**否定联结词**(negation connective).$\neg P$ 为真当且仅当 P 为假.$\neg P$ 在不同指派下的真值如表 1.2.1 所示.

表 1.2.1

P	$\neg P$
0	1
1	0

例 1.2.1 P:今天是星期天;$\neg P$:今天不是星

期天.

自然语言的“不”“没有”“不是”“非”等词语,都可以符号化为联结词“$\neg$”.

1.2.2 合取

定义 1.2.2 设 P,Q 是命题变量,“$P \wedge Q$”读作“P 和 Q 的合取”,或者“P 且 Q”或“P 与 Q”.符号“$P \wedge Q$”也称为 **P 和 Q 的合取式**(conjunction of P and Q),“$\wedge$”称为**合取联结词**(conjunction connective).$P \wedge Q$ 为真当且仅当 P 和 Q 同时为真.$P \wedge Q$ 在不同指派下的真值如表 1.2.2 所示.

表 1.2.2

P	Q	$P \wedge Q$
0	0	0
0	1	0
1	0	0
1	1	1

例 1.2.2 P:小李喜欢滑冰;Q:小李喜欢打排球;R:5 是偶数.那么,$P \wedge Q$:小李既喜欢滑冰,又喜欢打排球;$P \wedge R$:小李既喜欢滑冰,并且 5 是偶数.

自然语言的“且”“虽然……但是……”“既……又……”“不仅……而且……”等词语,都可以符号化为联结词“$\wedge$”.

1.2.3 析取

定义 1.2.3 设 P,Q 是命题变量,“$P \vee Q$”读作“P 和 Q 的析取”或者“P 或 Q”.符号“$P \vee Q$”也称为 P 和 Q 的**析取式**(disjunction of P and Q),“$\vee$”称为**析取联结词**(disjunction connective).$P \vee Q$ 为真当且仅当 P 和 Q 中至少有一个为真(或者 $P \vee Q$ 为假当且仅当 P 和 Q 同时为假).$P \vee Q$ 在不同指派下的真值如表 1.2.3 所示.

例 1.2.3 P:小徐学习成绩好;Q:小徐动手能力强;R:$x > y$.那么,$P \vee Q$:小徐学习成绩好,或者动手能力强;$P \vee R$:小徐学习成绩好,或者 $x > y$.

表 1.2.3

P	Q	$P \vee Q$
0	0	0
0	1	1
1	0	1
1	1	1

自然语言的“或”“或者”等词语,都可以符号化为联结词“$\vee$”.值得注意的是,析取式表示的“或”,是**可兼或**(inclusive or)(**相容或**);而自然语言中的“或”有时还可以表示**不可兼或**(exclusive or)(**异或**).

例 1.2.4 符号化语句:“整数不是奇数就是偶数.”

解 P:整数是奇数;Q:整数是偶数.

如果把语句符号化为 $P \vee Q$,就忽视了 P 和 Q 的不相容性.正确的表示方法为

$$(P \wedge \neg Q) \vee (\neg P \wedge Q)$$

本书将在 1.6 节对异或加以讨论.

1.2.4 条件

定义1.2.4 设 P,Q 是命题变量,"$P\to Q$"读作"P 到 Q 的条件"或者"若 P 则 Q".符号"$P\to Q$"也称为**条件式**,其中 P 称为条件式的**前件**(antecedent),Q 称为条件式的**后件**(consequence)."$\to$"称为**条件联结词**.$P\to Q$ 为假当且仅当前件 P 为真,后件 Q 为假.$P\to Q$ 在不同指派下的真值如表1.2.4所示.

值得注意的是,当前件 P 为假时,$P\to Q$ 为真.自然语言里的"若 P 则 Q",P 和 Q 往往有一定联系,但是命题逻辑里二者之间不需要有联系.

表1.2.4

P	Q	$P\to Q$
0	0	1
0	1	1
1	0	0
1	1	1

例1.2.5 P:小徐喜欢看电影;Q:小徐喜欢唱歌;R:2是整数.那么,$P\to Q$:如果小徐喜欢看电影,那么他也喜欢唱歌;$P\to R$:如果小徐喜欢看电影,那么2是整数.

自然语言的"如果……那么……""当……就有……"等联结词,都可以符号化为联结词"$\to$".

1.2.5 双条件

定义1.2.5 设 P,Q 是命题变量,"$P\leftrightarrow Q$"读作"P 与 Q 的双条件"或者"P 当且仅当 Q".符号"$P\leftrightarrow Q$"也称为**双条件式**,"$\leftrightarrow$"称为**双条件联结词**.$P\leftrightarrow Q$ 为真当且仅当 P 和 Q 的真值相同.$P\leftrightarrow Q$ 在不同指派下的真值如表1.2.5所示.

表1.2.5

P	Q	$P\leftrightarrow Q$
0	0	1
0	1	0
1	0	0
1	1	1

例1.2.6 判断下列命题的真值.

(1) 2是偶数当且仅当3是奇数;

(2) 2是偶数当且仅当3是偶数;

(3) 2是奇数当且仅当3是偶数;

(4) 2是奇数当且仅当3是奇数.

解 设讨论的范围为整数集,且设 P:2是偶数;Q:3是偶数.显然 P 的真值为真,Q 的真值为假.于是可符号化各命题且易求得真值,如下:

(1) $P\leftrightarrow\neg Q$,其真值为真;

(2) $P\leftrightarrow Q$,其真值为假;

(3) $\neg P\leftrightarrow Q$,其真值为真;

(4) $\neg P\leftrightarrow\neg Q$,其真值为假.

当然,本题也可不设定讨论范围而直接符号化求其真值.

自然语言的"……当且仅当……""……是……的充要条件"等词语,都可以符号化为联结词"$\leftrightarrow$".

习题 1.2

1. 设 P:天气晴朗;Q:我们去郊游.找出含义相同的字符串.

(1) $\neg P$;　(2) $\neg P \wedge \neg Q$;　(3) $\neg P \vee \neg Q$;

(4) $P \rightarrow Q$;　(5) $P \leftrightarrow Q$;　(6) $\neg\neg P$;

(7) $\neg(P \vee Q)$;　(8) $\neg(P \wedge Q)$;　(9) $\neg Q \rightarrow \neg P$;

(10) $(P \wedge Q) \vee (\neg P \wedge \neg Q)$;　(11) $(P \rightarrow Q) \vee (Q \rightarrow P)$.

2. 下列字符串分别在哪些指派下为假?

(1) $\neg P \wedge Q$;　(2) $P \vee \neg Q$;　(3) $(P \vee Q) \rightarrow P$;　(4) $(P \wedge Q) \leftrightarrow R$.

1.3 命题公式及其真值表

1.3.1 合式公式

命题联结词$\neg$,$\wedge$,$\vee$,$\rightarrow$,$\leftrightarrow$等又可称为命题运算符,其中否定联结词$\neg$是一元运算;合取联结词$\wedge$、析取联结词$\vee$、条件联结词$\rightarrow$、双条件联结词$\leftrightarrow$等都是二元运算.本书没有规定联结词$\neg$,$\wedge$,$\vee$,$\rightarrow$,$\leftrightarrow$运算的先后次序(但一元运算总是优先于二元运算),而是通过圆括号体现,圆括号的次序从里到外.

若干个命题变量或命题常量按一定顺序进行有限次这样的运算以后,得到一个由命题标识符、联结词和括号构成的字符串,称为命题演算的**合式公式**(formed formula)或**命题公式**(statement formula),含有 n 个命题变量的合式公式称为 n **元命题公式**(n-place statement formula).下面递归地定义合式公式.

定义 1.3.1 命题演算的合式公式或命题公式,规定为:

(1) 命题常量和命题变量是合式公式;

(2) 若 A 是合式公式,则$\neg A$ 也是合式公式;

(3) 若 A 和 B 是合式公式,则 $A \wedge B$,$A \vee B$,$A \rightarrow B$,$A \leftrightarrow B$ 均是合式公式;

(4) 有限次使用(1)～(3)而成的字符串是合式公式.

例如,$R \leftrightarrow (P \vee (\neg Q \wedge R))$,$(P \wedge \neg R) \leftrightarrow (P \vee (Q \wedge R))$都是合式公式,但 P

$\wedge Q \rightarrow R, P \wedge Q \vee R$ 都不是合式公式.

注意 (1) 为了减少使用圆括号的数量,约定命题公式中最外层圆括号可以省略,比如,$R \leftrightarrow (P \vee (\neg Q \wedge R))$可简记为 $R \leftrightarrow (P \vee (\neg Q \wedge R))$.

(2) 在命题公式中,只要不特别说明,1 或 T、0 或 F 均表示命题常量,其余字母均表示命题变量.

定义 1.3.2 若 B 是命题公式 A 的一部分且 B 本身是命题公式,则称 B 是 A 的**子公式**(subformula).

例 1.3.1 写出命题公式$(P \wedge Q) \rightarrow R$ 的所有子公式.

解 所求子公式有:$P, Q, R, P \wedge Q$ 和$(P \wedge Q) \rightarrow R$.

用恰当的合式公式来表示命题的过程,称为**翻译**(explain)或**符号化**(symbolic representation).

例 1.3.2 符号化下列命题.

(1) 如果天下雨,我就既不去看电影,又不去逛街;

(2) 6 是偶数当且仅当 6 能被 2 或 3 整除.

解 (1) P:天下雨;Q:我去看电影;R:我去逛街.命题符号化为 $P \rightarrow (\neg Q \wedge \neg R)$.

(2) P:6 是偶数;Q:6 能被 2 整除;R:6 能被 3 整除.命题符号化为 $P \leftrightarrow (Q \vee R)$.

例 1.3.3 符号化下列命题.

(1) 辱骂和恐吓绝不是战斗;

(2) 我们要做到德、智、体、美全面发展,为祖国建设而奋斗;

(3) 如果爸爸和妈妈不同意,那我就不去探险;

(4) 喝酒不开车,开车不喝酒.

解 (1) $P \vee Q$,其中 P:辱骂不是战斗;Q:恐吓不是战斗.

(2) $(A \wedge B \wedge C \wedge D) \leftrightarrow P$,其中 A:我们要做到德育发展;B:我们要做到智育发展;C:我们要做到体育发展;D:我们要做到美育发展;P:我们为祖国建设而奋斗.

(3) $(\neg P \vee \neg Q) \rightarrow \neg R$,其中 P:爸爸同意;Q:妈妈同意;R:我去探险.

(4) $(P \rightarrow \neg Q) \vee (Q \rightarrow \neg P)$,其中 P:喝酒;Q:开车.

1.3.2 命题公式的真值表

设有 n 元命题公式 A,按字典序排序,其命题变量为 $P_1, P_2, \cdots, P_n$,每个命题变量的真值要么是 1,要么是 0,因此命题变量 $P_1, P_2, \cdots, P_n$ 的不同指派有 2^n 种.例如,公式 $P \wedge \neg Q$ 中命题变量的不同指派有四种:00,01,10 和 11.当 P 为真,Q 为假时,$P \wedge \neg Q$ 为真;其余三种情况下,$P \wedge \neg Q$ 均为假.

定义 1.3.3 设 A 是 n 元命题公式，其命题变量为 $P_1,P_2,\cdots,P_n$，给命题变量 $P_1,P_2,\cdots,P_n$ 指定一组真值，称为命题公式 A 的一个**真值指派或赋值**，简称**指派**(assignment)．使得 A 为真的指派，称为 A 的**成真指派**(true assignment)或**成真赋值**；使得 A 为假的指派，称为 A 的**成假指派**(false assignment)或**成假赋值**．例如，公式 $P\wedge\neg Q$ 的成真指派为 10(即 P 的真值为 1，Q 的真值为 0)，成假指派为 00，01 或 11.

n 元命题公式 A，总共有 2^n 种不同的真值指派．将命题公式 A 在所有指派(一般可按照二进制数大小从小到大排列)下的真值汇总成表，称为 A 的**真值表**(truth table)．

构造命题公式 A 的真值表，一般可按照以下几个步骤：

(1) 按字典序找出 A 的所有命题变量 $P_1,P_2,\cdots,P_n$；

(2) 把 $P_1,P_2,\cdots,P_n$ 的 2^n 种不同真值指派用对应的 n 位二进制数从小到大表示；

(3) 按照联结词运算的先后顺序，逐步求出 A 的真值.

例 1.3.4 列出命题公式 $(P\wedge\neg Q)\to R$ 的真值表.

解 该命题公式的真值表如表 1.3.1 所示.

表 1.3.1

P	Q	R	$\neg Q$	$P\wedge\neg Q$	$(P\wedge\neg Q)\to R$
0	0	0	1	0	1
0	0	1	1	0	1
0	1	0	0	0	1
0	1	1	0	0	1
1	0	0	1	1	0
1	0	1	1	1	1
1	1	0	0	0	1
1	1	1	0	0	1

例 1.3.5 列出命题公式 $((P\wedge Q)\wedge R)\to P$ 的真值表.

解 该命题公式的真值表如表 1.3.2 所示.

表 1.3.2

P	Q	R	$P\wedge Q$	$(P\wedge Q)\wedge R$	$((P\wedge Q)\wedge R)\rightarrow P$
0	0	0	0	0	1
0	0	1	0	0	1
0	1	0	0	0	1
0	1	1	0	0	1
1	0	0	0	0	1
1	0	1	0	0	1
1	1	0	1	0	1
1	1	1	1	1	1

例 1.3.6　列出命题公式$((P\leftrightarrow\neg P)\wedge Q)\wedge R$的真值表.

解　该命题的真值表如表 1.3.3 所示.

表 1.3.3

P	Q	R	$\neg P$	$P\leftrightarrow\neg P$	$(P\leftrightarrow\neg P)\wedge Q$	$((P\leftrightarrow\neg P)\wedge Q)\wedge R$
0	0	0	1	0	0	0
0	0	1	1	0	0	0
0	1	0	1	0	0	0
0	1	1	1	0	0	0
1	0	0	0	0	0	0
1	0	1	0	0	0	0
1	1	0	0	0	0	0
1	1	1	0	0	0	0

1.3.3　命题公式的类型

例 1.3.4 中的命题公式$(P\wedge\neg Q)\rightarrow R$既有成真指派,又有成假指派.例 1.3.5 中的命题公式$((P\wedge Q)\wedge R)\rightarrow P$只有成真指派.例 1.3.6 中的命题公式$((P\leftrightarrow\neg P)\wedge Q)\wedge R$只有成假指派.按照在指派下真值的情况,可将命题公式分为以下三类.

定义 1.3.4　若命题公式 A 既有成真指派又有成假指派,则称 A 为**可满足式**(contingency);若命题公式 A 的每个指派均为成真指派,则称 A 为**永真式**(tautology)或**重言式**;若命题公式 A 的每个指派均为成假指派,则称 A 为**永假式**(contradiction)或**矛盾式**.

习题 1.3

1. 写出下列公式的所有子公式.

(1) $P\vee(Q\rightarrow R)$；　　(2) $(P\leftrightarrow Q)\wedge R$.

2. 符号化下列命题.

(1) 直线 a 和直线 b 平行当且仅当 a 和 b 的内错角相等；

(2) $a^2\geqslant 0$ 未必就有 a 是正数；

(3) 你只有学好了英语，才能看懂英文文献；

(4) 你只要学好了英语，就能看懂英文文献.

3. 列出下列命题公式的真值表，并判断其类型.

(1) $P\rightarrow(P\vee Q)$；　　(2) $(P\vee Q)\rightarrow\neg Q$；

(3) $P\vee(Q\rightarrow R)$；　　(4) $\neg P\leftrightarrow(Q\wedge R)$.

4. 下列式子哪些是命题公式?

(1) $R\rightarrow(P\wedge\neg Q)$；　　(2) $PQ\rightarrow\neg R$；

(3) $P\vee(Q\rightarrow R)(P\wedge R)$；　　(4) $P\leftrightarrow(Q\vee\neg R)$.

1.4 逻辑等价

1.4.1 等价公式的概念

设命题公式 A 有 n 个不同命题变量 $P_1,P_2,\cdots,P_n$，不同真值指派有 2^n 个，A 的真值表有 2^n 行，在每种指派下 A 的真值要么是 1，要么是 0，那么具有 n 个不同变量的不同真值表有 2^{2^n} 个. 但是具有 n 个不同变量的命题公式却有无限多个，这就表示有些命题公式具有相同的真值表. 例如，命题公式 $P\rightarrow Q$ 和 $\neg P\vee Q$ 就具有相同的真值表，如表 1.4.1 所示.

表 1.4.1

P	Q	$\neg P$	$\neg P\vee Q$	$P\rightarrow Q$
0	0	1	1	1
0	1	1	1	1
1	0	0	0	0
1	1	0	1	1

定义 1.4.1 设 A 和 B 为两个命题公式，如果 $A\leftrightarrow B$ 是永真式，则称 A 和 B **等价或逻辑等价**(logically equivalent)，记作 $A\Leftrightarrow B$.

例如，表 1.4.1 中，显然 $(P\rightarrow Q)\leftrightarrow(\neg P\vee Q)$ 为永真式，故 $P\rightarrow Q\Leftrightarrow\neg P\vee Q$.

例 1.4.1 判断下列命题公式是否等价.

(1) $P\wedge\neg Q$；

(2) $(P\wedge Q)\rightarrow\neg P$；

(3) $\neg(\neg P\vee Q)$.

解 列真值表如表 1.4.2 所示.

表 1.4.2

P	Q	$P\wedge\neg Q$	$(P\wedge Q)\rightarrow\neg P$	$\neg(\neg P\vee Q)$
0	0	0	1	0
0	1	0	1	0
1	0	1	1	1
1	1	0	0	0

由表 1.4.2 知，$P\wedge\neg Q\Leftrightarrow\neg(\neg P\vee Q)$.

由定义可知，命题公式之间的等价关系满足自反性、对称性和传递性，即：

(1) 自反性：$A\Leftrightarrow A$；

(2) 对称性：若 $A\Leftrightarrow B$，则 $B\Leftrightarrow A$；

(3) 传递性：若 $A\Leftrightarrow B$ 且 $B\Leftrightarrow C$，则 $A\Leftrightarrow C$.

1.4.2 常用等价公式

命题逻辑经常需要对命题公式进行等价变形，下面列举一些最常用的等价公式，也可以称为**命题定律**.

(1) 对合律：

$$\neg\neg A\Leftrightarrow A$$

(2) 幂等律：

$$A\wedge A\Leftrightarrow A,\quad A\vee A\Leftrightarrow A$$

(3) 交换律：

$$A\wedge B\Leftrightarrow B\wedge A,\quad A\vee B\Leftrightarrow B\vee A,\quad A\leftrightarrow B\Leftrightarrow B\leftrightarrow A$$

(4) 结合律：

$$(A\wedge B)\wedge C\Leftrightarrow A\wedge(B\wedge C)$$

$$(A\vee B)\vee C\Leftrightarrow A\vee(B\vee C)$$

$$(A\leftrightarrow B)\leftrightarrow C\Leftrightarrow A\leftrightarrow(B\leftrightarrow C)$$

(5) 分配律：

$$A \wedge (B \vee C) \Leftrightarrow (A \wedge B) \vee (A \wedge C)$$
$$A \vee (B \wedge C) \Leftrightarrow (A \vee B) \wedge (A \vee C)$$
$$A \to (B \wedge C) \Leftrightarrow (A \to B) \wedge (A \to C)$$
$$A \to (B \vee C) \Leftrightarrow (A \to B) \vee (A \to C)$$

(6) 德·摩根律：

$$\neg(A \wedge B) \Leftrightarrow \neg A \vee \neg B, \quad \neg(A \vee B) \Leftrightarrow \neg A \wedge \neg B$$

(7) 吸收律：

$$A \wedge (A \vee B) \Leftrightarrow A, \quad A \vee (A \wedge B) \Leftrightarrow A$$

(8) 同一律：

$$A \wedge 1 \Leftrightarrow A, \quad A \vee 0 \Leftrightarrow A$$

(9) 零律：

$$A \wedge 0 \Leftrightarrow 0, \quad A \vee 1 \Leftrightarrow 1$$

(10) 排中律：

$$A \vee \neg A \Leftrightarrow 1$$

(11) 矛盾律：

$$A \wedge \neg A \Leftrightarrow 0$$

(12) 条件转化律：

$$A \to B \Leftrightarrow \neg A \vee B, \quad A \to B \Leftrightarrow \neg B \to \neg A$$

(13) 双条件转化律：

$$A \leftrightarrow B \Leftrightarrow (A \to B) \wedge (B \to A)$$
$$A \leftrightarrow B \Leftrightarrow (\neg A \vee B) \wedge (A \vee \neg B)$$
$$A \leftrightarrow B \Leftrightarrow (A \wedge B) \vee (\neg A \wedge \neg B)$$
$$A \leftrightarrow B \Leftrightarrow \neg(\neg A \leftrightarrow B) \Leftrightarrow \neg(A \leftrightarrow \neg B)$$

(14) 输出律：

$$(A \wedge B) \to C \Leftrightarrow A \to (B \to C) \Leftrightarrow B \to (A \to C)$$

(15) 归谬律：

$$(A \to B) \wedge (A \to \neg B) \Leftrightarrow \neg A$$

例 1.4.2 证明输出律.

证明 可用真值表进行验证.

若$(A \wedge B) \to C$为假，则$A \wedge B$为真且C为假，所以A为真、B为真、C为假，那么A为真且$B \to C$为假，于是$A \to (B \to C)$为假.

以上每步均可逆，所以$(A \wedge B) \to C \Leftrightarrow A \to (B \to C)$.

1.4.3 等价替换原则

定理 1.4.1 设 B 是 A 的子公式,以 B 的等价公式 C 替换 A 中的 B(可部分替换)而得命题公式 D,则 $A\Leftrightarrow D$.

证明 由于 $B\Leftrightarrow C$,所以 B 和 C 在每种指派下真值相同,因此 A 和 D 在每种指派下真值也相同,所以 $A\Leftrightarrow D$.

利用常用等价公式和等价替换原则,可以把命题公式等价变形,如此证明等价公式的方法称为**推演法**(deductive method).

例 1.4.3 证明以下等价公式.

(1) $(P\rightarrow Q)\wedge R\Leftrightarrow(\neg P\wedge R)\vee(Q\wedge R)$;

(2) $(P\vee Q)\rightarrow R\Leftrightarrow(P\rightarrow R)\wedge(Q\rightarrow R)$.

证明 (1) $(P\rightarrow Q)\wedge R\Leftrightarrow(\neg P\vee Q)\wedge R$ (条件转化律)

$\Leftrightarrow(\neg P\wedge R)\vee(Q\wedge R)$ (分配律).

(2) $(P\vee Q)\rightarrow R\Leftrightarrow\neg(P\vee Q)\vee R$ (条件转化律)

$\Leftrightarrow(\neg P\wedge\neg Q)\vee R$ (德・摩根律)

$\Leftrightarrow(\neg P\vee R)\wedge(\neg Q\vee R)$ (分配律)

$\Leftrightarrow(P\rightarrow R)\wedge(Q\rightarrow R)$ (条件转化律).

例 1.4.4 证明等价公式

$$((A\wedge B\wedge C)\rightarrow D)\wedge(C\rightarrow(A\vee B\vee D))\Leftrightarrow(C\wedge(A\leftrightarrow B))\rightarrow D$$

证明 $((A\wedge B\wedge C)\rightarrow D)\wedge(C\rightarrow(A\vee B\vee D))$

$\Leftrightarrow(\neg(A\wedge B\wedge C)\vee D)\wedge(\neg C\vee(A\vee B\vee D))$ (条件转化律)

$\Leftrightarrow(\neg A\vee\neg B\vee\neg C\vee D)\wedge(\neg C\vee A\vee B\vee D)$ (德・摩根律,结合律)

$\Leftrightarrow((\neg C\vee D)\vee(\neg A\vee\neg B))\wedge((\neg C\vee D)\vee(A\vee B))$

(交换律,结合律)

$\Leftrightarrow(\neg C\vee D)\vee((\neg A\vee\neg B)\wedge(A\vee B))$ (分配律)

$\Leftrightarrow(\neg C\vee D)\vee\neg((A\wedge B)\vee(\neg A\wedge\neg B))$ (德・摩根律)

$\Leftrightarrow(\neg C\vee D)\vee\neg(A\leftrightarrow B)$ (双条件转化律)

$\Leftrightarrow(\neg C\vee\neg(A\leftrightarrow B))\vee D$ (交换律,结合律)

$\Leftrightarrow\neg(C\wedge(A\leftrightarrow B))\vee D$ (德・摩根律)

$\Leftrightarrow(C\wedge(A\leftrightarrow B))\rightarrow D$ (条件转化律).

习题 1.4

1. 用真值表法证明吸收律和归谬律.

2. 证明下列等价式.

(1) $P\rightarrow(\neg Q\vee R)\Leftrightarrow P\rightarrow(Q\rightarrow R)$;

(2) $P\wedge(\neg Q\rightarrow R)\Leftrightarrow(P\wedge Q)\vee(P\wedge R)$;

(3) $P\rightarrow(P\wedge Q\wedge R)\Leftrightarrow(P\rightarrow Q)\wedge(P\rightarrow R)$;

(4) $(P\vee Q)\leftrightarrow(\neg Q\rightarrow P)\Leftrightarrow \mathrm{T}$.

3. 写出只有一个命题变量 P 的全部真值表和一个对应的命题公式.

4. 逻辑运算∧和∨满足消去律吗? 回答下列问题.

(1) 若 $A\wedge B\Leftrightarrow A\wedge C$,一定就有 $B\Leftrightarrow C$ 吗?

(2) 若 $A\vee B\Leftrightarrow A\vee C$,一定就有 $B\Leftrightarrow C$ 吗?

1.5 蕴涵与对偶

1.5.1 蕴涵式

类似于等价公式的定义,下面给出蕴涵式的定义.

定义 1.5.1 设 A 和 B 为两个命题公式,如果 $A\rightarrow B$ 是永真式,则称 A **蕴涵** B(A implicate B)或 A **推出** B,记作 $A\Rightarrow B$.

例 1.5.1 证明:$P\wedge(P\rightarrow Q)\Rightarrow Q$.

证明 列真值表如表 1.5.1 所示.

表 1.5.1

P	Q	$P\rightarrow Q$	$P\wedge(P\rightarrow Q)$	$(P\wedge(P\rightarrow Q))\rightarrow Q$
0	0	1	0	1
0	1	1	0	1
1	0	0	0	1
1	1	1	1	1

由表 1.5.1 知,$(P\wedge(P\rightarrow Q))\rightarrow Q\Leftrightarrow \mathrm{T}$,由定义 1.5.1 得,$P\wedge(P\rightarrow Q)\Rightarrow Q$.

1.5.2 常用的蕴涵式

下面列举出一些常用的蕴涵式.

(1) 化简式:

$$A \wedge B \Rightarrow A$$

(2) 附加式:

$$A \Rightarrow A \vee B$$

(3) 假言推论:

$$(A \to B) \wedge A \Rightarrow B$$

(4) 拒取式:

$$(A \to B) \wedge \neg B \Rightarrow \neg A$$

(5) 析取三段论:

$$(A \vee B) \wedge \neg A \Rightarrow B$$

(6) 假言三段论:

$$(A \to B) \wedge (B \to C) \Rightarrow A \to C$$

(7) 等值三段论:

$$(A \leftrightarrow B) \wedge (B \leftrightarrow C) \Rightarrow A \leftrightarrow C$$

(8) 二难推论:

$$(A \to C) \wedge (B \to C) \wedge (A \vee B) \Rightarrow C$$

(9) 析取构造二难论:

$$(A \to B) \wedge (C \to D) \wedge (A \vee C) \Rightarrow B \vee D$$

(10) 合取构造二难论:

$$(A \to B) \wedge (C \to D) \wedge (A \wedge C) \Rightarrow B \wedge D$$

证明蕴涵式 $A \Rightarrow B$ 有以下四种方法:

(1) 真值表法:列出 $A \to B$ 的真值表,验证其为永真式.

(2) 前真推后真法:要证明 $A \to B \Leftrightarrow \mathrm{T}$,当 A 为0时,$A \to B$ 必为1.所以只需证当 A 为1时,$A \to B$ 为1.也就是只需证当 A 为1时,B 为1即可.

(3) 后假推前假法:要证明 $A \to B \Leftrightarrow \mathrm{T}$,当 B 为1时,$A \to B$ 必为1.所以只需证当 B 为0时,$A \to B$ 为1.也就是只需证当 B 为0时,A 为0即可.

(4) 推演法:利用常用等价公式和常用蕴涵式推演.

例1.5.2 证明假言三段论:$(A \to B) \wedge (B \to C) \Rightarrow A \to C$.

证明 方法一:真值表法.

略.

方法二:前真推后真法.

若 $(A \to B) \wedge (B \to C)$ 为1,则 $A \to B$ 为1且 $B \to C$ 为1.如果 A 为0,则 $A \to C$ 为1;如果 A 为1,则 B 为1,从而 C 为1,于是 $A \to C$ 为1.

方法三:后假推前假法.

若 $A \to C$ 为 0,则 A 为 1 且 C 为 0. 如果 B 为 1,则 $B \to C$ 为 0,所以$(A \to B) \wedge (B \to C)$为 0;如果 B 为 0,则 $A \to B$ 为 0,所以$(A \to B) \wedge (B \to C)$为 0.

方法四:推演法.

$$
\begin{aligned}
((A \to B) \wedge (B \to C)) \to (A \to C) &\Leftrightarrow \neg((\neg A \vee B) \wedge (\neg B \vee C)) \vee (\neg A \vee C) \\
&\Leftrightarrow (A \wedge \neg B) \vee (B \wedge \neg C) \vee \neg A \vee C \\
&\Leftrightarrow ((A \wedge \neg B) \vee \neg A) \vee ((B \wedge \neg C) \vee C) \\
&\Leftrightarrow (\neg B \vee \neg A) \vee (B \vee C) \\
&\Leftrightarrow (\neg B \vee B) \vee (\neg A \vee C) \\
&\Leftrightarrow \mathrm{T} \vee (\neg A \vee C) \\
&\Leftrightarrow \mathrm{T}
\end{aligned}
$$

称 $A \Rightarrow B$ 为**正定理**(positive theorem),那么$\neg A \Rightarrow \neg B$, $B \Rightarrow A$, $\neg B \Rightarrow \neg A$ 分别称为$A \Rightarrow B$ 的**否定理**(negative theorem)、**逆定理**(converse theorem)和**逆否定理**(contrapositive theorem). 由条件转化律知 $A \to B \Leftrightarrow \neg B \to \neg A$,所以 $A \Rightarrow B$ 当且仅当$\neg B \Rightarrow \neg A$.

1.5.3 对偶式

定义 1.5.2 设命题公式 A 中至多含有$\neg$, $\wedge$和$\vee$三种联结词. 将 A 中的$\wedge$和$\vee$互换,T 和 F 互换而得公式 A^* 称为 A 的**对偶式**(dual).

由对偶式的定义可知,A 是A^* 的对偶式,即 A 和A^* 互为对偶式.

例 1.5.3 写出下列公式的对偶式.

(1) $(A \vee B) \wedge \neg C$;

(2) $\neg(A \vee \mathrm{T}) \wedge C$;

(3) $\mathrm{F} \vee (B \wedge \neg C)$.

解 三个公式的对偶式分别为:$(A \wedge B) \vee \neg C$, $\neg(A \wedge \mathrm{F}) \vee C$ 和 $\mathrm{T} \wedge (B \vee \neg C)$.

定理 1.5.1(对偶定理) 设 A 和A^* 互为对偶式,两公式中出现的全部命题变量为 $P_1, P_2, \cdots, P_n$,记 $A = A(P_1, P_2, \cdots, P_n)$, $A^* = A^*(P_1, P_2, \cdots, P_n)$,则:

(1) $\neg A(P_1, P_2, \cdots, P_n) \Leftrightarrow A^*(\neg P_1, \neg P_2, \cdots, \neg P_n)$;

(2) $A(\neg P_1, \neg P_2, \cdots, \neg P_n) \Leftrightarrow \neg A^*(P_1, P_2, \cdots, P_n)$.

证明 由于 A 和A^* 互为对偶式,所以只需要证明(1).

设 A 中联结词数目为$N = N(A)$. 下面对 N 用数学归纳法证明.

当 $N = 0$ 时,A 为命题变量本身、T 或 F,(1)显然成立.

假设当 $N \leqslant K$ 时(1)成立. 下面证明当 $N = K + 1$ 时(1)也成立.

由于 A 中至多含有$\neg$, $\wedge$和$\vee$三种联结词,按最后一个联结词分三种情形讨论.

情形 1 若 $A = \neg B$,则 $N(B) = K$. 由归纳假设得

$$
\begin{aligned}
\neg A(P_1,P_2,\cdots,P_n) &\Leftrightarrow \neg\neg B(P_1,P_2,\cdots,P_n)\\
&\Leftrightarrow \neg B^*(\neg P_1,\neg P_2,\cdots,\neg P_n)\\
&\Leftrightarrow (\neg B(\neg P_1,\neg P_2,\cdots,\neg P_n))^*\\
&\Leftrightarrow A^*(\neg P_1,\neg P_2,\cdots,\neg P_n)
\end{aligned}
$$

情形 2 若 $A=B\wedge C$,则 $N(B),N(C)\leqslant K$.由归纳假设得

$$
\begin{aligned}
\neg A(P_1,P_2,\cdots,P_n) &\Leftrightarrow \neg(B(P_1,P_2,\cdots,P_n)\wedge C(P_1,P_2,\cdots,P_n))\\
&\Leftrightarrow \neg B(P_1,P_2,\cdots,P_n)\vee\neg C(P_1,P_2,\cdots,P_n)\\
&\Leftrightarrow B^*(\neg P_1,\neg P_2,\cdots,\neg P_n)\vee C^*(\neg P_1,\neg P_2,\cdots,\neg P_n)\\
&\Leftrightarrow (B(\neg P_1,\neg P_2,\cdots,\neg P_n)\wedge C(\neg P_1,\neg P_2,\cdots,\neg P_n))^*\\
&\Leftrightarrow A^*(\neg P_1,\neg P_2,\cdots,\neg P_n)
\end{aligned}
$$

情形 3 若 $A=B\vee C$,证明方法与情形2类似.

综上,当 $N=K+1$ 时(1)成立.由数学归纳法知,(1)成立.

命题运算的德·摩根律可以看作是对偶定理当 $N=2$ 时的特殊情形.另外,命题定律的很多等价公式都是成对出现的,这个现象是基于下面的对偶原理.

定理 1.5.2(对偶原理) 设 A,B 是两个命题公式.若 $A\Leftrightarrow B$,则 $A^*\Leftrightarrow B^*$.

证明 设 $A=A(P_1,P_2,\cdots,P_n)$,$B=B(P_1,P_2,\cdots,P_n)$.因为 $A\Leftrightarrow B$,所以

$$
\begin{aligned}
A^*(P_1,P_2,\cdots,P_n) &\Leftrightarrow \neg\neg A^*(P_1,P_2,\cdots,P_n)\\
&\Leftrightarrow \neg A(\neg P_1,\neg P_2,\cdots,\neg P_n)\\
&\Leftrightarrow \neg B(\neg P_1,\neg P_2,\cdots,\neg P_n)\\
&\Leftrightarrow B^*(P_1,P_2,\cdots,P_n)
\end{aligned}
$$

例 1.5.4 由 $A\vee(B\wedge C)\Leftrightarrow(A\vee B)\wedge(A\vee C)$ 可得

$$A\wedge(B\vee C)\Leftrightarrow(A\wedge B)\vee(A\wedge C)$$

习题 1.5

1. 判断下列蕴涵式是否成立.

(1) $P\wedge Q\Rightarrow Q$;

(2) $(P\vee Q)\to R\Rightarrow Q$;

(3) $P\wedge\neg Q\wedge R\Rightarrow Q\vee R$.

2. 证明二难推论.

3. (1) 若 $A\wedge B\Rightarrow A\wedge C$,一定就有 $B\Rightarrow C$ 吗?

(2) 若 $A\vee B\Rightarrow A\vee C$,一定就有 $B\Rightarrow C$ 吗?

4. 设 A,B,C,D 为任意命题公式,若 $A\Rightarrow B$ 且 $C\Rightarrow D$,下列结论是否成立?

(1) $A\wedge C\Rightarrow B\wedge D$;

(2) $A \vee C \Rightarrow B \vee D$;

(3) $A \rightarrow C \Rightarrow B \rightarrow D$;

(4) $A \leftrightarrow C \Rightarrow B \leftrightarrow D$.

5. 写出下列公式的对偶式.

(1) $P \wedge (Q \vee \neg R)$;

(2) $(\neg P \vee Q) \wedge (R \vee \mathrm{F})$;

(3) $(P \wedge (\neg Q \wedge R)) \vee (Q \wedge \mathrm{T})$;

(4) $(P \rightarrow Q) \wedge P$;

(5) $(P \wedge (Q \leftrightarrow R)) \rightarrow S$.

1.6 联结词的全功能集合

前面已介绍了$\neg$,$\wedge$,$\vee$,$\rightarrow$和$\leftrightarrow$五种联结词,下面再介绍几个新的联结词.

1.6.1 异或

定义 1.6.1 设 P 和 Q 为命题变量,"$P \nabla Q$"读作"P 异或 Q"或"P 与 Q 的异或". $P \nabla Q$ 为真当且仅当 P 和 Q 的真值不同(或 $P \nabla Q$ 为假当且仅当 P 和 Q 的真值相同).

"∇"称为命题**异或联结词**(exclusive or connective),异或联结词表示"不可兼或"或"排斥或",其含义及与双条件联结词的关系如表 1.6.1 所示.

表 1.6.1

P	Q	$P \nabla Q$	$P \leftrightarrow Q$	$\neg(P \leftrightarrow Q)$
0	0	0	1	0
0	1	1	0	1
1	0	1	0	1
1	1	0	1	0

注意 $P \nabla Q \Leftrightarrow \neg(P \leftrightarrow Q)$.

异或联结词还有如下性质:

(1) $P \nabla Q \Leftrightarrow Q \nabla P$;

(2) $(P \nabla Q) \nabla R \Leftrightarrow P \nabla (Q \nabla R)$;

(3) $P \wedge (Q \nabla R) \Leftrightarrow (P \wedge Q) \nabla (P \wedge R)$;

(4) $P \nabla P \Leftrightarrow \mathrm{F}, P \nabla \neg P \Leftrightarrow \mathrm{T}$;

(5) $P\nabla F \Leftrightarrow P, P\nabla T \Leftrightarrow \neg P$.

例 1.6.1 符号化命题:如果现在是 12:00,那么小徐正在吃饭或者正在睡觉.

解 P:现在是 12 点;Q:小徐正在吃饭;R:小徐正在睡觉. 原命题符号化为$P \rightarrow (Q \nabla R)$.

1.6.2 与非

定义 1.6.2 设 P 和 Q 均是命题变量,"$P \uparrow Q$"读作"P 与非 Q"或"P 与 Q 的与非". $P \uparrow Q$ 为假当且仅当P 与 Q 同时为真.

"$\uparrow$"称为命题**与非联结词**(NAND connection),其含义及与合取联结词的关系如表 1.6.2 所示.

表 1.6.2

P	Q	$P \uparrow Q$	$P \wedge Q$	$\neg(P \wedge Q)$
0	0	1	0	1
0	1	1	0	1
1	0	1	0	1
1	1	0	1	0

注意 $P \uparrow Q \Leftrightarrow \neg(P \wedge Q)$.

与非联结词还有如下性质:

(1) $P \uparrow Q \Leftrightarrow Q \uparrow P$;

(2) $P \uparrow P \Leftrightarrow \neg P$;

(3) $(P \uparrow Q) \uparrow (P \uparrow Q) \Leftrightarrow P \wedge Q$;

(4) $(P \uparrow P) \uparrow (Q \uparrow Q) \Leftrightarrow P \vee Q$.

1.6.3 或非

定义 1.6.3 设 P 和 Q 均是命题变量,"$P \downarrow Q$"读作"P 或非 Q"或"P 与 Q 的或非". $P \downarrow Q$ 为真当且仅当P 与 Q 同时为假.

"$\downarrow$"称为命题**或非联结词**(NOR connection),其含义及与析取联结词的关系如表 1.6.3 所示.

表 1.6.3

P	Q	$P\downarrow Q$	$P\vee Q$	$\neg(P\vee Q)$
0	0	1	0	1
0	1	0	1	0
1	0	0	1	0
1	1	0	1	0

注意 $P\downarrow Q\Leftrightarrow\neg(P\vee Q)$.

或非联结词还有如下性质：

(1) $P\downarrow Q\Leftrightarrow Q\downarrow P$；

(2) $P\downarrow P\Leftrightarrow\neg P$；

(3) $(P\downarrow Q)\downarrow(P\downarrow Q)\Leftrightarrow P\vee Q$；

(4) $(P\downarrow P)\downarrow(Q\downarrow Q)\Leftrightarrow P\wedge Q$.

1.6.4 条件否定

定义 1.6.4 设 P 和 Q 均是命题变量,"$P\mapsto Q$"读作"P 到 Q 的条件否定". $P\mapsto Q$为真当且仅当前件 P 为真,后件 Q 为假.

"$\mapsto$"称为命题**条件否定联结词**,其含义及与条件联结词的关系如表 1.6.4 所示.

表 1.6.4

P	Q	$P\mapsto Q$	$P\rightarrow Q$	$\neg(P\rightarrow Q)$
0	0	0	1	0
0	1	0	1	0
1	0	1	0	1
1	1	0	1	0

注意 $P\mapsto Q\Leftrightarrow\neg(P\rightarrow Q)$.

1.6.5 最小全功能集合

至此,一共介绍了$\neg,\wedge,\vee,\rightarrow,\leftrightarrow,\uparrow,\downarrow,\nabla,\mapsto$九个命题联结词.一般地,在自然推理系统中,联结词可以多一些,而在公理推理系统中,联结词越少越好.那么在数理逻辑这个形式系统中,多少个命题联结词最为合适呢?

n 个命题变量恰可构成 2^{2^n} 个不等价的命题公式.例如,两个命题变量 P 和 Q

构成 2^4 个不等价的命题公式，如表 1.6.5 所示.

表 1.6.5

P	Q	S_1	S_2	S_3	S_4	S_5	S_6	S_7	S_8	S_9	S_{10}	S_{11}	S_{12}	S_{13}	S_{14}	S_{15}	S_{16}
0	0	0	1	0	0	0	1	1	1	0	0	0	0	1	1	1	1
0	1	0	0	1	0	0	1	0	0	1	1	0	1	0	1	1	1
1	0	0	0	0	1	0	0	1	0	1	0	1	1	1	0	1	1
1	1	0	0	0	0	1	0	0	1	0	1	1	1	1	1	0	1

表 1.6.5 中，$S_1 \sim S_{16}$：

S_1 表示矛盾式，　S_2 可表示为 $P \downarrow Q$

S_3 可表示为 $Q \mapsto P$，　S_4 可表示为 $P \mapsto Q$

S_5 可表示为 $P \wedge Q$，　S_6 为命题公式 $\neg P$

S_7 为命题公式 $\neg Q$，　S_8 可表示为 $P \leftrightarrow Q$

S_9 可表示为 $P \nabla Q$，　S_{10} 为命题公式 Q

S_{11} 为命题公式 P，　S_{12} 可表示为 $P \vee Q$

S_{13} 可表示为 $Q \rightarrow P$，　S_{14} 可表示为 $P \rightarrow Q$

S_{15} 可表示为 $P \uparrow Q$，　S_{16} 表示重言式

由上分析，除重言式、矛盾式、命题变量本身外，命题联结词有九个就够了.

定义 1.6.5　在一个命题联结词的集合中，如果一个联结词可由集合中的其他联结词定义，则称此联结词为**冗余联结词**，否则称为**独立联结词**.

例如，联结词集合 $\{\neg, \wedge, \vee, \rightarrow, \leftrightarrow, \uparrow, \downarrow, \nabla, \mapsto\}$，由于

$$P \rightarrow Q \Leftrightarrow \neg P \vee Q$$

$$P \leftrightarrow Q \Leftrightarrow (P \wedge Q) \vee (\neg P \wedge \neg Q)$$

$$P \uparrow Q \Leftrightarrow \neg(P \wedge Q) \Leftrightarrow \neg P \vee \neg Q$$

$$P \downarrow Q \Leftrightarrow \neg(P \vee Q) \Leftrightarrow \neg P \wedge \neg Q$$

$$P \nabla Q \Leftrightarrow (P \vee Q) \wedge (\neg P \vee \neg Q)$$

$$P \mapsto Q \Leftrightarrow P \wedge \neg Q$$

因此 $\rightarrow, \leftrightarrow, \uparrow, \downarrow, \nabla, \mapsto$ 都是冗余联结词.

再考虑联结词集合 $\{\neg, \wedge, \vee\}$. 由于 $P \vee Q \Leftrightarrow \neg(\neg P \wedge \neg Q)$，所以在联结词集合 $\{\neg, \wedge, \vee\}$ 中，$\vee$ 可看成冗余联结词，但在 $\{\neg, \wedge\}$ 中则无冗余联结词. 类似地，$\{\neg, \vee\}$ 中也无冗余联结词.

定义 1.6.6　仅用某个联结词集合中的联结词联结的命题公式，能表示任意命题公式，则称该联结词集合为**全功能集合**. 若删除某全功能集合中的任意一个联

结词,就不能表达所有的命题公式,则称该联结词集合为**最小全功能集合**.

例 1.6.2 证明:$\{\neg,\vee\}$是最小全功能集合.

证明 由于

$$P\wedge Q\Leftrightarrow\neg(\neg P\vee\neg Q)$$
$$P\rightarrow Q\Leftrightarrow\neg P\vee Q$$
$$P\leftrightarrow Q\Leftrightarrow\neg(P\vee Q)\vee\neg(\neg P\vee\neg Q)$$
$$P\uparrow Q\Leftrightarrow\neg P\vee\neg Q$$
$$P\downarrow Q\Leftrightarrow\neg(P\vee Q)$$
$$P\nabla Q\Leftrightarrow\neg(\neg P\vee Q)\vee\neg(P\vee\neg Q)$$
$$P\mapsto Q\Leftrightarrow\neg(\neg P\vee Q)$$

所以$\{\neg,\vee\}$是全功能集合.

从$\{\neg,\vee\}$中删除联结词$\neg$后只剩下联结词$\vee$.对于任意一个由联结词$\vee$联结的 n 元命题公式,在其命题变量的 2^n 种真值指派下,只要有一个命题变量的真值指派为 1,则该命题公式的真值必为 1.因此,仅用联结词$\vee$不能表达永假公式.

从$\{\neg,\vee\}$中删除联结词$\vee$后只剩下联结词$\neg$,仅用联结词$\neg$也不能表达永假公式,故得证$\{\neg,\vee\}$是最小全功能集合.

类似地,可以证明$\{\neg,\wedge\}$也为最小全功能集合.

例 1.6.3 仅用$\neg,\wedge$来表示 $P\rightarrow(Q\wedge R)$.

解 $P\rightarrow(Q\wedge R)\Leftrightarrow\neg P\vee(Q\wedge R)\Leftrightarrow\neg(P\wedge\neg(Q\wedge R))$.

例 1.6.4 分别用下列全功能集合中的联结词表达命题公式$(P\vee Q)\rightarrow R$.

(1) $\{\neg,\rightarrow\}$; (2) $\{\uparrow\}$; (3) $\{\downarrow\}$.

解 (1) $(P\vee Q)\rightarrow R\Leftrightarrow(\neg P\rightarrow Q)\rightarrow R$.

(2) $(P\vee Q)\rightarrow R\Leftrightarrow\neg(P\vee Q)\vee R$

$$\Leftrightarrow(P\vee Q)\uparrow\neg R$$
$$\Leftrightarrow(\neg P\uparrow\neg Q)\uparrow\neg R$$
$$\Leftrightarrow((P\uparrow P)\uparrow(Q\uparrow Q))\uparrow(R\uparrow R).$$

(3) $(P\vee Q)\rightarrow R\Leftrightarrow\neg(P\vee Q)\vee R$

$$\Leftrightarrow(\neg P\wedge\neg Q)\vee R$$
$$\Leftrightarrow(P\downarrow Q)\vee R$$
$$\Leftrightarrow((P\downarrow Q)\downarrow R)\downarrow((P\downarrow Q)\downarrow R).$$

习题 1.6

1. 以下两个等价公式是否成立？为什么？

(1) $P \vee (Q \bar{\vee} R) \Leftrightarrow (P \vee Q) \bar{\vee} (P \vee R)$；

(2) $P \rightarrow (Q \bar{\vee} R) \Leftrightarrow (P \rightarrow Q) \bar{\vee} (P \rightarrow R)$.

2. 仅用以下联结词表示 $P \rightarrow Q$.

(1) $\neg$和$\wedge$；　(2) $\neg$和$\vee$；　(3) $\uparrow$；　(4) $\downarrow$.

3. 仅用$\neg$和$\rightarrow$表示命题公式 $P \rightarrow (Q \vee R)$.

4. 证明：

(1) $P \uparrow (Q \downarrow R) \Leftrightarrow \neg P \vee Q \vee R$；

(2) $P \downarrow (Q \uparrow R) \Leftrightarrow \neg P \wedge Q \wedge R$.

5. $\{\wedge\}$和$\{\vee\}$是不是联结词全功能集合？举例说明.

1.7 命题公式的范式

1.7.1 基本积与基本和

定义 1.7.1 有限个命题变量或其否定的合取，称为**基本积**(elementary product). 并规定，单个的命题变量或其否定是基本积.

定义 1.7.2 有限个命题变量或其否定的析取，称为**基本和**(elementary sum). 并规定，单个的命题变量或其否定是基本和.

例如，$\neg P \wedge Q \wedge R$，$P \wedge Q \wedge \neg P$，$\neg P \wedge Q \wedge \neg Q$，$P$，$\neg Q$ 都是基本积；$P \vee \neg Q \vee R$，$\neg P \vee Q \vee P$，$P \vee Q \vee \neg Q$，P，$\neg Q$ 都是基本和.

1.7.2 合取范式与析取范式

定义 1.7.3 与 A 等价的基本和的合取式，称为命题公式 A 的**合取范式**(conjunction normal form).

定义 1.7.4 与 A 等价的基本积的析取式，称为命题公式 A 的**析取范式**(disjunction normal form).

合取范式和析取范式统称为**范式**(normal form). 求一个命题公式的范式，可以通过下面步骤进行：

(1) 消去命题公式中$\neg$，$\wedge$和$\vee$以外的联结词；

(2) 利用德·摩根律将$\neg$演化到命题变量之前；

(3) 运用$\vee$关于$\wedge$的分配求合取范式，$\wedge$关于$\vee$分配求析取范式.

例 1.7.1　求命题公式 $P\wedge(Q\rightarrow R)$的合取范式与析取范式.

解　由题意可得

$$P\wedge(Q\rightarrow R)\Leftrightarrow P\wedge(\neg Q\vee R)\quad(\text{合取范式})$$
$$\Leftrightarrow(P\wedge\neg Q)\vee(P\wedge R)\quad(\text{析取范式})$$

例 1.7.2　求命题公式$(P\vee Q)\uparrow R$ 的合取范式与析取范式.

解　由题意可得

$$(P\vee Q)\uparrow R\Leftrightarrow\neg((P\vee Q)\wedge R)$$
$$\Leftrightarrow(\neg P\wedge\neg Q)\vee\neg R\quad(\text{析取范式})$$
$$\Leftrightarrow(\neg P\vee\neg R)\wedge(\neg Q\vee\neg R)\quad(\text{合取范式})$$

例 1.7.3　求命题公式$(P\wedge(Q\rightarrow R))\rightarrow S$ 的合取范式与析取范式.

解　由题意可得

$$(P\wedge(Q\rightarrow R))\rightarrow S\Leftrightarrow\neg(P\wedge(\neg Q\vee R))\vee S$$
$$\Leftrightarrow\neg P\vee(Q\wedge\neg R)\vee S\quad(\text{析取范式})$$
$$\Leftrightarrow(\neg P\vee S\vee Q)\wedge(\neg P\vee S\vee\neg R)\quad(\text{合取范式})$$

例 1.7.4　求命题公式 $P\rightarrow((Q\wedge R)\rightarrow S)$的合取范式与析取范式.

解　由题意可得

$$P\rightarrow((Q\wedge R)\rightarrow S)\Leftrightarrow\neg P\vee(\neg(Q\wedge R)\vee S)$$
$$\Leftrightarrow\neg P\vee\neg Q\vee\neg R\vee S\quad(\text{析取范式})$$
$$\Leftrightarrow(\neg P\vee\neg Q\vee\neg R\vee S)\quad(\text{合取范式})$$

1.7.3　小项与大项

定义 1.7.5　设有 n 个不同命题变量，对每个命题变量取出变量本身或其否定(二者只取其一)作合取，这样的基本积称为**小项**(miniterm)或**布尔合取**(Boolean conjunction).

定义 1.7.6　设有 n 个不同的命题变量，对每个命题变量取出变量本身或其否定(二者只取其一)作析取，这样的基本和称为**大项**(maxterm)或**布尔析取**(Boolean disjunction).

例如，含命题变量 P 和 Q 的所有小项：$\neg P\wedge\neg Q,\neg P\wedge Q,P\wedge\neg Q,P\wedge Q$；含命题变量 P 和 Q 的所有大项：$P\vee Q,P\vee\neg Q,\neg P\vee Q,\neg P\vee\neg Q$.

含有 n 个不同命题变量的小项(大项)有 2^n个，且每个小项(大项)有且仅有一个成真(成假)指派，因此可以用其成真(成假)指派所对应的二进制数作为该小项(大项)的编号. 表 1.7.1 是含有三个命题变量 P,Q,R 的所有小项的真值表；表 1.7.2 是含有三个命题变量 P,Q,R 的所有大项的真值表.

表 1.7.1

P	Q	R	$\neg P\wedge\neg Q\wedge\neg R$	$\neg P\wedge\neg Q\wedge R$	$\neg P\wedge Q\wedge\neg R$	$\neg P\wedge Q\wedge R$
0	0	0	1	0	0	0
0	0	1	0	1	0	0
0	1	0	0	0	1	0
0	1	1	0	0	0	1
1	0	0	0	0	0	0
1	0	1	0	0	0	0
1	1	0	0	0	0	0
1	1	1	0	0	0	0
P	Q	R	$P\wedge\neg Q\wedge\neg R$	$P\wedge\neg Q\wedge R$	$P\wedge Q\wedge\neg R$	$P\wedge Q\wedge R$
0	0	0	0	0	0	0
0	0	1	0	0	0	0
0	1	0	0	0	0	0
0	1	1	0	0	0	0
1	0	0	1	0	0	0
1	0	1	0	1	0	0
1	1	0	0	0	1	0
1	1	1	0	0	0	

表 1.7.2

P	Q	R	$P\vee Q\vee R$	$P\vee Q\vee\neg R$	$P\vee\neg Q\vee R$	$P\vee\neg Q\vee\neg R$
0	0	0	0	1	1	1
0	0	1	1	0	1	1
0	1	0	1	1	0	1
0	1	1	1	1	1	0
1	0	0	1	1	1	1
1	0	1	1	1	1	1
1	1	0	1	1	1	1
1	1	1	1	1	1	1

续表

P	Q	R	$\neg P\vee Q\vee R$	$\neg P\vee Q\vee\neg R$	$\neg P\vee\neg Q\vee R$	$\neg P\vee\neg Q\vee\neg R$
0	0	0	1	1	1	1
0	0	1	1	1	1	1
0	1	0	1	1	1	1
0	1	1	1	1	1	1
1	0	0	0	1	1	1
1	0	1	1	0	1	1
1	1	0	1	1	0	1
1	1	1	1	1	1	0

将表1.7.1和表1.7.2简化表示成二进制编号和十进制编号,结果如下:

小项	二进制编号	十进制编号
$\neg P\wedge\neg Q\wedge\neg R$	m_{000}	m_0
$\neg P\wedge\neg Q\wedge R$	m_{001}	m_1
$\neg P\wedge Q\wedge\neg R$	m_{010}	m_2
$\neg P\wedge Q\wedge R$	m_{011}	m_3
$P\wedge\neg Q\wedge\neg R$	m_{100}	m_4
$P\wedge\neg Q\wedge R$	m_{101}	m_5
$P\wedge Q\wedge\neg R$	m_{110}	m_6
$P\wedge Q\wedge R$	m_{111}	m_7

大项	二进制编号	十进制编号
$P\vee Q\vee R$	M_{000}	M_0
$P\vee Q\vee\neg R$	M_{001}	M_1
$P\vee\neg Q\vee R$	M_{010}	M_2
$P\vee\neg Q\vee\neg R$	M_{011}	M_3
$\neg P\vee Q\vee R$	M_{100}	M_4
$\neg P\vee Q\vee\neg R$	M_{101}	M_5
$\neg P\vee\neg Q\vee R$	M_{110}	M_6
$\neg P\vee\neg Q\vee\neg R$	M_{111}	M_7

设 m_i 和 M_i 分别为相同命题变量产生的小项与大项,从表1.7.1和表1.7.2不难看出:$\neg m_i\Leftrightarrow M_i, m_i\Leftrightarrow\neg M_i$.

1.7.4 主合取范式与主析取范式

由吸收律知,$P\vee(P\wedge Q)\Leftrightarrow P\Leftrightarrow P\wedge(P\vee Q)$,$P\vee(P\wedge R)\Leftrightarrow P\Leftrightarrow P\wedge(P\vee R)$. 可见,一个命题公式的范式并不是唯一的.

定义 1.7.7 与命题公式 A 等价的不重复大项的合取或大项本身,称为命题公式 A 的**主合取范式**(principle conjunction normal form),用 $\prod$ 表示.

定义 1.7.8 与命题公式 A 等价的不重复小项的析取或小项本身,称为命题公式 A 的**主析取范式**(principle disjunction normal form),用 $\sum$ 表示.

定理 1.7.1 命题公式 A 的成假指派所对应的大项的合取,为命题公式 A 的主合取范式.

证明 设 A 的成假指派所对应的大项为 $A_1,A_2,\cdots,A_k$. 这些大项的合取记作 B,即 $B\Leftrightarrow A_1\wedge A_2\wedge\cdots\wedge A_k$,只需证明 $A\Leftrightarrow B$.

设 A 的任一成假指派 i 所对应的大项为 A_i,则在该指派 i 下 A_i 的真值为 0,且 $A_1,A_2,\cdots,A_{i-1},A_{i+1},\cdots,A_k$ 的真值均为 1,故 B 的真值为 0.

设 A 的任一成真指派 j 所对应的大项为 C_j,则在该指派 j 下 C_j 的真值为 0,且 C_j 不同于 $A_1,A_2,\cdots,A_k$ 中的每一个,则 $A_1,A_2,\cdots,A_k$ 的真值均为 1,故 B 的真值为 1.

定理 1.7.2 命题公式 A 的成真指派所对应的小项的析取,为命题公式 A 的主析取范式.

证明 设 A 的成真指派所对应的小项为 $A_1,A_2,\cdots,A_k$. 这些小项的析取记作 B,即 $B\Leftrightarrow A_1\vee A_2\vee\cdots\vee A_k$,只需证明 $A\Leftrightarrow B$.

设 A 的任一成真指派 i 所对应的小项为 A_i,则在该指派 i 下 A_i 的真值为 1,且 $A_1,A_2,\cdots,A_{i-1},A_{i+1},\cdots,A_k$ 的真值均为 0,故 B 的真值为 1.

设 A 的任一成假指派 j 所对应的小项为 C_j,则在该指派 j 下 C_j 的真值为 1,且 C_j 不同于 $A_1,A_2,\cdots,A_k$ 中的每一个,则 $A_1,A_2,\cdots,A_k$ 的真值均为 0,故 B 的真值为 0.

例 1.7.5 已知命题公式 A 与 B 的真值表如表 1.7.3 所示,分别求命题公式 A 与 B 的主合取范式和主析取范式.

表 1.7.3

P	Q	R	$A(P,Q,R)$	$B(P,Q,R)$
0	0	0	1	0
0	0	1	1	1

续表

P	Q	R	$A(P,Q,R)$	$B(P,Q,R)$
0	1	0	1	0
0	1	1	0	1
1	0	0	1	0
1	0	1	0	1
1	1	0	0	0
1	1	1	0	1

解 A 的主合取范式：

$$M_{011} \wedge M_{101} \wedge M_{110} \wedge M_{111} \Leftrightarrow (P \vee \neg Q \vee \neg R) \wedge (\neg P \vee Q \vee \neg R) \wedge (\neg P \vee \neg Q \vee R) \wedge (\neg P \vee \neg Q \vee \neg R) \Leftrightarrow \prod(3,5,6,7)$$

A 的主析取范式：

$$m_{000} \vee m_{001} \vee m_{010} \vee m_{100} \Leftrightarrow (\neg P \wedge \neg Q \wedge \neg R) \vee (\neg P \wedge \neg Q \wedge R) \vee (\neg P \wedge Q \wedge \neg R) \vee (P \wedge \neg Q \wedge \neg R) \Leftrightarrow \sum(0,1,2,4)$$

B 的主合取范式：

$$M_{000} \wedge M_{010} \wedge M_{100} \wedge M_{110} \Leftrightarrow (P \vee Q \vee R) \wedge (P \vee \neg Q \vee R) \wedge (\neg P \vee Q \vee R) \wedge (\neg P \vee \neg Q \vee R) \Leftrightarrow \prod(0,2,4,6)$$

B 的主析取范式：

$$m_{001} \vee m_{011} \vee m_{101} \vee m_{111} \Leftrightarrow (\neg P \wedge \neg Q \wedge R) \vee (\neg P \wedge Q \wedge R) \vee (P \wedge \neg Q \wedge R) \vee (P \wedge Q \wedge R) \Leftrightarrow \sum(1,3,5,7)$$

例 1.7.6 用推演法求命题公式$(\neg P \vee Q) \wedge (P \vee \neg Q) \wedge (Q \vee R)$的主合取范式和主析取范式.

解 主合取范式：

$$\begin{aligned}
&(\neg P \vee Q) \wedge (P \vee \neg Q) \wedge (Q \vee R) \\
&\Leftrightarrow ((\neg P \wedge R) \vee Q) \wedge (P \vee \neg Q) \\
&\Leftrightarrow ((\neg P \wedge R) \wedge (P \vee \neg Q)) \vee (Q \wedge (P \vee \neg Q)) \\
&\Leftrightarrow (\neg P \wedge R \wedge P) \vee (\neg P \wedge R \wedge \neg Q) \vee (Q \wedge P) \vee (Q \wedge \neg Q)
\end{aligned}$$

$$\Leftrightarrow(\neg P \wedge \neg Q \wedge R) \vee (P \wedge Q)$$
$$\Leftrightarrow(\neg P \wedge \neg Q \wedge R) \vee ((P \wedge Q) \wedge 1)$$
$$\Leftrightarrow(\neg P \wedge \neg Q \wedge R) \vee ((P \wedge Q) \wedge (\neg R \vee R))$$
$$\Leftrightarrow(\neg P \wedge \neg Q \wedge R) \vee (P \wedge Q \wedge \neg R) \vee (P \wedge Q \wedge R)$$
$$\Leftrightarrow m_{001} \vee m_{110} \vee m_{111}$$
$$\Leftrightarrow \sum(1,6,7)$$

主析取范式：

$$(\neg P \vee Q) \wedge (P \vee \neg Q) \wedge (Q \vee R)$$
$$\Leftrightarrow(\neg P \vee Q \vee R) \wedge (\neg P \vee Q \vee \neg R) \wedge (P \vee \neg Q \vee R)$$
$$\wedge (P \vee \neg Q \vee \neg R) \wedge (P \vee Q \vee R) \wedge (\neg P \vee Q \vee R)$$
$$\Leftrightarrow(\neg P \vee Q \vee R) \wedge (\neg P \vee Q \vee \neg R) \wedge (P \vee \neg Q \vee R)$$
$$\wedge (P \vee \neg Q \vee \neg R) \wedge (P \vee Q \vee R)$$
$$\Leftrightarrow M_{000} \wedge M_{010} \wedge M_{011} \wedge M_{100} \wedge M_{101}$$
$$\Leftrightarrow \prod(0,2,3,4,5)$$

定理 1.7.3　设有 n 元命题公式 A，A 有主析取范式 $\sum(i_1,i_2,\cdots,i_k)$，当且仅当 A 有主合取范式 $\prod(0,1,\cdots,i_1-1,i_1+1,i_1+2,\cdots,i_k-1,i_k+1,i_k+2,\cdots,2^n-1)$.

证明　已知 $A\Leftrightarrow\sum(i_1,i_2,\cdots,i_k)\Leftrightarrow m_{i_1} \vee m_{i_2} \vee \cdots \vee m_{i_k}$，有

$$A\Leftrightarrow \neg\neg A$$
$$\Leftrightarrow \neg(m_0 \vee m_1 \vee \cdots \vee m_{i_1-1} \vee m_{i_1+1} \vee m_{i_1+2} \vee \cdots$$
$$\vee m_{i_k-1} \vee m_{i_k+1} \vee m_{i_k+2} \vee \cdots \vee m_{2^n-1})$$
$$\Leftrightarrow(\neg m_0 \wedge \neg m_1 \wedge \cdots \wedge \neg m_{i_1-1} \wedge \neg m_{i_1+1} \wedge \neg m_{i_1+2} \wedge \cdots$$
$$\wedge \neg m_{i_k-1} \wedge \neg m_{i_k+1} \wedge \neg m_{i_k+2} \wedge \cdots \wedge \neg m_{2^n-1})$$
$$\Leftrightarrow(M_0 \wedge M_1 \wedge \cdots \wedge M_{i_1-1} \wedge M_{i_1+1} \wedge M_{i_1+2} \wedge \cdots$$
$$\wedge M_{i_k-1} \wedge M_{i_k+1} \wedge M_{i_k+2} \wedge \cdots \wedge M_{2^n-1})$$
$$\Leftrightarrow \prod(0,1,\cdots,i_1-1,i_1+1,i_1+2,\cdots,i_k-1,i_k+1,i_k+2,\cdots,2^n-1)$$

例 1.7.7　求命题公式 $(P\rightarrow Q)\leftrightarrow R$ 的主合取范式和主析取范式.

解　由题意可得

$$(P \rightarrow Q)\leftrightarrow R\Leftrightarrow(\neg P \vee Q)\leftrightarrow R$$
$$\Leftrightarrow((\neg P \vee Q) \wedge R) \vee (\neg(\neg P \vee Q) \wedge \neg R)$$
$$\Leftrightarrow(\neg P \wedge R) \vee (Q \wedge R) \vee (P \wedge \neg Q \wedge \neg R)$$

$$\Leftrightarrow(\neg P \wedge Q \wedge R) \vee (\neg P \wedge \neg Q \wedge R) \vee (P \wedge Q \wedge R) \vee (P \wedge \neg Q \wedge \neg R)$$
$$\Leftrightarrow \sum(1,3,4,7)$$
$$\Leftrightarrow \prod(0,2,5,6)$$
$$\Leftrightarrow(P \vee Q \vee R) \wedge (P \vee \neg Q \vee R) \wedge (\neg P \vee Q \vee \neg R) \wedge (\neg P \vee \neg Q \vee R)$$

1.7.5 主范式的应用举例

1. 证明命题公式等价

例 1.7.8 证明：

$$(R \to (P \wedge \neg Q)) \wedge \neg P \Leftrightarrow (\neg P \wedge \neg Q \wedge \neg R) \vee (\neg P \wedge Q \wedge \neg R)$$

证明 因为

$$\text{右边} \Leftrightarrow m_{000} \vee m_{010} \Leftrightarrow \sum(0,2)$$
$$\text{左边} \Leftrightarrow ((P \wedge \neg Q) \vee \neg R)) \wedge \neg P$$
$$\Leftrightarrow (P \wedge \neg Q \wedge \neg P) \vee (\neg P \wedge \neg R)$$
$$\Leftrightarrow (\neg P \wedge \neg R)$$
$$\Leftrightarrow (\neg P \wedge \neg Q \wedge \neg R) \vee (\neg P \wedge Q \wedge \neg R)$$
$$\Leftrightarrow m_{000} \vee m_{010} \Leftrightarrow \sum(0,2)$$

所以$(R\to(P\wedge\neg Q))\wedge\neg P\Leftrightarrow(\neg P\wedge\neg Q\wedge\neg R)\vee(\neg P\wedge Q\wedge\neg R)$.

2. 判断命题公式的类型

命题公式分为永真式、永假式或可满足式.永真式只有主析取范式，没有主合取范式；永假式只有主合取范式，没有主析取范式；可满足式既有主合取范式又有主析取范式.据此可以判断公式类型.例 1.7.6 的命题公式$(\neg P\vee Q)\wedge(P\vee\neg Q)\wedge(Q\vee R)$既有主析取范式，又有主合取范式，所以它是可满足式.例 1.7.8 左右两边的命题公式$(R\to(P\wedge\neg Q))\wedge\neg P$与$(\neg P\wedge\neg Q\wedge\neg R)\vee(\neg P\wedge Q\wedge\neg R)$也都是可满足式.

3. 逻辑推理

把已知条件符号化为命题公式，再求它的主合取范式或主析取范式，通过主范式推理.

例 1.7.9 如果甲不是冠军，那么乙就是冠军；乙和丙都是冠军或都不是冠军；丙不是冠军.根据以上条件判断冠军是谁.

解 设 P:甲是冠军；Q:乙是冠军；R:丙是冠军.依题意有条件

$$(\neg P\to Q)\wedge(Q\leftrightarrow R)\wedge\neg R$$

又因为$(\neg P\rightarrow Q)\wedge(Q\leftrightarrow R)\wedge\neg R$的成真指派为100，所以$(\neg P\rightarrow Q)\wedge(Q\leftrightarrow R)\wedge\neg R$的主析取范式为$P\wedge\neg Q\wedge\neg R$.

于是，P为真、Q为假、R为假，因而冠军是甲.

例 1.7.10 探险家到了一个分叉路口，一条是正确的路，另一条是错误的路.此处站着两个来自不同村落的人.真话村的人只说真话，假话村的人只说假话，但他们都知道正确的路.探险家向其中一个村民问了一句话，根据他的回答，探险家找到了正确的路.请问，探险家是怎么提问的？

解 探险家指着一条路问其中一个村民："这条路是正确的，他（另外一个村民）会回答'是'吗？"

(1) 如果被问的是真话村村民，且回答"是"，那么这条路是错误的路；

(2) 如果被问的是真话村村民，且回答"不是"，那么这条路是正确的路；

(3) 如果被问的是假话村村民，且回答"是"，那么这条路是错误的路；

(4) 如果被问的是假话村村民，且回答"不是"，那么这条路是正确的路.

设P：被问的是真话村村民；Q：被问村民回答"是"；A：这条路是正确的.得到A的真值表，如表1.7.4所示.

表 1.7.4

P	Q	$A(P,Q)$
0	0	1
0	1	0
1	0	1
1	1	0

由以上可得A的主析取范式为

$$(\neg P\wedge\neg Q)\vee(P\wedge\neg Q)$$

从而

$$\begin{aligned}A&\Leftrightarrow(\neg P\wedge\neg Q)\vee(P\wedge\neg Q)\\&\Leftrightarrow\neg Q\wedge(\neg P\vee P)\\&\Leftrightarrow\neg Q\end{aligned}$$

因此，当被问的村民回答"是"的时候，另外一条路是正确的路；当被问村民回答"不是"的时候，这条路就是正确的路.

4. 逻辑电路设计

把已知条件符号化为命题公式，再求它的主范式.

例 1.7.11 一个电路系统里有甲、乙、丙三个开关.当至少两个开关打开时，灯会亮；反之，灯不亮.写出控制电路的逻辑表达式.

解 设P：开关甲打开；Q：开关乙打开；R：开关丙打开；$A(P,Q,R)$：灯亮.依题意知$A(P,Q,R)$的成真指派有：011，101，110，111，于是，$A(P,Q,R)$的主析取范式为

$$\begin{aligned}A(P,Q,R)&\Leftrightarrow(\neg P\wedge Q\wedge R)\vee(P\wedge\neg Q\wedge R)\vee(P\wedge Q\wedge\neg R)\\&\quad\vee(P\wedge Q\wedge R)\\&\Leftrightarrow(P\wedge Q)\vee(P\wedge R)\vee(Q\wedge R)\end{aligned}$$

即得控制电路的逻辑表达式.

习题 1.7

1. 求下列命题公式的主范式,并指出其公式类型.

(1) $(P\vee(Q\wedge R))\rightarrow\neg P$;

(2) $P\vee((Q\wedge R)\rightarrow\neg P)$;

(3) $\neg P\leftrightarrow(\neg Q\wedge\neg R)$;

(4) $\neg P\wedge(P\vee\neg Q\vee R)$.

2. 通过求命题公式的范式,判断下列四组命题公式是否等价.

(1) $(P\wedge Q)\vee(P\wedge R)$和$(P\vee Q)\wedge(P\vee R)$;

(2) $(P\rightarrow Q)\rightarrow R$ 和$(P\vee R)\wedge(\neg Q\vee R)$;

(3) $\neg P\leftrightarrow(Q\wedge\neg R)$和$(P\leftrightarrow\neg Q)\wedge\neg R$;

(4) $P\vee(Q\wedge R)$和$(P\vee Q)\wedge(P\vee R)$.

3. 设计一个控制水闸的电路逻辑表达式,使得当且仅当三个开关中的一个按下时水闸打开.

4. 一部门有甲、乙、丙三个员工.甲要求在上午或者下午值班;乙要求在下午或者晚上值班;丙要求在上午或者晚上值班.每个员工都必须且只需值班一次.求所有的安排方案.

5. 某国参加奥运会,共有甲、乙、丙、丁、戊五个运动员备选.选派的依据如下:

(1) 若选派甲,则选派乙;

(2) 丁和戊中至少选派一人;

(3) 乙和丙中选派一人;

(4) 丙和丁都选派或者都不选派;

(5) 若选派戊,则也选派甲和乙.

求所有的选派方案.

1.8 命题逻辑的推理理论

命题逻辑的推理是从前提出发,按照某些公认的推理规则,构造一个命题公式的序列,最后得到有效结论的过程.这里的前提和有效结论都是命题公式,但并不关心前提的真值是否为真,也不关心有效结论的真值是否为真,仅仅关心推理规则,强调推理中的每一步所得的有效结论都是根据推理规则得到的.

1.8.1 有效推理

定义 1.8.1 设 $A_1,A_2,\cdots,A_n,B$ 均是命题公式,若 $A_1\wedge A_2\wedge\cdots\wedge A_n\Rightarrow B$,

则称 B 是**前提**(premises)$A_1, A_2, \cdots, A_n$ 的**有效结论**(valid conclusion),或称由前提 $A_1, A_2, \cdots, A_n$ 可以推出有效结论 B. $A_1 \wedge A_2 \wedge \cdots \wedge A_n \Rightarrow B$,也可以记为 $A_1, A_2, \cdots, A_n \Rightarrow B$.

例 1.8.1 判断 Q 是否是前提 $P \wedge Q$ 和 $P \to Q$ 的有效结论.

解 由表 1.8.1 知$((P \wedge Q) \wedge (P \to Q)) \to Q \Leftrightarrow \mathrm{T}$,所以$(P \wedge Q) \wedge (P \to Q) \Rightarrow Q$,于是 Q 是前提 $P \wedge Q$ 和 $P \to Q$ 的有效结论.

表 1.8.1

P	Q	$P \wedge Q$	$P \to Q$	$(P \wedge Q) \wedge (P \to Q)$
0	0	0	1	0
0	1	0	1	0
1	0	0	0	0
1	1	1	1	1

定义 1.8.2 由前提 $A_1, A_2, \cdots, A_n$ 推出有效结论 B,是指命题公式构成的有限序列 $H_1, H_2, \cdots, H_m$ 使得:

(1) H_1 是某个前提;

(2) H_i ($i \geqslant 2$)要么是某个前提,要么是 $H_1, H_2, \cdots, H_{i-1}$ 的有效结论;

(3) $H_m = B$.

从前提 $A_1, A_2, \cdots, A_n$ 出发,运用一系列推理规则,一步一步地显示论证的步骤,明确地叙述出每步的理由,导出其有效结论 B 的思维过程,称为**有效推理**或**形式证明**. 推理规则即为从一组前提导出有效结论的步骤提供正当的理由. 命题逻辑的推理必须遵守以下规则:

P 规则(前提引入规则) 前提可以随时引入.

T 规则 (1) 每一条蕴涵定理对应一条推理规则,如假言推理规则 $P \wedge (P \to Q) \Rightarrow Q$,假言三段论规则$(P \to Q) \wedge (Q \to R) \Rightarrow P \to R$ 等. 为方便,本书标记为 I.

(2) 每一条命题定律对应一条推理规则,如假言易位规则 $P \to Q \Leftrightarrow \neg Q \to \neg P$,条件等值规则 $P \to Q \Leftrightarrow \neg P \vee Q$ 等. 为方便,本书标记为 E.

(3) 在推理的任何步骤所得的有效结论都可以作为后续步骤的前提.

事实上,首先,若 $A \Rightarrow B$ 且 $B \Rightarrow C$,则 $A \Rightarrow C$. 其次,若 $A \Rightarrow C$, $B \Rightarrow D$,易证 $A \wedge B \Rightarrow C \wedge D$;若后续步骤又分别以 C, D 为前提,则推导得 $C \Rightarrow P$, $D \Rightarrow Q$. 由蕴涵的性质可知,一定有 $A \wedge B \Rightarrow P \wedge Q$.

CP 规则(附加前提规则) 当要证明的有效结论是条件式 $B \to C$ 时,可以将前件 B 作为附加前提加到前提中,再推导后件 C 即可.

CP 规则的依据是以下定理：

定理 1.8.1 $A_1 \wedge A_2 \wedge \cdots \wedge A_n \Rightarrow B \to C$ 当且仅当 $A_1 \wedge A_2 \wedge \cdots \wedge A_n \wedge B \Rightarrow C$.

证明 由输出律可知

$$(A_1 \wedge A_2 \wedge \cdots \wedge A_n) \to (B \to C) \Leftrightarrow (A_1 \wedge A_2 \wedge \cdots \wedge A_n \wedge B) \to C$$

所以$(A_1 \wedge A_2 \wedge \cdots \wedge A_n) \to (B \to C) \Leftrightarrow \mathrm{T}$ 当且仅当$(A_1 \wedge A_2 \wedge \cdots \wedge A_n \wedge B) \to C \Leftrightarrow \mathrm{T}$.

例 1.8.2 证明：$P \vee Q, P \to \neg R \Rightarrow R \to Q$.

证明 推演过程如下：

(1) R	P(附加前提)
(2) $P \to \neg R$	P
(3) $\neg P$	T(1)合取(2),I
(4) $P \vee Q$	P
(5) Q	T(3)合取(4),I
(6) $R \to Q$	CP

例 1.8.3 证明：$A \to (B \to C), (C \wedge D) \to E, \neg G \to (D \wedge \neg E) \Rightarrow A \to (B \to G)$.

证明 推演过程如下：

(1) A	P(附加前提)
(2) $A \to (B \to C)$	P
(3) $B \to C$	T(1)合取(2),I
(4) $(C \wedge D) \to E$	P
(5) $C \to (D \to E)$	T(4),E
(6) $B \to (D \to E)$	T(3)合取(5),I
(7) $\neg(D \to E) \to \neg B$	T(6),E
(8) $\neg(\neg D \vee E) \to \neg B$	T(7),E
(9) $(D \wedge \neg E) \to \neg B$	T(8),E
(10) $\neg G \to (D \wedge \neg E)$	P
(11) $\neg G \to \neg B$	T(9)合取(10),I
(12) $B \to G$	T(11),E
(13) $A \to (B \to G)$	CP

例 1.8.4 证明：$(A \vee B) \to D, D \to (C \vee E), E \to G, \neg C \wedge \neg G \Rightarrow \neg B$.

证明 推演过程如下：

(1) $\neg C \wedge \neg G$	P
(2) $\neg G$	T(1),I
(3) $E \to G$	P

(4) $\neg E$ T(2)合取(3),I

(5) $\neg C$ T(1),I

(6) $\neg C \wedge \neg E$ T(5)合取(4),I

(7) $\neg(C \vee E)$ T(6),E

(8) $D \to (C \vee E)$ P

(9) $\neg D$ T(7)合取(8),I

(10) $(A \vee B) \to D$ P

(11) $\neg(A \vee B)$ T(9)合取(10),I

(12) $\neg A \wedge \neg B$ T(11),E

(13) $\neg B$ T(12),I

例 1.8.5 证明:$\neg(P \to Q) \to \neg(R \vee S),(Q \to P) \vee \neg R, R \Rightarrow P \leftrightarrow Q$.

证明 推演过程如下:

(1) $(Q \to P) \vee \neg R$ P

(2) R P

(3) $Q \to P$ T(1)合取(2),I

(4) $\neg(P \to Q) \to \neg(R \vee S)$ P

(5) $(R \vee S) \to (P \to Q)$ T(4),E

(6) $R \vee S$ T(2),I

(7) $P \to Q$ T(5)合取(6),I

(8) $(Q \to P) \wedge (P \to Q)$ T(3)合取(7),I

(9) $P \leftrightarrow Q$ T(8),E

例 1.8.6 对下面的一组前提,写出可能导出的有效结论及所应用的推理规则:若甲获胜,则乙失败;若丙获胜,则乙也获胜;若甲不获胜,则丁不失败;而丙获胜.

证明 设 A:甲获胜;B:乙获胜;C:丙获胜;D:丁获胜.

前提:$A \to \neg B, C \to B, \neg A \to D, C$.

推演过程如下:

(1) $A \to \neg B$ P

(2) $B \to \neg A$ T(1),E

(3) $C \to B$ P

(4) $C \to \neg A$ T(2)合取(3),I

(5) $\neg A \to D$ P

(6) $C \to D$ T(4)合取(5),I

(7) C P

(8) D T(6)合取(7),I

由此可导出有效结论 D,即丁获胜.

1.8.2 归谬法

定义 1.8.3 设 $A_1,A_2,\cdots,A_n$ 是 n 个命题公式,若 $A_1\wedge A_2\wedge\cdots\wedge A_n\Leftrightarrow \mathrm{F}$,则称 $A_1,A_2,\cdots,A_n$ 是**不相容的**(incompatible),否则,称 $A_1,A_2,\cdots,A_n$ 是**相容的**(compatible).

例 1.8.7 证明:$P\wedge Q,P\to\neg R,Q\to R$ 不相容.

证明 推演过程如下:

(1) $P\wedge Q$ P

(2) P T(1),I

(3) Q T(1),I

(4) $P\to\neg R$ P

(5) $\neg R$ T(2)合取(4),I

(6) $Q\to R$ P

(7) R T(3)合取(6),I

(8) F T(5)合取(7),E

定理 1.8.2(归谬法) 设 $A_1,A_2,\cdots,A_n,B$ 是命题公式,若 $A_1,A_2,\cdots,A_n$,$\neg B$ 是不相容的,则 $A_1\wedge A_2\wedge\cdots\wedge A_n\Rightarrow B$.

证明 因为 $A_1,A_2,\cdots,A_n,\neg B$ 是不相容的,所以 $A_1\wedge A_2\wedge\cdots\wedge A_n\wedge\neg B\Leftrightarrow$ F. 于是$\neg(A_1\wedge A_2\wedge\cdots\wedge A_n\wedge\neg B)\Leftrightarrow$T. 而$\neg(A_1\wedge A_2\wedge\cdots\wedge A_n\wedge\neg B)\Leftrightarrow(A_1\wedge A_2\wedge\cdots\wedge A_n)\to B$,因此$(A_1\wedge A_2\wedge\cdots\wedge A_n)\to B\Leftrightarrow$T,即 $A_1\wedge A_2\wedge\cdots\wedge A_n\Rightarrow B$.

例 1.8.8 用归谬法证明:$A\vee B,\neg D,A\to(C\to D),C\Rightarrow B$.

证明 推演过程如下:

(1) $\neg B$ P(附加前提)

(2) $A\vee B$ P

(3) A T(1)合取(2),I

(4) $A\to(C\to D)$ P

(5) $C\to D$ T(3)合取(4),I

(6) C P

(7) D T(5)合取(6),I

(8) $\neg D$ P

(9) F T(7)合取(8),E

例 1.8.9 用归谬法证明:

$(A \to B) \land (C \to D), (B \to E) \land (D \to G), \neg(E \land G), A \to C \Rightarrow \neg A$

证明 推演过程如下：

(1) $(A \to B) \land (C \to D)$	P
(2) $(A \land C) \to (B \land D)$	T(1),I
(3) $(B \to E) \land (D \to G)$	P
(4) $(B \land D) \to (E \land G)$	T(3),I
(5) $(A \land C) \to (E \land G)$	T(2)合取(4),I
(6) A	P(有效结论的否定)
(7) $A \to C$	P
(8) C	T(6)合取(7),I
(9) $A \land C$	T(6)合取(8),I
(10) $E \land G$	T(5)合取(9),I
(11) $\neg(E \land G)$	P
(12) F	T(10)合取(11),E

习题 1.8

1. 今天或者上班或者放假.如果上班,我就不做饭;若我不做饭,我就去餐馆吃午饭.因此,如果我不在餐馆吃午饭,说明我今天放假.写出推演过程.

2. 某市发生了一起命案,经过调查,刑警得出了以下事实:

(1) 甲和乙中有一人作案;

(2) 若甲作案,则甲给死者打过电话;

(3) 若乙回过酒店,则死亡时间在20:00之后;

(4) 若乙没回过酒店,则甲没给死者打过电话;

(5) 死亡时间不在20:00之后.

到底谁作案?写出推演证明.

3. 公司准备从甲、乙、丙中选派一人出差.已知以下条件:

(1) 如果派乙或不派丙出差,那么就派甲出差;

(2) 甲和乙不能同时出差;

(3) 乙和丙中必有一人被派出差,一人留在公司.

究竟派谁出差?写出推演证明.

4. 三人预测比赛结果,甲说"乙第一,丙第二."乙说"乙第三,甲第四."丙说"丁第二,甲第三."结果三人都各说对一半,甲、乙、丙、丁的名次(没有并列)如何?

第2章 谓词逻辑

命题逻辑是以命题为基本单位的推理逻辑，一般来说要经过原子命题符号化、分析前提和结论、构造推理证明三个步骤，不关注原子命题的内部结构及其彼此之间的关系，因而命题逻辑具有局限性，甚至无法判断一些简单而常见的推理. 例如，整数都是复数，有的实数是整数，所以有的实数是复数.

用命题逻辑的知识，虽然可以符号化上述语句中的原子命题，即以 P，Q 和 R 分别表示以上三个原子命题，却不能得到如 $P \wedge Q \Rightarrow R$ 的推理，因为 $(P \wedge Q) \rightarrow R$ 非永真式. 于是需要对原子命题的内部结构进行进一步的剖分，构造一种新的逻辑推理方式，这种推理不仅仅研究原子命题之间的关系，还研究这些原子命题内部成分之间的关系，把这样的逻辑推理称为**谓词逻辑**或**一阶逻辑**(first order logic).

2.1 个体与谓词

在谓词逻辑中，把一个原子命题分为个体与谓词两部分.

定义 2.1.1 **个体**(discourse)是指命题描述的对象，可以是具体的事物，也可以是抽象的事物. **谓词**(predicate)是指描述个体的性质或多个个体之间关系的词.

可以用小写英文字母表示个体，大写英文字母表示谓词.

表示个体的符号称为**个体标识符**. 一个个体标识符如果表示具体或特定的个体，称为**个体常量**(individual constants)，可用 $a, b, c, \cdots$ 表示；如果个体标识符只表示任意个体的位置标志，称为**个体变量**(individual variable)，可用 $x, y, z, \cdots$ 表示.

表示谓词的符号称为**谓词标识符**. 一个谓词标识符如果表示具体或特定的谓词，称其为**谓词常量**；一个谓词标识符如果只表示任意谓词的位置标志，称其为**谓词变量**. 并约定以下内容：

(1) 个体 a 具有性质 F，记作 $F(a)$，其中 a 为个体常量或个体变量，F 为谓词常量或谓词变量；

(2) 个体 $a_1, a_2, \cdots, a_n$ 具有关系 L，记作 $L(a_1, a_2, \cdots, a_n)$，其中 $a_1, a_2, \cdots, a_n$ 为个体常量或个体变量，L 为谓词常量或谓词变量.

例 2.1.1 指出下列命题中的个体和谓词.

(1) 牛顿是科学家；

(2) 5 是质数；

(3) 小陈比小徐矮；

(4) 5 大于 2；

(5) $9=6+5$；

(6) 上海位于杭州与北京之间.

解 (1)和(2)中，"牛顿""5"是个体；"是科学家""是质数"是谓词，分别刻画对应个体的性质.

(3) "小陈""小徐"是个体；"……比……矮"是谓词，描述个体的关系.

(4) "5""2"是个体；"大于"是谓词，描述个体的关系.

(5) "9""6"与"5"是个体；"$\cdots=\cdots+\cdots$"是谓词，描述个体的关系.

(6) "上海""杭州"与"北京"是个体；"位于……与……之间"是谓词，描述个体的关系.

有了个体与谓词的概念后，将原子命题符号化时，必须明确指出其个体与谓词.

例 2.1.2 翻译下列命题.

(1) 上海位于中国东部；

(2) 如果 6 大于 5，5 大于 3，则 6 大于 3；

(3) 1 既不是质数也不是合数，2 与 3 都是质数；

(4) 王菲年满 18 岁，身体健康，无色盲，大学毕业，因而可以参加公务员考试.

解 找出每个原子命题的个体和谓词，然后将其符号化.

(1) 设 L：……位于……东部；a：上海；b：中国. 命题翻译为 $L(a,b)$.

(2) 设 P：……大于……. 命题翻译为 $(P(6,5) \wedge P(5,3)) \rightarrow P(6,3)$.

(3) 设 Q：是质数；R：是合数. 命题翻译为 $\neg Q(1) \wedge \neg R(1) \wedge Q(2) \wedge Q(3)$.

(4) 设 A：年满 18 岁；B：身体健康；C：色盲；D：大学毕业；E：参加公务员考试；a：王菲. 命题翻译为 $(A(a) \wedge B(a) \wedge \neg C(a) \wedge D(a)) \rightarrow E(a)$.

习题 2.1

1. 在谓词逻辑中符号化下列命题.

(1) 如果 n 是大于 2 的偶数，那么 n 不是质数；

(2) 不是小陈不努力，而是他没抓住机会；

(3) 两个三角形相似当且仅当它们的对应角相等；

(4) 要想学会开车，就得多花时间；

(5) 爱吃巧克力的人容易发胖；

(6) 我认识的人中，喜欢唱歌的人就一定喜欢听歌，但不会写歌.

2. 使用谓词 $P(x,y): x<y$ 和 $Q(x,y): x=y$，符号化下列语句.

(1) $3>2>0$；

(2) 若 x 是正数，则 $x-1$ 是非负数；

(3) x 和 $2x$ 同号；

(4) y 和 $-5y$ 异号.

3. 设谓词 $P(x,y)$：x 等于 x 和 y 的平方和. 当 $x=$______时，谓词 $P(x,1/2)$为真.

2.2 命题函数与量词

2.2.1 命题函数的概念

为了阐述命题函数的概念，先看下面的例题.

例 2.2.1 观察下列命题.

(1) 1 是质数；

(2) 3 是质数；

(3) 5 是质数；

(4) 7 是质数；

(5) $2+7=9$；

(6) $2+2=9$；

(7) $7+2=9$；

(8) $7+7=9$.

解 (1)～(4)可表示为 $A(x)$：x 是质数，其中 $x\in\{1,3,5,7\}$.

(5)～(8)可表示为 $B(x,y,9)$：$x+y=9$，其中 $x,y\in\{2,7\}$.

由一个谓词常量或谓词变量 A 和 $n(n\geqslant 0)$个个体变量 $x_1,x_2,\cdots,x_n$ 组成的表达式 $A(x_1,x_2,\cdots,x_n)$，称为 **n 元谓词**(*n*-place predicate)或 **n 元简单命题函数**，并称个体变量的取值范围为**个体域**(the universe discourse)或**论域**(universe of discourse).

例 2.2.1 中，$A(x)$即为一元谓词或一元简单命题函数，其中 x 为个体变量，$\{1,3,5,7\}$为个体域或论域. $B(x,y,9)$即为二元谓词或二元简单命题函数，其中 x,y 为个体变量，$\{2,7\}$为个体域或论域.

论域对谓词的影响很重要.例如,$P(x)$:x 是整数,如果 x 的论域取为正整数集,那么 $P(x)$表示一个真命题;如果 x 的论域取为无理数集,那么 $P(x)$表示一个假命题;如果 x 的论域取为实数集,那么 $P(x)$不表示任何命题,因为真值不确定.

由一个或几个简单命题函数通过运算所得的表达式称为**复合命题函数**.这里的运算是指$\neg$,$\wedge$,$\vee$,$\rightarrow$,$\leftrightarrow$,$\uparrow$,$\downarrow$,∇,$\mapsto$等命题运算.

简单命题函数与复合命题函数统称为**命题函数**(statement function).

命题函数中,不同的个体变量用不同的论域是可以的,但当一起讨论不同的个体变量时,用不同的论域很不方便,即不同的命题函数必须在相同的论域中进行运算,为此,把各个个体变量的论域综合在一起,称其为**全总论域**(the general domain).不特别说明时,全总论域即为宇宙间万物组成的集合.同时,命题函数的论域不具体指明时,即为全总论域.

例如,设 $P(x)$:x 学习很好;$Q(x)$:x 工作很好,则$\neg P(x)\wedge\neg Q(x)$:x 学习与工作都不很好;$P(x)\rightarrow Q(x)$:如果 x 学习好,那么 x 工作好.

注意 0元谓词就是命题,可见谓词逻辑是命题逻辑的扩展.

例 2.2.2 在谓词逻辑中符号化下列命题.

(1) 全等三角形的面积相等;

(2) 两条直线平行当且仅当它们没有交点;

(3) 小徐是个大二男生.

解 (1) 设 $P(x,y)$:x 和 y 全等;$Q(x,y)$:x 和 y 的面积相等.x,y 的论域为平面三角形集合.命题符号化为 $P(x,y)\rightarrow Q(x,y)$.

(2) 设 $P(x,y)$:x 和 y 平行;$Q(x,y)$:x 和 y 有交点.x,y 的论域为平面直线集合.命题符号化为 $P(x,y)\leftrightarrow\neg Q(x,y)$.

(3) a:小徐;$P(x)$:x 是大二学生;$Q(x)$:x 是男生.命题符号化为 $P(a)\wedge Q(a)$.

2.2.2 全称量词与存在量词

在汉语里,语句“有的实数是整数”和“每个实数都是整数”有不同的含义.前者是真命题,后者是假命题.在谓词逻辑中,需要把原子命题的结构进一步细分,这些结构除了个体和谓词以外,还有类似“存在”和“任意”的词语,为了更好地符号化各种命题,还要引入量词的概念.表示个体常量或个体变量之间数量关系的词称为**量词**(quantifier).下面介绍全称量词与存在量词.

“$\forall$”称为**全称量词**(universal quantifier),同汉语中的量词“任意、每一个、所有”.“$\forall x$”读作“任意 x”,$\forall xF(x)$表示论域里每个个体都具有性质 F.

“$\exists$”称为**存在量词**(existential quantifier),同汉语中的量词“有些、存在、至少有一个”.“$\exists x$”读作“存在 x”,$\exists xF(x)$表示论域里存在个体具有性质 F.

例 2.2.3 符号化命题:“有的实数是整数.”

解 设 $P(x)$:x 是整数;$Q(x)$:x 是实数.

取论域为实数集,则符号化为 $\exists xP(x)$;

取论域为全总论域,则符号化为 $\exists x(Q(x)\wedge P(x))$.

例 2.2.4 符号化命题:“每个实数都是整数.”

解 设 $P(x)$:x 是整数;$Q(x)$:x 是实数.

取论域为实数集,则符号化为 $\forall xP(x)$;

取论域为全总论域,则符号化为 $\forall x(Q(x)\rightarrow P(x))$.

注意 用量词符号化命题时,首先要指明论域,在不同的论域中,同一个命题符号化的形式不一样.在全总论域中,要用**特性谓词**限定个体变量的取值范围,以区别于全总论域中其他个体.全称量词中,特性谓词只能作为条件式的前件;存在量词中,特性谓词只能作合取项.当然,给个体变量指定恰当的论域时可以不使用特性谓词.

例 2.2.5 分别在下列论域下,翻译命题:“奇数能被 2 整除.”

(1) 论域:自然数集;

(2) 论域:实数集;

(3) 论域:奇数集.

解 设 $A(x)$:x 是奇数;$P(x)$:x 能被 2 整除.

(1) 符号化为 $\forall x(A(x)\rightarrow P(x))$;

(2) 符号化为 $\forall x(A(x)\rightarrow P(x))$;

(3) 符号化为 $\forall xP(x)$.

例 2.2.6 在谓词逻辑中符号化下列命题.

(1) 江宁高中 99 级 4 班有人考上大学;

(2) 实数未必都是有理数;

(3) 人都是要喝水的.

解 (1) 设 $P(x)$:x 是江宁高中 99 级 4 班的同学;$Q(x)$:x 考上大学.

取论域为全总论域,则命题符号化为 $\exists x(P(x)\wedge Q(x))$;

取论域为江宁高中 99 级 4 班的全体同学,则命题符号化为 $\exists xQ(x)$.

(2) 设 $P(x)$:x 是实数;$Q(x)$:x 是有理数.

取论域为全总论域,则命题符号化为 $\neg\forall x(P(x)\rightarrow Q(x))$ 或 $\exists x(P(x)\wedge\neg Q(x))$;

取论域为实数集,则命题符号化为 $\neg\forall xQ(x)$ 或 $\exists x\neg Q(x)$.

(3) $P(x)$:x 是人;$Q(x)$:x 是需要喝水的.

取论域为全总论域,则命题符号化为 $\forall x(P(x)\rightarrow Q(x))$;

取论域为人类集合,则命题符号化为 $\forall xQ(x)$.

例 2.2.7 设论域为实数集，符号化以下命题.

(1) 无理数都不是分数；

(2) 并非所有有理数都是整数；

(3) 整数都是有理数，但不一定是分数.

解 设 $P(x)$：x 是无理数；$Q(x)$：x 是分数；$R(x)$：x 是有理数；$S(x)$：x 是整数.

(1) 命题符号化为 $\forall x(P(x)\rightarrow\neg Q(x))$；

(2) 命题符号化为 $\neg\forall x(R(x)\rightarrow S(x))$；

(3) 命题符号化为 $\forall x(S(x)\rightarrow R(x))\wedge\neg\forall x(S(x)\rightarrow Q(x))$.

习题 2.2

1. 在谓词逻辑中符号化下列命题.

(1) 能被 4 整除的数都可以被 2 整除；

(2) 如果有人想去打球，我就把球带去；

(3) 在座的所有人都是学生，但不都是大学生；

(4) 如果存在最小的整数，就一定存在最大的整数.

2. 指出第 1 题中的特性谓词(如果有的话).

3. 使用 $P(x,y)$：$x<y$ 和 $Q(x,y)$：$x=y$ 这两个谓词符号化下列命题.

(1) 不存在最大的有理数；

(2) 若 $x>y>0$，则 $\ln x>\ln y>0$；

(3) 非负实数的平方不一定大于 0；

(4) 数列极限的定义：$\lim\limits_{n\to\infty}a_n=A$.

4. 设论域为数学系全体同学，$P(x)$：x 是数学系女生；$Q(x)$：x 选修离散数学；$R(x)$：x 选修复变函数. 命题"每个选修了复变函数的数学系男生都选修了离散数学"符号化为______.

2.3 谓词公式与约束变量

2.3.1 项

在谓词逻辑中，用个体常量符号 $a,b,c,\cdots$ 和个体变量符号 $x,y,z,\cdots$ 来表示个体是不够的. 例如，命题"张三的妈妈是医生."语句中"张三的妈妈"是个体，"……是医生"是谓词. 如果再进一步细分，"张三的妈妈"是与"张三"这个个体相关的另外一个个体.设 A 为全体人的集合,可以定义一个 A 到 A 的映射 f:"$f(x)=x$ 的妈妈".设 $P(x)$:x 是医生;a:张三.那么原命题可以符号化为 $P(f(a))$.下面给出项的概念.

定义 2.3.1 有限次使用以下两条规则而得的字符串称为**项**(term):

(1) 个体常量和个体变量是项;

(2) 若 $x_1,x_2,\cdots,x_n$ 是项,则 $f(x_1,x_2,\cdots,x_n)$是项,其中 f 是 n 元函数.

显然,个体都可以用项来表示.例如,$a,b,f(a,b)=a+2b,g(a)=a^2$,$g(f(a,b))=(a+2b)^2$都是项.

2.3.2 谓词公式

定义 2.3.2 设 P 是 n 元谓词,$x_1,x_2,\cdots,x_n$ 是 n 个项,则 $P(x_1,x_2,\cdots,x_n)$ 称为**原子谓词公式**(atomic predicate formula),简称**原子公式**(atomic formula).

原子公式之间通过联结词、量词联结而成的字符串,称为谓词公式.下面用递归的方法定义谓词公式.

定义 2.3.3 **谓词公式**(predicate formula)是有限次使用以下四条规则运算而得的字符串:

(1) 原子公式是谓词公式;

(2) 若 P 是谓词公式,则$\neg P$ 也是谓词公式;

(3) 如果 P 与 Q 均是谓词公式,那么$(P\wedge Q)$,$(P\vee Q)$,$(P\rightarrow Q)$,$(P\leftrightarrow Q)$等都是谓词公式;

(4) 如果 P 是谓词公式,x 是P 中出现的任意个体变量,则$\forall xP$ 和$\exists xP$ 都是谓词公式.

谓词公式是命题公式的扩展,同样约定最外层圆括号可以省略,但量词后面若有括号则不省略.例如,$P(x,y)\rightarrow(Q(x)\rightarrow R(y,z))$,$P(x)\wedge P(y)$,$P(x,y,z)\wedge(P(x,y,z)\rightarrow Q)$,$\exists x(A(x)\wedge P(x))$,$\exists xA(x)\wedge P(x)$,$\forall y((A(x)\wedge A(y))\rightarrow F(x,y,0))$,$\exists x\,\exists y(P(x)\wedge Q(y)\wedge F(x,y))$等都是谓词公式.

汉语中的某些陈述句可以用谓词公式来表示,这个过程称为谓词逻辑中的**符号化**(symbolization)或**翻译**(translation).量词和联结词统称为**谓词运算符**(predicate operator),简称**运算符**(operator).谓词公式也可以看作是原子公式经过运算符运算而成的字符串.

例 2.3.1 符号化下列命题.

(1) 如果全班同学都去春游,那么李四也会去;

(2) 存在小于 3 的奇数;

(3) 任何既能被 2 整除又能被 3 整除的整数必能被 6 整除.

解 (1) x 的论域为全班同学，a：李四；$P(x)$：x 去春游. 命题符号化为 $\forall xP(x)\to P(a)$.

(2) a:3；$P(x)$：x 是奇数；$Q(x,y)$：$x<y$. 命题符号化为 $\exists x(P(x)\land Q(x,a))$.

(3) 个体域为整数集，a：3；b：2；c：6；$P(x,y)$：x 能被 y 整除. 命题符号化为 $\forall x((P(x,b)\land P(x,a))\to P(x,c))$.

2.3.3 约束变量与自由变量

谓词公式 $\forall xP(x)\to P(y)$ 中约束部分是 $\forall xP(x)$，量词 $\forall x$ 的辖域是 $P(x)$，辖域内的变量 x 被量词 $\forall x$ 所约束；但变量 y 不在量词的辖域内，没有被量词所约束. 被量词约束的变量和没有被量词约束的变量，以及被不同量词约束的变量，所表示的含义不同. 由此有约束变量和自由变量的概念.

定义 2.3.4 设谓词公式 $\forall xP(x)$ 和 $\exists xP(x)$，量词"$\forall$"或"$\exists$"后面所紧跟的个体变量 x 称为相应量词的**指导变量**(direct variable)或**作用变量**；紧跟在量词后面的最小子公式 $P(x)$ 叫作相应量词的**作用域或辖域**(scope)；在辖域中，指导变量的全部出现称作**约束出现**，并称约束出现的个体变量为相应量词的**约束变量**(bound variable)，其余的个体变量称为相应量词的**自由变量**(free variable).

量词的辖域一般用括号括起来置于量词右边. 表示辖域的括号在以下两种情况之一时可以省略：

(1) 当辖域是一个谓词时，例如，$\exists xP(x)$.

(2) 当辖域是另外一个约束部分时，例如，$\forall x\,\exists yP(x,y)$.

另外，约束部分最外层的括号也可以省略，例如，$\neg\exists yR(x,y)$.

例 2.3.2 指出所有量词的辖域：$\forall x\,\exists y(Q(x,y)\land\exists zP(x,y,z))$.

解 $\exists z$ 的辖域是 $P(x,y,z)$.

$\exists y$ 的辖域是 $Q(x,y)\land\exists zP(x,y,z)$.

$\forall x$ 的辖域是 $\exists y(Q(x,y)\land\exists zP(x,y,z))$.

注意 当 x 同时在多个以 x 为指导变量的量词辖域内时，按照从里到外的顺序被第一个量词所约束.

例 2.3.3 指出下列公式中量词的辖域、变量的约束出现和自由出现.

(1) $\exists x(P(x)\land\forall xQ(x,y,z))\lor\forall zR(z,x)$；

(2) $\forall x(P(x,a)\land\exists xQ(x,y))\to\exists yR(z,y)$.

解 (1) $\forall x$ 的辖域是 $Q(x,y,z)$，x 有 1 次约束出现；y,z 各有 1 次自由出现.

$\exists x$ 的辖域是 $P(x)\land\forall xQ(x,y,z)$，$x$ 有 2 次约束出现(被不同量词约束)；y,z 各有 1 次自由出现.

$\forall z$ 的辖域是 $R(z,x)$，z 有 1 次约束出现；x 有 1 次自由出现.

整个公式中，x 有 2 次约束出现、1 次自由出现；y 有 1 次自由出现；z 有 1 次约束出现、1 次自由出现.

(2) $\exists x$ 的辖域是 $Q(x,y)$，x 有 1 次约束出现；y 有 1 次自由出现.

$\forall x$ 的辖域是 $P(x,a)\wedge\exists xQ(x,y)$，$x$ 有 2 次约束出现；y 有 1 次自由出现.

$\exists y$ 的辖域是 $R(z,y)$，y 有 1 次约束出现；z 有 1 次自由出现.

整个公式中，x 有 2 次约束出现；y 有 1 次约束出现、1 次自由出现；z 有 1 次自由出现.

定义 2.3.5 没有自由变量的谓词公式称为**闭式**(closed formula).

例如，$\forall x\exists yQ(x,y)$，$\forall xP(x)$ 和 $R(a)$ 都是闭式.

闭式相当于 0 元谓词.

在一个谓词公式 A 中，有的个体变量可以既有约束出现，又有自由出现，并且同名(用同一字母表示)的变量可以被不同的量词约束. 自由变量和约束变量在公式中的含义不同，被不同量词约束的变量含义也不同，但是它们如果用相同的字母表示的话，为消除混淆，可对约束变量换名，即换成另外的字母.

约束变量换名规则 将某个量词的指导变量以及受此量词约束的约束变量换成公式中未出现的变量，其余部分保持不变.

约束变量换名的目的 使得约束变量彼此不同名；约束变量与自由变量不同名.

例 2.3.4 对下列的谓词公式进行约束变量换名.

(1) $\forall x(\exists yQ(x,y)\rightarrow\exists xP(x,y,z))\wedge R(y)$；

(2) $\exists y(\forall xP(x,y)\leftrightarrow Q(x,z))\vee\forall y\exists zR(y,z)$.

解 (1) 公式中约束变量 x 之间同名，约束变量 y 和自由变量 y 同名，可换名为 $\forall s(\exists tQ(s,t)\rightarrow\exists xP(x,y,z))\wedge R(y)$.

(2) 公式中约束变量 y 之间同名，约束变量 x 和自由变量 x 同名，约束变量 z 和自由变量 z 同名，可换名为 $\exists s(\forall tP(t,s)\leftrightarrow Q(x,z))\vee\forall y\exists wR(y,w)$.

对谓词公式中的自由变量可做代入，自由变量代入规则：选用谓词公式中未出现的符号，对谓词公式中出现该自由变量的每一处都进行代入.

例如，对谓词公式 $\forall x(P(x,y)\rightarrow\exists zR(z,y))\wedge\forall tQ(y,t)$ 中自由变量 y 用 a 代入后即得

$$\forall x(P(x,a)\rightarrow\exists zR(z,a))\wedge\forall tQ(a,t)$$

注意 对自由变量代入所得的谓词公式与原谓词公式未必等价，除非原谓词公式是重言式或矛盾式.

若约束变量的论域为有限集 $\{a_1,a_2,\cdots,a_n\}$，容易证明

$$\forall xP(x)\Leftrightarrow P(a_1)\wedge P(a_2)\wedge\cdots\wedge P(a_n)$$

$$\exists xP(x)\Leftrightarrow P(a_1)\vee P(a_2)\vee\cdots\vee P(a_n)$$

量词对个体变量的约束,还与量词的次序有关,约定从左到右的次序读出.

例如,设论域为实数集.

(1) $\forall x\exists y(x+y=0)$表示命题"对每一个实数 x,均存在实数 y,使得 $x+y=0$".该命题的真值为1.

(2) $\exists y\ \forall x(x+y=0)$表示命题"存在实数 y,对任意实数 x,使得 $x+y=0$".该命题的真值为0.

例2.3.5　设论域为$\{1,2\}$;$a=1$;$f(1)=2,f(2)=1$;$P(1)$的真值为0,$P(2)$的真值为1;$Q(1,1)$与$Q(1,2)$的真值均为1,$Q(2,1)$与$Q(2,2)$的真值均为0.求下列各谓词公式在该解释下的真值.

(1) $\exists xP(f(x))\wedge\forall xQ(x,f(a))$;

(2) $\forall x\ \exists y(P(x)\wedge Q(x,y))$.

解　(1) 由已知可得

$$\begin{aligned}\exists xP(f(x))\wedge\forall xQ(x,f(a))&\Leftrightarrow(P(f(1))\vee P(f(2)))\wedge\\&\quad\ (Q(1,f(1))\wedge Q(2,f(1)))\\&\Leftrightarrow(P(2)\vee P(1))\wedge Q(1,2)\wedge Q(2,2)\\&\Leftrightarrow\mathrm{F}\end{aligned}$$

(2) 由已知可得

$$\begin{aligned}\forall x\ \exists y(P(x)\wedge Q(x,y))&\Leftrightarrow\exists y(P(1)\wedge Q(1,y))\wedge\exists y(P(2)\wedge Q(2,y))\\&\Leftrightarrow((P(1)\wedge Q(1,1))\vee(P(1)\wedge Q(1,2)))\wedge\\&\quad\ ((P(2)\wedge Q(2,1))\vee(P(2)\wedge Q(2,2)))\\&\Leftrightarrow\mathrm{F}\end{aligned}$$

2.3.4　解释

前文讲过,把汉语中的语句或命题用谓词公式表示,叫作语句或命题的符号化或翻译.下面把这个过程逆转:从一个谓词公式出发,把公式中出现的各种暂时还没含义的符号都用特定的常项来取代,这个与翻译相反的过程称为对谓词公式的一个**解释**(interpretation).

在给出解释之前,谓词公式只是没有含义的字符串,其中可能出现的符号有:个体常量符号 $a,b,c,\cdots$;个体变量符号 $x,y,z,\cdots$;函数符号 $f,g,h,\cdots$;谓词符号 $P,Q,R,\cdots$,需要对这些符号表示的含义给出解释.

定义2.3.6　谓词公式的一个解释 I 由以下四部分构成:

(1) 非空个体域 D_I,使得个体变量 $x,y,z,\cdots\in D_I$;

(2) D_I中的特定个体分别取代公式中的个体常量$a,b,c,\cdots$;

(3) D_I上的一些特定的函数分别取代公式中的函数$f,g,h,\cdots$;

(4) D_I上的一些特定的谓词分别取代公式中的谓词$P,Q,R,\cdots$.

在给出解释之后,谓词公式就有了含义,表示语句或命题.

定义 2.3.7 设 A 是谓词公式,I 为 A 的一个解释,若 A 在解释I下的含义是真命题,那么称 A **在解释 I 下为真**(be true in the interpretation of I);若 A 在解释 I 下的含义是假命题,那么称 A **在解释 I 下为假**(be false in the interpretation of I);若 A 在解释 I 下的含义不是命题,那么称 A **在解释 I 下不真也不假**(be neither true nor false in the interpretation of I).

例 2.3.6 已知解释 I:论域 D_I 为正整数集;$a=1$;$f(x)=x+1$;$P(x,y)$:$x=y$;$Q(x,y)$:$x\geqslant y$.

写出下列谓词公式在解释 I 下的含义,并判断公式在解释 I 下是真是假.

(1) $\exists y\,\forall x Q(x,y)$;

(2) $\forall x\,\exists y P(x,f(y))$;

(3) $\exists x Q(f(x),a)\rightarrow P(x,y)$.

解 (1) 公式在解释 I 下的含义为:"存在正整数 y,使得对任意正整数 x,有 $x\geqslant y$."该公式在解释 I 下为真.

(2) 公式在解释 I 下的含义为:"对任意正整数 x,存在正整数 y,使得 $x=y+1$."该公式在解释 I 下为假.

(3) $\exists x Q(f(x),a)\rightarrow P(x,y)$换名为$\exists s Q(f(s),a)\rightarrow P(x,y)$.公式在解释 I 下的含义为:"若存在正整数 s,使得 $s+1\geqslant 1$ 时,对正整数 x 与 y 有 $x=y$."该公式在解释 I 下真值不确定,因而该公式在解释 I 下不真也不假.

设 A 是一个 n 元谓词,I 是 A 的一个解释.当 $n\geqslant 1$ 时 A 在解释 I 下可能不是命题.设 $x_1,x_2,\cdots,x_n$ 是 A 中全部自由变量,当 $x_1,x_2,\cdots,x_n$ 的取值都确定下来后,A 就是命题.闭式没有自由变量,所以闭式在解释 I 下,要么为真,要么为假.

比如例 2.3.6 中(1)和(2)是闭式,在给定的解释下真值分别必然确定;(3)不是闭式,在某个解释下,可能为真,可能为假,也可能非真非假.例如,再给一个解释 I_1:论域 D_{I_1} 为正整数集,$a=1$;$f(x)=x+1$;$Q(x,y)$:$x=y$;$P(x,y)$:$xy>0$.此时(3)在解释 I_1 下的含义是:"若存在正整数 s,使得 $s+1=1$ 时,对正整数 x 与 y 有 $xy>0$."为真命题.所以该公式在解释 I_1 下为真.

2.3.5 谓词公式的分类

定义 2.3.8 设 A 为谓词公式,若 A 在任意解释下均为真,则称 A 为**重言式**或**永真式**(tautology);若 A 在任意解释下均为假,则称 A 为**矛盾式**或**永假式**(contradiction);若存在一个解释 I 使得 A 为真又存在一个解释 I 使得 A 为假,则

称 A 为**可满足式**(contingency).

判断谓词公式是永真式、矛盾式还是可满足式,称为谓词公式的类型判定问题.命题逻辑的公式类型判定问题是由一般方法来解决的,但谓词逻辑的公式类型判定问题是不能由一般方法来解决的.对于某些特定的谓词公式,可以判定其类型.

定义 2.3.9 设 A 为命题公式,$P_1,P_2,\cdots,P_n$ 为 A 中全部命题变量.以谓词公式 $A_1,A_2,\cdots,A_n$ 分别处处代入 A 中的 $P_1,P_2,\cdots,P_n$ 而得的谓词公式 B 称为 A 的一个**代入实例**(substitution of a statement formula).

定理 2.3.1 命题逻辑中的永真式的每个代入实例都是永真式.

证明 设 B 为 A 的任意一个代入实例.在任意解释 I 下规定:谓词公式 A_i $(i=1,2,\cdots,n)$为真当且仅当命题变量 P_i 为真.因为 A 在任意指派下均为真,所以 B 在无论 A_i 为真还是 A_i 为假时均为真.所以 B 为永真式.

例 2.3.7 判断下列谓词公式的类型.

(1) $\forall xP(x)\rightarrow\exists xP(x)$;

(2) $\exists y\,\forall xP(x,y)$.

解 (1) 设 I 为任意解释,对任意 $x\in D_I$,若 $P(x)$为 1,则存在 $x\in D_I$,使得 $P(x)$为 1,即若$\forall xP(x)$为 1,则$\exists xP(x)$为 1.于是$\forall xP(x)\rightarrow\exists xP(x)$在解释 I 下为真,由 I 的任意性知,谓词公式$\forall xP(x)\rightarrow\exists xP(x)$为永真式.

(2) 解释 I_1:D_{I_1} 为整数集;$P(x,y)$:$x\leqslant y$.该公式在解释 I_1 下的含义是:"存在最大的整数."为假命题.所以该公式在解释 I_1 下为假.

解释 I_2:D_{I_2} 为实数集;$P(x,y)$:$xy=0$.该公式在解释 I_2 下的含义是:"存在实数 y,使得对任意实数 x,都有 $xy=0$."为真命题.所以该公式在解释 I_2 下为真.

综上所述,谓词公式$\exists y\forall xP(x,y)$为可满足式.

习题 2.3

1. 指出下列公式中量词的辖域、变量的约束出现和自由出现.

(1) $\exists x(P(x)\rightarrow\forall xQ(x,y,z))\vee\forall z\,\exists yR(x,y,z)$;

(2) $\forall xP(x,a,z)\wedge(\exists xQ(x,y,b)\rightarrow\exists yR(x,y,z))$.

2. 对第 1 题中的约束变量进行换名.

3. 设解释 I:论域 D_I 为正整数集;$a=0$;$f(x)=x+1$;$P(x,y)$:$x<y$,$Q(x,y)$:$x=y$.写出下列谓词公式在解释 I 下的含义,并判断公式在解释 I 下是真是假或者真值未定.

(1) $\forall x(P(x,f(a))\rightarrow\exists yQ(f(a),y))$; (2) $\exists yQ(f(a),y)\rightarrow\forall xP(x,f(a))$;

(3) $\exists y\forall x(P(f(x),y)\vee Q(a,y))$; (4) $\forall x\,\exists y(P(f(x),y)\vee Q(a,y))$;

(5) $\forall xP(x,f(y))\wedge\exists yQ(a,y)$； (6) $\exists x(Q(f(x),y)\leftrightarrow P(a,y))$.

4. 设解释 I：论域 D_I 为$\{1,2,5,8,9\}$；$P(x,y):x<y$，$Q(x,y):x=y$. 判断公式在解释 I 下是真是假或者真值未定.

(1) $\forall x(P(x,5)\to P(x,3))$； (2) $\forall x\exists yQ(x,2y)$；

(3) $\exists y\forall xQ(x,2y)$； (4) $\exists x(P(x,y)\vee Q(x,y))$；

(5) $\exists x(P(x,y)\wedge Q(x,y))$； (6) $\forall x(P(x,y)\to Q(x,y-1))$.

2.4 谓词演算的等价公式与蕴涵式

2.4.1 谓词等价公式

定义 2.4.1 设 A 和 B 是谓词公式，在任意解释下若 $A\leftrightarrow B$ 是重言式，则称 A 和 B **等价**，记作 $A\Leftrightarrow B$.

由于永真式的每个代入实例都是永真式，这样，命题演算中的等价公式都可以推广到谓词演算中使用. 例如

$$P(x)\to Q(x)\Leftrightarrow\neg P(x)\vee Q(x)$$
$$P(x)\to\forall xQ(x)\Leftrightarrow\neg P(x)\vee\forall xQ(x)$$
$$P\leftrightarrow Q(x,y)\Leftrightarrow(P\wedge Q(x,y))\vee(\neg P\wedge\neg Q(x,y))$$
$$P(x)\leftrightarrow Q\Leftrightarrow(\neg P(x)\vee Q)\wedge(P(x)\vee\neg Q)$$
$$P(x)\to Q(y)\Leftrightarrow\neg Q(y)\to\neg P(x)$$
$$P(x)\to(Q\to R(y))\Leftrightarrow Q\to(P(x)\to R(y))$$
$$\exists xP(x,y,z)\to(Q\to R)\Leftrightarrow(\exists xP(x,y,z)\wedge Q)\to R$$

自然语言里，“并不是每个人都喜欢看电影”和“有人不喜欢看电影”含义相同；“不存在有人喜欢看电影”和“所有人都不喜欢看电影”含义也相同. 一般地，谓词逻辑里有类似等价公式.

定理 2.4.1（量词的否定） 设 $A(x)$为任意谓词公式，则：

(1) $\neg\forall xA(x)\Leftrightarrow\exists x\neg A(x)$；

(2) $\neg\exists xA(x)\Leftrightarrow\forall x\neg A(x)$.

证明 设 I 为任意解释. 下面就论域 D_I为有限集$\{a_1,a_2,\cdots,a_n\}$的情形进行证明.

$$\begin{aligned}(1)\ \neg\forall xA(x)&\Leftrightarrow\neg(A(a_1)\wedge A(a_2)\wedge\cdots\wedge A(a_n))\\&\Leftrightarrow\neg A(a_1)\vee\neg A(a_2)\vee\cdots\vee\neg A(a_n)\\&\Leftrightarrow\exists x\neg A(x).\end{aligned}$$

(2) $\neg\exists xA(x)\Leftrightarrow\neg(A(a_1)\vee A(a_2)\vee\cdots\vee A(a_n))$

$$\Leftrightarrow\neg A(a_1)\wedge\neg A(a_2)\wedge\cdots\wedge\neg A(a_n)$$

$$\Leftrightarrow\forall x\,\neg A(x).$$

上述证明可以推广到论域 D_I 为无限集的情形.

$\neg\forall xA(x)\Leftrightarrow\exists x\,\neg A(x)$ 可直译为"不是每个 x 都有性质 A"等价于"存在 x 没有性质 A".而 $\neg\exists xA(x)\Leftrightarrow\forall x\,\neg A(x)$ 可直译为"不存在 x 有性质 A"等价于"每个 x 都没有性质 A".

定理 2.4.2(量词分配律) 设 $A(x)$ 与 $B(x)$ 为任意谓词公式,则:

(1) $\forall x(A(x)\wedge B(x))\Leftrightarrow\forall xA(x)\wedge\forall xB(x)$;

(2) $\exists x(A(x)\vee B(x))\Leftrightarrow\exists xA(x)\vee\exists xB(x)$.

证明 (1) 设 I 为任意解释.下面就论域 D_I 为有限集 $\{a_1,a_2,\cdots,a_n\}$ 的情形证明.

$$\begin{aligned}\forall x(A(x)\wedge B(x))&\Leftrightarrow(A(a_1)\wedge B(a_1))\wedge\\&\quad(A(a_2)\wedge B(a_2))\wedge\cdots\wedge(A(a_n)\wedge B(a_n))\\&\Leftrightarrow((A(a_1)\wedge A(a_2)\wedge\cdots\wedge A(a_n))\wedge\\&\quad((B(a_1)\wedge B(a_2)\wedge\cdots\wedge B(a_n))\\&\Leftrightarrow\forall xA(x)\wedge\forall xB(x)\end{aligned}$$

上述证明可以推广到论域 D_I 为无限集的情形.

(2) 因为 $A(x)$ 与 $B(x)$ 为任意谓词公式,由(1)知

$$\begin{aligned}\exists x(A(x)\vee B(x))&\Leftrightarrow\exists x\,\neg(\neg A(x)\wedge\neg B(x))\\&\Leftrightarrow\neg\forall x(\neg A(x)\wedge\neg B(x))\\&\Leftrightarrow\neg(\forall x\,\neg A(x)\wedge\forall x\,\neg B(x))\\&\Leftrightarrow\neg\forall x\,\neg A(x)\vee\neg\forall x\,\neg B(x))\\&\Leftrightarrow\exists xA(x)\vee\exists xB(x)\end{aligned}$$

定理 2.4.3(量词辖域收缩和扩张) 设 $A(x)$ 与 B 均为任意谓词公式,且 B 不含有变量 x,则:

(1) $\forall x(A(x)\wedge B)\Leftrightarrow\forall xA(x)\wedge B$;

(2) $\forall x(A(x)\vee B)\Leftrightarrow\forall xA(x)\vee B$;

(3) $\forall x(A(x)\rightarrow B)\Leftrightarrow\exists xA(x)\rightarrow B$;

(4) $\forall x(B\rightarrow A(x))\Leftrightarrow B\rightarrow\forall xA(x)$;

(5) $\exists x(A(x)\wedge B)\Leftrightarrow\exists xA(x)\wedge B$;

(6) $\exists x(A(x)\vee B)\Leftrightarrow\exists xA(x)\vee B$;

(7) $\exists x(A(x)\rightarrow B)\Leftrightarrow\forall xA(x)\rightarrow B$;

(8) $\exists x(B\rightarrow A(x))\Leftrightarrow B\rightarrow\exists xA(x)$.

证明 由定理2.4.2知(1)成立.

(2) 设I为任意解释.下面就论域D_I为有限集$\{a_1,a_2,\cdots,a_n\}$的情形进行证明.

$$\begin{aligned}\forall x(A(x)\vee B)&\Leftrightarrow(A(a_1)\vee B)\wedge(A(a_2)\vee B)\wedge\cdots\wedge(A(a_n)\vee B)\\&\Leftrightarrow((A(a_1)\wedge A(a_2)\wedge\cdots\wedge A(a_n))\vee B\\&\Leftrightarrow\forall xA(x)\vee B\end{aligned}$$

上述证明可以推广到D_I为无限集的情形.

(3) $\forall x(A(x)\rightarrow B)\Leftrightarrow\forall x(\neg A(x)\vee B)$

$\Leftrightarrow\forall x\neg A(x)\vee B$

$\Leftrightarrow\neg\exists xA(x)\vee B$

$\Leftrightarrow\exists xA(x)\rightarrow B$.

(4) $\forall x(B\rightarrow A(x))\Leftrightarrow\forall x(\neg B\vee A(x))$

$\Leftrightarrow\neg B\vee\forall xA(x)$

$\Leftrightarrow B\rightarrow\forall xA(x)$.

把(1)～(4)中的全称量词和存在量词互换,得到(5)～(8).证明过程类似.

例2.4.1 设$A(x)$不含y,$B(y)$不含x.证明:

$$\exists y\,\forall x(\neg A(x)\rightarrow B(y))\Leftrightarrow\forall xA(x)\vee\exists yB(y)$$

证明 由题意可得

$$\begin{aligned}\exists y\,\forall x(\neg A(x)\rightarrow B(y))&\Leftrightarrow\exists y(\exists x\neg A(x)\rightarrow B(y))\\&\Leftrightarrow\exists x\neg A(x)\rightarrow\exists y\,B(y)\\&\Leftrightarrow\neg\forall xA(x)\rightarrow\exists y\,B(y)\\&\Leftrightarrow\forall xA(x)\vee\exists y\,B(y)\end{aligned}$$

定理2.4.4(量词交换律) 设A为任意谓词公式,则:

(1) $\forall x\,\forall yA(x,y)\Leftrightarrow\forall y\,\forall xA(x,y)$;

(2) $\exists x\,\exists yA(x,y)\Leftrightarrow\exists y\,\exists xA(x,y)$.

证明 设I为任意解释.个体域为D_I.

(1) $\forall x\,\forall yA(x,y)\Leftrightarrow\bigwedge_{x\in D_I}\forall yA(x,y)$

$\Leftrightarrow\bigwedge_{x\in D_I}\bigwedge_{y\in D_I}A(x,y)$

$\Leftrightarrow\bigwedge_{y\in D_I}\bigwedge_{x\in D_I}A(x,y)$

$\Leftrightarrow\forall y\,\forall xA(x,y)$.

(2) $\exists x\,\exists yA(x,y)\Leftrightarrow\exists x\,\exists y\neg\neg A(x,y)$

$\Leftrightarrow\neg\forall x\,\forall y\neg A(x,y)$

$\Leftrightarrow\neg\forall y\,\forall x\neg A(x,y)$

$\Leftrightarrow \exists y \exists x A(x,y)$.

命题公式有主析取范式、主合取范式作为其标准型;类似地,谓词公式有前束范式.

定义 2.4.2　形如 $Q_1x_1Q_2x_2\cdots Q_nx_nB$ 的谓词公式,称为**前束范式**(prenex normal form),其中 $Q_1,Q_2,\cdots,Q_n$ 为量词,$x_1,x_2,\cdots,x_n$ 为个体变量,且 B 中不含量词.特别地,不含量词的谓词公式也是前束范式.

给定一个谓词公式,可以通过约束变量换名、量词转化、德・摩根律、量词作用域的收缩与扩张等步骤求得它的前束范式.但是,谓词公式的前束范式并不一定唯一,有时甚至互不等价,所以它不能像命题公式的主合取范式和主析取范式那样直接应用于解决实际问题.它只是将谓词公式的范围缩小了一点,给研究工作提供一定的方便.

例 2.4.2　求谓词公式 $\forall x(\exists zP(x,y)\wedge\exists xQ(x,y))\to\exists yR(z,y)$ 的前束范式.

解　由题意可得

$\forall x(\exists zP(x,y)\wedge\exists xQ(x,y))\to\exists yR(z,y)$

$\Leftrightarrow\forall x(P(x,y)\wedge\exists xQ(x,y))\to\exists yR(z,y)$　(消去多余量词$\exists z$)

$\Leftrightarrow\forall x(P(x,y)\wedge\exists sQ(s,y))\to\exists tR(z,t)$　(约束变量换名)

$\Leftrightarrow\neg\forall x(P(x,y)\wedge\exists sQ(s,y))\vee\exists tR(z,t)$　(联结词只含或且非)

$\Leftrightarrow\exists x(\neg P(x,y)\vee\forall s\neg Q(s,y))\vee\exists tR(z,t)$　(否定联结词深入辖域内)

$\Leftrightarrow\exists x\,\forall s\,\exists t(\neg P(x,y)\vee\neg Q(s,y)\vee R(z,t))$　(量词前置)

2.4.2　谓词蕴涵式

定义 2.4.3　设 A 和 B 是谓词公式,在任意解释下若 $A\to B$ 是重言式,则称 A **蕴涵** B,记作 $A\Rightarrow B$.

例 2.4.3　证明:$\forall xP(x)\Rightarrow\exists xP(x)$.

证明　设 I 为任意解释.若 $\forall xP(x)$ 在 I 下为真,则对任意 $x\in D_I$ 有 $P(x)$ 为真.那么必存在 $x\in D_I$ 使得 $P(x)$ 为真,即 $\exists xP(x)$ 在 I 下为真.

由于永真式的每个代入实例都是永真式,这样,命题演算中的蕴涵式都可以推广到谓词演算中使用.例如

$$P(x)\wedge(P(x)\to\exists xQ(x))\Rightarrow\exists xQ(x)$$
$$P(x)\wedge Q(x,y)\Rightarrow P(x)$$
$$P(x,y)\Rightarrow P(x,y)\vee Q(z)$$
$$\neg P(x)\Rightarrow P(x)\to Q(y)$$
$$\neg Q(x)\wedge(P(y)\to Q(x))\Rightarrow\neg P(y)$$

$$\neg P(x) \wedge (P(x) \vee Q(y)) \Rightarrow Q(y)$$
$$(P \to \forall x Q(x)) \wedge (\forall x Q(x) \to R) \Rightarrow P \to R$$

定理 2.4.5 设 $A(x)$ 与 $B(x)$ 为任意谓词公式,则:

(1) $\exists x(A(x) \wedge B(x)) \Rightarrow \exists x A(x) \wedge \exists x B(x)$;

(2) $\forall x A(x) \vee \forall x B(x) \Rightarrow \forall x(A(x) \vee B(x))$;

(3) $\forall x(A(x) \to B(x)) \Rightarrow \forall x A(x) \to \forall x B(x)$;

(4) $\forall x(A(x) \to B(x)) \Rightarrow \exists x A(x) \to \exists x B(x)$;

(5) $\exists x A(x) \to \exists x B(x) \Rightarrow \exists x(A(x) \to B(x))$.

证明 设 I 为任意解释.个体域为 D_I.

(1) 设$\exists x(A(x) \wedge B(x))$的真值为1,则存在个体常量 $a \in D_I$ 使得 $A(a) \wedge B(a)$的真值为1,即存在个体常量 $a \in D_I$ 使得 $A(a)$与 $B(a)$的真值同为1,从而$\exists x A(x)$与$\exists x B(x)$的真值同为1,因此$\exists x A(x) \wedge \exists x B(x)$的真值为1.故得证$\exists x(A(x) \wedge B(x)) \Rightarrow \exists x A(x) \wedge \exists x B(x)$.

(2) 由(1)知$\exists x(\neg A(x) \wedge \neg B(x)) \Rightarrow \exists x \neg A(x) \wedge \exists x \neg B(x)$,即$\neg \forall x(A(x) \vee B(x)) \Rightarrow \neg(\forall x A(x) \vee \forall x B(x))$,其逆否定理即为(2).

(3)～(5)证明留作练习.

定理 2.4.6 设 A 为含有个体变量 x 和 y 的谓词公式,则

$$\exists x \forall y A(x,y) \Rightarrow \forall y \exists x A(x,y)$$

证明 设 I 为任意解释.个体域为 D_I.

$$\begin{aligned}\exists x \forall y A(x,y) &\Leftrightarrow \exists x(\bigwedge_{y \in D_I} A(x,y)) \\ &\Rightarrow \bigwedge_{y \in D_I} \exists x A(x,y) \\ &\Leftrightarrow \forall y \exists x A(x,y)\end{aligned}$$

习题 2.4

1. 证明下列等价式或蕴涵式.

(1) $\exists x \forall y(P(x) \to Q(y)) \Leftrightarrow \forall x P(x) \to \forall y Q(y)$;

(2) $\forall x \exists y(P(x) \to Q(y)) \Leftrightarrow \exists x P(x) \to \exists y Q(y)$;

(3) $\exists x(P(x) \vee (Q(y) \wedge R(x))) \Rightarrow \exists x(P(x) \vee Q(y)) \wedge \exists x(P(x) \vee R(x))$;

(4) $\forall x(P(x) \wedge Q(y)) \vee \forall x(P(x) \wedge R(x)) \Rightarrow \forall x(P(x) \wedge (Q(y) \vee R(x)))$.

2. 求下列谓词公式的前束范式.

(1) $\exists x(P(x,y) \vee \forall x Q(x,y)) \to \forall y R(x,y)$;

(2) $\forall x P(x,y) \to \forall y(Q(x,y) \wedge \exists y R(x,y))$.

3. 设 $A(x)$ 和 $B(x)$ 是含有个体变量 x 的两个谓词公式，如果 $A(x)\Rightarrow B(x)$，那么下列结论是否成立？为什么？

(1) $\forall xA(x)\Rightarrow\forall xB(x)$；

(2) $\exists xA(x)\Rightarrow\exists xB(x)$.

4. 判断下列各式是否成立，并说明理由.

(1) $\forall xP(x)\vee\forall x\neg P(x)\Leftrightarrow T$；

(2) $\exists xP(x)\vee\exists x\neg P(x)\Leftrightarrow T$；

(3) $\forall xP(x)\wedge\forall x\neg P(x)\Leftrightarrow F$；

(4) $\exists xP(x)\wedge\exists x\neg P(x)\Leftrightarrow F$.

5. 证明定理 2.4.5 的(3)～(5).

2.5 谓词演算的推理理论

谓词逻辑的推理理论是在命题逻辑推理理论基础上的拓展，因此命题演算中的推理规则，如 P 规则、T 规则、CP 规则等都可以直接应用于谓词演算的推理中. 只是在谓词演算的推理过程中，某些前提与结论可能受量词的限制，为此必须增加消去和添加量词的规则，以便把谓词演算的推理转化为命题演算的推理.

全称指定规则(US 规则)(rule of universal specification)

$$\forall xP(x)\Rightarrow P(a) \tag{2.5.1}$$

$$\forall xP(x)\Rightarrow P(x) \tag{2.5.2}$$

注意 (1) 式(2.5.1)中，a 为 x 论域中的任意个体常量.

(2) 式(2.5.2)中，x 为个体变量.

(3) 式(2.5.2)也可表示为 $\forall xP(x)\Rightarrow P(y)$，这里 y 为个体变量. 但此时要特别注意，选用的变量 y 必须满足：y 不在 $P(x)$ 中约束出现.

例如，设论域为实数集，$F(x,y)$：$x>y$. 显然"$\forall x\exists yF(x,y)\Rightarrow\exists yF(y,y)$"不成立，因为谓词公式 $\forall x\exists yF(x,y)$ 中，x 对 y 不是自由的，$\forall x\exists yF(x,y)$ 的真值为 1，而 $\exists yF(y,y)$ 的真值为 0.

全称推广规则(UG 规则)(rule of universal generalization)

$$P(x)\Rightarrow\forall xP(x) \tag{2.5.3}$$

注意 (1) 式(2.5.3)中，x 为个体变量.

(2) UG 规则也可表示为 $P(x)\Rightarrow\forall yP(y)$，这里 y 为个体变量. 但此时要特别注意，选用的变量 y 必须满足：y 不在 $P(x)$ 中约束出现.

例如，设论域为实数集，$F(x,y)$：$x>y$. 显然"$\exists yF(x,y)\Rightarrow\forall y\exists yF(y,y)$"不

成立.

存在指定规则(ES规则)(rule of existential specification)

$$\exists xP(x)\Rightarrow P(a) \tag{2.5.4}$$

注意 (1) 式(2.5.4)中,a 为 x 论域中特定的个体常量,且不曾在 $P(x)$ 中出现过.

例如,设论域为整数集,$F(x,5)$:$x>5$.若$\exists xF(x,5)\Rightarrow F(a,5)$,则个体常量 a 不同于5,且 a 显然是指6,7,8,…中某个特定的常量.也就是说,"$\exists xF(x,5)\Rightarrow F(5,5)$"不成立,因为常量5已出现在$\exists xF(x,5)$中的 $F(x,5)$ 里,$\exists xF(x,5)$的真值为1,而 $F(5,5)$ 的真值为0.

(2) 若$\exists xP(x)$中还有 x 以外的其他自由出现的个体变量 y,则 x 将随 y 的值而变化,那么就不存在唯一的 a 使得 $P(a)$ 对 y 的任意值都成立,即此时不能使用ES规则.

例如,设论域为实数集,$F(x,y)$:$x+y=9$,$\exists x(x+y=9)\Rightarrow a+y=9$($a$ 为某个体常量).这显然是错误的.因为$\exists x(x+y=9)$的真值为1,而 $a+y=9$ 是一元谓词公式,无确定的真值.究其出错的原因,是由于谓词公式$\exists x(x+y=9)$中的 x 依赖于另一个自由变量 y,此时不能使用ES规则.

存在推广规则(EG规则)(rule of existential generalization)

$$P(a)\Rightarrow \exists xP(x) \tag{2.5.5}$$

注意 (1) 式(2.5.5)中,a 为个体常量.

(2) 式(2.5.5)中,x 为个体变量,且 x 不曾在 $P(a)$ 中出现过.

例如,设论域为实数集,$F(x,y)$:$x\neq y$.显然"$\exists xF(x,5)\Rightarrow\exists x\exists xF(x,x)$"不成立,因为$\exists xF(x,5)$的真值为1,而$\exists x\exists xF(x,x)$的真值为0.但是$\exists xF(x,5)\Rightarrow\exists y\exists xF(x,y)$,因为变量 y 不曾在$\exists xF(x,5)$中出现过,符合运用EG规则的要求.

例2.5.1 运用归谬法证明:

$$\forall x((P(x)\rightarrow Q(x,y)),\quad \neg\exists x\,Q(x,y)\Rightarrow\forall x\neg P(x)$$

证明 运用归谬法推演过程如下:

(1) $\neg\forall x\neg P(x)$	P(附加前提)
(2) $\exists xP(x)$	T(1),E
(3) $P(a)$	ES(2)
(4) $\forall x((P(x)\rightarrow Q(x,y))$	P
(5) $P(a)\rightarrow Q(a,y)$	US(4)
(6) $Q(a,y)$	T(3)合取(5),I
(7) $\neg\exists xQ(x,y)$	P
(8) $\forall x\neg Q(x,y)$	T(7),E

(9) $\neg Q(a,y)$ US(8)

(10) F T(6)合取(9),E

注意 本题步骤(3)一定要先于步骤(6)与步骤(9).

例 2.5.2 运用归谬法证明：

$$\forall x \neg R(x), \forall x \forall y Q(x,y), \exists x(P(x) \vee \forall y(Q(x,y) \to R(y))) \Rightarrow \exists x P(x)$$

证明 运用归谬法推演过程如下：

(1) $\neg \exists x P(x)$ P(附加前提)

(2) $\forall x \neg P(x)$ T(1),E

(3) $\exists x(P(x) \vee \forall y(Q(x,y) \to R(y)))$ P

(4) $P(a) \vee \forall y(Q(a,y) \to R(y))$ ES(3)

(5) $\neg P(a)$ US(2)

(6) $\forall y(Q(a,y) \to R(y))$ T(4)合取(5),I

(7) $Q(a,y) \to R(y)$ US(6)

(8) $\forall x \forall y Q(x,y)$ P

(9) $Q(a,y)$ US(8)

(10) $R(y)$ T(7)合取(9),I

(11) $\forall x \neg R(x)$ P

(12) $\neg R(y)$ US(11)

(13) F T(10)合取(12),E

例 2.5.3 运用 CP 规则证明：$\exists x(P(x) \to Q(x)) \Rightarrow \forall x P(x) \to \exists x Q(x)$.

证明 运用 CP 规则证明如下：

(1) $\forall x P(x)$ P(附加前提)

(2) $\exists x(P(x) \to Q(x))$ P

(3) $P(a) \to Q(a)$ ES(2)

(4) $P(a)$ US(1)

(5) $Q(a)$ T(3)合取(4),I

(6) $\exists x Q(x)$ EG(5)

(7) $\forall x P(x) \to \exists x Q(x)$ CP

例 2.5.4 运用 CP 规则证明：

$$\exists x(S(x) \to (\neg P(x) \vee \neg Q(x))),$$
$$\forall x(S(x) \vee R(x)) \Rightarrow \forall x P(x) \to (\forall x Q(x) \to \exists x R(x))$$

证明 运用 CP 规则证明如下：

(1) $\forall x P(x)$ P(附加前提)

(2) $\forall x Q(x)$ P(附加前提)

(3) $\exists x(S(x)\rightarrow(\neg P(x)\vee\neg Q(x)))$ P

(4) $S(a)\rightarrow(\neg P(a)\vee\neg Q(a))$ ES(3)

(5) $P(a)$ US(1)

(6) $Q(a)$ US(2)

(7) $(P(a)\wedge Q(a))\rightarrow\neg S(a)$ T(4),E

(8) $P(a)\wedge Q(a)$ T(5)合取(6),I

(9) $\neg S(a)$ T(7)合取(8),I

(10) $\forall x(S(x)\vee R(x))$ P

(11) $S(a)\vee R(a)$ US(10)

(12) $R(a)$ T(9)合取(11),I

(13) $\exists xR(x)$ EG(12)

(14) $\forall xP(x)\rightarrow(\forall xQ(x)\rightarrow\exists xR(x))$ CP

例 2.5.5 在谓词逻辑中构造推理证明:每个喜欢看电影的人都不喜欢看电视;每个人或者喜欢看电视,或者喜欢听音乐;有人不喜欢听音乐.因此,有人不喜欢看电影.

证明 谓词逻辑中构造推理证明的一般步骤为:分析每个原子命题,指定恰当的个体域;符号化前提和结论;使用推理规则推演证明.

选 x 的论域为全体人的集合.$P(x)$:x 喜欢看电影;$Q(x)$:x 喜欢看电视;$R(x)$:x 喜欢听音乐.

前提:$\forall x(P(x)\rightarrow\neg Q(x))$,$\forall x(Q(x)\vee R(x))$,$\exists x\neg R(x)$;结论:$\exists x\neg P(x)$.

(1) $\exists x\neg R(x)$ P

(2) $\neg R(a)$ ES(1)

(3) $\forall x(Q(x)\vee R(x))$ P

(4) $Q(a)\vee R(a)$ US(3)

(5) $Q(a)$ T(2)合取(4),I

(6) $\forall x(P(x)\rightarrow\neg Q(x))$ P

(7) $P(a)\rightarrow\neg Q(a)$ US(6)

(8) $\neg P(a)$ T(5)合取(7),I

(9) $\exists x\neg P(x)$ EG(8)

例 2.5.6 在谓词逻辑中构造推理证明:常迟到或早退的学生成绩不会好;成绩不好的学生不能参与奖学金评选,或者即使参加了评选也不能获得奖励;有学生参加了奖学金评选并获得了奖励.因此,有学生不常迟到.

证明 选 x 的论域为全体学生的集合.$P(x)$:x 常迟到;$Q(x)$:x 常早退;$R(x)$:x 成绩好;$S(x)$:x 参加奖学金评选;$T(x)$:x 获得奖励.

前提：$\forall x((P(x)\vee Q(x))\to\neg R(x))$，$\forall x(\neg R(x)\to(\neg S(x)\vee(S(x)\wedge\neg T(x))))$，$\exists x(S(x)\wedge T(x))$；结论：$\exists x\neg P(x)$.

(1) $\exists x(S(x)\wedge T(x))$	P
(2) $S(a)\wedge T(a)$	ES(1)
(3) $\forall x(\neg R(x)\to(\neg S(x)\vee(S(x)\wedge\neg T(x))))$	P
(4) $\forall x(R(x)\vee\neg S(x)\vee\neg T(x))$	T(3),E
(5) $R(a)\vee\neg S(a)\vee\neg T(a)$	US(4)
(6) $(S(a)\wedge T(a))\to R(a)$	T(5),E
(7) $R(a)$	T(2)合取(6),I
(8) $\forall x((P(x)\vee Q(x))\to\neg R(x))$	P
(9) $(P(a)\vee Q(a))\to\neg R(a)$	US(8)
(10) $\neg P(a)\wedge\neg Q(a)$	T(7)合取(9),I
(11) $\neg P(a)$	T(10),I
(12) $\exists x\neg P(x)$	EG(11)

例 2.5.7 在谓词逻辑中构造推理证明：任意菱形的对角线互相垂直；有的平行四边形对角线不互相垂直，所以有的平行四边形不是菱形.

证明 选 x 的论域为全总论域. $P(x)$：x 是平行四边形；$Q(x)$：x 是菱形；$R(x)$：x 的对角线互相垂直.

前提：$\forall x(Q(x)\to R(x))$，$\exists x(P(x)\wedge\neg R(x))$；结论：$\exists x(P(x)\wedge\neg Q(x))$.

(1) $\exists x(P(x)\wedge\neg R(x))$	P
(2) $P(a)\wedge\neg R(a)$	ES(1)
(3) $P(a)$	T(2),I
(4) $\neg R(a)$	T(2),I
(5) $\forall x(Q(x)\to R(x))$	P
(6) $Q(a)\to R(a)$	US(5)
(7) $\neg Q(a)$	T(4)合取(6),I
(8) $P(a)\wedge\neg Q(a)$	T(3)合取(7),I
(9) $\exists x(P(x)\wedge\neg R(x))$	EG(8)

习题 2.5

1. 证明：

(1) $\neg\exists x(P(x)\wedge Q(x))$，$\forall x(R(x)\to P(x))\Rightarrow\forall x(R(x)\to\neg Q(x))$；

(2) $\exists x(P(x)\wedge Q(x))$，$\forall x(P(x)\to(\neg Q(x)\vee R(x)))\Rightarrow\exists xR(x)$；

(3) $\forall x(P(x)\rightarrow(Q(x)\rightarrow R(x,a))),\neg\exists xR(x,a),\exists xP(x)\Rightarrow\exists x\neg Q(x)$;

(4) $\forall z((P(z)\wedge\forall x\exists yR(x,y))\rightarrow\exists x(S(x)\rightarrow\neg Q(x))),\exists xP(x),\forall x(S(x)\wedge Q(x))\Rightarrow\forall y\exists x\neg R(x,y)$.

2. 在谓词逻辑中构造推理证明下列命题.

(1) 每个学员既是大学生又是党员;有的学员小于 20 岁.因此有的学员是小于 20 岁的大学生.

(2) 所有大学生都是青年;小蔡是个爱跳舞的大学生.因此有人是爱跳舞的青年;

(3) 有些网友相信所有的专家,但是网友都不相信骗子,所以专家都不是骗子.

3. 警察在破案中得到以下事实:

如果小徐是凶手,那么就有人打开过房门,或者所有人都进入过厨房或卧室;没有人打开过房门;小徐没进入过卧室;凶手是小徐和小陈其中之一.

请问:凶手是谁?构造推理证明结论.

第3章　集合与关系

集合论作为一门独立的学科，是由德国数学家康托尔（Cantor，1845～1918）于19世纪首先创立的，他所开创的集合论一般称为**朴素集合论**或**经典集合论**.由于康托尔对集合的概念未加以限制，从而导致了理论的不一致，产生了悖论.为消除经典集合论的悖论，1904～1908年，德国数学家Zermelo列出了第一个集合论的公理系统，建立形式化集合论，后经许多科学家的努力，20世纪初创建了**公理化集合论**.集合论的概念已广泛深入到现代科学的各个方面，它不仅是整个分析数学的基础，也是计算机科学许多理论不可缺少的重要工具.同时，集合论仍在不断发展中，1965年，美国数学家Zadeh提出的**模糊集**（fuzzy sets）理论，为电气产品的进步提供了原动力.1982年，波兰数学家Pawlak提出的**粗糙集**（rough sets）理论，是科学思维与智能信息处理的又一新进展，近几年已广泛应用于机器学习、智能控制、模式识别等领域.

由于展示公理化集合论过于复杂，本章采用经典集合论的原始描述.这是因为本书所讨论的集合，总限于合适定义范围内，即总是某个给定全集的子集，用经典集合论处理时不会导致矛盾，且所得结论和公理化集合论中的结论完全一致.同时，为了学习方便，还尽量使用第1章的符号和推理规则作出形式证明.

3.1　集合的概念

3.1.1　集合及其表示

把具有某种特定性质的对象汇集成一个整体，就形成一个**集合**（set），集合中的对象称为集合的**元素**（element）或**成员**.通常用大写字母 A,B,C 等表示集合，而用小写字母 a,b,c 等表示集合中的元素.

如果一个元素 a 在集合 A 中，则记为 $a\in A$，读作"a 属于 A"；反之，如果元素 a 不在集合 A 中，则记为 $a\notin A$，读作"a 不属于 A".

由集合的概念可知，集合中元素具有如下几个特征：

(1) 确定性:一旦给定了集合 A,对任意元素 a,可准确判定 a 是否在 A 中.

(2) 互异性:集合中的元素彼此互不相同,相同的元素应该认为是同一个元素.如集合$\{1,1,2,2,3\}$与集合$\{1,2,3\}$表示同一个集合.

(3) 无序性:集合中的元素彼此之间没有次序关系.如集合$\{a,b,c\}$与集合$\{c,a,b\}$表示同一个集合.

(4) 抽象性:集合中的元素具有抽象性,一个集合甚至可以作为另一个集合的元素.如 $A=\{x,y,\{x,y\}\}$,其中集合$\{x,y\}$是集合 A 的元素.

例 3.1.1 下面叙述中,哪些是集合?哪些不是集合?

(1) 在校大学生的全体;

(2) 100 以内的合数的全体;

(3) 超市里健康食品的全体;

(4) 班级里 35 个男生的全体;

(5) 这所学校里所有配置高的电脑的全体;

(6) 直线 $y=x+1$ 上点的全体.

解 (1),(2),(4),(6)是集合;(3)不是集合,因为对每一种食品,没有确定的标准判断它是"健康的"还是"不健康的";(5)也不是集合,因为在电脑的"配置高"与"配置低"之间没有明确的界限,但是,如果给出一个完全确定的标准(如对CPU、内存、硬盘等给出一个具体的值),那么合乎这个标准的就算是"配置高"的电脑,否则不算.对于学校里的每一台电脑,总可以明确地断定是否能够达到这个标准,这时"这所学校里所有配置高的电脑"就构成一个集合.

虽然集合的种类是多种多样的,但可以根据集合中元素的个数对它进行分类.一个集合,若其元素的个数是有限的,则称其为**有限集**(finite set),否则称为**无限集**(infinite set).对于有限集合 A,其元素的个数还称为 A 的**基数**(cardinals),记作$|A|$.

表示一个集合通常有三种方法:列举法、谓词表示法和图示法.

1. 列举法

列举法也称枚举法,就是将集合中的元素一一列举出来.例如,$A=\{a,b,c,d\}$,$B=\{0,1,2,\cdots\}$.列举法一般适用于有限集合或有规律的无限集合的表示.

2. 谓词表示法

谓词表示法也称描述法、特性刻画法,是用谓词来概括集合中元素的公共特征.通常用$\{x \mid A(x)\}$来表示具有性质 A 的一些对象组成的集合.

例如,设 $\mathbf{R}$ 为实数集,则 $D=\{(x,y) \mid x,y\in\mathbf{R}, x^2+y^2\leqslant 1\}$表示圆心在坐标原点,半径为 1 的圆内(含边界)所有点组成的集合.

3. 图示法

图示法即**文氏图**(Venn diagram)法,就是用封闭曲线形成的平面区域表示集合,用区域内的点表示集合的元素.文氏图还可以直观地表示集合之间的关系.如图3.1.1所示,图3.11(a)表示集合A,图3.11(b)表示集合$A \cup B$.

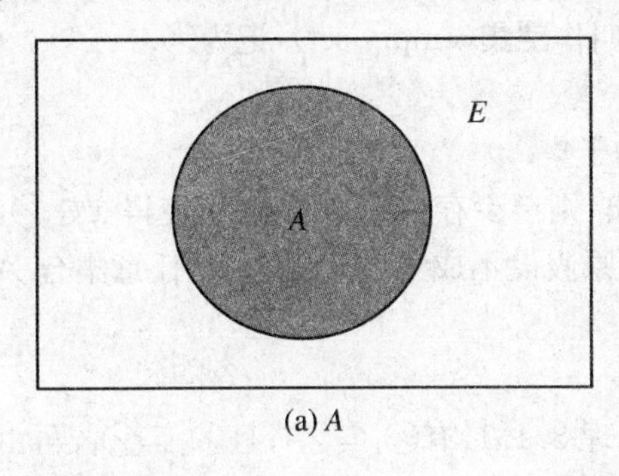

(a) A

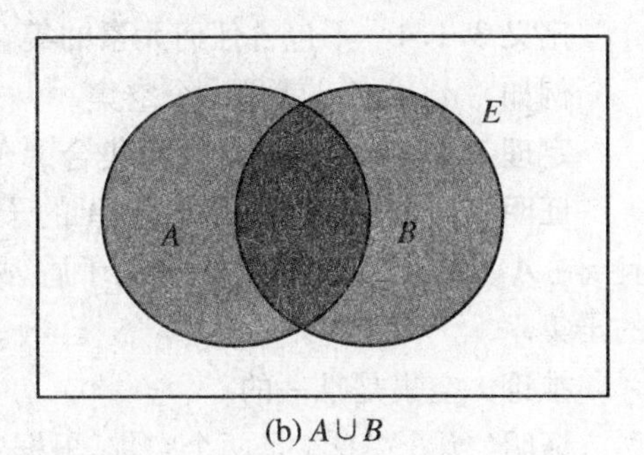

(b) $A \cup B$

图 3.1.1

3.1.2 集合间的关系

实数之间有$=,<,\leqslant,>,\geqslant$等关系,同样也可以定义集合之间的$=,\subset,\subseteq,\supset,\supseteq$等关系.

定义 3.1.1 对于任意集合A与B,若A中的每一个元素都在B中,则称集合A为集合B的**子集合**(sub set),简称**子集**,这时也称集合A **包含于**(contain in)集合B,或集合B包含集合A,记为$A \subseteq B$或$B \supseteq A$.

包含关系的逻辑符表示为$A \subseteq B \Leftrightarrow \forall x(x \in A \rightarrow x \in B)$.

定义 3.1.2 对于任意集合A与B,若A中的每一个元素都在B中,而B中至少有一个元素不在A中,则称集合A为集合B的**真子集合**(proper sub set),简称**真子集**,这时也称集合A **真包含于**(proper contain in)集合B,或集合B真包含集合A,记为$A \subset B$或$B \supset A$.

定义 3.1.3 对于任意集合A和B,若有$A \subseteq B$,同时$B \subseteq A$,则称A与B **相等**(equal),记作$A=B$.若A与B不相等,则记作$A \neq B$.

定理 3.1.1(外延性原理) 两个集合A和B相等,即$A=B$,当且仅当它们有相同的元素.

例如,若$A=\{2,3,5\}$,$B=\{$小于6的质数$\}$,则$A=B$.

集合相等的逻辑符表示为$A=B \Leftrightarrow A \subseteq B \wedge B \subseteq A$.

根据定义可知,包含关系具有如下一些性质:

(1) 自反性:对于任意一个集合A,总有$A \subseteq A$;

(2) 反对称性:对于任意集合A与B,若$A \subseteq B$且$B \subseteq A$,则$A=B$;

(3) 传递性:任意集合A,B与C,若有$A \subseteq B$且$B \subseteq C$,则$A \subseteq C$.

3.1.3 一些特殊的集合

定义 3.1.4 不包含任何元素的集合叫作**空集**(empty set),记为$\varnothing$.

例如,$\{a \mid a \neq a\}$就是一个空集.

定理 3.1.2 空集$\varnothing$是任意集合 A 的子集.

证明 假设空集$\varnothing$不是集合 A 的子集,则至少存在一个元素 x,使得 $x \in \varnothing$,且 $x \notin A$,而 $x \in \varnothing$与空集的定义矛盾,故原假设不成立,即空集$\varnothing$是任意集合 A 的子集.

推论 空集是唯一的.

证明 设$\varnothing_1$,$\varnothing_2$ 是两个空集,根据定理 3.1.1,有$\varnothing_1 \subseteq \varnothing_2$,且$\varnothing_2 \subseteq \varnothing_1$,再由定义 3.1.3 知$\varnothing_1 = \varnothing_2$,故空集是唯一的.

定义 3.1.5 一个集合 A 如果含有 n 个元素,则称集合 A 为一个 n 元集,A 的含有 m 个元素的子集称为 A 的 m **元子集**.

给定一个 n 元集,可用如下方法求出它的所有子集.

例 3.1.2 写出 3 元集$\{a,b,c\}$的全部子集.

解 0 元子集,即空集$\varnothing$;

1 元子集,即单元集:$\{a\}$,$\{b\}$,$\{c\}$;

2 元子集:$\{a,b\}$,$\{a,c\}$,$\{b,c\}$;

3 元子集:$\{a,b,c\}$.

定义 3.1.6 若集合 A 中的每一元素都是一个集合,则称集合 A 为一**集族**(family of sets).

例如,$Z_3 = \{[0],[1],[2]\}$表示模 3 同余关系的 3 个同余类组成的集合,因此,Z_3 表示的集合是集族.

例 3.1.3 判断以下命题的真假性.

(1) $\varnothing \subseteq \varnothing$;

(2) $\varnothing \subseteq \{\varnothing\}$;

(3) $\varnothing \in \varnothing$;

(4) $\varnothing \in \{\varnothing\}$.

解 (1) 根据包含的定义,可知$\varnothing \subseteq \varnothing$为真.

(2) $\{\varnothing\}$表示一个集合,这个集合中只有一个元素$\varnothing$,根据定理 3.1.1,所以有$\varnothing \subseteq \{\varnothing\}$.

(3) 属于符号表示的是元素与集合之间的关系,而$\varnothing$是一个集合,集合与集合之间只能用"$=$,$\subset$,$\subseteq$,$\supset$,$\supseteq$"符号,而不能用"$\in$"符号,故该命题为假.

(4) 这里,$\varnothing$虽然是一个集合,但$\{\varnothing\}$表示的也是一个集合,这个集合中只有一个元素，只不过这个元素是一个集合$\varnothing$，所以$\varnothing \in \{\varnothing\}$为真.

对于$\varnothing$，还能用它构成集合的如下两个无限序列：

(1) $\varnothing, \{\varnothing\}, \{\{\varnothing\}\}, \cdots$

该序列从第2项开始，每项均是以前一项为元素的集合.

(2) $\varnothing, \{\varnothing\}, \{\varnothing, \{\varnothing\}\}, \cdots$

该序列从第2项开始，每项均是以前面各项为元素的集合，它即是约翰·冯·诺依曼(John Von Neumann)在1924年使用空集$\varnothing$给出的自然数的集合表示

$$0 := \varnothing, \quad 1 := \{\varnothing\}, \quad 2 := \{\varnothing, \{\varnothing\}\}, \quad \cdots$$

定义 3.1.7 在一个具体问题中，如果涉及的集合均是某个集合的子集，则称该集合为**全集**(universal set)，记作 E 或 U.

全集是一个相对的概念，它随具体研究的问题不同而不同. 例如，在研究有关整数的问题时，可把整数集 $\mathbf{Z}$ 取作全集；在研究平面几何的问题时，可把整个坐标平面取作全集. 当然，在处理实际问题时，常常尽量将全集取得小一些，这样，对问题的描述和处理会简单一些.

定义 3.1.8 设 A 为一个集合，由 A 的所有子集组成的集合称为 A 的**幂集**(power set)，记作 $P(A)$或 2^A.

幂集的符号化可表示为 $P(A) = \{x \mid x \subseteq A\}$.

例 3.1.4 求幂集 $P(\{\varnothing, 1, \{2,3\}\})$.

解 $P(\{\varnothing, 1, \{2,3\}\})$

$= \{\varnothing, \{\varnothing\}, \{1\}, \{\{2,3\}\}, \{\varnothing, 1\}, \{\varnothing, \{2,3\}\}, \{1, \{2,3\}\}, \{\varnothing, 1, \{2,3\}\}\}$.

定理 3.1.3 设 A 为任意一个集合，则$|P(A)| = 2^{|A|}$.

证明 由例3.1.2中求 n 元集的所有子集过程可知，A 的 m 元子集的个数为 $C_{|A|}^m$，所以

$$P(A) = C_{|A|}^0 + C_{|A|}^1 + \cdots + C_{|A|}^{|A|} = 2^{|A|}$$

例 3.1.5 设 A 和 B 是两个集合，证明下列命题成立.

(1) $B \in P(A) \Leftrightarrow B \subseteq A$；

(2) $A \subseteq B \Leftrightarrow P(A) \subseteq P(B)$；

(3) $A = B \Leftrightarrow P(A) = P(B)$；

(4) $P(A) \in P(B) \Rightarrow A \in B$；

(5) $P(A) \cap P(B) = P(A \cap B)$；

(6) $P(A) \cup P(B) \subseteq P(A \cup B)$.

证明 (1) 由幂集的定义及符号化表示，即可得到 $B \in P(A) \Leftrightarrow B \subseteq A$.

(2) **充分性** 设 $A \subseteq B$，任取 $a \in P(A)$，则由(1)的结论知 $a \subseteq A$，又因为 $A \subseteq B$，

所以 $a\subseteq B$,即 $a\in P(B)$,故 $P(A)\subseteq P(B)$;

必要性 设 $P(A)\subseteq P(B)$,任取 $a\in A$,则$\{a\}\in P(A)$,又因为 $P(A)\subseteq P(B)$,故$\{a\}\in P(B)$,即 $a\in B$,所以 $A\subseteq B$.

(3) $A=B\Leftrightarrow(A\subseteq B)\wedge(B\subseteq A)$

$\Leftrightarrow(P(A)\subseteq P(B))\wedge(P(B)\subseteq P(A))$

$\Leftrightarrow P(A)=P(B)$.

(4) 若 $P(A)\in P(B)$,则由(1)的结论知 $P(A)\subseteq B$,而 $A\in P(A)$,所以$A\in B$.

(5) $\forall a\in P(A)\cap P(B)\Leftrightarrow(a\in P(A))\wedge(a\in P(B))$

$\Leftrightarrow(a\subseteq A)\wedge(a\subseteq B)$

$\Leftrightarrow a\subseteq A\cap B$

$\Leftrightarrow a\in P(A\cap B)$.

所以 $P(A)\cap P(B)=P(A\cap B)$.

(6) $\forall a\in P(A)\cup P(B)\Leftrightarrow(a\in P(A))\vee(a\in P(B))$

$\Leftrightarrow(a\subseteq A)\vee(a\subseteq B)$

$\Rightarrow a\subseteq A\cup B$

$\Leftrightarrow a\in P(A\cup B)$.

所以 $P(A)\cup P(B)\subseteq P(A\cup B)$.

习题 3.1

1. 试用列举法表示下列集合.

(1) 不大于 5 的自然数的集合;

(2) 大于 20 而小于 40 的质数的集合;

(3) x^4-1 在实数域中的因式集.

2. 试用描述法表示下列集合.

(1) 12 的所有整数因子构成的集合;

(2) 能被 3 整除的整数构成的集合;

(3) 空间直角坐标系中单位球面上的点集.

3. 设集合 $A=\{a,\{b\},c,d\}$,$B=\{1,2,\{3\}\}$,判断下列各题是否正确,并说明理由.

(1) $\{a\}\in A$; (2) $\{3\}\in B$; (3) $\{3\}\subseteq B$; (4) $\{1,2,3\}\subseteq B$;

(5) $\{b\}\subseteq A$; (6) $\{a,\{b\},d\}\subseteq A$; (7) $\varnothing\subset A$; (8) $\varnothing\in\{\{b\},c\}$;

(9) $\{\varnothing\}\subseteq B$; (10) $\varnothing\subseteq\{\{b\}\}\subseteq A$.

4. 设 x,y,z 表示互异的三个元素,试判断下列各式的真假.

(1) $\{x,y,z,y\}=\{x,y,z\}$;

(2) $\{x,\{y,z\},\varnothing\}=\{x,\{y,z\}\}$;

(3) $\{x,y,z,\varnothing\}=\{x,y,z,\{\varnothing\}\}$;

(4) $\{\{y\},\{z\}\}=\{y,z\}$.

5. 设 A,B,C 为任意三个集合,若 $A\in B$ 且 $B\in C$,则 $A\in C$ 一定成立吗?试举例说明.

6. 设集合 A 有 2 013 个元素,试问:

(1) A 可构成多少个子集?

(2) 其中元素个数为奇数的子集有多少个?元素个数为偶数的子集有多少个?

7. 若 $P=\{\varnothing,\{a\},\{a,b\}\}$,则(　　)$\subseteq P$.

A. $\{a,b\}$　　B. $\{\{a,b\}\}$　　C. $\{a\}$　　D. $\{b\}$

8. 设 $P=\{\varnothing,\{a\},\{a,b\}\}$,则 2^P 有(　　)个元素.

A. 3　　B. 6　　C. 7　　D. 8

9. 确定下列集合的幂集.

(1) $A=\{1,\{2\}\}$;　　(2) $B=\{a,\{b,c\}\}$;

(3) $C=\{\varnothing,x,\{y\}\}$;　　(4) $D=\{\varnothing\}$.

10. 设集合 $A=\{1,2\}$,求 $P(P(A))$.

3.2　集合的运算

3.2.1　集合的基本运算

定义 3.2.1　设 A 与 B 是任意两个集合,所有既属于 A 又属于 B 的元素组成的集合称为集合 A 与集合 B 的**交集**(intersection),记作 $A\cap B$,即 $A\cap B=\{x\mid(x\in A)\wedge(x\in B)\}$.

用文氏图表示的交集,如图 3.2.1 所示.

例 3.2.1　设集合 $A=\{a,b,c,d\},B=\{d,f,a\},C=\{e,f,g\}$,则

$$A\cap B=\{d,a\}$$
$$A\cap C=\varnothing$$
$$B\cap C=\{f\}$$

例 3.2.2　设 A 与 B 为任意两个集合,且 $A\subseteq B$,证明:$A\cap C\subseteq B\cap C$.

证明　对任意 $x\in A\cap C$,有 $x\in A$ 且 $x\in C$.因为 $A\subseteq B$,由 $x\in A$ 得 $x\in B$,所以有 $x\in B$ 且 $x\in C$,从而 $x\in B\cap C$,因而 $A\cap C\subseteq B\cap C$.

定义 3.2.2　设 A 与 B 是任意两个集合,所有属于 A 或属于 B 的元素组成的集合称为集合 A 与集合 B 的**并集**(union),记作 $A\cup B$,即 $A\cup B=\{x\mid(x\in A)\vee(x\in B)\}$.

用文氏图表示的并集，如图 3.2.2 所示.

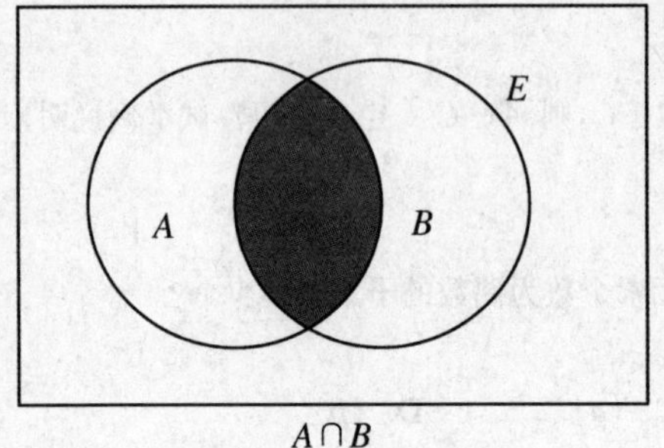

$A\cap B$

图 3.2.1

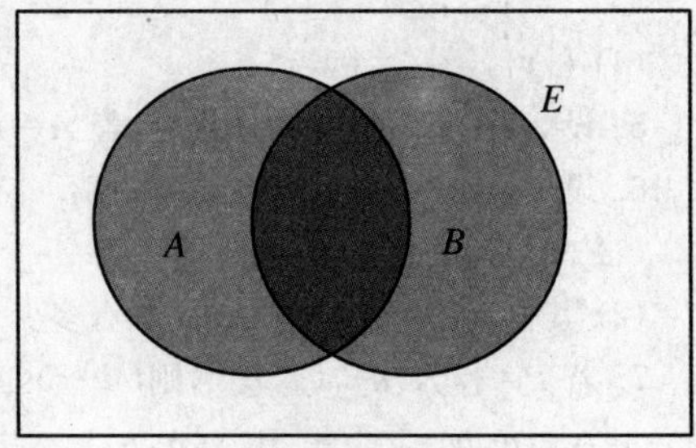

$A\cup B$

图 3.2.2

例 3.2.3 设集合 $A=\{1,2,3\}$，$B=\{3,4,5\}$，$C=\{2,5\}$，则

$$A\cup B=\{1,2,3,4,5\}$$
$$A\cup C=\{1,2,3,5\}$$
$$B\cup C=\{2,3,4,5\}$$

定理 3.2.1 设 A 与 B 为任意两个集合，则以下条件互相等价：

(1) $A\subseteq B$；

(2) $A\cap B=A$；

(3) $A\cup B=B$.

证明 先证 $A\subseteq B\Leftrightarrow A\cap B=A$.

对任意 $x\in A$，由于 $A\subseteq B$，所以 $x\in B$，因而 $x\in A\cap B$，故 $A\subseteq A\cap B$. 又显然 $A\cap B\subseteq A$，故 $A\cap B=A$；反之，若 $A\cap B=A$，因为 $A\subseteq A\cap B$，所以 $A\subseteq B$.

同理可证 $A\subseteq B\Leftrightarrow A\cup B=B$.

集合的交与并运算可以推广到有限个集合的情况.

设 $A_1,A_2,\cdots,A_n$ 为 n 个集合，则

$$A_1\cap A_2\cap\cdots\cap A_n=\{x\mid(x\in A_1)\wedge(x\in A_2)\wedge\cdots\wedge(x\in A_n)\}$$
$$A_1\cup A_2\cup\cdots\cup A_n=\{x\mid(x\in A_1)\vee(x\in A_2)\vee\cdots\vee(x\in A_n)\}$$

定义 3.2.3 设 E 为全集，E 中不属于 A 的元素的全体组成的集合称为 A 的**绝对补**(absolute complement)，简称为 A 的**补**，记作 $\sim A$ 或 $\bar{A}$，即 $\sim A=\{x\mid x\in E$ 且 $x\notin A\}$.

用文氏图表示的补集，如图 3.2.3 所示.

例 3.2.4 设 $E=\{1,2,3,4,\cdots,10\}$，若 $A=\{1,3,5,7,9\}$，则 $\sim A=\{2,4,6,8,10\}$.

定义 3.2.4 设 A 与 B 是任意两个集合，所有属于 A 而不属于 B 的元素组成的集合称为集合 A 与集合 B 的**差集**，记作 $A-B$，即 $A-B=\{x\mid(x\in A)\wedge(x\notin B)\}$.

用文氏图表示的差集,如图 3.2.4 所示.

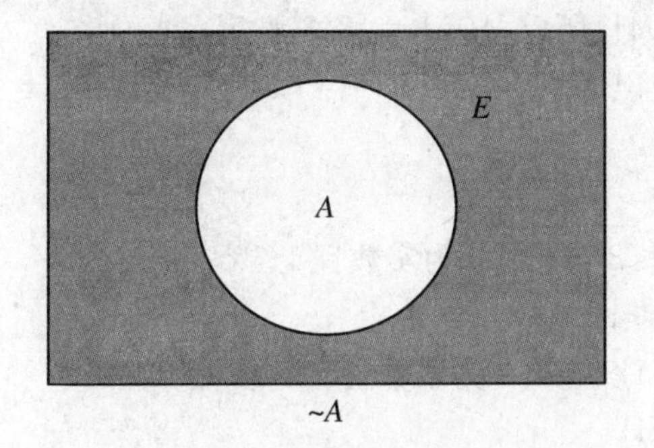

图 3.2.3

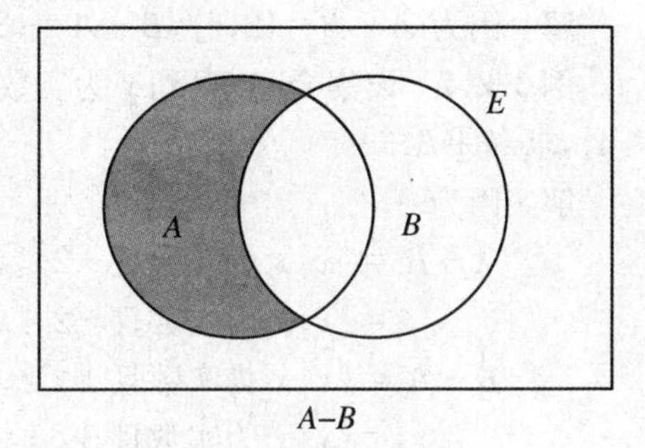

图 3.2.4

例 3.2.5　设集合 $A=\{a,b,c,d\}$,$B=\{a,d,f\}$,$C=\{e,f,g\}$,则

$$A-B=\{b,c\},\quad A-C=\{a,b,c,d\}=A$$

定理 3.2.2　设 A 和 B 为两个集合,则:

(1) $A-B=A\cap\sim B$;

(2) $A-B=A-(A\cap B)$.

证明　(1) 因为 $x\in A-B\Leftrightarrow(x\in A)\wedge(x\notin B)\Leftrightarrow(x\in A)\wedge(x\in\sim B)\Leftrightarrow x\in A\cap\sim B$,所以 $A-B=A\cap\sim B$.

(2) 任取 $x\in A-B\Rightarrow x\in A$ 且 $x\notin B$,故必有 $x\notin A\cap B$,因而 $x\in(A-(A\cap B))$,所以 $A-B\subseteq A-(A\cap B)$.

任取 $x\in(A-(A\cap B))$,则有 $x\in A$ 且 $x\notin A\cap B$,即 $x\in A$ 且 $x\in\sim(A\cap B)$,所以 $x\in A$ 且 $x\in\sim A$ 或 $x\in A$ 且 $x\in\sim B$. 由于 $x\in A$ 与 $x\in\sim A$ 矛盾,因此有 $x\in A$ 且 $x\in\sim B$,即 $x\in A-B$,从而有 $A-(A\cap B)\subseteq A-B$.

所以 $A-B=A-(A\cap B)$.

设 A 和 B 为任意两个集合,易证:

$$A\subseteq A\cup B,\quad B\subseteq A\cup B,\quad A\cap B\subseteq A$$
$$A\cap B\subseteq B,\quad A\cap B\subseteq A\cup B$$

定义 3.2.5　设 A 与 B 是任意两个集合,所有属于 A 而不属于 B 或属于 B 而不属于 A 的元素组成的集合称为集合 A 与集合 B 的**对称差**(symmetric difference),记作 $A\oplus B$,即

$$\begin{aligned}A\oplus B&=(A-B)\cup(B-A)\\&=\{x\mid((x\in A)\wedge(x\notin B))\vee\\&\quad((x\in B)\wedge(x\notin A))\}\end{aligned}$$

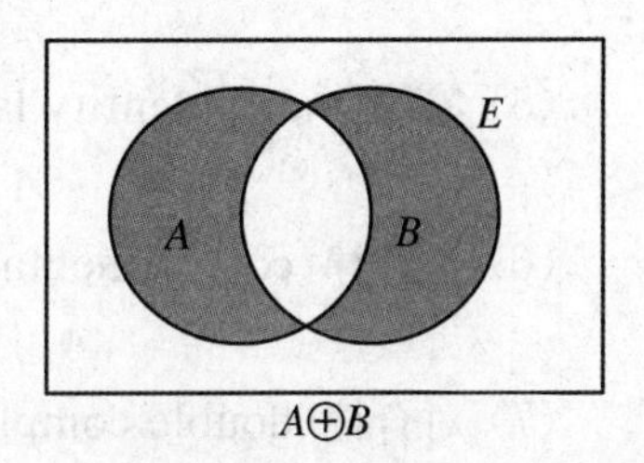

图 3.2.5

用文氏图表示的对称差,如图 3.2.5 所示.

例 3.2.6 设集合 $A=\{1,2,5\}$,$B=\{1,3,4\}$,求 $A\oplus B$.

解 因为 $A-B=\{2,5\}$,$B-A=\{3,4\}$,所以 $A\oplus B=\{2,3,4,5\}$.

例 3.2.7 设集合 $A=\{x\mid x$ 为实数且 $-2\leqslant x\leqslant 3\}$,$B=\{x\mid x$ 为实数且 $1\leqslant x\leqslant 4\}$,求 $A\oplus B$.

解 因为

$$A-B=\{x\mid x\text{ 为实数且 }-2\leqslant x\leqslant 3\}-\{x\mid x\text{ 为实数且 }1\leqslant x\leqslant 4\}$$
$$=\{x\mid x\text{ 为实数且 }-2\leqslant x<1\}$$
$$B-A=\{x\mid x\text{ 为实数且 }1\leqslant x\leqslant 4\}-\{x\mid x\text{ 为实数且 }-2\leqslant x\leqslant 3\}$$
$$=\{x\mid x\text{ 为实数且 }3<x\leqslant 4\}$$

所以

$$A\oplus B=\{x\mid x\text{ 为实数且 }-2\leqslant x<1\text{ 或 }3<x\leqslant 4\}$$

3.2.2 集合运算的基本性质

在集合的∩,∪,-,~,⊕等运算中,~是一元运算,其余的均为二元运算.本书没有规定集合各运算的先后次序(但一元运算总是优先于二元运算),而是通过圆括号体现,且最外层的圆括号可以省略,圆括号的顺序是从里到外.

定理 3.2.3 设 A,B,C 为任意集合,E 是全集,则:

(1) 交换律(commutative laws):

$$A\cup B=B\cup A,\quad A\cap B=B\cap A$$

(2) 结合律(associative laws):

$$A\cup(B\cup C)=(A\cup B)\cup C$$
$$A\cap(B\cap C)=(A\cap B)\cap C$$

(3) 分配律(distributive laws):

$$A\cup(B\cap C)=(A\cup B)\cap(A\cup C)$$
$$A\cap(B\cup C)=(A\cap B)\cup(A\cap C)$$

(4) 同一律(identity laws):

$$A\cup\varnothing=A,\quad A\cap E=A$$

(5) 零律(more identity laws):

$$A\cup E=E,\quad A\cap\varnothing=\varnothing$$

(6) 互补律(complementation laws):

$$A\cup\sim A=E,\quad A\cap\sim A=\varnothing$$

(7) 对合律(double complementation):

$$\sim(\sim A)=A$$

(8) 幂等律(idempotent laws):

$$A\cup A=A,\quad A\cap A=A$$

(9) 吸收律(absorption laws)：

$$A\cup(A\cap B)=A,\quad A\cap(A\cup B)=A$$

(10) 德·摩根律(De Morgan laws)：

$$\sim(A\cap B)=\sim A\cup\sim B$$

$$\sim(A\cup B)=\sim A\cap\sim B$$

$$\sim E=\varnothing$$

$$\sim\varnothing=E$$

证明　这里仅证(3)和(10).

(3) 先证 $A\cup(B\cap C)=(A\cup B)\cap(A\cup C)$.因为

$$\begin{aligned}x\in A\cup(B\cap C)&\Leftrightarrow(x\in A)\vee(x\in(B\cap C))\\&\Leftrightarrow(x\in A)\vee((x\in B)\wedge(x\in C))\\&\Leftrightarrow((x\in A)\vee(x\in B))\wedge((x\in A)\vee(x\in C))\\&\Leftrightarrow(x\in(A\cup B))\wedge(x\in(A\cup C))\\&\Leftrightarrow x\in(A\cup B)\cap(A\cap C)\end{aligned}$$

所以 $A\cup(B\cap C)=(A\cup B)\cap(A\cup C)$.

同理可证 $A\cap(B\cup C)=(A\cap B)\cup(A\cap C)$.

(10) 先证$\sim(A\cap B)=\sim A\cup\sim B$.因为

$$\begin{aligned}x\in\sim(A\cap B)&\Leftrightarrow x\notin(A\cap B)\\&\Leftrightarrow(x\notin A)\wedge(x\notin B)\\&\Leftrightarrow(x\in\sim A)\vee(x\in\sim B)\\&\Leftrightarrow x\in\sim A\cup\sim B\end{aligned}$$

所以$\sim(A\cap B)=\sim A\cup\sim B$.

同理可证$\sim(A\cup B)=\sim A\cap\sim B$.

例 3.2.8　证明:$A-(B\cup C)=(A-B)\cap(A-C)$.

证明　由题意知

$$\begin{aligned}A-(B\cup C)&=A\cap\sim(B\cup C)\\&=A\cap(\sim B\cap\sim C)\quad(\text{德·摩根律})\\&=(A\cap\sim B)\cap(A\cap\sim C)\quad(\text{幂等律、交换律})\\&=(A-B)\cap(A-C)\end{aligned}$$

例 3.2.9　已知 $A\cup B=A\cup C,A\cap B=A\cap C$,证明:$B=C$.

证明　由题意知

$$\begin{aligned}B&=B\cap(A\cup B)\quad(\text{吸收律})\\&=B\cap(A\cup C)\quad(\text{已知代入})\end{aligned}$$

$= (B \cap A) \cup (B \cap C)$ （分配律）

$= (A \cap C) \cup (B \cap C)$ （已知代入）

$= (A \cup B) \cap C$ （分配律）

$= (A \cup C) \cap C$ （已知代入）

$= C$（吸收律）

对称差也有类似性质,下面给出一些主要的运算律.

定理 3.2.4 设 A,B,C 为任意集合,E 是全集,则:

(1) 交换律:

$$A \oplus B = B \oplus A$$

(2) 结合律:

$$(A \oplus B) \oplus C = A \oplus (B \oplus C)$$

(3) 分配律:

$$A \cap (B \oplus C) = (A \cap B) \oplus (A \cap C)$$

(4) 同一律:

$$A \oplus \varnothing = A, A \oplus E = \sim A$$

(5) 零律:

$$A \oplus A = \varnothing, A \oplus \sim A = E$$

(6) $\sim A \oplus \sim B = A \oplus B$.

(7) $A \oplus (A \oplus B) = B$.

(8) $A \oplus B = (A \cup B) - (A \cap B)$.

证明 这里仅证(3)和(8).

(3) $(A \oplus B) \oplus C = ((A \oplus B) - C) \cup (C - (A \oplus B))$

$= (((A - B) \cup (B - A)) \cap \sim C) \cup (C \cap \sim ((A \cup B) - (A \cap B)))$

$= (((A \cap \sim B) \cup (B \cap \sim A)) \cap \sim C) \cup (C \cap \sim ((A \cup B) \cap \sim (A \cap B)))$

$= (A \cap \sim B \cap \sim C) \cup (\sim A \cap B \cap \sim C) \cup (C \cap \sim ((A \cup B) \cap (\sim A \cup \sim B))$

$= (A \cap \sim B \cap \sim C) \cup (\sim A \cap B \cap \sim C) \cup (C \cap ((\sim A \cap \sim B) \cup (A \cap B)))$

$= (A \cap \sim B \cap \sim C) \cup (\sim A \cap B \cap \sim C) \cup (C \cap \sim A \cap \sim B) \cup (A \cap B \cap C)$.

由于其结果关于 A,B,C 是对称的,所以 $(A \oplus B) \oplus C = A \oplus (B \oplus C)$.

(8) $A \oplus B = (A - B) \cup (B - A)$

$$=(A\cap\sim B)\cup(B\cap\sim A)$$
$$=((A\cap\sim B)\cup B)\cap((A\cap\sim B)\cup\sim A)$$
$$=(A\cup B)\cap(\sim B\cup B)\cap(A\cup\sim A)\cap(\sim B\cup\sim A)$$
$$=(A\cup B)\cap(\sim B\cup\sim A)$$
$$=(A\cup B)\cap\sim(B\cap A)$$
$$=(A\cup B)-(A\cap B).$$

注意　$\cup$对$\oplus$的分配规律不成立，即 $A\cup(B\oplus C)\neq(A\cup B)\oplus(A\cup C)$，但是

$$(A\cup B)\oplus(A\cup C)\subseteq A\cup(B\oplus C)$$

另外，$\oplus$对$\cap$及$\oplus$对$\cup$的分配律也不成立，但是

$$(A\oplus B)\cap(A\oplus C)\subseteq A\oplus(B\cap C)$$
$$A\oplus(B\cup C)\subseteq(A\oplus B)\cup(A\oplus C)$$

3.2.3　有限集合中元素的计数

在实际问题中，往往需要计算有限集合中元素的个数，这就是有限集合中元素的计数问题. 下面介绍解决有限集中的元素个数问题的两种方法：一种是使用文氏图，另一种是使用容斥原理或包含排斥原理.

1. 文氏图法

一般地，集合的运算以及文氏图可以很好地解决有限集合中元素的计数问题. 使用文氏图解决有限集合的计数问题步骤如下：

(1) 根据已知条件把对应的文氏图画出来.

一般地说，每一条性质决定一个集合，有多少性质，就有多少个集合. 如果没有特殊的说明，任何两个集合都是相交的.

(2) 将已知集合的基数填入表示该集合的区域内.

通常是从几个集合的交集填起，接着根据计算的结果将数字逐步填入其他空的区域内，直到所有区域都填好为止.

例 3.2.10　设有 100 名程序员，其中 57 名熟悉 C 语言，39 名熟悉 Pascal 语言，25 名熟悉这两种语言. 有多少人对这两种语言都不熟悉？

解　设 A，B 分别表示熟悉 C 语言和 Pascal 语言的程序员组成的集合，则该问题可以用文氏图来表示（图 3.2.6）. 按照上述方法，首先将熟悉两种语言的对应人数 25 填到 $A\cap B$ 的区域内，那么 $A-B$

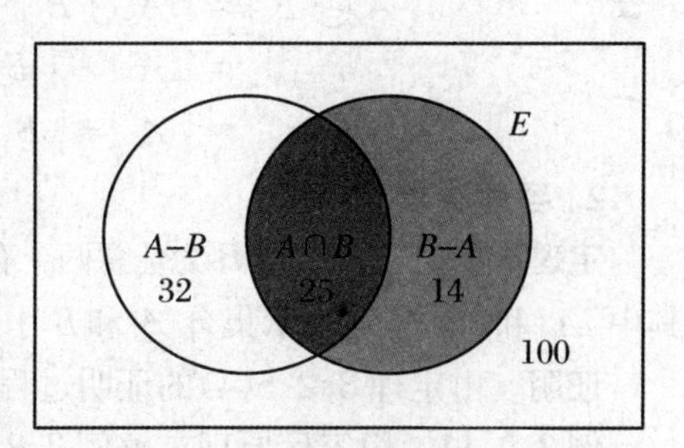

图 3.2.6

和$B-A$的人数分别为

$$|A-B|=|A|-|A\cap B|=57-25=32$$
$$|B-A|=|B|-|A\cap B|=39-25=14$$

所以$|A\cup B|=32+25+14=71$.从而

$$|\sim(A\cup B)|=|E|-|A\cup B|=100-71=29$$

根据集合元素个数的定义,还有下列定理:

定理3.2.5 设A和B是任意两个有限集合,则:

(1) $|A\cup B|\leqslant|A|+|B|$;

(2) $|A\cap B|\leqslant\min(|A|,|B|)$;

(3) $|A-B|\geqslant|A|-|B|$;

(4) $|A\oplus B|=|A|+|B|-2|A\cap B|$.

证明 (1) 因为A和B之间公共元素的个数为$|A\cap B|$,在计算$|A\cup B|$时,每个元素只能用一次,而在计算$|A|+|B|$时,公共元素计算了两次,因此当$A\cap B=\varnothing$,即$|A\cap B|=0$时,等号成立;而当$A\cap B\neq\varnothing$,也即$|A\cap B|\neq0$时,小于号成立.因此$|A\cup B|\leqslant|A|+|B|$恒成立.

(2) 因为$A\cap B\subseteq A$且$A\cap B\subseteq B$,故$|A\cap B|\leqslant|A|$,$|A\cap B|\leqslant|B|$,所以$|A\cap B|\leqslant\min(|A|,|B|)$.

(3) 因为$A=(A-B)\cup(A\cap B)$且$(A-B)\cap(A\cap B)=\varnothing$,所以$|A|=|A-B|+|A\cap B|$,即$|A-B|=|A|-|A\cap B|\geqslant|A|-|B|$.

(4) 因为$A\oplus B=(A\cup B)-(A\cap B)$,而$(A\cap B)\subseteq(A\cup B)$,因此

$$|A\oplus B|=|(A\cup B)-(A\cap B)|=|A\cup B|-|A\cap B|$$

由于$A\cup B=B\cup(A-B)$且$B\cap(A-B)=\varnothing$,所以

$$|A\cup B|=|B|+|A-B|$$

因为$|A|=|A-B|+|A\cap B|$,所以$|A\cup B|=|A|+|B|-|A\cap B|$,因此

$$\begin{aligned}|A\oplus B|&=|A\cup B|-|A\cap B|\\&=|A|+|B|-|A\cap B|-|A\cap B|\\&=|A|+|B|-2|A\cap B|\end{aligned}$$

2. 容斥原理

定理3.2.6 设A和B为任意两个有限集合,则$|A\cup B|=|A|+|B|-|A\cap B|$,其中$|A|$和$|B|$分别表示集合$A$和$B$中元素的个数.

证明 由定理3.2.5(4)的证明过程可知,该定理成立.

例3.2.11 用容斥原理求解例3.2.10.

解 由例3.2.10知,$|A|$与$|B|$分别表示熟悉C语言和Pascal语言的程序员的人数,而$|A\cup B|$表示至少会这两种语言程序中一种语言的程序员人数,所求的

问题“对这两种语言都不熟悉程序员的人数”则应当是集合$\sim(A\cup B)$所含的元素个数，即$|\sim(A\cup B)|$.由容斥原理得

$$\begin{aligned}|A\cup B| &= |A|+|B|-|A\cap B|\\ &= 57+39-25=71\end{aligned}$$

从而

$$\begin{aligned}|\sim(A\cup B)| &= |E|-|A\cup B|\\ &= 100-71=29\end{aligned}$$

容斥原理还可以推广到 n 个集合的情况.

定理 3.2.7　设 $A_1,A_2,\cdots,A_n$ 为 n 个有限集合，则

$$\begin{aligned}|A_1\cup A_2\cup\cdots\cup A_n| = &\sum_{i=1}^{n}|A_i| - \sum_{1\leqslant i<j\leqslant n}^{n}|A_i\cap A_j|\\ &+\sum_{1\leqslant i<j<k\leqslant n}^{n}|A_i\cap A_j\cap A_k|+\cdots\\ &+(-1)^{n-1}|A_1\cap A_2\cap\cdots\cap A_n|\end{aligned}$$

证明　用数学归纳法证明.

(1) 对于两个集合的情况，已证明成立，即$|A\cup B|=|A|+|B|-|A\cap B|$.

(2) 假设对于 $n-1(n\geqslant 3)$个集合，等式也成立，即有

$$\begin{aligned}|A_1\cup A_2\cup\cdots\cup A_{n-1}| = &\sum_{i=1}^{n-1}|A_i| - \sum_{1\leqslant i<j\leqslant n-1}^{n-1}|A_i\cap A_j|\\ &+\sum_{1\leqslant i<j<k\leqslant n-1}^{n-1}|A_i\cap A_j\cap A_k|+\cdots+\cdots+(-1)^{n-2}\\ &|A_1\cap A_2\cap\cdots\cap A_{n-1}|\end{aligned}$$

根据数学归纳假设得

$$\begin{aligned}&|A_1\cup A_2\cup\cdots\cup A_n|\\ &=|A_1\cup A_2\cup\cdots\cup A_{n-1}|+|A_n|-|(A_1\cup A_2\cup\cdots\cup A_{n-1})\cap A_n|\\ &=\sum_{i=1}^{n-1}|A_i|-\sum_{1\leqslant i<j\leqslant n-1}^{n-1}|A_i\cap A_j|+\sum_{1\leqslant i<j<k\leqslant n-1}^{n-1}|A_i\cap A_j\cap A_k|+\cdots\\ &\quad+(-1)^{n-2}|A_1\cap A_2\cap\cdots\cap A_{n-1}|+|A_n|-(\sum_{i=1}^{n-1}|A_n\cap A_i|\\ &\quad-\sum_{1\leqslant i<j<k\leqslant n-1}^{n-1}|A_n\cap A_i\cap A_j|+\cdots+(-1)^{n-2}|A_1\cap A_2\cap\cdots\cap A_n|)\\ &=\sum_{i=1}^{n}|A_i|-\sum_{1\leqslant i<j\leqslant n}^{n}|A_i\cap A_j|+\sum_{1\leqslant i<j<k\leqslant n}^{n}|A_i\cap A_j\cap A_k|+\cdots\\ &\quad+(-1)^{n-1}|A_1\cap A_2\cap\cdots\cap A_n|\end{aligned}$$

因此，由(1)和(2)知原命题成立.

例 3.2.12 某班有 25 名男同学，其中有 14 人喜欢田径，有 12 人喜欢游泳，有 6 人喜欢田径和游泳，有 5 人喜欢田径和踢足球，还有 2 人喜欢这三种运动，而 6 个喜欢踢足球的人都喜欢另外一种运动，求不喜欢这三种运动的人数.

解 方法一：用容斥原理求解.

设 A,B,C 分别表示喜欢游泳、踢足球和田径的学生集合. 则 $|A|=12$, $|B|=6$, $|C|=14$, $|A\cap C|=6$, $|B\cap C|=5$, $|A\cap B\cap C|=2$, $|(A\cup C)\cap B|=6$. 因为

$$\begin{aligned}|(A\cup C)\cap B| &= |(A\cap B)\cup(B\cap C)|\\ &= |A\cap B|+|B\cap C|-|A\cap B\cap C|\\ &= |A\cap B|+5-2=6\end{aligned}$$

所以

$$|A\cap B|=3$$

于是

$$\begin{aligned}|A\cup B\cup C| &= |A|+|B|+|C|-|A\cap B|-|A\cap C|\\ &\quad -|B\cap C|+|A\cap B\cap C|\\ &= 12+6+14-3-6-5+2=20\end{aligned}$$

从而

$$|\sim(A\cap B\cap C)|=25-|A\cup B\cup C|=25-20=5$$

因而不喜欢这三种运动的学生共 5 人.

方法二：用文氏图法求解.

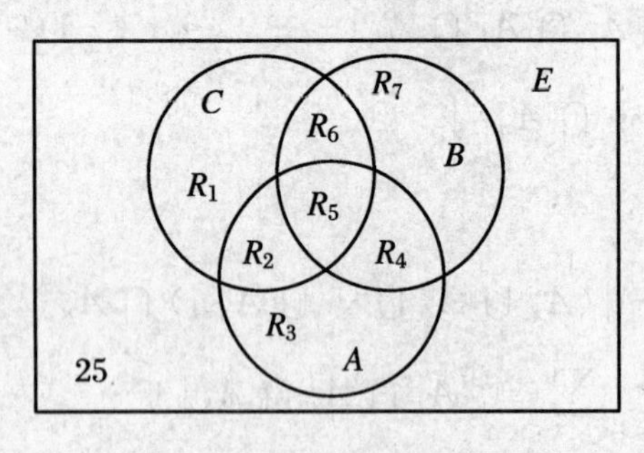

图 3.2.7

A,B,C 的意义同上，该题的文氏图如图 3.2.7 所示. 由题意可得

$$|R_2|+|R_3|+|R_4|+|R_5|=12$$
$$|R_4|+|R_5|+|R_6|+|R_7|=6$$
$$|R_1|+|R_2|+|R_5|+|R_6|=14$$
$$|R_2|+|R_5|=6$$
$$|R_5|+|R_6|=5$$
$$|R_5|=2$$
$$|R_4|+|R_5|+|R_6|=6$$

根据上面各等式，依次求得

$$|R_1|=5,\quad |R_2|=4,\quad |R_3|=5,\quad |R_4|=1,$$
$$|R_5|=2,\quad |R_6|=3,\quad |R_7|=0$$

所以

$$|\sim(A\cap B\cap C)|=25-|A\cup B\cup C|$$

$$= 25 - (|R_1| + |R_2| + |R_3| + |R_4| + |R_5| + |R_6| + |R_7|)$$

$$= 25 - (5 + 4 + 5 + 1 + 2 + 3 + 0) = 5$$

因而不喜欢这三种运动的学生共5人.

习题 3.2

1. 已知集合 A 与 B，且 $|A| = 25$，$|B| = 15$，$|A \cup B| = 30$，则 $|A \cap B| =$（　　）.

A. 10　　B. 25　　C. 20　　D. 13

2. 下列各论断哪些恒成立？哪些恒不成立？哪些有时成立？

(1) 若 $x \in X$，则 $x \in X \cup Y$；　(2) 若 $x \in X$，则 $x \in X \cap Y$；

(3) 若 $x \in X \cup Y$，则 $x \in X$；　(4) 若 $x \in X \cap Y$，则 $x \in Y$；

(5) 若 $x \notin X$，则 $x \in X \cup Y$；　(6) 若 $x \notin X$，则 $x \in X \cap Y$；

(7) 若 $X \subseteq Y$，则 $X \cap Y = X$；　(8) 若 $X \subseteq Y$，则 $X \cap Y = Y$.

3. 设 $E = \{1,2,3,4,5\}$，集合 $A = \{2,5\}$，$B = \{2,3,4\}$，$C = \{1,4\}$，试求下列集合.

(1) $\sim A \cap B$；　(2) $\sim A \cap (B \cup C)$；

(3) $\sim (B \cap C)$；　(4) $\sim B \cup \sim C$；

(5) $P(A) \cap P(B)$；　(6) $P(A) - P(B)$.

4. 设 $A = \{\varnothing, a, \{a\}\}$，$B = \{b, \{b\}\}$，求 $P(A)$，$P(B) - \{b\}$ 及 $P(B) \oplus B$.

5. 试判断下列论断是否正确，并说明理由.

(1) 若 $X \cup Y = X \cup Z$，则 $Y = Z$；

(2) 若 $X \cap Y = X \cap Z$，则 $Y = Z$.

6. 设集合 X 和 Y 是全集 E 的子集，利用集合的运算律证明：

(1) $(X \cap Y) \cup (X \cap \sim Y) = X$；

(2) $Y \cup \sim ((\sim X \cup Y) \cap X) = E$.

7. 设 X，Y 和 Z 是三个任意集合，试证明：

(1) $X - (Y \cup Z) = (X - Y) \cap (X - Z)$；

(2) $(X \cup Y) - Z = (X - Z) \cup (Y - Z)$；

(3) $(X \cup Y) \cap (Y \cup Z) \cap (Z \cup X) = (X \cap Y) \cup (Y \cap Z) \cup (Z \cap X)$；

(4) $(X \cup Y) \cap (Y \cup Z) \cap (Z \cup X) = (X \cap Y) \cup (\sim X \cap Y \cap Z) \cup (X \cap \sim Y \cap Z)$.

8. 试利用集合运算律化简表达式：$((X \cup Y \cup Z) \cap (X \cup Y)) - ((X \cup (Y - Z)) \cap X)$.

9. 设 A，B，C 为任意三个集合，若 $A \oplus B = A \oplus C$，证明：$B = C$.

10. 对于任意集合 A 和 B，试证明：$P(A) \cap P(B) = P(A \cap B)$.

11. 某大学计算机专业有60位学生，其中有35人学习Pascal语言，有15人学习C语言，有23人学习COBOL语言，有2人这3种语言都学习，有3人这3种语言都不学习，问仅学习两种语言的学生数是多少？

12. 某游乐场里新引进了摩天轮、过山车、宇宙飞船三种游乐设施，现有80名同学到游乐场游玩，已知其中25人这三种设施都乘过，52人至少乘坐过其中的两种．若每样设施乘坐一次的费用是1元，游乐场这三项设施的总收入为144元，有多少同学没有玩过其中任何一种？

3.3 序偶与笛卡儿积

生活中，有许多事物是成对出现的，如前后、左右、2>1、平面上点的坐标等，且这些成对出现的事物间往往都具有一定的顺序．

3.3.1 序偶与 n 元组

定义 3.3.1 由两个元素 x 和 y（允许 $x=y$）按一定次序排列成的有序序列叫作**二元组**或**序偶**(ordered pair)，记作 $\langle x,y\rangle$，其中 x 称为**第一元素**，y 称为**第二元素**．

序偶 $\langle x,y\rangle$ 有以下性质：

(1) 当 $x\neq y$ 时，$\langle x,y\rangle\neq\langle y,x\rangle$；

(2) $\langle x,y\rangle=\langle u,v\rangle$ 当且仅当 $x=u$ 且 $y=v$．

例 3.3.1 平面直角坐标系中就是用序偶表示点的坐标，只是中学教材习惯用 (x,y) 表示，其中第一元素为横坐标，第二元素为纵坐标．

正如(1,2)和(2,1)是表示平面上两个不同的点，$\langle 1,2\rangle$ 和 $\langle 2,1\rangle$ 是表示两个不同的序偶，也就是说序偶是讲究次序的．这点与集合不同，在集合中，$\{1,2\}$ 和 $\{2,1\}$ 表示两个相等的集合．

例 3.3.2 已知 $\langle 2x+1,4\rangle=\langle 5,x+y\rangle$，求 x 和 y．

解 由序偶相等的充要条件知 $2x+1=5$，$x+y=4$，解得 $x=2$，$y=2$．

在实际问题中，会用到3元组、4元组、……、n 元组的概念，下面用序偶来定义 n 元组．

定义 3.3.2 一个 $n(n\geqslant 3)$ 元组是一个序偶，其中第一个元素是一个 $(n-1)$ 元组，记作 $\langle\langle x_1,x_2,\cdots,x_{n-1}\rangle,x_n\rangle$，简记为 $\langle x_1,x_2,\cdots,x_{n-1},x_n\rangle$，且 x_i 称作它的第 $i(i=1,2,\cdots,n)$ 元素．

与二元组相等类似，两个 n 元组相等的充要条件为 $\langle x_1,x_2,\cdots,x_{n-1},x_n\rangle=\langle y_1,y_2,\cdots,y_{n-1},y_n\rangle$ 当且仅当 $x_i=y_i(i=1,2,\cdots,n)$．

例 3.3.3 三元组 $\langle x,y,z\rangle$，可以表示为 $\langle\langle x,y\rangle,z\rangle$．同样，$\langle\langle x,y\rangle,z\rangle=\langle\langle u,v\rangle,w\rangle$ 的充要条件是 $\langle x,y\rangle=\langle u,v\rangle$，$z=w$，即 $x=u$，$y=v$，$z=w$．如空间直角坐标系中点的坐标就是三元组，n 维空间中点的坐标或 n 维向量是 n 元组．而

$\langle x\rangle$形式上也可以看作一元组，只不过“顺序性”在这里没有什么实际意义.以后内容中提到的 n 元组，其中 n 都是任意正整数.

序偶$\langle x,y\rangle$中的两个元素可以分别来自于不同的集合，因此对于任意两个集合 A 和B，可以定义一种序偶的集合.

3.3.2　两个集合的笛卡儿积

定义 3.3.3　设 A 和B 是任意两个集合，以 A 的成员为第一元素，B 的成员为第二元素构造序偶，由所有这样的序偶组成的集合称为 A 与 B 的**笛卡儿积**(Cartesian product)或**直积**，记作 $A\times B$，即 $A\times B=\{\langle x,y\rangle\mid(x\in A)\land(y\in B)\}$.

约定，若 $A=\varnothing$或 $B=\varnothing$，则 $A\times B=\varnothing$.当 $A=B$ 时，$A\times B$ 简记为A^2.

例 3.3.4　设 A 表示某大学所有学生的集合，B 表示该大学开设的所有选修课程的集合，则 $A\times B$ 可以用来表示该校大学生选择选修课的所有可能情况.

例 3.3.5　设集合 $A=\{1,2\}$，$B=\{a,b,c\}$，求 $A\times B$，$B\times A$，A^2及 B^2.

解　由已知可得

$$A\times B=\{\langle 1,a\rangle,\langle 1,b\rangle,\langle 1,c\rangle,\langle 2,a\rangle,\langle 2,b\rangle,\langle 2,c\rangle\}$$
$$B\times A=\{\langle a,1\rangle,\langle a,2\rangle,\langle b,1\rangle,\langle b,2\rangle,\langle c,1\rangle,\langle c,2\rangle\}$$
$$A^2=\{\langle 1,1\rangle,\langle 1,2\rangle,\langle 2,1\rangle,\langle 2,2\rangle\}$$
$$B^2=\{\langle a,a\rangle,\langle a,b\rangle,\langle a,c\rangle,\langle b,a\rangle,\langle b,b\rangle,\langle b,c\rangle,\langle c,a\rangle,\langle c,b\rangle,\langle c,c\rangle\}$$

不难证明，如果$|A|=m$，$|B|=n$，则$|A\times B|=|B\times A|=|A|\times|B|=mn$.

例 3.3.6　设集合 $A=\{a,b\}$，$B=\{1,2\}$，$C=\{x,y\}$，求$(A\times B)\times C$ 与$A\times(B\times C)$.

解　由已知可得

$$A\times B=\{\langle a,1\rangle,\langle a,2\rangle,\langle b,1\rangle,\langle b,2\rangle\}$$
$$B\times C=\{\langle 1,x\rangle,\langle 1,y\rangle,\langle 2,x\rangle,\langle 2,y\rangle\}$$

所以

$$\begin{aligned}(A\times B)\times C&=\{\langle\langle a,1\rangle,x\rangle,\langle\langle a,1\rangle,y\rangle,\langle\langle a,2\rangle,x\rangle,\\&\quad\langle\langle a,2\rangle,y\rangle,\langle\langle b,1\rangle,x\rangle,\langle\langle b,1\rangle,y\rangle,\\&\quad\langle\langle b,2\rangle,x\rangle,\langle\langle b,2\rangle,y\rangle\}\\&=\{\langle a,1,x\rangle,\langle a,1,y\rangle,\langle a,2,x\rangle,\langle a,2,y\rangle,\\&\quad\langle b,1,x\rangle,\langle b,1,y\rangle,\langle b,2,x\rangle,\langle b,2,y\rangle\}\end{aligned}$$

$$\begin{aligned}A\times(B\times C)&=\{\langle a,\langle 1,x\rangle\rangle,\langle a,\langle 1,y\rangle\rangle,\langle a,\langle 2,x\rangle\rangle,\\&\quad\langle a,\langle 2,y\rangle\rangle,\langle b,\langle 1,x\rangle\rangle,\langle b,\langle 1,y\rangle\rangle,\\&\quad\langle b,\langle 2,x\rangle\rangle,\langle b,\langle 2,y\rangle\rangle\}\end{aligned}$$

对于非空集合 A 和 B,显然有:

(1) $A\times B\neq B\times A$;

(2) $(A\times B)\times C\neq A\times(B\times C)$.

定理 3.3.1 笛卡儿积运算对并和交运算满足分配律,即对任意集合 A,B 和 C 有:

(1) $A\times(B\cap C)=(A\times B)\cap(A\times C)$;

(2) $A\times(B\cup C)=(A\times B)\cup(A\times C)$;

(3) $(B\cap C)\times A=(B\times A)\cap(C\times A)$;

(4) $(B\cup C)\times A=(B\times A)\cup(C\times A)$.

证明 这里仅证(1)和(3),(2)和(4)的证明留作习题.

(1)
$$\begin{aligned}\forall\langle x,y\rangle\in A\times(B\cap C)&\Leftrightarrow(x\in A)\wedge(y\in B\cap C)\\&\Leftrightarrow(x\in A)\wedge(y\in B)\wedge(y\in C)\\&\Leftrightarrow((x\in A)\wedge(y\in B))\wedge((x\in A)\wedge(y\in C))\\&\Leftrightarrow(\langle x,y\rangle\in A\times B)\wedge(\langle x,y\rangle\in A\times C)\\&\Leftrightarrow\langle x,y\rangle\in(A\times B)\cap(A\times C).\end{aligned}$$

所以 $A\times(B\cap C)=(A\times B)\cap(A\times C)$.

(3)
$$\begin{aligned}\forall\langle x,y\rangle\in(B\cap C)\times A&\Leftrightarrow(x\in B\cap C)\wedge(y\in A)\\&\Leftrightarrow(x\in B)\wedge(x\in C)\wedge(y\in A)\\&\Leftrightarrow((x\in B)\wedge(y\in A))\wedge((x\in C)\wedge(y\in A))\\&\Leftrightarrow(\langle x,y\rangle\in B\times A)\wedge(\langle x,y\rangle\in C\times A)\\&\Leftrightarrow\langle x,y\rangle\in(B\times A)\cap(C\times A).\end{aligned}$$

所以$(B\cap C)\times A=(B\times A)\cap(C\times A)$.

定理 3.3.2 设 A 与 B 为任意集合,C 为非空集合,则:

(1) $A\subseteq B\Leftrightarrow A\times C\subseteq B\times C$;

(2) $A\subseteq B\Leftrightarrow C\times A\subseteq C\times B$.

证明 (1) 因为 $C\neq\varnothing$,即存在 $c\in C$.设 $A\subseteq B$,则

$$\begin{aligned}\forall\langle a,c\rangle\in A\times C&\Rightarrow(a\in A)\wedge(c\in C)\\&\Rightarrow(a\in B)\wedge(c\in C)\\&\Rightarrow\langle a,c\rangle\in B\times C\end{aligned}$$

因此 $A\times C\subseteq B\times C$.

反之,若 $C\neq\varnothing$,$A\times C\subseteq B\times C$,即存在 $c\in C$,则

$$\begin{aligned}a\in A&\Rightarrow(a\in A)\wedge(c\in C)\\&\Leftrightarrow\langle a,c\rangle\in A\times C\\&\Rightarrow\langle a,c\rangle\in B\times C\end{aligned}$$

$$\Leftrightarrow (a \in B) \wedge (c \in C)$$
$$\Rightarrow a \in B$$

因此 $A \subseteq B$.

同理可证(2).

定理 3.3.3　设 A,B,C,D 为任意非空集合,则

$$A \subseteq C \text{ 且 } B \subseteq D \Leftrightarrow A \times B \subseteq C \times D$$

证明　任取 $x \in A$ 且 $y \in B$,由于 $A \subseteq C$ 且 $B \subseteq D$,则

$$\begin{aligned}\langle x,y\rangle \in A \times B &\Leftrightarrow (x \in A) \wedge (y \in B)\\ &\Rightarrow (x \in C) \wedge (y \in D)\\ &\Leftrightarrow \langle x,y\rangle \in C \times D\end{aligned}$$

所以 $A \times B \subseteq C \times D$.

反之,任取 $x \in A$ 且 $y \in B$,由于 $A \times B \subseteq C \times D$,则

$$\begin{aligned}(x \in A) \wedge (y \in B) &\Leftrightarrow \langle x,y\rangle \in A \times B\\ &\Rightarrow \langle x,y\rangle \in C \times D\\ &\Leftrightarrow (x \in C) \wedge (y \in D)\end{aligned}$$

所以 $A \subseteq C$ 且 $B \subseteq D$.

例 3.3.7　证明:$A \times (B - C) = (A \times B) - (A \times C)$.

证明　由题意可得

$$\begin{aligned}\forall \langle x,y\rangle \in A \times (B - C) &\Leftrightarrow (x \in A) \wedge (y \in (B - C))\\ &\Leftrightarrow (x \in A) \wedge ((y \in B) \wedge (y \notin C))\\ &\Leftrightarrow ((x \in A) \wedge (y \in B)) \wedge ((x \in A) \wedge (y \notin C))\\ &\Leftrightarrow (\langle x,y\rangle \in A \times B) \wedge (\langle x,y\rangle \notin A \times C)\\ &\Leftrightarrow \langle x,y\rangle \in (A \times B) - (A \times C)\end{aligned}$$

从而命题得证.

例 3.3.8　设 A,B,C,D 为任意集合,判断下列等式是否成立,并说明原因.

(1) $(A \cap B) \times (C \cap D) = (A \times C) \cap (B \times D)$;

(2) $(A - B) \times (C - D) = (A \times C) - (B \times D)$;

(3) $(A \oplus B) \times (C \oplus D) = (A \times C) \oplus (B \times D)$;

(4) 若 $A \times B \subseteq C \times D$,则有 $A \subseteq C$ 且 $B \subseteq D$.

解　(1)成立.因为

$$\begin{aligned}\langle x,y\rangle \in (A \cap B) \times (C \cap D) &\Leftrightarrow (x \in A \cap B) \wedge (y \in C \cap D)\\ &\Leftrightarrow (x \in A) \wedge (x \in B) \wedge (y \in C) \wedge (y \in D)\\ &\Leftrightarrow ((x \in A) \wedge (y \in C)) \wedge ((x \in B) \wedge (y \in D))\\ &\Leftrightarrow (\langle x,y\rangle \in A \times C) \wedge (\langle x,y\rangle \in B \times D)\end{aligned}$$

$$\Leftrightarrow \langle x,y\rangle \in (A\times C)\cap(B\times D)$$

(2)不成立.例如,令 $B=\varnothing, A=C=D=\{1\}$,则

$$(A-B)\times(C-D)=\{1\}\times\varnothing=\varnothing$$
$$(A\times C)-(B\times D)=\{\langle 1,1\rangle\}-\varnothing=\{\langle 1,1\rangle\}$$

(3)不成立.因为,若取 $B=C=\varnothing$,则

$$(A\oplus B)\times(C\oplus D)=A\times D$$
$$(A\times C)\oplus(B\times D)=\varnothing$$

(4)不成立.当 $A=B=\varnothing$时,该命题的结论是成立的.但是当 A 和 B 中仅有一个为$\varnothing$时,结论不一定成立.例如,令 $A=C=D=\varnothing$,而 $B=\{1,2\}$时,$A\times B\subseteq C\times D$,而 $B\subsetneq D$.

3.3.3 n 个集合的笛卡儿积

定义 3.3.4 设 $A_1,A_2,\cdots,A_n$ 是 $n(n\geqslant 2)$个集合,它们的笛卡儿积记作 $A_1\times A_2\times\cdots\times A_n$,且

$$\begin{aligned}A_1\times A_2\times\cdots\times A_n&=(A_1\times A_2\times\cdots\times A_{n-1})\times A_n\\&=\{\langle a_1,a_2,\cdots,a_n\rangle\mid(a_1\in A_1)\wedge(a_2\in A_2)\\&\quad\wedge\cdots\wedge(a_n\in A_n)\}\end{aligned}$$

特别地,当 $A_1=A_2=\cdots=A_n$ 时,笛卡儿积 $A_1\times A_2\times\cdots\times A_n$ 记作 A^n.

容易证明,笛卡儿积 $A_1\times A_2\times\cdots\times A_n$ 中的元素个数为$|A_1|\times|A_2|\times\cdots\times|A_n|$.

例 3.3.9 设集合 $A=\{a,b\},B=\{1,2,3\},C=\{d\}$,求 $A\times B\times C$ 及A^3.

解 由已知可得

$$A\times B\times C=\{\langle a,1,d\rangle,\langle a,2,d\rangle,\langle a,3,d\rangle,\langle b,1,d\rangle,\langle b,2,d\rangle,\langle b,3,d\rangle\}$$
$$A^3=\{\langle a,a,a\rangle,\langle a,a,b\rangle,\langle a,b,a\rangle,\langle a,b,b\rangle,\langle b,a,a\rangle,\langle b,a,b\rangle,\langle b,b,a\rangle,\langle b,b,b\rangle\}$$

例 3.3.10 设 $A=\{x\mid x$ 为实数且 $-1\leqslant x\leqslant 1\}$,$B=\{y\mid y$ 为实数且 $-3\leqslant y\}$,$C=\{z\mid z$ 为实数且 $z\leqslant 0\}$,试求 $A\times B\times C$ 和 $C\times B\times A$.

解 由已知可得

$$A\times B\times C=\{\langle x,y,z\rangle\mid x,y,z\text{ 为实数且}-1\leqslant x\leqslant 1,-3\leqslant y,z\leqslant 0\}$$
$$C\times B\times A=\{\langle z,y,x\rangle\mid x,y,z\text{ 为实数且 }z\leqslant 0,-3\leqslant y,-1\leqslant x\leqslant 1\}$$

习题 3.3

1. 集合 $A=\{x,y\}$与集合 $B=\{a,b\}$的笛卡儿积为(　　).

A. $\{\langle x,a\rangle,\langle y,b\rangle\}$　　B. $\{\langle x,b\rangle,\langle y,a\rangle\}$

C. $\{\langle x,a\rangle,\langle y,a\rangle,\langle x,b\rangle,\langle y,b\rangle\}$　　D. $\{\langle x,y\rangle,\langle y,x\rangle,\langle x,x\rangle,\langle y,y\rangle\}$

2. 设$|A_1|=1,|A_2|=2,\cdots,|A_n|=n$,则笛卡儿积$|A_1\times A_2\times\cdots\times A_n|=$______.

3. 已知集合$A=\{1,2,\{1,2\}\}$,$B=\{a,b\}$,$C=\{x,y\}$,求笛卡儿积$A\times B$,$B\times A$,$B\times B$及$A\times B\times C$.

4. 设集合$A=\{1,2\}$,求$A\times P(A)$.

5. 设X,Y,Z为任意三个集合,试证明:

(1) 若$X\times X=Y\times Y$,则$X=Y$;

(2) 若$X\times Y=X\times Z$,且$X\neq\varnothing$,则$Y=Z$.

6. 设A,B,C为三个任意集合,试证明:$(A-B)\times C=(A\times C)-(B\times C)$.

7. 证明定理3.3.1的(2)和(4).

8. 试判断下列两式是否成立,并说明理由.

(1) $(A\cup B)\times(C\cup D)=(A\times C)\cup(B\times D)$;

(2) $(A\oplus B)\times C=(A\times C)\oplus(B\times C)$.

9. 在笛卡儿直角坐标系中,$X=\{x\mid x$ 为实数且 $-3\leqslant x\leqslant 2\}$,$Y=\{y\mid y$ 为实数且 $-2\leqslant y\leqslant 0\}$,试求出笛卡儿积$X\times Y$和$Y\times X$.

3.4　关系及其表示

日常生活中存在着各种各样的关系,如人与人之间的朋友关系、同学关系、师生关系等;两个实数间的大于、小于、等于以及整除和同余关系等;计算机内部电路间的导线的连接关系、程序之间的调用关系等.下面将从数学的角度来表述它.

3.4.1　关系的概念

定义3.4.1　如果一个非空集合的元素都是序偶,则称该集合为一个**二元关系**(binary relation),简称**关系**.关系R中的任一序偶$\langle a,b\rangle$可记作$\langle a,b\rangle\in R$或aRb,此时称a和b有关系R.若$\langle a,b\rangle$不在R中,则记作$\langle a,b\rangle\notin R$或$a\bar{R}b$,此时称$a$和$b$没有关系$R$.

例3.4.1　设$R_1=\{\langle x,y\rangle,\langle 1,2\rangle\}$,$R_2=\{\langle x,y\rangle,1,2\}$,$R_1$和$R_2$是否为关系?

解　R_1是关系.R_2不是关系,它只是一个集合,除非将1和2定义为有序对.根据上面的记法,可以写成xR_1y,$1R_12$,$x\bar{R}_1z$等.

定义3.4.2　设A与B为任意集合,笛卡儿积$A\times B$的任意子集叫作A到B

的关系.特别地：

(1) $A\times B$ 的平凡子集$\varnothing$称为 A 到 B 的**空关系**(empty relation)；

(2) $A\times B$ 的平凡子集 $A\times B$ 称为 A 到 B 的**全域关系**(universal relation)；

(3) 当 $A=B$ 时，称其为 A **上的关系**.

例 3.4.2 集合 $A=\{a,b,c\}$，$B=\{a,b,d\}$，那么 $R_1=\{\langle a,b\rangle\}$，$R_2=A\times B$，$R_3=\varnothing$，$R_4=\{\langle c,d\rangle\}$等都是从 A 到 B 的关系，而 R_1 和 R_3 同时也是 A 上的关系.

集合 A 到 B 的关系的数目依赖于集合 A，B 中元素的个数.如果 $|A|=m$，$|B|=n$，那么 $|A\times B|=mn$，$A\times B$ 的子集就有 2^{mn} 个，每一个子集代表一个 A 到 B 上的关系，所以 A 到 B 有 2^{mn} 个不同的关系.当 $A=B$ 时，则得到 A 上的关系的个数为 2^{m^2}.

例 3.4.3 当 $|A|=3$，$|B|=2$ 时，则 A 到 B 上有 $2^{3\times 2}=64$ 个不同的关系，而 A 上有 $2^{3^2}=512$ 个不同的关系.

定义 3.4.3 在关系 R 中，所有序偶的第一元素的集合称为关系 R 的**前域**(domain)，记作 $\mathrm{dom}(R)$.所有序偶的第二元素的集合称为关系 R 的**值域**(range)，记作 $\mathrm{ran}(R)$.R 的前域和值域的并称作 R 的**域**(field)，记作 $\mathrm{FLD}(R)$.即

$$\mathrm{dom}(R)=\{x\mid(\exists y)\langle x,y\rangle\in R\}$$

$$\mathrm{ran}(R)=\{y\mid(\exists x)\langle x,y\rangle\in R\}$$

$$\mathrm{FLD}(R)=\mathrm{dom}(R)\cup\mathrm{ran}(R)$$

若 $R\subseteq A\times B$，显然 $\mathrm{dom}(R)\subseteq A$，$\mathrm{ran}(R)\subseteq B$，$\mathrm{FLD}(R)=\mathrm{dom}(R)\cup\mathrm{ran}(R)\subseteq A\cup B$.

例 3.4.4 设集合 $A=\{a,b,c,d\}$，$B=\{a,b,e\}$，A 到 B 的关系 $R=\{\langle a,a\rangle,\langle a,b\rangle,\langle b,b\rangle,\langle c,e\rangle\}$，求 $\mathrm{dom}(R)$，$\mathrm{ran}(R)$和 $\mathrm{FLD}(R)$.

解 $\mathrm{dom}(R)=\{a,b,c\}$，$\mathrm{ran}(R)=\{a,b,e\}$，$\mathrm{FLD}(R)=\{a,b,c,e\}$.

例 3.4.5 设集合 $A=\{2,3,4\}$，$B=\{2,3,6,7,8,9\}$，A 到 B 的关系 R 定义为：aRb 当且仅当 a 整除 b，求 $\mathrm{dom}(R)$，$\mathrm{ran}(R)$和 $\mathrm{FLD}(R)$.

解 由题意可得

$$R=\{\langle 2,2\rangle,\langle 2,6\rangle,\langle 2,8\rangle,\langle 3,3\rangle,\langle 3,6\rangle,\langle 3,9\rangle,\langle 4,8\rangle\}$$

所以 $\mathrm{dom}(R)=\{2,3,4\}$，$\mathrm{ran}(R)=\{2,3,6,8,9\}$，$\mathrm{FLD}(R)=\{2,3,4,6,8,9\}$.

定理 3.4.1 若 R 和 S 均是集合 A 到 B 的关系，则

(1) $\mathrm{dom}(R\cup S)=\mathrm{dom}(R)\cup\mathrm{dom}(S)$；

(2) $\mathrm{dom}(R\cap S)\subseteq\mathrm{dom}(R)\cap\mathrm{dom}(S)$；

(3) $\mathrm{dom}(R)-\mathrm{dom}(S)\subseteq\mathrm{dom}(R-S)$；

(4) $\mathrm{ran}(R\cup S)=\mathrm{ran}(R)\cup\mathrm{ran}(S)$；

(5) $\operatorname{ran}(R\cap S)\subseteq\operatorname{ran}(R)\cap\operatorname{ran}(S)$；

(6) $\operatorname{ran}(R)-\operatorname{ran}(S)\subseteq\operatorname{ran}(R-S)$.

证明　这里仅证(1)和(6),其余类似可证.

(1) 因为

$$\begin{aligned}x\in\operatorname{dom}(R\cup S)&\Leftrightarrow\exists y(x(R\cup S)y)\\&\Leftrightarrow\exists y((xRy)\vee(xSy))\\&\Leftrightarrow\exists y(xRy)\vee\exists y(xSy)\\&\Leftrightarrow(x\in\operatorname{dom}(R))\vee(x\in\operatorname{dom}(S))\\&\Leftrightarrow x\in(\operatorname{dom}(R)\cup\operatorname{dom}(S))\end{aligned}$$

所以 $\operatorname{dom}(R\cup S)=\operatorname{dom}(R)\cup\operatorname{dom}(S)$.

(6) 因为

$$\begin{aligned}y\in(\operatorname{ran}(R)-\operatorname{ran}(S))&\Leftrightarrow(y\in\operatorname{ran}(R))\wedge(y\notin\operatorname{ran}(S))\\&\Leftrightarrow\exists x(xRy)\wedge\neg(\exists x(xSy))\\&\Leftrightarrow\exists x(xRy)\wedge\forall x\neg(xSy)\\&\Rightarrow(aRy)\wedge\neg(aSy)\\&\Leftrightarrow\exists x((xRy)\wedge\neg(xSy))\\&\Leftrightarrow\exists x(x(R-S)y)\\&\Leftrightarrow y\in\operatorname{ran}(R-S)\end{aligned}$$

所以 $\operatorname{ran}(R)-\operatorname{ran}(S)\subseteq\operatorname{ran}(R-S)$.

由于关系是序偶的集合,所以可对同一域上的关系进行交、并、补、差等运算,运算结果得到一些新的关系,并且还有如下定理.

定理 3.4.2　若 R 和 S 是集合 A 到 B 的关系,则 R 和 S 的交、并、补、差仍是 A 到 B 的关系.

证明　因为 $R\subseteq A\times B$, $S\subseteq A\times B$,所以

$$\begin{aligned}&R\cap S\subseteq A\times B\\&R\cup S\subseteq A\times B\\&\sim R=(A\times B)-R\subseteq A\times B\\&R-S=R\cap\sim S\subseteq A\times B\end{aligned}$$

例 3.4.6　设 $A=\{x,y,z\}$, $B=\{1,2\}$, $R=\{\langle x,1\rangle,\langle y,2\rangle,\langle z,2\rangle\}$ 和 $S=\{\langle x,1\rangle,\langle y,1\rangle\}$ 均是 A 到 B 的关系,求它们的并、交、差、补以及对称差.

解　由已知得

$$\begin{aligned}&R\cup S=\{\langle x,1\rangle,\langle y,1\rangle,\langle y,2\rangle,\langle z,2\rangle\}\\&R\cap S=\{\langle x,1\rangle\}\\&R-S=\{\langle y,2\rangle,\langle z,2\rangle\}\\&S-R=\{\langle y,1\rangle\}\end{aligned}$$

$$A\times B=\{\langle x,1\rangle,\langle x,2\rangle,\langle y,1\rangle,\langle y,2\rangle,\langle z,1\rangle,\langle z,2\rangle\}$$
$$\sim R=A\times B-R=\{\langle x,2\rangle,\langle y,1\rangle,\langle z,1\rangle\}$$
$$\sim S=A\times B-S=\{\langle x,2\rangle,\langle y,2\rangle,\langle z,1\rangle,\langle z,2\rangle\}$$
$$R\oplus S=(R-S)\cup(S-R)=\{\langle y,2\rangle,\langle z,2\rangle,\langle y,1\rangle\}$$

序偶的集合称为二元关系.类似地,任一 n 元组的集合称为 **n 元关系**(n-ary relation).

定义 3.4.4 设集合 $A_1,A_2,\cdots,A_n$,若 $R\subseteq A_1\times A_2\times\cdots\times A_n$,则称 R 为 $A_1,A_2,\cdots,A_n$ 上的 n 元关系.特别当 $A_1=A_2=\cdots=A_n=A$ 时,称 R 为 A 上的 **n 元关系**.

本书中,如果没有特别说明,所提到的关系均指二元关系.

例 3.4.7 $\mathbf{R}$ 为实数集,关系 $S=\{\langle x,y,z\rangle\mid x,y,z\in\mathbf{R},x^2+y^2+z^2=1\}$,则 S 是一个三元关系,x,y 与 z 符合关系 S 当且仅当点 (x,y,z) 在球面 $x^2+y^2+z^2=1$ 上.

当 $n>2$ 时,任意一个 n 元关系都可以通过逐次加括号的方式使其变为二元关系.另外,当集合 $A_1\neq A_2$ 时,若令 $A=A_1\cup A_2$,由于 $A_1\subseteq A$,$A_2\subseteq A$,所以 $A_1\times A_2\subseteq A\times A$.这表明不同集合之间的二元关系可以转化为同一集合上的二元关系,因此,在讨论关系时,通常仅讨论集合 A 上的二元关系.

定义 3.4.5 设 A 为任意集合,称 $I_A=\{\langle x,x\rangle|x\in A\}$ 为 A 上的**恒等关系**(identity relation).

例 3.4.8 设集合 $A=\{1,2,3\}$,求 A 上的全域关系 E_A 和恒等关系 I_A.

解 由已知得

$$\begin{aligned}E_A&=A\times A\\&=\{\langle 1,1\rangle,\langle 1,2\rangle,\langle 1,3\rangle,\langle 2,1\rangle,\langle 2,2\rangle,\langle 2,3\rangle,\langle 3,1\rangle,\langle 3,2\rangle,\langle 3,3\rangle\}\end{aligned}$$
$$I_A=\{\langle 1,1\rangle,\langle 2,2\rangle,\langle 3,3\rangle\}$$

例 3.4.9 (1) $\mathbf{R}$ 为实数集,$A\subseteq\mathbf{R}$,A 上的**小于等于关系**(less than or equal relation):

$$L_A=\{\langle x,y\rangle\mid(x,y\in A)\wedge(x\leqslant y)\}$$

(2) 设 $\mathbf{Z}^*$ 是非零整数集,$A\subseteq\mathbf{Z}^*$,A 上的**整除关系**(aliquot relation):

$$D_A=\{\langle x,y\rangle\mid(x,y\in A)\wedge(x\text{ 整除 }y)\}$$

(3) 设 A 是集族,A 上的**包含关系**(inclusion relation):

$$R_{\subseteq}=\{\langle x,y\rangle\mid(x,y\in A)\wedge(x\subseteq y)\}$$

(4) $\mathbf{Z}$ 为整数集,$\mathbf{Z}$ 上的**模 n 同余关系**(congruence relation):

$$R=\{\langle x,y\rangle\mid x,y\in\mathbf{Z},x\equiv y\ (\mathrm{mod}\ n)\}$$

其中,$x\equiv y\ (\mathrm{mod}\ n)$读作"$x$ 与 y 模 n 相等",表示 $x-y=nk(k\in\mathbf{Z})$.

例 3.4.10　设集合 $A=\{1,2,3\}$，$B=\{x,y\}$，$C=P(B)$，求 L_A，D_A 以及 C 上的包含关系.

解　(1) $L_A=\{\langle 1,1\rangle,\langle 1,2\rangle,\langle 1,3\rangle,\langle 2,2\rangle,\langle 2,3\rangle,\langle 3,3\rangle\}$.

(2) $D_A=\{\langle 1,1\rangle,\langle 1,2\rangle,\langle 1,3\rangle,\langle 2,2\rangle,\langle 3,3\rangle\}$.

(3) $C=P(B)=\{\varnothing,\{x\},\{y\},\{x,y\}\}$，则 C 上的包含关系为

$$R_{\subseteq}=\{\langle\varnothing,\varnothing\rangle,\langle\varnothing,\{x\}\rangle,\langle\varnothing,\{y\}\rangle,\langle\varnothing,\{x,y\}\rangle,\langle\{x\},\{x\}\rangle,\langle\{x\},\{x,y\}\rangle,\langle\{y\},\{y\}\rangle,\langle\{y\},\{x,y\}\rangle,\langle\{x,y\},\{x,y\}\rangle\}$$

例 3.4.11　设集合 $A=\{1,2,3,4,5,6,7,8,9\}$，若 A 上的关系 $R=\{\langle a,b\rangle\mid(a,b\in A)\wedge(\frac{a-b}{3}\in\mathbf{Z})\}$，其中 $\mathbf{Z}$ 为整数集，用列举法表示关系 R.

解　由已知得

$$R=\{\langle 1,1\rangle,\langle 1,4\rangle,\langle 1,7\rangle,\langle 2,2\rangle,\langle 2,5\rangle,\langle 2,8\rangle,\langle 3,3\rangle,\langle 3,6\rangle,\langle 3,9\rangle,\langle 4,4\rangle,\langle 4,7\rangle,\langle 4,1\rangle,\langle 5,5\rangle,\langle 5,8\rangle,\langle 5,2\rangle,\langle 6,6\rangle,\langle 6,9\rangle,\langle 6,3\rangle,\langle 7,7\rangle,\langle 7,1\rangle,\langle 7,4\rangle,\langle 8,8\rangle,\langle 8,2\rangle,\langle 8,5\rangle,\langle 9,9\rangle,\langle 9,6\rangle,\langle 9,3\rangle\}$$

类似地，可以定义大于等于关系(great than or equal relation)、小于关系(less than relation)、大于关系(great relation)以及真包含关系(proper inclusion relation)等.

3.4.2　关系的表示方法

关系通常有集合表达式(set expression)、关系矩阵(relationship matrix)以及关系图(relationship diagram)三种表示方法.

前面已介绍了关系的集合表达式，可用列举法或描述法表达关系等.

例 3.4.12　设 $A=\{1,2,3,4,5\}$，试用列举法表达下列关系 R.

(1) $R=\{\langle x,y\rangle\mid x,y\in A$ 且 x 是 y 的倍数$\}$；

(2) $R=\{\langle x,y\rangle\mid x,y\in A$ 且 $(x-y)^2\in A\}$；

(3) $R=\{\langle x,y\rangle\mid x,y\in A$ 且 x/y 是质数$\}$；

(4) $R=\{\langle x,y\rangle\mid x,y\in A$ 且 x 与 y 互质$\}$；

(5) $R=\{\langle x,y\rangle\mid(x,y\in A)\wedge(x<y)\}$.

解　(1) $R=\{\langle 5,5\rangle,\langle 5,1\rangle,\langle 4,4\rangle,\langle 4,2\rangle,\langle 4,1\rangle,\langle 3,3\rangle,\langle 3,1\rangle,\langle 2,2\rangle,\langle 2,1\rangle,\langle 1,1\rangle\}$.

(2) $R=\{\langle 2,1\rangle,\langle 3,2\rangle,\langle 4,3\rangle,\langle 5,4\rangle,\langle 3,1\rangle,\langle 4,2\rangle,\langle 5,3\rangle,\langle 3,5\rangle,\langle 2,4\rangle,\langle 1,3\rangle,\langle 4,5\rangle,\langle 3,4\rangle,\langle 2,3\rangle,\langle 1,2\rangle\}$.

(3) $R=\{\langle 2,1\rangle,\langle 3,1\rangle,\langle 5,1\rangle,\langle 4,2\rangle\}$.

(4) $R=\{\langle 2,3\rangle,\langle 2,5\rangle,\langle 3,2\rangle,\langle 3,4\rangle,\langle 3,5\rangle,\langle 4,3\rangle,\langle 4,5\rangle,\langle 5,2\rangle,\langle 5,3\rangle,\langle 5,4\rangle\}$.

(5) $R=\{\langle 1,2\rangle,\langle 1,3\rangle,\langle 1,4\rangle,\langle 1,5\rangle,\langle 2,3\rangle,\langle 2,4\rangle,\langle 2,5\rangle,\langle 3,4\rangle,\langle 3,5\rangle,\langle 4,5\rangle\}$.

对于从有穷集合到有穷集合的关系,还可以用关系矩阵和关系图来表示,这样不仅方便分析,而且还便于用计算机来处理关系.

定义 3.4.6 设集合 $A=\{x_1,x_2,\cdots,x_m\}$,集合 $B=\{y_1,y_2,\cdots,y_n\}$,$R\subseteq A\times B$,则称 $\boldsymbol{M}_R=(r_{ij})_{m\times n}$ 为 R 的**关系矩阵**,其中

$$r_{ij}=\begin{cases}1, & x_iRy_j\\ 0, & x_i\overline{R}y_j\end{cases}\quad (i=1,2,\cdots,m;j=1,2,\cdots,n)$$

例 3.4.13 设集合 $A=\{x,y,z\}$,$B=\{1,2\}$,$R=\{\langle x,1\rangle,\langle y,1\rangle,\langle y,2\rangle,\langle z,2\rangle\}$是 A 到 B 的关系,求 R 的关系矩阵 $\boldsymbol{M}_R$.

解 由关系矩阵的定义知 $\boldsymbol{M}_R=\begin{bmatrix}1&0\\1&1\\0&1\end{bmatrix}$.

显然,一个关系唯一确定一个关系矩阵,反之,一个关系矩阵也唯一对应一个关系.

例 3.4.14 写出例 3.4.12 中(1)所表示关系的关系矩阵.

解 关系矩阵为 $\boldsymbol{M}_R=\begin{bmatrix}1&0&0&0&0\\1&1&0&0&0\\1&0&1&0&0\\1&1&0&1&0\\1&0&0&0&1\end{bmatrix}$.

需要指出的是,空关系的关系矩阵为全 0 矩阵,全域关系的关系矩阵为全 1 矩阵,恒等关系的关系矩阵为单位矩阵.

若 R 和 S 的关系矩阵分别为 $\boldsymbol{M}_R$ 和 $\boldsymbol{M}_S$,则 R 和 S 的并、交、差、补、对称差的关系矩阵分别为

$$\boldsymbol{M}_{R\cup S}=\boldsymbol{M}_R\vee\boldsymbol{M}_S$$
$$\boldsymbol{M}_{R\cap S}=\boldsymbol{M}_R\wedge\boldsymbol{M}_S$$
$$\boldsymbol{M}_{R-S}=\boldsymbol{M}_R-(\boldsymbol{M}_R\wedge\boldsymbol{M}_S)$$
$$\boldsymbol{M}_{\widetilde{R}}=\boldsymbol{E}_{A\times B}-\boldsymbol{M}_R$$
$$\boldsymbol{M}_{R\oplus S}=\boldsymbol{M}_{R\cup S}-\boldsymbol{M}_{R\cap S}$$

其中,$\boldsymbol{M}_R\vee\boldsymbol{M}_S=(r_{ij}\vee s_{ij})_{m\times n}$,$\boldsymbol{M}_R\wedge\boldsymbol{M}_S=(r_{ij}\wedge s_{ij})_{m\times n}$,而"$\vee$"和"$\wedge$"分别表示"布尔和"与"布尔积",布尔运算的规则为:

布尔加运算:$0\vee0=0,0\vee1=1\vee0=1\vee1=1$

布尔乘运算:$1\wedge1=1,1\wedge0=0\wedge1=0\wedge0=0$

例如,$(1\wedge 0\wedge 0)\vee(1\wedge 1)\vee(1\wedge 1\wedge 1)\vee(0\wedge 0\wedge 0)\vee(0\wedge 1)=1$.

例 3.4.15 利用关系矩阵的运算求出例 3.4.6 中关系 R 与 S 的并、交、差、补以及对称差.

解 已知$\boldsymbol{M}_R=\begin{bmatrix}1&0\\0&1\\0&1\end{bmatrix}$,$\boldsymbol{M}_S=\begin{bmatrix}1&0\\1&0\\0&0\end{bmatrix}$,所以

$$\boldsymbol{M}_{R\cup S}=\begin{bmatrix}1&0\\0&1\\0&1\end{bmatrix}\vee\begin{bmatrix}1&0\\1&0\\0&0\end{bmatrix}=\begin{bmatrix}1&0\\1&1\\0&1\end{bmatrix}$$

$$\boldsymbol{M}_{R\cap S}=\begin{bmatrix}1&0\\0&1\\0&1\end{bmatrix}\wedge\begin{bmatrix}1&0\\1&0\\0&0\end{bmatrix}=\begin{bmatrix}1&0\\0&0\\0&0\end{bmatrix}$$

$$\boldsymbol{M}_{R-S}=\begin{bmatrix}1&0\\0&1\\0&1\end{bmatrix}-\left(\begin{bmatrix}1&0\\0&1\\0&1\end{bmatrix}\wedge\begin{bmatrix}1&0\\1&0\\0&0\end{bmatrix}\right)=\begin{bmatrix}0&0\\0&1\\0&1\end{bmatrix}$$

$$\boldsymbol{M}_{S-R}=\begin{bmatrix}1&0\\1&0\\0&0\end{bmatrix}-\left(\begin{bmatrix}1&0\\0&1\\0&1\end{bmatrix}\wedge\begin{bmatrix}1&0\\1&0\\0&0\end{bmatrix}\right)=\begin{bmatrix}0&0\\1&0\\0&0\end{bmatrix}$$

$$\boldsymbol{M}_{\widetilde{R}}=\begin{bmatrix}1&1\\1&1\\1&1\end{bmatrix}-\begin{bmatrix}1&0\\0&1\\0&1\end{bmatrix}=\begin{bmatrix}0&1\\1&0\\1&0\end{bmatrix}$$

$$\boldsymbol{M}_{R\oplus S}=\begin{bmatrix}1&0\\1&1\\0&1\end{bmatrix}-\begin{bmatrix}1&0\\0&0\\0&0\end{bmatrix}=\begin{bmatrix}0&0\\1&1\\0&1\end{bmatrix}$$

因此

$$\begin{aligned}
R\cup S&=\{\langle x,1\rangle,\langle y,1\rangle,\langle y,2\rangle,\langle z,2\rangle\}\\
R\cap S&=\{\langle x,1\rangle\}\\
R-S&=\{\langle y,2\rangle,\langle z,2\rangle\}\\
S-R&=\{\langle y,1\rangle\}\\
\sim R&=\{\langle x,2\rangle,\langle y,1\rangle,\langle z,1\rangle\}\\
\sim S&=\{\langle x,2\rangle,\langle y,2\rangle,\langle z,1\rangle,\langle z,2\rangle\}\\
R\oplus S&=\{\langle y,2\rangle,\langle z,2\rangle,\langle y,1\rangle\}
\end{aligned}$$

定义 3.4.7 设集合 $A=\{x_1,x_2,\cdots,x_m\}$,集合 $B=\{y_1,y_2,\cdots,y_n\}$,$R\subseteq A\times B$.

(1) 若 $A\neq B$,用 m 个实心小圆点表示$x_1,x_2,\cdots,x_m$,再用 n 个实心小圆点表

示 $y_1,y_2,\cdots,y_n$(一般可分列两边),这些小圆点称为图的结点.如果$\langle x_i,y_j\rangle\in R$,则由结点 x_i 向结点 y_j 画一条有向边或弧,箭头指向 y_j;如果$\langle x_i,y_j\rangle\notin R$,则不画相应的边或弧.这样形成的图称为关系 R 的**关系图**.

(2) 若 $A=B$,此时只画 m 个实心小圆点表示 $x_1,x_2,\cdots,x_m$,有向边或弧画法同(1),如果$\langle x_i,x_i\rangle\in R$,则画一条以 x_i 到自身的一条有向边或弧.

注意 关系图主要表达结点之间邻接关系,故关系图中结点的位置及大小、线的长短曲直,都是无关紧要的.

例 3.4.16 画出例 3.4.12 中(1)所表示关系的关系图.

解 其关系图如图 3.4.1 所示.

同样地,一个关系唯一确定一个关系图.反之,一个关系图也唯一对应一个关系.

例 3.4.17 画出例 3.4.13 中关系 R 的关系图.

解 其关系图如图 3.4.2 所示.

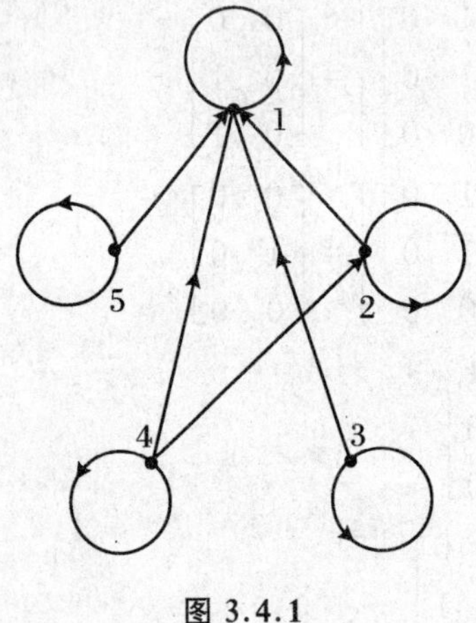

图 3.4.1

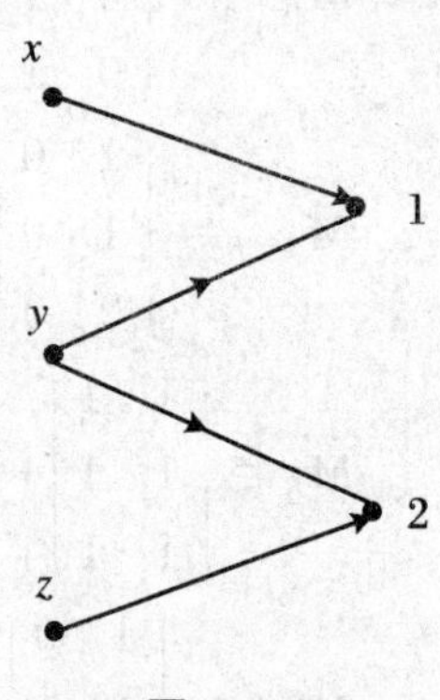

图 3.4.2

习题 3.4

1. 设$|A|=n$,则集合 A 上可以有多少种不同的二元关系?若$|A|=m$,$|B|=n$,则从集合 A 到集合B有多少种不同的二元关系?

2. 写出从集合 $A=\{x,y,z\}$到集合 $B=\{1\}$的所有关系.

3. 设集合 $A=\{1,2,3,4\}$,R 和S 均为A 上的关系,并且 $R=\{\langle 1,2\rangle,\langle 1,3\rangle,\langle 2,4\rangle,\langle 4,4\rangle\}$,$S=\{\langle 2,2\rangle,\langle 1,3\rangle,\langle 3,4\rangle\}$,试求 $R\cup S,R\cap S,R-S,S-R,\sim R$ 以及$\sim S$.

4. 设 $A=\{\langle a,b\rangle,\langle a,d\rangle,\langle b,c\rangle,\langle d,d\rangle\}$和 $B=\{\langle a,b\rangle,\langle b,c\rangle,\langle d,b\rangle\}$,求 $\mathrm{dom}(A)$,$\mathrm{ran}(A)$,$\mathrm{dom}(B)$,$\mathrm{ran}(B)$,$\mathrm{dom}(A\cup B)$,$\mathrm{ran}(A\cup B)$.

5. 证明集合 A 是一个关系的充要条件为 $A \subseteq \mathrm{dom}(A) \times \mathrm{ran}(A)$.

6. 用 L_A 和 D_A 分别表示集合 $A = \{1,2,3,4,8,9\}$ 上的小于等于关系和整除关系，即 $L_A = \{\langle x, y\rangle \mid (x \leqslant y) \wedge (x, y \in A)\}$，$D_A = \{\langle x, y\rangle \mid (x \text{ 整除 } y) \wedge (x, y \in A)\}$，试列出 L_A，D_A，$L_A \cap D_A$，$L_A \cup D_A$，$L_A - D_A$ 中的所有有序对.

7. 已知集合 $A = \{1,2,3\}$，$B = \{1,2,4\}$，求 $A \cup B$ 上的全域关系和恒等关系.

8. 设 $A = \{1,2,4,6,8\}$，$B = \{1,2,3\}$，用列举法表示下列 A 到 B 关系，并给出关系图与关系矩阵.

(1) $R_1 = \{\langle x, y\rangle \mid (x \in A \cap B) \wedge (y \in A \cup B)\}$；

(2) $R_2 = \{\langle x, y\rangle \mid (x \in A) \wedge (y \in B) \wedge (x + y = 5)\}$；

(3) $R_3 = \{\langle x, y\rangle \mid (x \in A) \wedge (y \in B) \wedge ((x - y)^2 \in A)\}$；

(4) $R_4 = \{\langle x, y\rangle \mid (x \in A) \wedge (y \in B) \wedge (x \text{ 和 } y \text{ 互质})\}$.

9. 利用关系矩阵的运算，求出第3题中的 $R \cup S$，$R \cap S$，$R - S$，$S - R$，$\sim R$，$\sim S$ 以及 $R \oplus S$.

3.5　关系的性质

在实际问题中，往往需要研究具有某些特性的关系，有了关系的各种表示方法后，就可以对这些关系进行进一步的研究.

3.5.1　自反性与反自反性

定义 3.5.1　设 A 是任意集合，R 是 A 上的关系.

(1) 若 $\forall x \in A$，都有 xRx，即 $\langle x, x\rangle \in R$，则称 R 是 A 上的**自反关系**，或称 R 具有**自反性**(reflexive). 即

$$R \text{ 在 } A \text{ 上自反} \Leftrightarrow (\forall x)((x \in A) \rightarrow (\langle x, x\rangle \in R))$$

(2) 若 $\forall x \in A$，都有 $x\overline{R}x$，即 $\langle x, x\rangle \notin R$，则称 R 是 A 上的**反自反关系**，或称 R 具有**反自反性**(anti-reflexive)，即

$$R \text{ 在 } A \text{ 上反自反} \Leftrightarrow (\forall x)((x \in A) \rightarrow (\langle x, x\rangle \notin R))$$

例 3.5.1　下列关系均是 A 上的自反关系.

(1) A 上的全域关系 E_A 与恒等关系 I_A.

(2) 设 $\mathbf{R}$ 为实数集，$A \subseteq \mathbf{R}$，A 上的小于等于关系为

$$L_A = \{\langle x, y\rangle \mid (x, y \in A) \wedge (x \leqslant y)\}$$

(3) 设 $\mathbf{Z}^*$ 是非零整数集，$A \subseteq \mathbf{Z}^*$，A 上的整除关系为

$$D_A = \{\langle x, y\rangle \mid (x, y \in A) \wedge (x \text{ 整除 } y)\}$$

(4) 设 A 是集族，A 上的包含关系为

$$R_{\subseteq} = \{\langle x, y\rangle \mid (x, y \in A) \wedge (x \subseteq y)\}$$

例 3.5.2 下列关系均是 A 上的反自反关系.

(1) 设 A 是集族，A 上的真包含关系为

$$R_{\subset}=\{\langle x,y\rangle \mid (x,y\in A)\wedge(x\subset y)\}$$

(2) 设 $\mathbf{R}$ 为实数集，$A\subseteq\mathbf{R}$，A 上的小于关系为

$$S_A=\{\langle x,y\rangle \mid (x,y\in A)\wedge(x<y)\}$$

例 3.5.3 设 $A=\{a,b,c,d\}$，考察 A 上的关系

$$R_1=\{\langle a,a\rangle,\langle b,b\rangle,\langle c,c\rangle,\langle d,d\rangle\}$$

$$R_2=\{\langle a,a\rangle,\langle b,c\rangle,\langle b,b\rangle,\langle c,c\rangle,\langle c,d\rangle,\langle d,d\rangle\}$$

$$R_3=\{\langle c,b\rangle,\langle a,a\rangle,\langle d,d\rangle\}$$

$$R_4=\{\langle a,b\rangle,\langle c,d\rangle,\langle b,c\rangle\}$$

的自反性与反自反性，并作出它们的关系矩阵与关系图.

解 R_1 和 R_2 是自反的，R_4 是反自反的，而 R_3 既不是自反的，也不是反自反的.它们的关系矩阵分别为

$$\boldsymbol{M}_{R_1}=\begin{bmatrix}1&0&0&0\\0&1&0&0\\0&0&1&0\\0&0&0&1\end{bmatrix},\quad \boldsymbol{M}_{R_2}=\begin{bmatrix}1&0&0&0\\0&1&1&0\\0&0&1&1\\0&0&0&1\end{bmatrix}$$

$$\boldsymbol{M}_{R_3}=\begin{bmatrix}1&0&0&0\\0&0&0&0\\0&1&0&0\\0&0&0&1\end{bmatrix},\quad \boldsymbol{M}_{R_4}=\begin{bmatrix}0&1&0&0\\0&0&1&0\\0&0&0&1\\0&0&0&0\end{bmatrix}$$

关系图依次如图 3.5.1～图 3.5.4 所示.

关系 R_3 既不是自反的，也不是反自反的.这说明，自反关系和反自反关系并不是对立的.

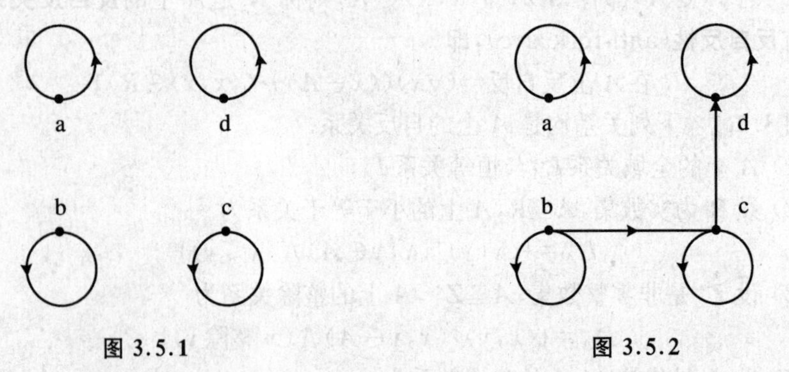

图 3.5.1　　图 3.5.2

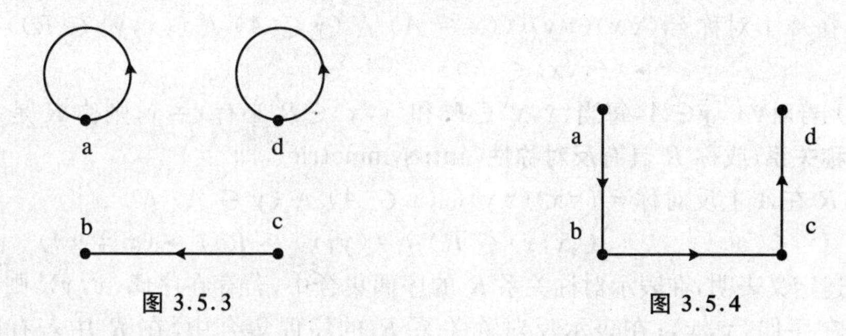

图 3.5.3　　图 3.5.4

例 3.5.4 整数集 **Z** 上的模 5 同余关系 R 具有自反性.

证明 任取 $x\in \mathbf{Z}$,则$(x-x)/5=0\in \mathbf{Z}$,所以 x 与 x 关于 5 同余,即$\langle x,x\rangle\in R$,因此 R 具有自反性.

定理 3.5.1 设 R 为集合 A 上的关系,则:

(1) R 在 A 上自反当且仅当 $I_A\subseteq R$;

(2) R 在 A 上反自反当且仅当 $R\cap I_A=\varnothing$.

证明 (1) **必要性** 任取$\langle x,y\rangle\in I_A$,则 $x,y\in A$ 且 $x=y$,由 R 的自反性的知$\langle x,y\rangle\in R$,所以 $I_A\subseteq R$.

充分性 任取 $x\in A$,则$\langle x,x\rangle\in I_A$.而 $I_A\subseteq R$,所以$\langle x,x\rangle\in R$,故 R 在 A 上是自反的.

(2) **必要性** 假设 $R\cap I_A\neq\varnothing$,则必存在$\langle x,y\rangle\in R\cap I_A$,即有$\langle x,y\rangle\in I_A$,于是 $x=y\in A$ 且$\langle x,x\rangle\in R$,这与 R 在 A 上反自反相矛盾,因而假设不成立,即有 $R\cap I_A=\varnothing$成立.

充分性 任取 $x\in A$,则$\langle x,x\rangle\in I_A$,由于 $R\cap I_A=\varnothing$,所以$\langle x,x\rangle\notin R$,故 R 在 A 上是反自反的.

利用该定理,可以从关系的集合表达式来判断或证明关系的自反性与反自反性.

根据定义,还容易证明:

(1) 恒等关系 I_A为 A 上最小自反关系,全域关系 E_A为 A 上最大自反关系;

(2) 空关系$\varnothing$为A 上最小反自反关系,E_A-I_A为 A 上最大反自反关系.

另外,自反关系的关系矩阵的对角元素均为 1,关系图中每个结点均有自回路;而反自反关系的关系矩阵的对角元素均为 0,关系图的每个结点均没有自回路.

3.5.2 对称性与反对称性

定义 3.5.2 设 A 是任意集合,R 是 A 上的关系.

(1) 若对$\forall x,y\in A$,每当$\langle x,y\rangle\in R$,就有$\langle y,x\rangle\in R$,则称 R 是 A 上的**对称关系**,或称 R 具有**对称性**(symmetric),即

$$R \text{ 在 } A \text{ 上对称} \Leftrightarrow (\forall x)(\forall y)(((x \in A) \wedge (y \in A) \wedge (\langle x,y\rangle \in R)) \to (\langle y,x\rangle \in R))$$

(2) 若对$\forall x, y \in A$,每当$\langle x,y\rangle \in R$ 和$\langle y,x\rangle \in R$ 必有$x = y$,则称 R 是A 上的**反对称关系**,或称 R 具有**反对称性**(anti-symmetric),即

$$R \text{ 在 } A \text{ 上反对称} \Leftrightarrow (\forall x)(\forall y)(((x \in A) \wedge (y \in A) \wedge ((\langle x,y\rangle \in R) \wedge (\langle y,x\rangle \in R)) \to (x = y))$$

上述定义表明,在表示对称关系 R 的序偶集合中,若存在序偶$\langle x, y\rangle$,则必定还会存在序偶$\langle y, x\rangle$;在表示反对称关系 R 的序偶集合中,在 R 中若有序偶$\langle x, y\rangle$,则除非 $x = y$,否则必定不会出现$\langle y, x\rangle$.

例 3.5.5 集合 A 上的全域关系E_A,恒等关系 I_A和空关系$\varnothing$都是 A 上的对称关系,而恒等关系 I_A和空关系$\varnothing$同时也是 A 上的反对称关系.但全域关系 E_A 一般不是A 上的反对称关系,除非 A 为单元集或空集.

例 3.5.6 设 $A = \{a, b, c, d\}$,考察 A 上的关系

$$R_1 = \{\langle a,a\rangle, \langle b,c\rangle, \langle c,b\rangle\}$$
$$R_2 = \{\langle a,a\rangle, \langle b,b\rangle\}$$
$$R_3 = \{\langle c,c\rangle, \langle b,c\rangle, \langle c,b\rangle, \langle c,a\rangle\}$$
$$R_4 = \{\langle c,c\rangle, \langle c,b\rangle, \langle a,c\rangle\}$$

的对称性与反对称性,并作出它们的关系矩阵与关系图.

解 R_1 是对称的,R_2 既是对称的又是反对称的,R_3 不是对称的也不是反对称的,R_4 是反对称的.它们的关系矩阵分别为

$$\boldsymbol{M}_{R_1} = \begin{bmatrix} 1 & 0 & 0 & 0 \\ 0 & 0 & 1 & 0 \\ 0 & 1 & 0 & 0 \\ 0 & 0 & 0 & 0 \end{bmatrix}, \quad \boldsymbol{M}_{R_2} = \begin{bmatrix} 1 & 0 & 0 & 0 \\ 0 & 1 & 0 & 0 \\ 0 & 0 & 0 & 0 \\ 0 & 0 & 0 & 0 \end{bmatrix}$$

$$\boldsymbol{M}_{R_3} = \begin{bmatrix} 0 & 0 & 0 & 0 \\ 0 & 0 & 1 & 0 \\ 1 & 1 & 1 & 0 \\ 0 & 0 & 0 & 0 \end{bmatrix}, \quad \boldsymbol{M}_{R_4} = \begin{bmatrix} 0 & 0 & 1 & 0 \\ 0 & 0 & 0 & 0 \\ 0 & 1 & 1 & 0 \\ 0 & 0 & 0 & 0 \end{bmatrix}$$

关系图依次如图 3.5.5~图 3.5.8 所示.

由本例可以看出,一个关系的对称性与反对称性不是对立的,可以同时存在,也可以同时不存在.

例 3.5.7 整数集 $\mathbf{Z}$ 上的模 5 同余关系 R 具有对称性.

证明 任取$\langle x, y\rangle \in R$,则$(x - y)/5 \in \mathbf{Z}$,因此$(y - x)/5 = -(x - y)/5 \in \mathbf{Z}$,即$\langle y, x\rangle \in R$,故 R 具有对称性.

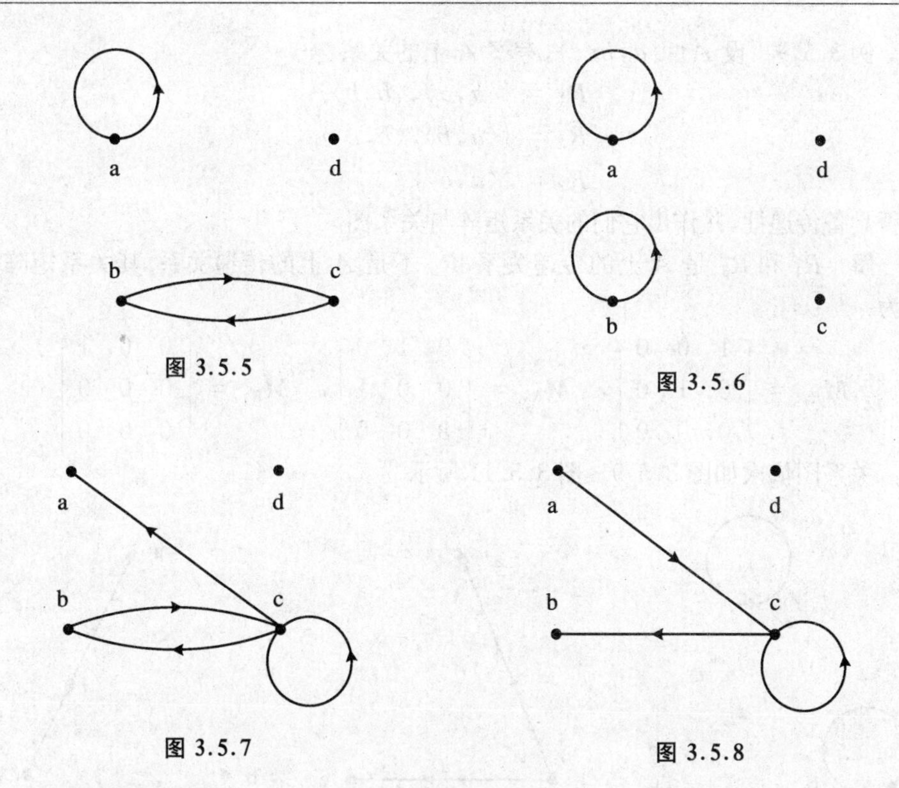

图 3.5.5　图 3.5.6

图 3.5.7　图 3.5.8

另外,对称关系的关系矩阵是对称矩阵,即对所有 i 与 j,有 $r_{ij}=r_{ji}$,其关系图中,任何两个不同的结点之间,或者有双向两条弧,或者没有弧,有无自回路,对关系的对称性没有影响;而反对称关系的关系矩阵,如果在非对角元上 $r_{ij}=1$,则在其对称位置上 $r_{ji}=0$,其关系图中,任何两个不同的结点之间至多有一条弧.

3.5.3　传递性

定义 3.5.3　设 A 是任意集合,R 是 A 上的关系,对任意 $x,y,z\in A$,若 $\langle x,y\rangle\in R$ 且 $\langle y,z\rangle\in R$ 时,必有 $\langle x,z\rangle\in R$,则称 R 是 A 上的**传递关系**,或称 R 具有**传递性**(transitive).即

$$R\text{ 在 }A\text{ 上传递}\Leftrightarrow(\forall x)(\forall y)(\forall z)(((x,y,z\in A)\wedge(\langle x,y\rangle\in R)\wedge(\langle y,z\rangle\in R))\rightarrow(\langle x,z\rangle\in R))$$

该定义给出了传递性关系的判定方法:若 $\langle x,y\rangle\in R$ 且 $\langle y,z\rangle\in R$,必有 $\langle x,z\rangle\in R$,则判定 R 在 A 上具备传递性;但如果有 $\langle x,y\rangle\in R$ 和 $\langle y,z\rangle\in R$,却没有 $\langle x,z\rangle\in R$,则可判定 R 在 A 上不具备传递性.

例 3.5.8　集合 A 上的全域关系 E_A、恒等关系 I_A 和空关系 $\varnothing$ 都是 A 上的传递关系;包含关系和真包含关系也是相应集合上的传递关系.

例 3.5.9 设 $A=\{a,b,c\}$,考察 A 上的关系

$$R_1=\{\langle a,a\rangle,\langle b,b\rangle\}$$
$$R_2=\{\langle a,b\rangle,\langle b,c\rangle\}$$
$$R_3=\{\langle a,c\rangle\}$$

是否具备传递性,并作出它们的关系矩阵与关系图.

解 R_1 和 R_3 是 A 上的传递关系,R_2 不是 A 上的传递关系.其关系矩阵分别为

$$\boldsymbol{M}_{R_1}=\begin{bmatrix}1&0&0\\0&1&0\\0&0&0\end{bmatrix},\quad \boldsymbol{M}_{R_2}=\begin{bmatrix}0&1&0\\0&0&1\\0&0&0\end{bmatrix},\quad \boldsymbol{M}_{R_3}=\begin{bmatrix}0&0&1\\0&0&0\\0&0&0\end{bmatrix}$$

关系图依次如图 3.5.9～图 3.5.11 所示.

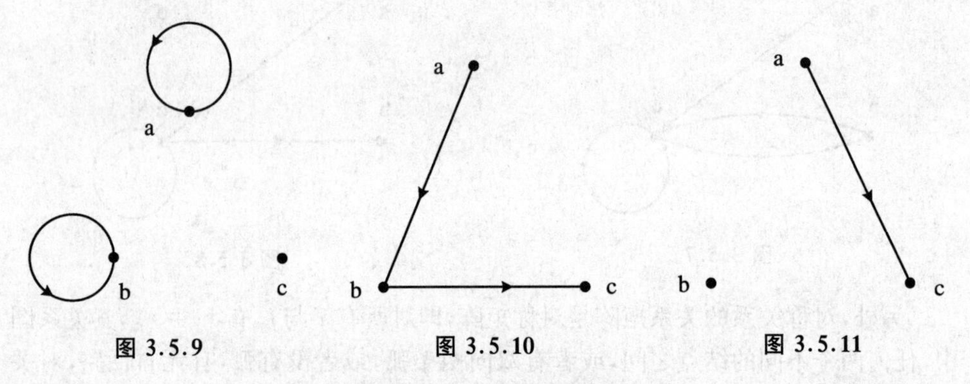

图 3.5.9　　图 3.5.10　　图 3.5.11

例 3.5.10 试判断"等于关系""小(大)于等于关系"以及"小(大)于关系"的性质.

解 (1)"等于关系"具有自反性、对称性、反对称性和传递性,但不具有反自反性;

(2)"小(大)于等于关系"具有自反性、反对称性和传递性,但不具有反自反性和对称性;

(3)"小(大)于关系"具有反自反性、反对称性和传递性,但不具有自反性和对称性.

例 3.5.11 设 $\mathbf{Z}^*$ 是非零整数集,$A\subseteq\mathbf{Z}^*$,A 上的整除关系

$$D_A=\{\langle x,y\rangle\mid(x,y\in A)\wedge(x\text{ 整除 }y)\}$$

证明:D_A具有传递性.

证明 $\forall x,y,z\in A$,若$\langle x,y\rangle\in D_A$且$\langle y,z\rangle\in D_A$,也即 x 能整除 y 且 y 能整除 z,则必有 x 能整除 z,即$\langle x,z\rangle\in D_A$,所以整除关系具有传递性.

另外,对于传递关系,在其关系矩阵中,若 $r_{ij}=r_{jk}=1$,必有 $r_{ik}=1$,而其关系

图中,若有弧$\langle x,y\rangle$和$\langle y,z\rangle$,则必有弧$\langle x,z\rangle$,反之亦然.但通常不易从关系矩阵及关系图中判定关系 R 是否具备传递性.

下面介绍一种切实可行的传递关系判定方法.

定理 3.5.2　设 R 为 n 元集合 A 上的关系,其关系矩阵为 $\boldsymbol{M}_R=(r_{ij})_{n\times n}$,令 $B=\boldsymbol{M}_R\circ\boldsymbol{M}_R=(b_{ij})_{n\times n}$,则 R 具有传递性当且仅当 $b_{ij}=1$ 时 $r_{ij}=1$(或 $r_{ij}=0$ 时 $b_{ij}=0$),其中 $\boldsymbol{M}_R\circ\boldsymbol{M}_R$ 是矩阵 $\boldsymbol{M}_R$ 与 $\boldsymbol{M}_R$ 的布尔乘积.

证明　先证明必要性.

必要性　根据矩阵的布尔积知 $b_{ij}=(r_{i1}\wedge r_{1j})\vee(r_{i2}\wedge r_{2j})\vee\cdots\vee(r_{in}\wedge r_{nj})$,因此 $b_{ij}=1$ 当且仅当存在某个 k 使得 $r_{ik}=1$ 且 $r_{kj}=1$.由 $b_{ij}=1$ 可知,存在某个 k 使得 $r_{ik}=1$ 且 $r_{kj}=1$,如果 R 具有传递性,则有 $r_{ij}=1$.

充分性　对于任意的 k,若 $r_{ik}=1$ 且 $r_{kj}=1$,则有 $b_{ij}=1$,又 $r_{ij}=1$,故 R 具有传递性.

该方法主要是利用 R 的关系矩阵与其自乘(布尔积)矩阵之间的关系来判定 R 是否具备传递性.

例 3.5.12　设集合 $A=\{a,b,c,d\}$上的关系 $R=\{\langle a,c\rangle,\langle a,d\rangle,\langle b,c\rangle,\langle b,d\rangle,\langle c,d\rangle\}$,试用关系矩阵与其自乘(布尔乘积)矩阵之间的关系判定 R 是否具有传递性.

解　R 的关系矩阵为$\boldsymbol{M}_R=\begin{bmatrix}0&0&1&1\\0&0&1&1\\0&0&0&1\\0&0&0&0\end{bmatrix}$.

其自乘矩阵为 $\boldsymbol{B}=\begin{bmatrix}0&0&1&1\\0&0&1&1\\0&0&0&1\\0&0&0&0\end{bmatrix}\circ\begin{bmatrix}0&0&1&1\\0&0&1&1\\0&0&0&1\\0&0&0&0\end{bmatrix}=\begin{bmatrix}0&0&0&1\\0&0&0&1\\0&0&0&0\\0&0&0&0\end{bmatrix}$.

可见,矩阵 $\boldsymbol{B}$ 中只有 b_{14},b_{24} 等于 1,而对应的 $\boldsymbol{M}_R$ 中的 r_{14},r_{24} 也等于 1,根据定理 3.5.2 知,关系 R 具有传递性.

例 3.5.13　判断集合 $A=\{1,2,3\}$上的关系 $R=\{\langle 1,1\rangle,\langle 1,2\rangle,\langle 2,3\rangle\}$是否具有传递性.

解　R 的关系矩阵为$\boldsymbol{M}_R=\begin{bmatrix}1&1&0\\0&0&1\\0&0&0\end{bmatrix}$.

其自乘矩阵为 $\boldsymbol{B}=\begin{bmatrix}1&1&0\\0&0&1\\0&0&0\end{bmatrix}\circ\begin{bmatrix}1&1&0\\0&0&1\\0&0&0\end{bmatrix}=\begin{bmatrix}1&1&1\\0&0&0\\0&0&0\end{bmatrix}$.

可见,矩阵 $\boldsymbol{B}$ 中 $b_{13}=1$,而对应的 $\boldsymbol{M}_R$ 中的 $b_{13}=0$,根据定理 3.5.2 知,关系 R 不具有传递性.

习题 3.5

1. 设集合 $A=\{1,2,3,4,5,6,7,8\}$,$R=\{\langle x,y\rangle \mid x,y\in A$ 且 $x+y=10\}$,则 R 具有(　　).

   A. 自反性　　B. 对称性　　C. 传递性和对称性　　D. 反自反性和传递性

2. 设 R_1 和 R_2 是 A 上的自反关系,则 $R_1\cup R_2$,$R_1\cap R_2$,R_1-R_2 中自反关系有____个.

3. 设集合 $A=\{1,2,3\}$,A 上的关系 $R=\{\langle 1,2\rangle,\langle 2,1\rangle,\langle 2,3\rangle,\langle 3,4\rangle\}$,则 R 具有的性质是______.

4. 设 $R_1=\{\langle x,y\rangle \mid (x,y\in \mathbf{Z})\wedge(xy>0)\}$,$R_2=\{\langle x,y\rangle \mid (x,y\in \mathbf{Z})\wedge(|x-y|=1)\}$,$R_3=\{\langle x,y\rangle \mid (x,y\in \mathbf{Z})\wedge(x-y=5)\}$,其中 $\mathbf{Z}$ 为整数集,说明它们所具有的性质.

5. 如图 3.5.12～图 3.5.15 所示分别为集合 $A=\{a,b,c\}$上关系 R_1,R_2,R_3 及 R_4 的关系图,试根据这些关系图写出对应的关系矩阵,并说明各关系所具有的性质.

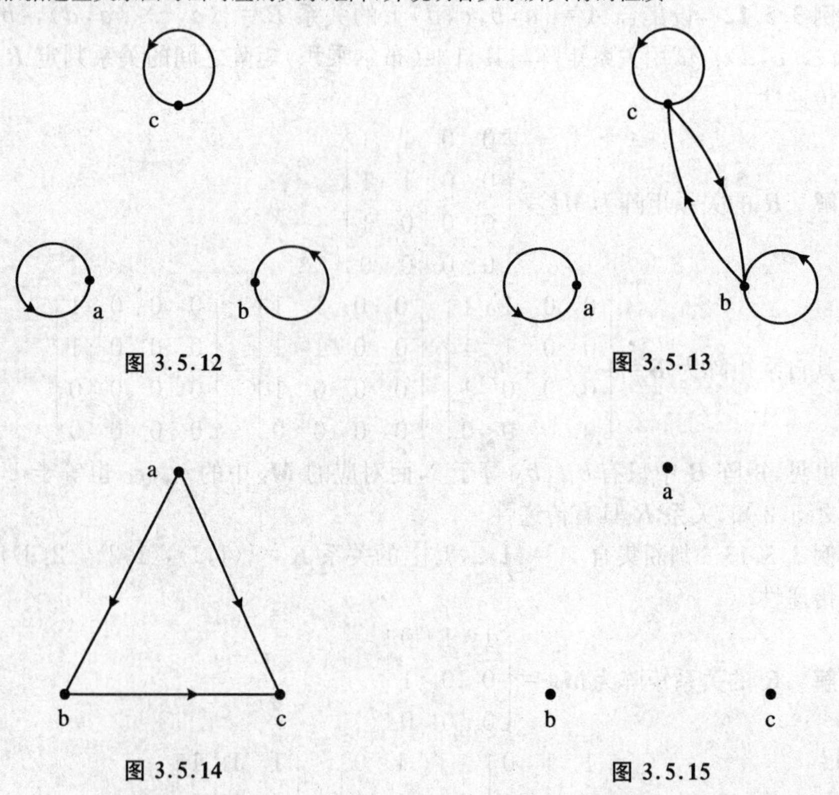

图 3.5.12　　图 3.5.13

图 3.5.14　　图 3.5.15

6. 设集合 $A=\{a,b,c,d\}$，$R=\{\langle a,a\rangle,\langle c,a\rangle,\langle a,c\rangle,\langle c,c\rangle,\langle c,b\rangle,\langle d,c\rangle,\langle d,a\rangle,\langle d,b\rangle,\langle a,b\rangle\}$是 A 上的关系.

(1) 画出 R 的关系图；

(2) 写出 R 的关系矩阵；

(3) 说明 R 是否具有自反性、反自反性、对称性、传递性.

7. 设集合 $A=\{1,2,3\}$.

(1) 在其上定义一个既不是自反的也不是反自反的关系；

(2) 在其上定义一个既不是对称的也不是反对称的关系；

(3) 在其上定义一个既是对称的也是反对称的关系；

(4) 在其上定义一个传递的关系.

8. 试给出集合 $A=\{1,2,3\}$上的同时不满足自反性、反自反性、对称性、反对称性和传递性的一个关系.

9. 设 R 是集合 A 上的一个自反关系，求证：R 具有对称性和传递性的充要条件为$\langle a,b\rangle$和$\langle a,c\rangle$在 R 中，必有$\langle b,c\rangle$在 R 中.

10. 设集合 $A=\{1,2,3\}$上的关系 $R=\{\langle 1,1\rangle,\langle 2,1\rangle,\langle 2,2\rangle,\langle 3,1\rangle,\langle 3,3\rangle\}$，试用关系矩阵与其自乘矩阵之间的关系判定 R 是否具有传递性.

3.6　等价关系与划分

等价关系是一种常见的且十分重要的关系，研究等价关系的目的是为了将集合中的元素划分为等价类. 等价关系及等价类在计算机科学中有着广泛的应用.

3.6.1　等价关系的定义

定义 3.6.1　设 R 为集合 A 上的关系. 如果 R 是自反的、对称的和传递的，则称 R 为 A 上的**等价关系**(equivalence relation). 若$\langle x,y\rangle\in R$，则说 x 与 y 等价，记作 $x\sim y$.

例 3.6.1　集合 A 上的全域关系 E_A 及恒等关系 I_A 都是等价关系；同姓关系、三角形的相似关系以及直线间的平行关系等也都是等价关系；而父子关系则不是等价关系，因为它不可传递.

例 3.6.2　证明：整数集 $\mathbf{Z}$ 上的模 n 同余关系 $R=\{\langle x,y\rangle\mid x,y\in\mathbf{Z}$ 且 $x\equiv y\ (\mathrm{mod}\ n)\}$是等价关系，其中，$x\equiv y\ (\mathrm{mod}\ n)$的含义是 $x-y$ 可以被 n 整除.

证明　(1) 对任意的 $x\in\mathbf{Z}$，因为 $x-x=n\cdot 0$，于是有 xRx，所以 R 是自反的.

(2) 对任意的 $x,y\in\mathbf{Z}$，若 xRy，则存在 $k\in\mathbf{Z}$，使得 $x-y=nk$，于是有 $y-x=$

$n(-k)$,即有 yRx,所以 R 是对称的.

(3) 对任意的 $x,y,z\in\mathbf{Z}$,若 xRy,yRz,则存在 $s,t\in\mathbf{Z}$ 使得 $x-y=ns,y-z=nt$,于是 $x-z=(x-y)+(y-z)=n(s+t)$,所以 xRz,即 R 是传递的.

由(1),(2),(3)得证 R 是等价关系.

例 3.6.3 设 $A=\{a,b,c,d\}$,试通过关系图及关系矩阵验证 A 上的关系 $R=\{\langle a,a\rangle,\langle a,b\rangle,\langle b,a\rangle,\langle b,b\rangle,\langle c,c\rangle,\langle c,d\rangle,\langle d,c\rangle,\langle d,d\rangle\}$为等价关系.

解 R 的关系矩阵为$\boldsymbol{M}_R=\begin{bmatrix}1&1&0&0\\1&1&0&0\\0&0&1&1\\0&0&1&1\end{bmatrix}$.

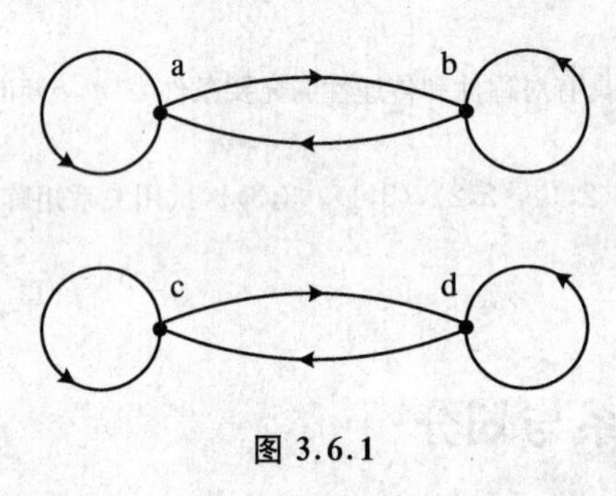

图 3.6.1

关系图如图 3.6.1 所示.由 R 的关系矩阵和关系图可知:

(1) 关系矩阵的对角元素均为 1,关系图中每个结点均有自回路,所以 R 是自反的;

(2) 关系矩阵是对称矩阵,关系图中任何两个不同的结点之间,或者有双向两条弧,或者没有弧,所以 R 是对称的;

(3) 关系矩阵中,若 $r_{ij}=r_{jk}=1$,又有 $r_{ik}=1$,而其关系图中,若有弧$\langle x,y\rangle$和$\langle y,z\rangle$,又有弧$\langle x,z\rangle$,则 R 是传递的.

因此,R 为A 上的等价关系.

3.6.2 等价类

定义 3.6.2 设 R 为集合A 上的等价关系,任意 $x\in A$,令$[x]_R=\{y\mid y\in A$ 且 $xRy\}$,称$[x]_R$为x 在R 下的等价类,简称为 x 的**等价类**(equivalent class),简记为$[x]$,x 称为该等价类的**代表元**.若等价类个数有限,则称 R 的不同等价类的个数为R 的**秩**(rank),否则称 R 的秩是无限的.

该定义表明,x 的等价类就是A 中所有与x 等价的元素构成的集合.

等价类也可表示为$[x]_R=\{y\mid y\in A$ 且 $yRx\}$.因 R 是对称关系,每当 xRy 时,必有 yRx.

例 3.6.4 同班关系是一个等价关系,而每个班级则可看作是一个等价类.

例 3.6.5 写出整数集 $\mathbf{Z}$ 上的模 5 同余关系 R 的所有等价类及R 的秩.

解 由例 3.6.2 知,整数集 $\mathbf{Z}$ 上的模 5 同余关系 R 是一个等价关系,其所有等价类为

$$[0]_R = \{\cdots, -15, -10, -5, 0, 5, 10, 15, \cdots\}$$
$$[1]_R = \{\cdots, -14, -9, -4, 1, 6, 11, 16, \cdots\}$$
$$[2]_R = \{\cdots, -13, -8, -3, 2, 7, 12, 17, \cdots\}$$
$$[3]_R = \{\cdots, -12, -7, -2, 3, 8, 13, 18, \cdots\}$$
$$[4]_R = \{\cdots, -11, -6, -1, 4, 9, 14, 19, \cdots\}$$

且 R 的秩为 5.

从本例可以看出,模 5 的同余关系 R 所构成的等价类为

$$[0]_R = [5]_R = [-5]_R = \cdots$$
$$[1]_R = [6]_R = [-4]_R = \cdots$$
$$[2]_R = [7]_R = [-3]_R = \cdots$$
$$[3]_R = [8]_R = [-2]_R = \cdots$$
$$[4]_R = [9]_R = [-1]_R = \cdots$$

由以上例子可以看出,两个等价类要么相同,要么不相交.

一般地,有如下定理:

定理 3.6.1 设 R 是集合 A 上的等价关系,对于任意的 $x, y \in A$,则:

(1) $[x] \neq \varnothing$ 且 $[x] \subseteq A$;

(2) xRy 当且仅当 $[x] = [y]$;

(3) $x\bar{R}y$ 当且仅当 $[x] \cap [y] = \varnothing$;

(4) $\bigcup_{x \in A} [x] = A$.

证明 (1) 任取 $x \in A$,由于 xRx,所以 $x \in [x]$,故 $[x] \neq \varnothing$. 由等价类的定义可知 $[x] \subseteq A$.

(2) 若 $[x] = [y]$,由 $x \in [x]$ 得 $x \in [y]$,于是 xRy. 若 xRy,则 $z \in [x] \Rightarrow zRx \Rightarrow zRy \Rightarrow z \in [y]$,于是 $[x] \subseteq [y]$. 同理可证 $[y] \subseteq [x]$,所以 $[x] = [y]$.

(3) 若 $x\bar{R}y$. 假设 $[x] \cap [y] \neq \varnothing$,则存在 $z \in [x] \cap [y]$. 因而 $z \in [x]$ 且 $z \in [y]$,即 $\langle x, z \rangle \in R$ 且 $\langle z, y \rangle \in R$,于是 $\langle x, y \rangle \in R$,这与前提条件矛盾,故 $[x] \cap [y] = \varnothing$. 若 $[x] \cap [y] = \varnothing$. 假设 xRy,则 $[x] = [y]$. 而 $x \in [x]$ 且 $y \in [y]$,所以 $\{x, y\} \subseteq [x] \cap [y]$,这与前提条件矛盾,故 $x\bar{R}y$.

(4) 由(1)知 $[x] \subseteq A$,故 $\bigcup_{x \in A} [x] \subseteq A$. 又对任意 $x \in A$ 必有 $x \in [x]$,故 $\bigcup_{x \in A} [x] = A$.

定义 3.6.3 设 R 为集合 A 上的等价关系,以 R 的所有等价类作为元素形成的集合称为 A 关于 R 的**商集**(factor set),记为 A/R,即 $A/R = \{[x]_R \mid x \in A\}$.

例 3.6.6 求出非空集合 A 上的全域关系 E_A 和恒等关系 I_A 的商集.

解 E_A 是集合 A 上的全域关系,由于对任意 $x \in A$,有 $[x] = A$,故其商集 $A/E_A = \{A\}$;I_A 是 A 上的恒等关系,因为对任意 $x \in A$ 有 $[x] = \{x\}$,所以其商集

$A/I_A=\{\{x\}\mid x\in A\}$.

例 3.6.7 在例 3.6.5 中,整数集 $\mathbf{Z}$ 上的模 5 同余关系 R 关于 $\mathbf{Z}$ 的商集 $\mathbf{Z}/R=\{[0]_R,[1]_R,[2]_R,[3]_R,[4]_R\}$. 而整数集 $\mathbf{Z}$ 上模 n 等价关系的商集$\mathbf{Z}/R=\{[0]_R,[1]_R,\cdots,[n-1]_R\}$.

3.6.3 划分

定义 3.6.4 设 A 为非空集合,π 是 A 的子集族,即 π 是 A 的子集构成的集合.若 π 满足下面的条件:

(1) $\varnothing\notin\pi$;

(2) π 中任意两个集合都不相交;

(3) π 中所有子集的并都等于 A.

则称 π 是 A 的一个**划分**(partition),称 π 中的元素为该划分的**块**.

例 3.6.8 讨论集合 $A=\{1,2,3,4\}$的下列子集族是否为 A 的划分,并说明理由.

(1) $\{\{1\},\{2,3\},\{4\}\}$;

(2) $\{\{1,2,3,4\}\}$;

(3) $\{\{1,2\},\{3\},\{1,4\}\}$;

(4) $\{\varnothing,\{1,2\},\{3,4\}\}$;

(5) $\{\{1\},\{2,3\}\}$.

解 (1)与(2)均是 A 的划分;(3)不是 A 的划分,因为其中的子集$\{1,2\}$和$\{1,4\}$有相交;(4)不是 A 的划分,因为其包含了$\varnothing$;(5)也不是 A 的划分,因为所有子集的并集不等于 A.

定理 3.6.2 设 R 是集合 A 上的等价关系,则$\{[x]\mid x\in A\}$构成集合 A 的一个划分.

证明 对任意的 $x,y\in A$,由定理 3.6.1 知:

(1) $[x]\neq\varnothing$且$[x]\subseteq A$;

(2) $[x]=[y]$或$[x]\cap[y]=\varnothing$;

(3) $\bigcup\limits_{x\in A}[x]=A$.

因此$\{[x]\mid x\in A\}$构成 A 的一个划分.

该定理表明,商集 A/R 就是 A 的一个划分,且该划分称为由 R 所诱导的划分,而且,不同的商集将对应于不同的划分.

定理 3.6.3 设 $\pi=\{A_1,A_2,\cdots,A_n\}$是集合 A 的一个划分,定义 $R=\{\langle x,y\rangle\mid x,y\in A_i,i=1,2,\cdots,n\}$,则 R 是 A 上的等价关系,且 $\pi=A/R$.

证明 对任意 $x\in A$,由 π 是 A 的划分知,必存在 i 使得$x\in A_i$,于是 xRx,所

以 R 是自反的.

对任意 $x,y\in A$,若 xRy,则存在 i 使得 $x,y\in A_i$,所以 yRx,因而 R 是对称的.

对任意的 $x,y,z\in A$,若 xRy 且 yRz,则存在 i,j 使得 $x,y\in A_i$ 及 $y,z\in A_j$. 因为 $i\neq j$ 时 $A_i\cap A_j=\varnothing$,故必有 $i=j$,即有 $x,z\in A_i$,于是 xRz,所以 R 是传递的.

因此 R 是 A 上的等价关系.

以下证明,对任意 $x\in A_i$,有$[x]=A_i$.

任取 $x\in A_i$,由 R 的定义有 xRx,且有 $x\in[x]$,于是 $A_i\subseteq[x]$;反之,对任意的 $y\in[x]$,则 xRy,由 R 的定义得 $y\in A_i$,于是$[x]\subseteq A_i$,所以$[x]=A_i$.

因为任一划分块都是一个等价类,所以 $\pi=A/R$.

该定理表明,任给 A 的一个划分 π,定义 A 上的关系 $R=\{\langle x,y\rangle\mid(x,y\in A)\wedge$ (x 与 y 在 π 的同一划分块中)$\}$,则 R 为 A 上的等价关系,称为由划分 π 所诱导的等价关系,且该等价关系所确定的商集就是 π.

由定理 3.6.2 和定理 3.6.3 知,A 上的等价关系与 A 的划分是一一对应的,即给定集合 A 上的一个划分 $\pi=\{A_1,A_2,\cdots,A_m\}$,$\pi$ 唯一确定 A 上的等价关系 $R=\bigcup\limits_{i=1}^{m}A_i\times A_i$. 反之,给定 A 上的等价关系 R,R 唯一确定 A 的划分 $\pi=A/R$.

例 3.6.9 设集合 $A=\{a,b,c\}$,求 A 上的所有等价关系.

解 集合 A 的划分与 A 上的等价关系一一对应.

划分	等价关系
$\pi_1=\{\{a,b,c\}\}$	$R_1=E_A$
$\pi_2=\{\{a\},\{b,c\}\}$	$R_2=\{\langle a,a\rangle,\langle b,b\rangle,\langle b,c\rangle,\langle c,b\rangle,\langle c,c\rangle\}$
$\pi_3=\{\{b\},\{a,c\}\}$	$R_3=\{\langle a,a\rangle,\langle a,c\rangle,\langle b,b\rangle,\langle c,a\rangle,\langle c,c\rangle\}$
$\pi_4=\{\{c\},\{a,b\}\}$	$R_4=\{\langle a,a\rangle,\langle a,b\rangle,\langle b,a\rangle,\langle b,b\rangle,\langle c,c\rangle\}$
$\pi_5=\{\{a\},\{b\},\{c\}\}$	$R_5=I_A$

定理 3.6.4 设 R 和 S 是集合 A 上的等价关系,则 $R=S$ 当且仅当 $A/R=A/S$.

证明 设 $A/R=\{[x]_R\mid x\in A\}$,$A/S=\{[x]_S\mid x\in A\}$. 若 $R=S$,则对任意 $x\in A$ 有$[x]_R=[x]_S$,即$\{[x]_R\mid x\in A\}=\{[x]_S\mid x\in A\}$,故 $A/R=A/S$. 反之,若 $A/R=A/S$,对任意的$[x]_R\in A/R$,一定存在$[z]_S\in A/S$,使得$[x]_R=[z]_S$,于是 $\langle x,y\rangle\in R\Leftrightarrow x\in[x]_R$ 且 $y\in[x]_R\Leftrightarrow x\in[z]_S$ 且 $y\in[z]_S\Rightarrow\langle x,y\rangle\in S$,所以 $R\subseteq S$.

同理可得 $S\subseteq R$.

因此 $R=S$.

习题 3.6

1. 设 R 为集合 $A=\{1,2,3,4\}$ 上的关系，试判断下列关系 R 是否为 A 上的等价关系.

(1) $R=\{\langle x,y\rangle \mid x,y\in A$ 且 $x-y=3\}$；

(2) $R=\{\langle x,y\rangle \mid x,y\in A$ 且 $x+y\neq 3\}$.

2. 设 $R=\{\langle a,a\rangle,\langle a,c\rangle,\langle a,f\rangle,\langle b,b\rangle,\langle b,e\rangle,\langle c,a\rangle,\langle c,c\rangle,\langle c,f\rangle,\langle d,d\rangle,\langle e,b\rangle,\langle e,e\rangle,\langle f,a\rangle,\langle f,c\rangle,\langle f,f\rangle\}$是集合 $A=\{a,b,c,d,e,f\}$上的关系，试画出 R 的关系图，并验证 R 是等价关系.

3. 设集合 $A=\{1,2,3,4,5\}$，A 上的关于等价关系 R 的等价类为：$M_1=\{1,2,3\}$，$M_2=\{4,5\}$，试求：

(1) 等价关系 R；

(2) 写出关系矩阵 $\boldsymbol{M}_R$；

(3) 画出关系图.

4. 设 R_1 和 R_2 分别为非空集合 A 与 B 上的等价关系，关系 R 满足

$$\langle\langle a_1,b_1\rangle,\langle a_2,b_2\rangle\rangle\in R\Leftrightarrow\langle a_1,a_2\rangle\in R_1 \text{ 且} \langle b_1,b_2\rangle\in R_2$$

试证明：R 是 $A\times B$ 上的等价关系.

5. 已知 R 和 S 是非空集合 A 上的等价关系，试证明：

(1) $R\cap S$ 是 A 上的等价关系；

(2) 对 $a\in A$，$[a]_{R\cap S}=[a]_R\cap[a]_S$.

6. 若 R 和 S 是非空集合 A 上的等价关系，试举例说明，$R\cup S$ 不一定是等价关系.

7. 写出集合 $A=\{1,2,3,4\}$上关系 $R=\{\langle 1,1\rangle,\langle 1,2\rangle,\langle 2,1\rangle,\langle 2,2\rangle,\langle 3,3\rangle,\langle 3,4\rangle,\langle 4,3\rangle,\langle 4,4\rangle\}$的所有等价类及 R 的秩，并求 A 关于 R 的商集.

8. 集合 $A=\{\langle 1,2\rangle,\langle 3,4\rangle,\langle 5,6\rangle,\cdots\}$，$R=\{\langle\langle a_1,b_1\rangle,\langle a_2,b_2\rangle\rangle \mid a_1+b_2=a_2+b_1\}$.

(1) 证明：R 是 A 上的等价关系；

(2) 求出 R 关于 A 的商集.

9. 设 A 是一个四元集，A 中共有多少个划分？A 上共有多少个等价关系？

10. 集设合 $A=\{a,b,c,d,e,f\}$，$\pi=\{\{a,d\},\{b,e,f\},\{c\}\}$是 A 的一个划分，试求由划分π 所诱导的等价关系.

3.7 相容关系与覆盖

上节讨论的是具有自反性、对称性和传递性的等价关系，但在许多实际问题中，会遇到一些不具有传递性的关系，比如同学关系.本节将介绍这种比等价关系条件较弱的关系——相容关系，它在应用中适用范围更广泛.

3.7.1　相容关系

定义 3.7.1　设 R 为集合 A 上的关系，如果 R 是自反且对称的，则称 R 为 A 上的**相容关系**(compatibility relation).

显然，由定义知，等价关系是具有传递性的相容关系，因此等价关系一定是相容关系，但相容关系不一定是等价关系.

例 3.7.1　设 $A=\{a,b,c\}$，则 A 上的关系 $R=\{\langle a,a\rangle,\langle b,b\rangle,\langle c,c\rangle,\langle a,c\rangle,\langle c,a\rangle,\langle b,c\rangle,\langle c,b\rangle\}$是相容关系，但不是等价关系，因为有 aRc 和 cRb，但没有 aRb，所以传递性不成立.

例 3.7.2　设有数字串集合 $A=\{12,234,35,65\}$，A 上的关系 R 是数字串间有相同的数字，则 $R=\{\langle 12,234\rangle,\langle 234,35\rangle,\langle 35,65\rangle,\langle 234,12\rangle,\langle 35,234\rangle,\langle 65,35\rangle,\langle 12,12\rangle,\langle 234,234\rangle,\langle 35,35\rangle,\langle 65,65\rangle\}$，显然 R 具有自反性和对称性，而不具有传递性，因此 R 是相容关系，不是等价关系.

在相容关系的关系图中，由于每个顶点都有自回路，且每对不同的顶点之间或者没有边或者有两条方向相反的有向边. 因此，为了简化图形，在今后相容关系的关系图中，去掉所有的自回路，并用两个顶点间的一条无向边代替两条有向边；同时，由于相容关系的关系矩阵主对角线上的元素均为 1，且矩阵关于主对角线对称，因此，今后相容关系的关系矩阵可用左下三角阵来代替. 对相容关系来说，其关系图与关系矩阵看起来将更为简捷、直观.

例 3.7.3　设集合 $A=\{a,b,c,d\}$上的等价关系

$$R=\{\langle a,a\rangle\langle a,b\rangle,\langle b,a\rangle,\langle b,b\rangle,\langle c,c\rangle,\langle c,d\rangle,\langle d,c\rangle,\langle d,d\rangle\}$$

显然 R 是相容关系，试给出 R 简化后的关系矩阵及关系图.

解　R 简化后的关系矩阵为$\boldsymbol{M}_R'=\begin{bmatrix}1 & & \\ 0 & 0 & \\ 0 & 0 & 1\end{bmatrix}$.

关系图如图 3.7.1 所示.

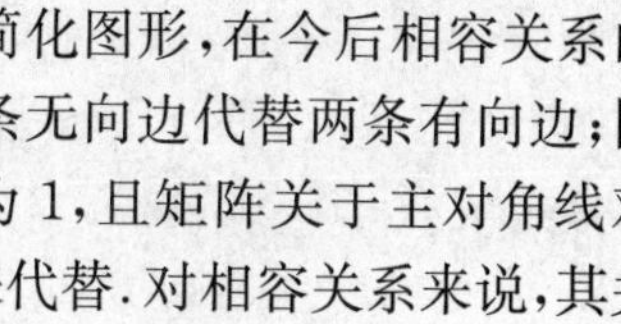

定义 3.7.2　设 R 为集合 A 上的相容关系，若 $C\subseteq A$，且对于 C 中任意两个元素 x 和 y 都有 xRy，则称 C 是由相容关系 R 产生的**相容类**(compatible class).

图 3.7.1

例 3.7.4　根据相容类的定义，例 3.7.3 中集合 A 的子集$\{a\},\{b\},\{c\},\{d\},\{a,b\},\{c,d\}$都是相容类，而$\{a,c\},\{b,d\},\{a,d\},\{b,c\},\{a,b,c\},\{a,b,d\},\{a,c,d\},\{b,c,d\},\{a,b,c,d\}$等都不是相容类.

由上节知,两个等价类要么相等,要么不相交,而从本例可以看出,相容类不具有这个性质,两个相容类可以相交,也可以有真包含关系.

定义 3.7.3 设 R 为集合 A 上的相容关系,不能真包含在任何其他相容类中的相容类,称为**极大相容类**(maximal compatibility class).元素个数最多的相容类称为关于 R 的**最大相容类**(greatest compatibility class).

该定义表明,对于非空集合 A 上相容关系 R 产生的相容类 C,若 $A-C$ 中的元素没有与 C 中所有元素都有相容关系,则 C 就是 R 的极大相容类.

例 3.7.5 在例 3.7.4 中,$\{a,b\}$ 与 $\{c,d\}$ 都是极大相容类,且没有最大相容类.

在相容关系的关系简图中,定义每个结点都与其他结点相连接的多边形为**完全多边形**,完全多边形的顶点集合就是极大相容类.另外,对于关系简图中,只有一个孤立结点以及不是完全多边形的两结点的连线的情况,也容易知道它们各自对应一个极大相容类.

例 3.7.6 设给定的相容关系图(图 3.7.2),写出其极大相容类.

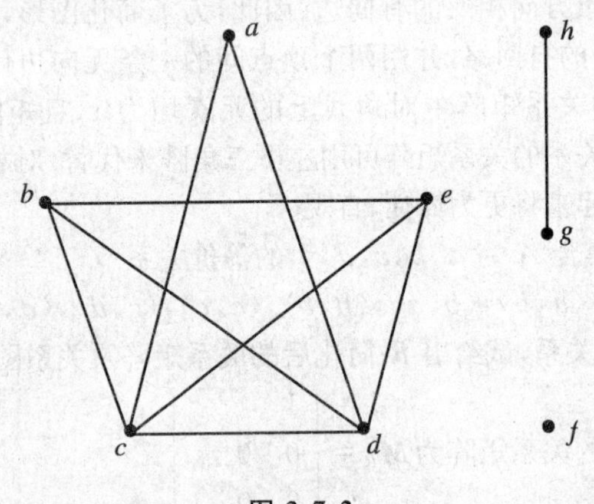

图 3.7.2

解 极大相容类为$\{a,c,d\}$,$\{b,c,d,e\}$,$\{g,h\}$和$\{f\}$.

定理 3.7.1 设 R 为有限集 A 上的相容关系,C 是一个相容类,那么必存在一个极大相容类 C_R,使得 $C\subseteq C_R$.

证明 设 $A=\{x_1,x_2,\cdots,x_n\}$,构造相容类序列 $C_0\subset C_1\subset C_2\subset\cdots$,其中 $C_0=C$ 且 $C_{i+1}=C_i\cup\{x_j\}$,其中 j 是满足 $x_j\notin C_i$ 而 x_j 与 C_i 中各元素都有相容关系的最小坐标.

由于 A 的元素个数 $|A|=n$,所以至多经过 $n-|C|$ 步就使这个过程终止,而此序列的最后一个相容类,就是所要找的极大相容类.

此定理的证明过程,也即是找极大相容类的方法.

另外，利用关系矩阵也可找出所有极大相容类，其步骤如下：

(1) 只与自身相容的元素，也能够分别单独构成极大相容类，因此从矩阵中删除这些元素所在行和列；

(2) 从由(1)简化后矩阵的最右一列开始向左扫描，发现1时，以相应的行号和列号组成一相容类；

(3) 往左继续扫描，发现1时，以相应的行号和列号组成相容类，将它与前面已有的相容类比较，若可合并到已有相容类中去则合并，若与已有的相容类中的部分元素相容，则另列新相容类，然后删除已被包含在任何相容类中的那些相容类，保留未被合并的相容类；

(4) 重复步骤(3)直至扫描完所有列；

(5) 将求得的极大相容类和孤立元素自身构成的极大相容类合在一起，构成所有极大相容类.

例 3.7.7　设集合 $A=\{a,b,c,d,e\}$，A 上的相容关系 R 的关系矩阵 $\boldsymbol{M}_R$ 如下，写出其极大相容类.

$$\boldsymbol{M}_R = \begin{bmatrix} 1 & 1 & 1 & 1 & 0 \\ 1 & 1 & 1 & 0 & 0 \\ 1 & 1 & 1 & 0 & 0 \\ 1 & 0 & 0 & 1 & 0 \\ 0 & 0 & 0 & 0 & 1 \end{bmatrix}$$

解　根据上述方法求得相容关系 R 极大相容类为：$\{a,b,c\}$，$\{a,d\}$和$\{e\}$.

3.7.2　覆盖

与相容关系有密切关系的是覆盖，下面给出覆盖的定义.

定义 3.7.4　设 A 为非空集合，集合 $B=\{A_1,A_2,\cdots,A_n\}$，其中 $A_i\neq\varnothing$，且 $A_i\subseteq A(i=1,2,\cdots,n)$，若$\bigcup\limits_{i=1}^{n} A_i = A$，则称集合 B 为集合 A 的**覆盖**(cover).

例 3.7.8　设集合 $A=\{a,b,c\}$，则下列子集是 A 的划分还是覆盖？

$$\begin{aligned} A_1 &= \{\{a,b\},\{b,c\}\} \\ A_2 &= \{\{a\},\{a,b\},\{a,c\}\} \\ A_3 &= \{\{a\},\{b,c\}\} \\ A_4 &= \{\{a,b,c\}\} \\ A_5 &= \{\{a\},\{b\},\{c\}\} \\ A_6 &= \{\{a\},\{a,c\}\} \end{aligned}$$

解　根据划分及覆盖的定义知，A_1，A_2，A_3，A_4，A_5 是 A 的覆盖，其中 A_3，A_4，A_5 还是 A 的划分，而 A_6 既不是划分也不是覆盖.

由划分与覆盖的定义可知,集合 A 的一个划分一定是 A 的一个覆盖,但 A 的一个覆盖未必是 A 的一个划分,因为划分中要求各元素不相交,而覆盖中各元素可能相交.

定义 3.7.5 给定集合 A 上的相容关系 R,其极大相容类的集合称为 R 确定的集合 A 的**完全覆盖**(complete coverage),记作 $C_R(A)$.

例 3.7.9 例 3.7.7 中相容关系 R 的完全覆盖为 $C_R(A)=\{\{a,b,c\},\{a,d\},\{e\}\}$.

以上已经给出了相容类以及覆盖的概念,那么它们之间存在着什么关系呢?

给定集合 A 上的一个相容关系 R,对于 A 中的任一元素 a,它可以组成相容类 $\{a\}$,并且可以不断地对此集合添加新元素,直到使其成为极大相容类.因此,集合 A 中的每一元素都将包含于某一极大相容类.由此可见,相容关系 R 产生的所有极大相容类构成的子集族就是集合 A 的一个覆盖,并且根据极大相容类的定义知,它还是 A 的一个完全覆盖.

定理 3.7.2 给定集合 A 的覆盖 $\{S_1,S_2,\cdots,S_n\}$,则由它确定的关系 $R=(S_1\times S_1)\cup(S_2\times S_2)\cup\cdots\cup(S_n\times S_n)$ 是 A 上的相容关系.

证明 因为 $A=\bigcup_{i=1}^{n}S_i$,则对任意的 $x\in A$,存在某个 k 使得 $x\in S_k$,于是 $\langle x,x\rangle\in S_k\times S_k$,即有 $\langle x,x\rangle\in R$,所以 R 是自反的;又对任意 $x,y\in A$,若 $\langle x,y\rangle\in R$,则存在某个 k 使得 $\langle x,y\rangle\in S_k\times S_k$,于是 $\langle y,x\rangle\in S_k\times S_k$,即有 $\langle y,x\rangle\in R$,故 R 是对称的.所以根据相容关系的定义知,R 是 A 上的相容关系.

该定理表明,给定集合 A 上的任意一个覆盖,必可在 A 上构造对应于此覆盖的一个相容关系,但不同的覆盖可能构造出相同的相容关系.因而,覆盖与相容关系之间不具有一一对应关系.

例 3.7.10 设集合 $A=\{a,b,c,d\}$,则集合 $A_1=\{\{a,b\},\{b,c,d\}\}$ 和 $A_2=\{\{a,b\},\{b,c\},\{b,d\},\{c,d\}\}$ 都是 A 的覆盖,求由 A_1 和 A_2 产生的相容关系.

解 由定理 3.7.2 中给出的求相容关系的方法知,由 A_1 和 A_2 产生的相容关系 R_1 和 R_2 分别为

$$R_1=\{\langle a,a\rangle,\langle a,b\rangle,\langle b,a\rangle,\langle b,b\rangle,\langle b,c\rangle,\langle b,d\rangle,\langle c,b\rangle,\langle c,c\rangle,\langle c,d\rangle,\langle d,b\rangle,\langle d,c\rangle,\langle d,d\rangle\}$$

$$R_2=\{\langle a,a\rangle,\langle a,b\rangle,\langle b,a\rangle,\langle b,b\rangle,\langle b,c\rangle,\langle c,b\rangle,\langle c,c\rangle,\langle b,d\rangle,\langle d,b\rangle,\langle d,d\rangle,\langle c,d\rangle,\langle d,c\rangle\}$$

可见,这里 $R_1=R_2$.

虽然覆盖与相容关系之间不具有一一对应关系,但完全覆盖和相容关系之间却存在着一一对应关系.

定理 3.7.3　集合 A 上的相容关系 R 与完全覆盖 $C_R(A)$ 存在一一对应.

证明　由定理3.7.1可知,A 中任一元素必属于 R 的某个极大相容类,因而 $C_R(A)$ 是 A 的一个完全覆盖.反之,由定理3.7.2可知,由完全覆盖 $C_R(A)$ 确定的相容关系也是唯一的,综上可知,集合 A 上相容关系 R 与其完全覆盖 $C_R(A)$ 是一一对应的.

习题 3.7

1. 设 R 为集合 A 上的关系,试证明:$R\cup R^{-1}\cup I_A$ 是相容关系.

2. 设集合 $A=\{$mouse,cattle,tiger,rabbit,dragon,snake$\}$,定义 A 上的关系

$$R=\{\langle x,y\rangle \mid x,y\in A, x\text{ 与 }y\text{ 有相同的字母}\}$$

试判断 R 是否为 A 上的相容关系.

3. 若 R_1 与 R_2 为集合 A 上的相容关系,试证明:$R_1\cap R_2$ 与 $R_1\cup R_2$ 也是 A 上的相容关系.

4. 设集合 $A=\{1,2,3,4,5\}$,$R=\{\langle 1,1\rangle,\langle 1,2\rangle,\langle 1,3\rangle,\langle 1,4\rangle,\langle 2,2\rangle,\langle 2,1\rangle,\langle 2,3\rangle,\langle 3,3\rangle,\langle 3,2\rangle,\langle 3,1\rangle,\langle 4,1\rangle,\langle 4,4\rangle,\langle 5,5\rangle\}$ 是 A 上的关系,试判断 R 是否为相容关系.若是,写出 R 简化后的关系矩阵及关系图.

5. 设给定相容关系简图如图3.7.3所示,写出其所有极大相容类.

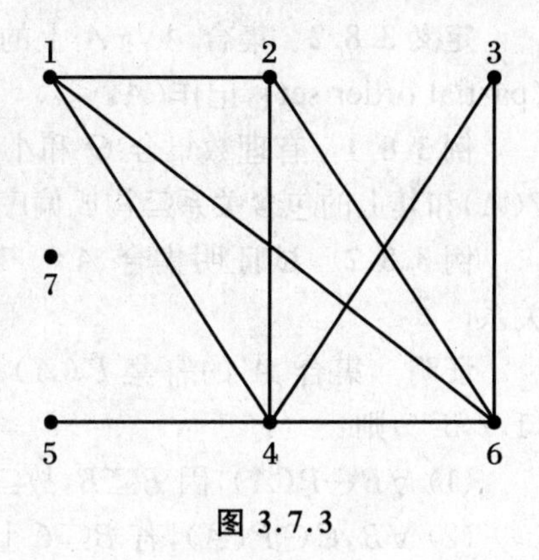

图 3.7.3

6. 设 R 是集合 $A=\{a,b,c,d,e\}$ 上的相容关系,且其关系矩阵为 $\boldsymbol{M}_R=\begin{bmatrix}1&1&1&1&0\\1&1&0&1&0\\1&0&1&0&0\\1&1&0&1&0\\0&0&0&0&1\end{bmatrix}$.

试求 R 的所有极大相容类以及集合 A 的完全覆盖.

7. 设集合 $A=\{1,2,3,4\}$,下列各子集是 A 的划分还是覆盖?

$$A_1=\{\{1,3,4\},\{2,3\}\}$$
$$A_2=\{\{1,2\},\{2,3\},\{3,4\}\}$$
$$A_3=\{\{1\},\{2,3,4\}\}$$
$$A_4=\{\{1,2,3\}\}$$
$$A_5=\{\{1,2,3,4\}\}$$
$$A_6=\{\{1\},\{2\},\{3\},\{4\}\}$$
$$A_7=\{\{1,2\},\{2,4\}\}$$

8. 设集合 $A=\{1,2,3,4\}$ 的一个覆盖为 $B=\{\{1,2,4\},\{2,3\}\}$,求由 B 确定的相容关系 R.

3.8 偏序关系

3.8.1 偏序关系的概念

定义 3.8.1 设 R 为集合 A 上的关系，若 R 是自反的、反对称的和传递的，则称 R 为 A 上的**偏序关系**(partial order relation)，记作$\preceq$. $\langle x,y\rangle\in\preceq$，常记作 $x\preceq y$，读作“x 小于等于 y”.

注意 偏序关系的符号$\preceq$不同于实数的小于等于符号$\leqslant$. $x\preceq y$ 的含义是指 x 按某种顺序排在 y 的前面.

容易验证集合 A 上的恒等关系 I_A 和空关系都是 A 上的偏序关系，但全域关系 E_A一般不是A 上的偏序关系.

定义 3.8.2 集合 A 与A 上的偏序关系$\preceq$一起称为一个**偏序结构或偏序集**(partial order set)，记作$\langle A,\preceq\rangle$.

例 3.8.1 有理数集合 Q 和小于等于关系$\leqslant$构成偏序集$\langle Q,\leqslant\rangle$，$A$ 的幂集 $P(A)$和其上的包含关系$\subseteq$构成偏序集$\langle P(A),\subseteq\rangle$.

例 3.8.2 试证明集合 $A=\{1,2,3\}$的幂集 $P(A)$上的包含关系$\subseteq$是偏序关系.

证明 集合 A 的幂集 $P(A)=\{\varnothing,\{1\},\{2\},\{3\},\{1,2\},\{1,3\},\{2,3\},\{1,2,3\}\}$，则：

(1) $\forall B\in P(A)$，因 $B\subseteq B$，故$\subseteq$具有自反性；

(2) $\forall B,C\in P(A)$，若 $B\subseteq C$ 且 $C\subseteq B$，则 $B=C$，所以$\subseteq$具有反对称性；

(3) $\forall B,C,D\in P(A)$，若 $B\subseteq C$ 且 $C\subseteq D$，则 $B\subseteq D$，所以$\subseteq$具有传递性.

因此，根据定义可知$\subseteq$是 $P(A)$上的偏序关系.

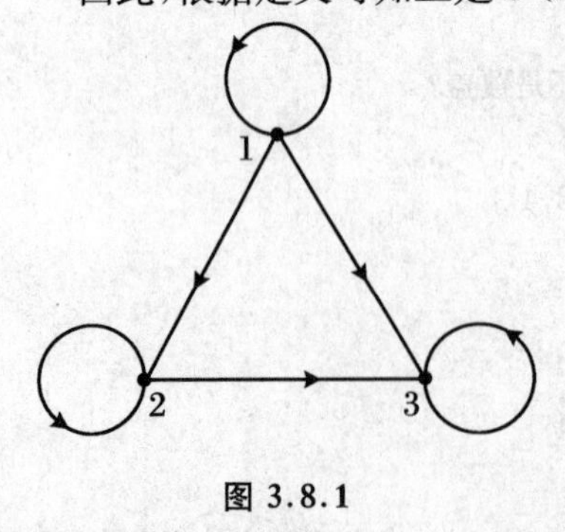

图 3.8.1

例 3.8.3 设集合 $A=\{1,2,3\}$，其上关系 $R=\{\langle1,1\rangle,\langle1,2\rangle,\langle1,3\rangle,\langle2,2\rangle,\langle2,3\rangle,\langle3,3\rangle\}$，试用关系图验证 R 是偏序关系.

解 R 的关系图如图 3.8.1 所示. 从关系图 3.8.1 可以看出：

(1) 每个点均有自回路，故 R 具有自反性；

(2) 每两点间最多有一条弧，故 R 具有反对称性；

(3) 1 能间接地通到 3，1 到 3 直接有弧，而其他没有了,故 R 有传递性.

所以 R 是偏序关系.

定义 3.8.3　设 R 为集合 A 上的关系,若 R 是反自反的、传递的,则称 R 在 A 上是**拟序**的,或称 R 是 A 上的**拟序关系**(quasi order relation),记作 $\prec$.若 $\langle x,y\rangle \in \prec$,可记作 $x\prec y$,读作"x 小于 y".

同样,这里的拟序符号 $\prec$ 不同于实数的小于符号 $<$,它表示的是拟序关系中的顺序性,即 $x\prec y$ 是指将 x 排在 y 的前边.

同时,集合 A 与 A 上的拟序关系 $\prec$ 一起称为一个**拟序集**,记作 $\langle A,\prec\rangle$.

例 3.8.4　设 $A=\{2,3,4,5\}$,R 是 A 上的大于关系,即

$$R=\{\langle a,b\rangle \mid (a,b\in A)\wedge(a>b)\}=\{\langle 3,2\rangle,\langle 4,2\rangle,\langle 5,2\rangle,\langle 4,3\rangle,\langle 5,3\rangle,\langle 5,4\rangle\}$$

显然,R 是拟序关系.

例如,$\langle 4,2\rangle\in R$,可记作 $4\prec 2$,读作"4 小于 2",该小于是拟序的"小于",而不是真正实数中的小于.

定理 3.8.1　设 R 是集合 A 上的拟序关系,则 R 是反对称的.

证明　假设 R 不是反对称的,则必至少存在两个元素 $x,y\in A$,$x\neq y$,$\langle x,y\rangle\in R$ 且 $\langle y,x\rangle\in R$.又由于 R 是拟序的,故 R 是传递的,所以必有 $\langle x,x\rangle\in R$,$\langle y,y\rangle\in R$.这与 R 是反自反的相矛盾,因而定理得证.

可见,拟序关系实质上满足反自反性、反对称性和传递性,从而拟序关系和偏序关系的区别在于反自反性和自反性上.

定义 3.8.4　设 $\langle A,\preceq\rangle$ 为一偏序集,对任意的 $x,y\in A$,如果有 $x\preceq y$ 或 $y\preceq x$ 成立,则称 x 与 y 是**可比的**(comparable).

对于偏序集 $\langle A,\preceq\rangle$,集合 A 中任两元素 x 和 y 之间必有下列四种情形之一:

$$x\prec y,\quad y\prec x,\quad x=y,\quad x\text{与}y\text{不可比}$$

定义 3.8.5　设 R 是集合 A 上的偏序关系,如果对每个 $x,y\in A$,必有 $x\preceq y$ 或 $y\preceq x$,则称 R 是 A 上的**全序关系**(total ordering relation),或称**线序关系**.若 $\preceq$ 是 A 上的全序关系,则称 $\langle A,\preceq\rangle$ 为全序集.

例 3.8.5　实数集上的大于等于关系和小于等于关系都是全序关系,而大于关系和小于关系则不是全序关系,由于不满足自反性,因此,它们也不是偏序关系.

例 3.8.6　集合 $A=\{1,2,3\}$ 上的关系 $R=\{\langle 1,2\rangle,\langle 1,3\rangle,\langle 2,3\rangle,\langle 1,1\rangle,\langle 2,2\rangle,\langle 3,3\rangle\}$ 是全序关系,而集合 $B=\{\varnothing,\{1\},\{2,3\},\{1,2,3\}\}$ 上的包含关系 $\subseteq$ 则不是全序关系,因为 $\{1\}$ 和 $\{2,3\}$ 不可比.

3.8.2 哈斯图

利用偏序关系的自反性、反对称性和传递性可以简化一个偏序关系的关系图，这种简化的关系图称为**哈斯图**(Hasse diagram).为了说明哈斯图的画法，先给出**盖住**(cover)的概念.

定义 3.8.6 设偏序集$\langle A,\preceq\rangle$，如果$x,y\in A$，$x\preceq y$，$x\neq y$，且不存在其他元素$z\in A$，使得$x\preceq z\preceq y$，则称y盖住x.并记$\mathrm{COV}(A)=\{\langle x,y\rangle\mid(x,y\in A)\wedge(y$盖住$x)\}$.

对于偏序集$\langle A,\preceq\rangle$来说，它的盖住关系是唯一的，所以可以用盖住的性质画出偏序关系的哈斯图.画偏序集$\langle A,\preceq\rangle$的哈斯图的方法为：

(1) 用实心小圆点代表A中的元素；

(2) $\forall x,y\in A$，若$x\preceq y$，则将x画在y的下方；

(3) 对于A中的两个不同元素x和y，如果y盖住x，就用一条线段连接x和y.

例 3.8.7 设$A=\{1,2,4,6,8\}$，$\preceq$为A上的整除关系，求$\mathrm{COV}(A)$，并画出偏序集$\langle A,\preceq\rangle$的哈斯图.

解 由$\preceq=\{\langle 1,2\rangle,\langle 1,4\rangle,\langle 1,6\rangle,\langle 1,8\rangle,\langle 2,4\rangle,\langle 2,6\rangle,\langle 2,8\rangle,\langle 4,8\rangle\}\cup I_A$得

$$\mathrm{COV}(A)=\{\langle 1,2\rangle,\langle 2,4\rangle,\langle 2,6\rangle,\langle 4,8\rangle\}$$

其哈斯图如图 3.8.2 所示.

例 3.8.8 设$A=\{1,2,3\}$，$\preceq$为$P(A)$上的包含关系，求$\mathrm{COV}(P(A))$，并画出偏序集$\langle P(A),\subseteq\rangle$的哈斯图.

解 由于$P(A)=\{\varnothing,\{1\},\{2\},\{3\},\{1,2\},\{1,3\},\{2,3\},\{1,2,3\}\}$

$$\begin{aligned}\subseteq=\{&\langle\varnothing,\varnothing\rangle,\langle\varnothing,\{1\}\rangle,\langle\varnothing,\{2\}\rangle,\langle\varnothing,\{3\}\rangle,\langle\varnothing,\{1,2\}\rangle,\langle\varnothing,\{1,3\}\rangle,\\&\langle\varnothing,\{2,3\}\rangle\varnothing,\{1,2,3\}\rangle,\langle\{1\},\{1\}\rangle,\langle\{1\},\{1,2\}\rangle,\langle\{1\},\{1,3\}\rangle,\\&\langle\{1\},\{1,2,3\}\rangle,\langle\{2\},\{2\}\rangle,\langle\{2\},\{1,2\}\rangle,\langle\{2\},\{2,3\}\rangle,\\&\langle\{2\},\{1,2,3\}\rangle,\langle\{3\},\{3\}\rangle,\langle\{3\},\{1,3\}\rangle,\langle\{3\},\{2,3\}\rangle,\\&\langle\{3\},\{1,2,3\}\rangle,\langle\{1,2\},\{1,2\}\rangle,\langle\{1,2\},\{1,2,3\}\rangle,\\&\langle\{1,3\},\{1,3\}\rangle,\langle\{1,3\},\{1,2,3\rangle,\langle\{2,3\},\{2,3\}\rangle,\\&\langle\{2,3\},\{1,2,3\}\rangle,\langle\{1,2,3\},\{1,2,3\}\rangle\}\end{aligned}$$

所以

$$\begin{aligned}\mathrm{COV}(P(A))=\{&\langle\varnothing,\{1\}\rangle,\langle\varnothing,\{2\}\rangle,\langle\varnothing,\{3\}\rangle,\langle\{1\},\{1,2\}\rangle,\langle\{1\},\{1,3\}\rangle,\\&\langle\{2\},\{1,2\}\rangle,\langle\{2\},\{2,3\}\rangle,\langle\{3\},\{1,3\}\rangle,\langle\{3\},\{2,3\}\rangle,\\&\langle\{1,2\},\{1,2,3\}\rangle,\langle\{1,3\},\{1,2,3\}\rangle,\langle\{2,3\},\{1,2,3\}\rangle\}\end{aligned}$$

故偏序集$\langle P(A),\subseteq\rangle$的哈斯图如图 3.8.3 所示.

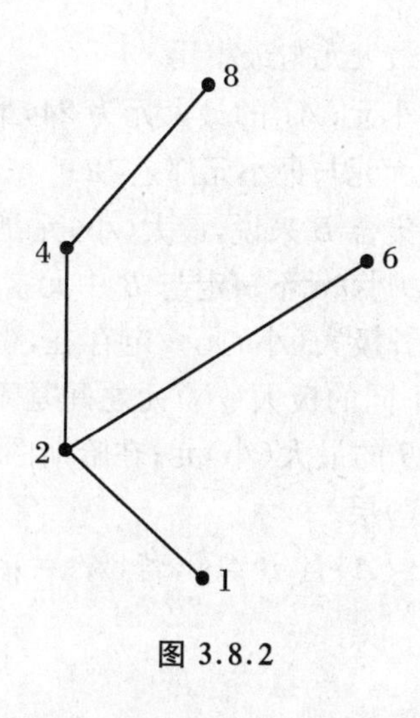

图 3.8.2

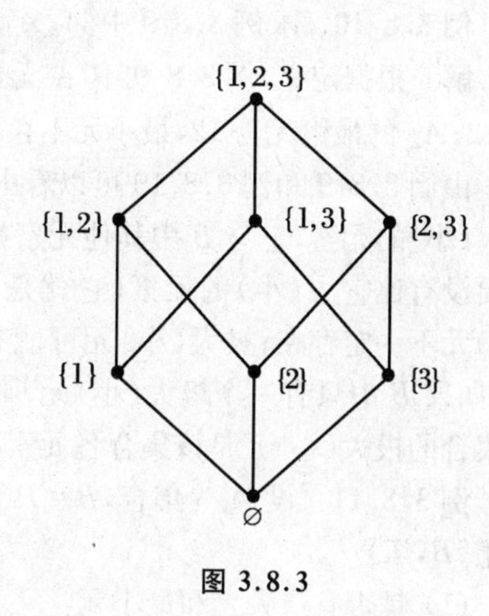

图 3.8.3

3.8.3　最大元与最小元，极大元与极小元

这里介绍偏序集中的一些特殊元素.

定义 3.8.7　设$\langle A,\preceq\rangle$是一个偏序集，且 $B\subseteq A$，对于 B 中的一个元素 y，如果 B 中任何异于 y 的元素 x，$y\preceq x$ 均不成立，则称 y 为 B 的**极大元**（maximal element）；同理，如果 B 中任何异于 y 的元素 x，$x\preceq y$ 均不成立，则称 y 为 B 的**极小元**（minimal element）.

如例 3.8.7 中，集合 A 的极大元为 6 和 8，极小元为 1.

例 3.8.9　设 $A=\{3,4,12,24,48,72\}$，偏序集$\langle A,\preceq\rangle$，其中$\preceq$是 A 上的整除关系，再设集合 $A_1=\{12,24\}$，$A_2=\{3,4,12\}$，$A_3=\{12\}$，求 A，A_1，A_2 以及 A_3 的极大元与极小元.

解　偏序集$\langle A,\preceq\rangle$的哈斯图如图 3.8.4 所示.

于是 A 的极大元为 48 和 72，极小元为 3 和 4；A_1 的极大元为 24，极小元为 12；A_2 的极大元为 12，极小元为 3 和 4；A_3 的极大元和极小元为都是 12.

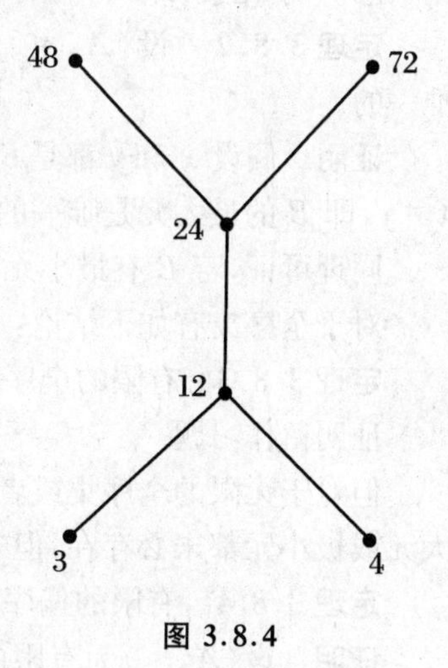

图 3.8.4

定义 3.8.8　设$\langle A,\preceq\rangle$是一个偏序集，且 $B\subseteq A$，若存在 $y\in B$，使得对于 B 中的每一个元素 x，有 $x\preceq y$，则称 y 为$\langle B,\preceq\rangle$的**最大元**（greatest element）；同理，若存在 $y\in B$，使得对于 B 中的每一个元素 x，有 $y\preceq x$，则称 y 为$\langle B,\preceq\rangle$的**最小元**（smallest element）.

例 3.8.10 求例 3.8.9 中 A,A_1,A_2,A_3 的最大元与最小元.

解 根据定义,例 3.8.9 中 A 无最大元与最小元;A_1 的最大元为 24,最小元为 12;A_2 的最大元为 12,最小元不存在;A_3 的最大元与最小元都是 12.

由例 3.8.9 和例 3.8.10 可以看出,对于有穷集合 B 来说,最大(小)元是 B 中最大(小)的元素,它与 B 中其他元素都可比;极大(小)元不一定与 B 中元素可比,只要没有比它大(小)的元素,它就是极大(小)元;极大(小)元一定存在,但最大(小)元不一定存在;极大(小)元可能有多个,但不同的极大(小)元之间是不可比的;如果 B 中只有一个极大(小)元,则它一定是 B 的最大(小)元;在哈斯图中,一个集合的极大(小)元是该集合各元素中的最顶(底)层.

例 3.8.11 设 A 为集合,$B=P(A)-\{\varnothing\}-\{A\}$ 且 $B\neq\varnothing$,若 $|A|=n$,问偏序集 $\langle B,\subseteq\rangle$

(1) 是否有最大元和最小元?

(2) 极大元和极小元的一般形式是什么? 说明理由.

解 (1) 因为 $B\neq\varnothing$,故 $n\geqslant 2$,A 中单个元素构成的子集都在 B 中,它们在 $\subseteq$ 下互相不可比,所以 B 中无最大元和最小元.

(2) 考察 $P(A)$ 的哈斯图,最底层的顶点是空集,记作第 0 层,由底向上,第一层是单元集,第二层是二元集……由 $|A|=n$,则第 $n-1$ 层是 A 的 $n-1$ 元子集,第 n 层是 A. 偏序集 $\langle B,\subseteq\rangle$ 与偏序集 $\langle P(A),\subseteq\rangle$ 相比,恰好缺少第 0 层和第 n 层. 因此 $\langle B,\subseteq\rangle$ 的极小元就是 A 的所有单元集,即 $\{x\}$,其中 $x\in A$;而极大元恰好是比 A 少一个元素,即 $A-\{x\}$,其中 $x\in A$.

定理 3.8.2 设 $\langle A,\leq\rangle$ 为偏序集,且 $B\subseteq A$,若 B 有最大(小)元,则必是唯一的.

证明 假设 x 和 y 都是 B 的最大元,则 $x\leq y$ 和 $y\leq x$,由 $\leq$ 的反对称性,得到 $x=y$,即 B 的最大元是唯一的.

同理可证,若 B 有最小元,则最小元也是唯一的.

对于全序集有如下结论:

定理 3.8.3 有限的全序集必有最大元和最小元.

证明留作习题.

但对于无限的全序集或者一般的偏序集,未必存在最大元或最小元,甚至连极大元或极小元都未必存在,但有如下定理:

定理 3.8.4 有限的偏序集一定有极大元和极小元.

证明 设 $\langle A,\leq\rangle$ 为有限的偏序集,任取 $x_1\in A$. 如果 x_1 是极大元,则定理成立;否则存在 $x_2\in A$,$x_1\neq x_2$ 且 $x_1\leq x_2$. 如果 x_2 是极大元,则定理成立;否则存在 $x_3\in A$,$x_3\neq x_2$ 且 $x_1\leq x_2\leq x_3$,当然 $x_3\neq x_1$,不然由传递性和反对称性知 $x_1=x_2=x_3$,

这与 $x_1 \neq x_2$ 矛盾;如此进行下去,当到第 k 步时,有 $x_1 \preceq x_2 \preceq x_3 \preceq \cdots \preceq x_k$,$x_i \in A$ $(i=1,2,\cdots,k)$,x_i 互异,由于 A 为有限集,故一定在有限步后停止,假设进行到第 n 步时停止,则 x_n 就是极大元.

同理可证,有限的偏序集也一定有极小元.

由定理 3.8.3 与定理 3.8.4 知,有限的偏序集如果存在唯一的极大(小)元,则这个极大(小)元就是最大(小)元.

例 3.8.12　在例 3.8.9 中,有限集合 A_1 的极大元与极小元均唯一,分别为 24 和 12,因此,它们分别又是 A_1 的最大元和最小元.

3.8.4　上界与上确界,下界与下确界

定义 3.8.9　设 $\langle A, \preceq \rangle$ 是一偏序集,$B \subseteq A$,如有 $y \in A$,对任意元素 $x \in B$,都有 $x \preceq y$,则称 y 为 B 的**上界**(upper bound).同理,对任意元素 $x \in B$,都有 $y \preceq x$,则称 y 为 B 的**下界**(lower bound).

定义 3.8.10　设 $\langle A, \preceq \rangle$ 是一偏序集,$B \subseteq A$,若 x 是 B 的一个上界,且对 B 的所有上界 y 均有 $x \preceq y$,则称 x 是 B 的**最小上界或上确界**(least upper bound),记作 LUB(B).同理,x 是 B 的某一下界,若对 B 的所有下界 y 均有 $y \preceq x$,则称 x 是 B 的**最大下界或下确界**(great lower bound),记作 GLB(B).

由上述定义可知:B 的最小元一定是 B 的下界,同时也是 B 的最大下界;B 的最大元一定是 B 的上界,同时也是 B 的最小上界.但反过来不一定正确,即 B 的下界不一定是 B 的最小元,因为它可能不是 B 中的元素,B 的上界也不一定是 B 的最大元;B 的上界、下界、上确界、下确界都可能不存在.

例 3.8.13　求例 3.8.9 中 A,A_1,A_2,A_3 的上、下界及上、下确界.

解　A 没有上、下界及上、下确界.

A_1 的上界为 24,48,72,下界为 3,4,12,其中 24 为上确界,12 为下确界.

A_2 的上界为 12,24,48,72,其中 12 为上确界,无下界,从而也无下确界.

A_3 的上界为 12,24,48,72,上确界为 12,下界为 3,4,12,下确界为 12.

例 3.8.14　设集合 $A=\{1,2,3,4,5\}$上的偏序关系如图 3.8.5 所

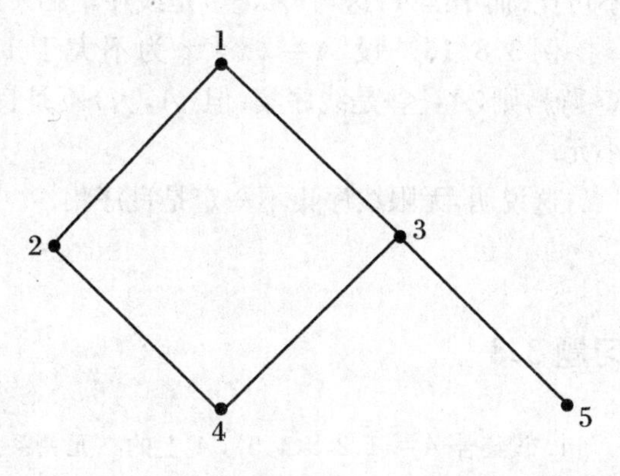

图 3.8.5

示,找出 A 的最大元、最小元、极大元、极小元;找出$\{2,3,4\}$,$\{3,4,5\}$和$\{1,2,3\}$的上界、下界,上确界、下确界.

解 A 的最大元为 1,无最小元,极大元为 1,极小元为 4 和 5.

各集合的上界、下界,上确界、下确界如表 3.8.1 所示.

表 3.8.1

子集	上界	下界	上确界	下确界
$\{2,3,4\}$	1	4	1	4
$\{3,4,5\}$	1,3	无	3	无
$\{1,2,3\}$	1	4	1	4

定理 3.8.5 设$\langle A,\preceq\rangle$为偏序集,且 $B\subseteq A$,如果 B 有上确界(下确界),则必是唯一的.

证明 假设 x 和 y 都是 B 的上确界,则 $x\preceq y$ 和 $y\preceq x$,由$\preceq$具有反对称性,必有 $x=y$,即 B 若有上确界,则必是唯一的.

同理可证,B 若有下确界,则下确界也是唯一的.

定义 3.8.11 设$\langle A,\preceq\rangle$为全序集,若 A 的任意非空子集都有最小元,则称$\preceq$为 A 上的**良序关系**,并称$\langle A,\preceq\rangle$为良序集(well ordering set).

定理 3.8.6 良序集是线序集.

证明 设$\langle A,\preceq\rangle$是良序集,任取 $a,b\in A$,则集合$\{a,b\}$有最小元,因此$a\preceq b$或$b\preceq a$,即 A 中任两个元素都可比,故$\langle A,\preceq\rangle$是线序集.

定理 3.8.7 有限线序集是良序集.

证明 设$\langle A,\preceq\rangle$是线序集且 A 是有限集.假设$\langle A,\preceq\rangle$不是良序集,则存在 A 的非空子集 B 使得B 无最小元.由于 B 是有限集,则至少存在 $a,b\in B$ 使得a 与b 不可比.而 $B\subseteq A$,这与$\langle A,\preceq\rangle$是线序集相矛盾,故假设错误,即$\langle A,\preceq\rangle$是良序集.

例 3.8.15 设 $A=\{x\mid x$ 为不大于 1 的实数$\}$,$\preceq=\{\langle x,y\rangle\mid x,y\in A,x\leqslant y\}$,则$\langle A,\preceq\rangle$是线序集.但$\langle A,\preceq\rangle$不是良序集,因为集合 A 本身就不存在最小元.

这说明,无限线序集不一定是良序集.

习题 3.8

1. 设集合 $A=\{1,2,3,4,5\}$,A 上的二元关系 $R=\{\langle 1,1\rangle,\langle 1,2\rangle,\langle 1,3\rangle,\langle 1,4\rangle,\langle 1,5\rangle,\langle 2,2\rangle,\langle 2,3\rangle,\langle 2,5\rangle,\langle 3,3\rangle,\langle 3,5\rangle,\langle 4,4\rangle,\langle 4,5\rangle,\langle 5,5\rangle\}$.

(1) 写出 R 的关系矩阵.

(2) 判断 R 是不是偏序关系，为什么？

2. 设集合 $A=\{2,4,8\}$，$B=\{1,3,5,10,15\}$，$C=\{2,6,18,36\}$，分别在 A,B,C 上定义整除关系，则此整除关系是偏序关系，试画出这些偏序关系的哈斯图，并指出哪些是全序关系．

3. 已知偏序集 $\langle A,R\rangle$ 的哈斯图如图 3.8.6 所示，试求集合 A 和关系 R 的表达式．

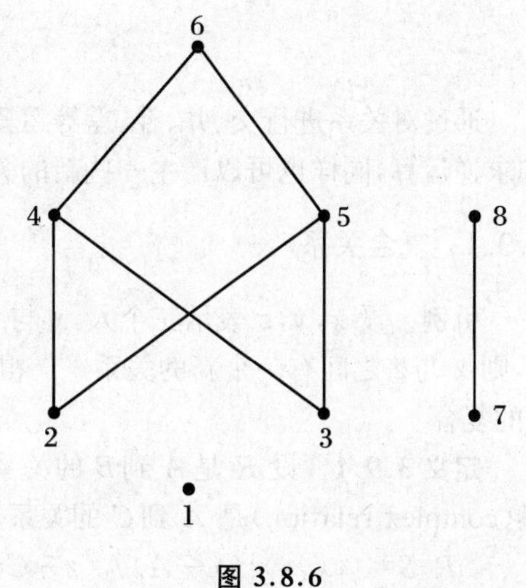

图 3.8.6

4. 分别画出下列两个偏序集 $\langle A,\preceq\rangle$ 的哈斯图，并指出 A 的极大元、极小元、最大元以及最小元．

(1) $A=\{1,2,3,4,5\}$，$\preceq=\{\langle 2,3\rangle\}\cup I_A$；

(2) $A=\{1,2,3,4,5\}$，$\preceq=\{\langle 1,2\rangle,\langle 1,3\rangle,\langle 1,4\rangle,\langle 1,5\rangle,\langle 2,5\rangle,\langle 3,5\rangle,\langle 4,5\rangle\}\cup I_A$．

5. 设 R 是集合 A 上的偏序关系，且 $B\subseteq A$，试证明：$R'=R\cap(B\times B)$ 是 B 上的偏序关系．

6. 设集合 $A=\{\varnothing,\{b\},\{b,c\},\{a,b,c\},\{a,b,c,d\}\}$，证明：集合 A 上的"$\subseteq$"是全序关系．

7. 证明定理 3.8.3.

8. 设集合 $A=\{2,3,4,6,8,12,24\}$，R 为 A 上的整除关系．

(1) 画出偏序集 $\langle A,R\rangle$ 的哈斯图；

(2) 写出集合 A 中的最大元与最小元，极大元与极小元；

(3) 写出 A 的子集 $B=\{2,3,6,12\}$ 的上、下界，上、下确界．

9. 设集合 $A=\{a,b,c,d\}$，R_1,R_2,R_3,R_4 为 A 上的四个偏序关系，其中

$$R_1=\{\langle a,a\rangle,\langle b,a\rangle,\langle c,a\rangle,\langle c,d\rangle,\langle b,b\rangle,\langle c,b\rangle,\langle c,c\rangle,\langle d,d\rangle\}$$

$$R_2=\{\langle a,a\rangle,\langle b,a\rangle,\langle b,b\rangle,\langle c,a\rangle,\langle c,b\rangle,\langle c,c\rangle,\langle d,a\rangle,\langle d,b\rangle,\langle d,c\rangle,\langle d,d\rangle\}$$

$$R_3=\{\langle a,a\rangle,\langle b,b\rangle,\langle d,b\rangle,\langle c,a\rangle,\langle c,c\rangle,\langle d,d\rangle\}$$

$$R_4=\{\langle a,a\rangle,\langle a,b\rangle,\langle a,c\rangle,\langle a,d\rangle,\langle b,b\rangle,\langle b,c\rangle,\langle b,d\rangle,\langle c,c\rangle,\langle c,d\rangle,\langle d,d\rangle\}$$

试分别画出它们的哈斯图，并判断其中哪些是全序关系，哪些是良序关系．

10. 设 $\mathbf{N}$ 为自然数集，$\mathbf{Z}$ 是整数集．判断下列次序集是偏序集、全序集、良序集还是拟序集．

(1) $\langle\mathbf{N},<\rangle$；

(2) $\langle\mathbf{N},\leqslant\rangle$；

(3) $\langle\mathbf{Z},\leqslant\rangle$；

(4) $\langle P(\mathbf{N}),\subset\rangle$；

(5) $\langle P(\{a\}),\subseteq\rangle$．

3.9 复合关系与逆关系

通过对关系进行交、并、补、差等运算可以产生一些新的关系，对关系进行复合和求逆运算，同样也可以产生一些新的关系.

3.9.1 复合关系

引例 设 x,y,z 表示三个人，x 与 y 间有父子关系 R，而 y 与 z 间有父子关系 S，则 x 与 z 之间有一个新的关系——祖孙关系. 这个新关系可以看作是关系 R 和 S 的复合.

定义 3.9.1 设 R 是 A 到 B 的关系，S 是 B 到 C 的关系，则 R 与 S 的**复合关系**(complex relation)是 A 到 C 的关系，记作 $R\circ S$，且

$$R\circ S=\{\langle x,z\rangle \mid (x\in A)\wedge(z\in C)\wedge\exists y\in B(\langle x,y\rangle\in R,\langle y,z\rangle\in S)\}$$

关于该定义的两点说明：

(1) R 与 S 能进行复合的必要条件是 R 的值域所属集合 B 与 S 前域所属集合 B 是同一个集合，否则就不能复合；

(2) x 与 z 有复合关系 $R\circ S$：至少有一个作中间桥梁的元素 y，使 xRy，ySz.

例 3.9.1 设集合 $A=\{1,2,3,4\}$，$B=\{2,3,4\}$，$C=\{3,5,6\}$，试求 $R\circ S$，其中

$$R=\{\langle x,y\rangle \mid x\in A,y\in B,x+y=6\}$$

$$S=\{\langle y,z\rangle \mid y\in B,z\in C,y\text{ 整除 }z\}$$

解 由题意 $R=\{\langle 2,4\rangle,\langle 3,3\rangle,\langle 4,2\rangle\}$，$S=\{\langle 2,6\rangle,\langle 3,3\rangle,\langle 3,6\rangle\}$，则 $R\circ S=\{\langle 3,3\rangle,\langle 3,6\rangle,\langle 4,6\rangle\}$，复合过程如图 3.9.1 所示.

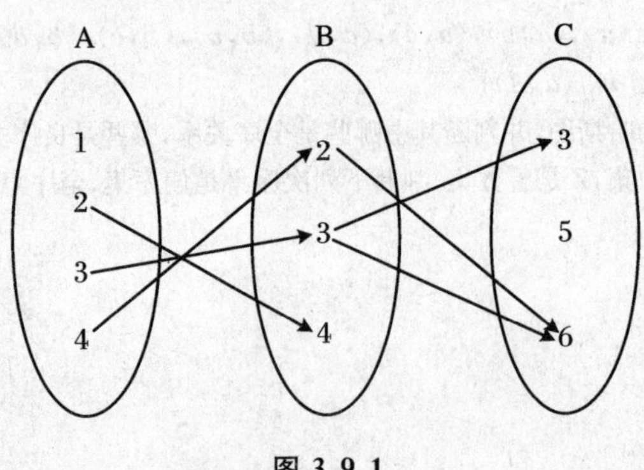

图 3.9.1

例 3.9.2 设 $R,S,T\subseteq A\times A$,其中 $A=\{1,2,3,4,5,6\}$,$R=\{\langle 2,4\rangle,\langle 2,3\rangle,\langle 4,2\rangle\}$,$S=\{\langle 2,4\rangle,\langle 3,2\rangle,\langle 4,3\rangle\}$,$T=\{\langle 2,4\rangle,\langle 1,5\rangle,\langle 2,6\rangle,\langle 3,6\rangle\}$.求 $R\circ S,S\circ R,(R\circ S)\circ T,S\circ T,T\circ S,R\circ(S\circ T)$.

解 由已知得

$$R\circ S=\{\langle 2,3\rangle,\langle 2,2\rangle,\langle 4,4\rangle\}$$
$$S\circ R=\{\langle 2,2\rangle,\langle 3,4\rangle,\langle 3,3\rangle\}$$
$$(R\circ S)\circ T=\{\langle 2,6\rangle,\langle 2,4\rangle\}$$
$$S\circ T=\{\langle 3,4\rangle,\langle 3,6\rangle,\langle 4,6\rangle\}$$
$$T\circ S=\{\langle 2,3\rangle\}$$
$$R\circ(S\circ T)=\{\langle 2,6\rangle,\langle 2,4\rangle\}$$

可见,$R\circ S\neq S\circ R,S\circ T\neq T\circ S,(R\circ S)\circ T=R\circ(S\circ T)$.

定理 3.9.1 设 A,B,C,D 为四个任意集合,且 $R\subseteq A\times B,S\subseteq B\times C,T\subseteq C\times D$,则

$$(R\circ S)\circ T=R\circ(S\circ T)$$

证明 $\forall\langle x,y\rangle\in(R\circ S)\circ T$

$\Leftrightarrow(\exists t\in C)((\langle x,t\rangle\in R\circ S)\wedge((t,y)\in T))$

$\Leftrightarrow(\exists t\in C)((\exists s\in B)((\langle x,s\rangle\in R)\wedge(\langle s,t\rangle\in S))\wedge(\langle t,y\rangle\in T))$

$\Leftrightarrow(\exists t\in C)(\exists s\in B)((\langle x,s\rangle\in R)\wedge(\langle s,t\rangle\in S)\wedge(\langle t,y\rangle\in T))$

$\Leftrightarrow(\exists s\in B)((\langle x,s\rangle\in R)\wedge(\exists t\in C)((\langle s,t\rangle\in S)\wedge(\langle t,y\rangle\in T)))$

$\Leftrightarrow(\exists s\in B)((\langle x,s\rangle\in R)\wedge(\langle s,y\rangle\in S\circ T))$

$\Leftrightarrow\langle x,y\rangle\in R\circ(S\circ T)$.

所以$(R\circ S)\circ T=R\circ(S\circ T)$.

该定理表明关系的复合运算满足结合律,因而可以将复合运算中的括号去掉,即

$$(R\circ S)\circ T=R\circ(S\circ T)=R\circ S\circ T$$

从而,可以定义关系的幂运算.

定义 3.9.2 设 R 是 A 上的关系,n 为自然数,则关系 R 的 n 次幂 R^n 定义为

(1) $R^0=I_A$;

(2) $R^{n+1}=R^n\circ R$.

定理 3.9.2 设 R 是集合 A 上的关系,m 与 n 均为自然数,则

(1) $R^m\circ R^n=R^{m+n}$(称第一指数律);

(2) $(R^m)^n=R^{mn}$(称第二指数律).

证明留作习题.

说明:$(R\circ S)^n=R^n\circ S^n$一般是不成立的.因为

$$(R\circ S)^2=(R\circ S)\circ(R\circ S)=R\circ(S\circ R)\circ S$$

$$R^2\circ S^2=(R\circ R)\circ(S\circ S)=R\circ(R\circ S)\circ S$$

而一般地，$S\circ R\neq R\circ S$.

例 3.9.3 设集合 $A=\{1,2,3,4,5\}$，A 上关系 $R=\{\langle 1,2\rangle,\langle 2,1\rangle,\langle 2,3\rangle,\langle 3,4\rangle,\langle 4,5\rangle\}$，试求 R^0,R^1,R^2,R^3,R^4,R^5.

解 由已知得

$$R^0=I_A=\{\langle 1,1\rangle,\langle 2,2\rangle,\langle 3,3\rangle,\langle 4,4\rangle,\langle 5,5\rangle\}$$

$$R^1=R=\{\langle 1,2\rangle,\langle 2,1\rangle,\langle 2,3\rangle,\langle 3,4\rangle,\langle 4,5\rangle\}$$

$$R^2=\{\langle 1,1\rangle,\langle 2,2\rangle,\langle 1,3\rangle,\langle 2,4\rangle,\langle 3,5\rangle\}$$

$$R^3=\{\langle 1,2\rangle,\langle 2,1\rangle,\langle 1,4\rangle,\langle 2,3\rangle,\langle 2,5\rangle\}$$

$$R^4=\{\langle 1,1\rangle,\langle 1,3\rangle,\langle 2,2\rangle,\langle 1,5\rangle,\langle 2,4\rangle\}$$

$$R^5=\{\langle 1,2\rangle,\langle 1,4\rangle,\langle 2,1\rangle,\langle 2,3\rangle,\langle 2,5\rangle\}$$

定理 3.9.3 设 A 为 n 元集，R 是 A 上的关系，则存在自然数 s 和 t，使得 $R^s=R^t$.

证明 R 为 A 上的关系，对任何自然数 k，R^k 都是 $A\times A$ 的子集.

又因为 $|A\times A|=n^2$，$|P(A\times A)|=2^{n^2}$，即 $A\times A$ 的不同子集仅 2^{n^2} 个. 当列出 R 的各次幂 $R^0,R^1,R^2,\cdots,R^{2^{n^2}},\cdots$ 时，必存在自然数 s 和 t 使得 $R^s=R^t$.

该定理说明有穷集上只有有穷多个不同的关系. 当 t 足够大时，R^t 必与某个 $R^s(s<t)$ 相等. 如例 3.9.3 中的 $R^5=R^3$.

由于两个关系复合的结果是一个新的关系，所以复合关系之间仍可以作集合的运算.

定理 3.9.4 设 A,B,C,D 为四个任意集合，且 $R\subseteq A\times B$，$S\subseteq B\times C$，$T\subseteq C\times D$，则：

(1) $R\circ(S\cup T)=(R\circ S)\cup(R\circ T)$；

(2) $(S\cup T)\circ R=(S\circ R)\cup(T\circ R)$；

(3) $R\circ(S\cap T)\subseteq(R\circ S)\cap(R\circ T)$；

(4) $(S\cap T)\circ R\subseteq(S\circ R)\cap(T\circ R)$.

证明 这里仅证明(1)，其余的类似可证.

$$\begin{aligned}
\forall\langle x,z\rangle\in R\circ(S\cup T)&\Leftrightarrow(\exists y\in B)((\langle x,y\rangle\in R)\wedge(\langle y,z\rangle\in S\cup T))\\
&\Leftrightarrow(\exists y\in B)((\langle x,y\rangle\in R)\wedge((\langle y,z\rangle\in S)\vee\\
&\quad(\langle y,z\rangle\in T)))\\
&\Leftrightarrow(\exists y\in B)(((\langle x,y\rangle\in R)\wedge(\langle y,z\rangle\in S))\vee((\langle x,y\rangle\\
&\quad\in R)\wedge(\langle y,z\rangle\in T)))\\
&\Leftrightarrow(\exists y\in B)((\langle x,y\rangle\in R)\wedge(\langle y,z\rangle\in S))\vee(\exists y\in B)
\end{aligned}$$

$$
\begin{aligned}
&((\langle x,y\rangle\in R)\wedge(\langle y,z\rangle\in T))\\
&\Leftrightarrow(\langle x,z\rangle\in R\circ S)\vee(\langle x,z\rangle\in R\circ T)\\
&\Leftrightarrow\langle x,z\rangle\in(R\circ S)\cup(R\circ T)
\end{aligned}
$$

从而 $R\circ(S\cup T)=(R\circ S)\cup(R\circ T)$.

该定理的结论对于有限多个关系的并和交也成立,即有

$$
\begin{aligned}
&R\circ(S_1\cup S_2\cup\cdots\cup S_n)=(R\circ S_1)\cup(R\circ S_2)\cup\cdots\cup(R\circ S_n)\\
&(S_1\cup S_2\cup\cdots\cup S_n)\circ R=(S_1\circ R)\cup(S_2\circ R)\cup\cdots\cup(S_n\circ R)\\
&R\circ(S_1\cap S_2\cap\cdots\cap S_n)\subseteq(R\circ S_1)\cap(R\circ S_2)\cap\cdots\cap(R\circ S_n)\\
&(S_1\cap S_2\cap\cdots\cap S_n)\circ R\subseteq(S_1\circ R)\cap(S_2\circ R)\cap\cdots\cap(S_n\circ R)
\end{aligned}
$$

由于关系可以用矩阵表示,所以关系的复合也可以用关系矩阵来表示.

设 R 是集合 A 到集合 B 的关系,S 是集合 B 到集合 C 的关系,则 $R\circ S$ 是 A 到 C 的关系.若将 R,S 和 $R\circ S$ 的关系矩阵分别记为 $\boldsymbol{M}_R=(r_{ij})$,$\boldsymbol{M}_S=(s_{ij})$和 $\boldsymbol{M}_{R\circ S}=(m_{ij})$,则 $\boldsymbol{M}_{R\circ S}=\boldsymbol{M}_R\circ M_S$,其中 $\boldsymbol{M}_R\circ\boldsymbol{M}_S$是矩阵 $\boldsymbol{M}_R$与 $\boldsymbol{M}_S$的布尔乘积,其运算法则与一般矩阵的乘法是相同的,只是其中的加法运算和乘法运算应改为布尔和与布尔积.

例 3.9.4　设集合 $A=\{a,b,c,d\}$,$R=\{\langle a,b\rangle,\langle b,c\rangle,\langle c,d\rangle\}$和 $S=\{\langle b,d\rangle,\langle c,a\rangle,\langle d,c\rangle\}$均为 A 上的关系,求 $R\circ S$ 的关系矩阵.

解　R 与 S 的关系矩阵$\boldsymbol{M}_R$和$\boldsymbol{M}_S$分别为

$$
\boldsymbol{M}_R=\begin{bmatrix}0&1&0&0\\0&0&1&0\\0&0&0&1\\0&0&0&0\end{bmatrix},\quad \boldsymbol{M}_S=\begin{bmatrix}0&0&0&0\\0&0&0&1\\1&0&0&0\\0&0&1&0\end{bmatrix}
$$

于是 $R\circ S$ 的关系矩阵 $\boldsymbol{M}_{R\circ S}$为

$$
\boldsymbol{M}_{R\circ S}=\begin{bmatrix}0&1&0&0\\0&0&1&0\\0&0&0&1\\0&0&0&0\end{bmatrix}\circ\begin{bmatrix}0&0&0&0\\0&0&0&1\\1&0&0&0\\0&0&1&0\end{bmatrix}=\begin{bmatrix}0&0&0&1\\1&0&0&0\\0&0&1&0\\0&0&0&0\end{bmatrix}
$$

当然,本题也可先求出复合关系 $R\circ S$,再写出其关系矩阵.

3.9.2　逆关系

定义 3.9.3　设 R 是集合 A 到 B 的关系,则互换 R 中每一序偶的元素顺序所得到的新的集合,称为 R 的**逆关系**(inverse relation),记作 R^{-1},即

$$
R^{-1}=\{\langle y,x\rangle\mid x\in A,y\in B,\langle x,y\rangle\in R\}
$$

由逆关系的定义可知:

(1) R^{-1} 是将 R 中的所有序偶中的两个元素交换次序而构成的，故 $|R| = |R^{-1}|$.

(2) R^{-1}的关系矩阵是 R 的关系矩阵的转置，即 $\boldsymbol{M}_{R^{-1}} = \boldsymbol{M}_R^{\mathrm{T}}$.

(3) R^{-1}的关系图只需将 R 的关系图中的边(弧)改变方向即可.

(4) 恒等关系的逆还是恒等关系;空关系的逆还是空关系;全域关系的逆还是全域关系.

例 3.9.5 设 $R=\{\langle 1,1\rangle,\langle 1,3\rangle,\langle 2,1\rangle,\langle 2,2\rangle,\langle 3,1\rangle,\langle 3,2\rangle,\langle 3,3\rangle\}$为集合 $A=\{1,2,3\}$上的关系，试求逆关系 R^{-1}，并写出 R 及 R^{-1} 的关系矩阵与画出关系图.

解 由逆关系的定义可得

$$R^{-1} = \{\langle 1,1\rangle,\langle 3,1\rangle,\langle 1,2\rangle,\langle 2,2\rangle,\langle 1,3\rangle,\langle 2,3\rangle,\langle 3,3\rangle\}$$

R 与 R^{-1}的关系矩阵分别为

$$\boldsymbol{M}_R = \begin{bmatrix} 1 & 0 & 1 \\ 1 & 1 & 0 \\ 1 & 1 & 1 \end{bmatrix}, \quad \boldsymbol{M}_{R^{-1}} = \begin{bmatrix} 1 & 1 & 1 \\ 0 & 1 & 1 \\ 1 & 0 & 1 \end{bmatrix}$$

R 与 R^{-1}的关系图分别如图 3.9.2 和图 3.9.3 所示。

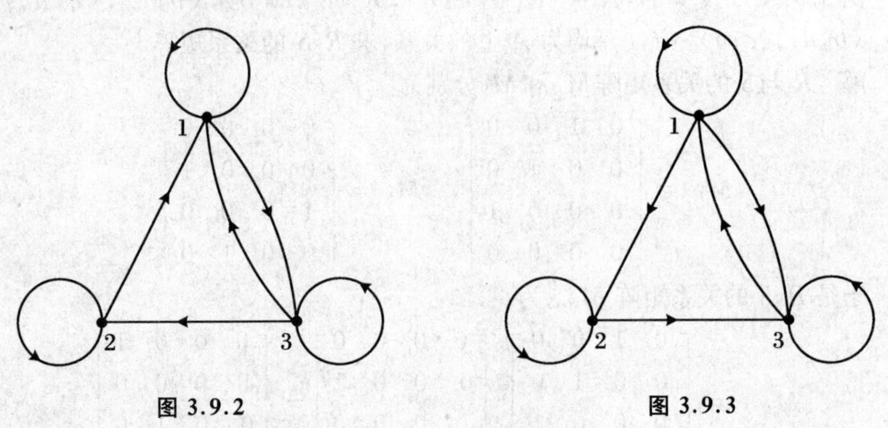

图 3.9.2　　图 3.9.3

定理 3.9.5 设 R 和 S 均为 A 到 B 的关系，则:

(1) $(R^{-1})^{-1} = R$;

(2) $(R\cap S)^{-1} = R^{-1}\cap S^{-1}$;

(3) $(R\cup S)^{-1} = R^{-1}\cup S^{-1}$;

(4) $(\sim R)^{-1} = \sim R^{-1}$;

(5) $(R-S)^{-1} = R^{-1} - S^{-1}$;

(6) $(A\times B)^{-1} = B\times A$;

(7) $R=S \Leftrightarrow R^{-1} = S^{-1}$.

证明　(3),(6),(7)的证明留作习题,以下证明(1),(2),(4),(5).

(1) $\forall\langle x,y\rangle\in(R^{-1})^{-1}\Leftrightarrow\langle y,x\rangle\in R^{-1}\Leftrightarrow\langle x,y\rangle\in R$.

(2) $\forall\langle x,y\rangle\in(R\cap S)^{-1}\Leftrightarrow\langle y,x\rangle\in R\cap S$

$$\Leftrightarrow(\langle y,x\rangle\in R)\wedge(\langle y,x\rangle\in S)$$
$$\Leftrightarrow(\langle x,y\rangle\in R^{-1})\wedge(\langle x,y\rangle\in S^{-1})$$
$$\Leftrightarrow\langle x,y\rangle\in R^{-1}\cap S^{-1}.$$

所以$(R\cap S)^{-1}=R^{-1}\cap S^{-1}$.

(4) $\forall\langle x,y\rangle\in(\sim R)^{-1}\Leftrightarrow\langle y,x\rangle\in\sim R\Leftrightarrow\langle x,y\rangle\notin R\Leftrightarrow\langle y,x\rangle\notin R^{-1}\Leftrightarrow\langle x,y\rangle\in\sim R^{-1}$.

(5) 由于(2)与(4)成立,所以$(R-S)^{-1}=(R\cap\sim S)^{-1}=R^{-1}\cap(\sim S)^{-1}=R^{-1}\cap\sim S^{-1}=R^{-1}-S^{-1}$.

定理 3.9.6　设 R 是 A 到 B 的关系,S 是 B 到 C 的关系,则$(R\circ S)^{-1}=S^{-1}\circ R^{-1}$.

证明　由已知可得

$$\forall\langle z,x\rangle\in(R\circ S)^{-1}\Leftrightarrow\langle x,z\rangle\in R\circ S$$
$$\Leftrightarrow(\exists y\in B)((\langle x,y\rangle\in R)\wedge(\langle y,z\rangle\in S))$$
$$\Leftrightarrow(\exists y\in B)((\langle y,x\rangle\in R^{-1})\wedge(\langle z,y\rangle\in S^{-1}))$$
$$\Leftrightarrow\langle z,x\rangle\in S^{-1}\circ R^{-1}$$

所以$(R\circ S)^{-1}=S^{-1}\circ R^{-1}$.

例 3.9.6　设集合 $A=\{a,b,c\}$,$B=\{1,2,3,4,5\}$,$R=\{\langle a,a\rangle,\langle a,c\rangle,\langle b,b\rangle,\langle c,b\rangle,\langle c,c\rangle\}$是 A 上的关系,$S=\{\langle a,1\rangle,\langle a,4\rangle,\langle b,2\rangle,\langle c,4\rangle,\langle c,5\rangle\}$是 A 到 B 的关系,验证 $S^{-1}\circ R^{-1}=(R\circ S)^{-1}$.

解　由关系的复合以及逆关系的定义知

$$R\circ S=\{\langle a,1\rangle,\langle a,4\rangle,\langle a,5\rangle,\langle b,2\rangle,\langle c,2\rangle,\langle c,4\rangle,\langle c,5\rangle\}$$
$$R^{-1}=\{\langle a,a\rangle,\langle b,b\rangle,\langle b,c\rangle,\langle c,a\rangle,\langle c,c\rangle\}$$
$$S^{-1}=\{\langle 1,a\rangle,\langle 2,b\rangle,\langle 4,a\rangle,\langle 4,c\rangle,\langle 5,c\rangle\}$$
$$S^{-1}\circ R^{-1}=\{\langle 1,a\rangle,\langle 2,b\rangle,\langle 2,c\rangle,\langle 4,a\rangle,\langle 4,c\rangle,\langle 5,a\rangle,\langle 5,c\rangle\}$$
$$(R\circ S)^{-1}=\{\langle 1,a\rangle,\langle 4,a\rangle,\langle 5,a\rangle,\langle 2,b\rangle,\langle 2,c\rangle,\langle 4,c\rangle,\langle 5,c\rangle\}$$

所以 $S^{-1}\circ R^{-1}=(R\circ S)^{-1}$.

习题 3.9

1. 设 $A=\{1,2,3,4\}$上关系 $R=\{\langle x,y\rangle\mid x<y\}$,试求:$R^{-1}$及其关系矩阵 $M_{R^{-1}}$.

2. 证明定理3.9.2.

3. 证明定理3.9.5中的(3),(6),(7).

4. 设 R 和 S 是集合 A 上的任意两个关系,试判断下列各项的真假,并说明理由.

(1) 若 R 和 S 是自反的,则 $R\circ S$ 也是自反的;

(2) 若 R 和 S 是反自反的,则 $R\circ S$ 也是反自反的;

(3) 若 R 和 S 是对称的,则 $R\circ S$ 也是对称的;

(4) 若 R 和 S 是传递的,则 $R\circ S$ 也是传递的.

5. 设集合 $A=\{a,b,c,d\}$, $R=\{\langle a,a\rangle,\langle a,b\rangle,\langle b,d\rangle,\langle c,a\rangle,\langle c,c\rangle\}$, $S=\{\langle a,c\rangle,\langle b,b\rangle,\langle c,b\rangle,\langle d,d\rangle\}$为 A 上的关系,试用定义求 $R\circ S$, $S\circ R$, R^2, R^{-1}, S^{-1}及 $R^{-1}\circ S^{-1}$.

6. 设集合 $A=\{a,b,c,d\}$, $R=\{\langle a,b\rangle,\langle b,a\rangle,\langle b,c\rangle,\langle c,d\rangle\}$是定义在 A 上的关系,试写出 R 的关系矩阵,并用矩阵法求出 R^2, R^3及 R^4.

7. 已知 R 和 S 是自然数集合 N 上的关系,其定义如下:

$$R=\{\langle x,y\rangle \mid y=x^2 \text{ 且 } x,y\in N\}$$

$$S=\{\langle x,y\rangle \mid y=x+1 \text{ 且 } x,y\in N\}$$

试求 R^{-1}, $R\circ S$ 及 $S\circ R$.

8. 设集合 $A=\{a,b,c\}$, $B=\{1,2,3,4,5\}$, $R=\{\langle a,a\rangle,\langle a,c\rangle,\langle b,a\rangle,\langle b,b\rangle,\langle c,a\rangle,\langle c,b\rangle,\langle c,c\rangle\}$是集合 A 上的关系, $S=\{\langle a,1\rangle,\langle a,4\rangle,\langle b,1\rangle,\langle b,3\rangle,\langle b,5\rangle,\langle c,2\rangle,\langle c,4\rangle\}$是 A 到 B 上的关系,试验证 $\boldsymbol{M}=\boldsymbol{M}_{S^{-1}}\circ\boldsymbol{M}_{R^{-1}}$.

9. 设 R 为集合 A 上的关系,若 R 具有自反性和传递性,试证明: $R\cap R^{-1}$是 A 上的等价关系.

10. 设 R_1, R_2 和 R_3 均为集合 A 上的关系,试证明下列各式.

(1) $R_1\subseteq R_2\Rightarrow R_1\circ R_3\subseteq R_2\circ R_3$;

(2) $R_1\subseteq R_2\Rightarrow R_1^{-1}\subseteq R_2^{-1}$;

(3) $R_1\subseteq R_2\Rightarrow \sim R_2\subseteq \sim R_1$.

3.10 关系的闭包运算

对于集合上的一个关系,有时对其添加一些新的序偶,会得到一个具有自反性、对称性或传递性等特殊性质的新关系,但总希望添加的元素尽可能少.本节所讨论的关系的**闭包运算**(closure operation)正好可以解决这一问题.

3.10.1 闭包的定义

定义 3.10.1 对给定的关系 R 和一种性质 P,包含 R 且满足性质 P 的最小关系称为 R 对于 P 的**闭包**(closure),记作 $P(R)$.

定义 3.10.2 设 R 和 R'为非空集合 A 上的关系,若 R'满足:

(1) R'是自反关系(对称关系、传递关系);

(2) $R' \supseteq R$;

(3) 对于集合 A 上的任何包含 R 的自反关系(对称关系、传递关系)R'',都有 $R'' \supseteq R'$,则称 R' 为 R 的**自反闭包**(reflexive closure)、**对称闭包**(symmetric closure)、**传递闭包**(transitive closure),依次记作 $r(R)$,$s(R)$及 $t(R)$.

关于闭包定义的几点说明:

(1) R'是在R 的基础上添加元素或序偶得到的;

(2) 对 R 添加元素,其目标是使 R'具有自反性(对称性、传递性);

(3) 在添加后使之具有自反性(对称性、传递性)的所有关系中,R'是元素个数最少的一个,即要在保证其具有自反性(对称性、传递性)的前提下,应添加最少元素.

例 3.10.1　设集合 $A=\{1,2,3\}$上的关系 $R=\{\langle 1,1\rangle,\langle 1,2\rangle,\langle 2,3\rangle\}$,分别求 $r(R)$,$s(R)$和 $t(R)$,并说明它们分别由关系 R 添加哪些元素构成的.

解　由自反闭包、对称闭包以及传递闭包的定义知

$$r(R)=\{\langle 1,1\rangle,\langle 1,2\rangle,\langle 2,3\rangle,\langle 2,2\rangle,\langle 3,3\rangle\}$$

$$s(R)=\{\langle 1,1\rangle,\langle 1,2\rangle,\langle 2,3\rangle,\langle 2,1\rangle,\langle 3,2\rangle\}$$

$$t(R)=\{\langle 1,1\rangle,\langle 1,2\rangle,\langle 2,3\rangle,\langle 1,3\rangle\}$$

由以上可以看出,对 R 添加$\langle 2,2\rangle$和$\langle 3,3\rangle$得到 $r(R)$,添加$\langle 2,1\rangle$和$\langle 3,2\rangle$得到 $s(R)$,添加$\langle 1,3\rangle$得到 $t(R)$.

3.10.2　闭包的构造及求法

定理 3.10.1　设 R 为集合A 上的关系,则:

(1) $r(R)=R\cup R^0$;

(2) $s(R)=R\cup R^{-1}$;

(3) $t(R)=R\cup R^2\cup R^3\cup\cdots$

证明　(1) 由 $I_A=R^0\subseteq R\cup R^0$知,$R\cup R^0$是自反的,且 $R\subseteq R\cup R^0$;设 R'是 A 上包含R 的自反关系,则 $R\subseteq R'$,$I_A\subseteq R'$,因而任取$\langle a,b\rangle\in R\cup R^0\Leftrightarrow\langle a,b\rangle\in R\cup I_A\Rightarrow\langle a,b\rangle\in R'\cup R'=R'$,即 $R\cup R^0\subseteq R'$.可见 $R\cup R^0$满足自反闭包的定义,从而 $r(R)=R\cup R^0$.

(2) 显然 $R\subseteq R\cup R^{-1}$.

$$\begin{aligned}\forall\langle a,b\rangle\in R\cup R^{-1}&\Leftrightarrow(\langle a,b\rangle\in R)\vee(\langle a,b\rangle\in R^{-1})\\&\Leftrightarrow(\langle b,a\rangle\in R^{-1})\vee(\langle b,a\rangle\in R)\\&\Leftrightarrow\langle b,a\rangle\in R\cup R^{-1}\end{aligned}$$

所以 $R\cup R^{-1}$是对称的.

设 R' 是包含 R 的对称关系，则

$$\begin{aligned}\forall\langle a,b\rangle\in R\cup R^{-1} &\Leftrightarrow(\langle a,b\rangle\in R)\vee(\langle a,b\rangle\in R^{-1})\\ &\Leftrightarrow(\langle a,b\rangle\in R)\vee(\langle b,a\rangle\in R)\\ &\Rightarrow(\langle a,b\rangle\in R')\vee(\langle b,a\rangle\in R')\\ &\Leftrightarrow(\langle a,b\rangle\in R')\vee(\langle a,b\rangle\in R')\\ &\Leftrightarrow\langle a,b\rangle\in R'\end{aligned}$$

从而 $R\cup R^{-1}\subseteq R'$. 所以 $R\cup R^{-1}$ 为 R 的对称闭包，即 $s(R)=R\cup R^{-1}$.

(3) 先证 $t(R)\subseteq R\cup R^2\cup R^3\cup\cdots$，为此只需证明 $R\cup R^2\cup R^3\cup\cdots$ 是传递的.

$$\begin{aligned}\forall\langle a,b\rangle,\langle b,c\rangle\in R\cup R^2\cup R^3\cup\cdots &\Rightarrow(\exists t)(\langle a,b\rangle\in R^t)\wedge(\exists s)(\langle b,c\rangle\in R^s)\\ &\Rightarrow(\exists t)(\exists s)((\langle a,b\rangle\in R^t)\wedge(\langle b,c\rangle\in R^s))\\ &\Rightarrow(\exists t)(\exists s)(\langle a,c\rangle\in R^t\circ R^s)\\ &\Rightarrow(\exists t)(\exists s)(\langle a,c\rangle\in R^{t+s})\\ &\Rightarrow\langle a,c\rangle\in R\cup R^2\cup R^3\cup\cdots\end{aligned}$$

从而证明了 $R\cup R^2\cup R^3\cup\cdots$ 是传递的.

再证 $R\cup R^2\cup R^3\cup\cdots\subseteq t(R)$，为此只需证明对任意的正整数 n 有 $R^n\subseteq t(R)$ 即可，可用数学归纳法.

当 $n=1$ 时，有 $R^1=R\subseteq t(R)$；假设 $n>1$ 时，$R^n\subseteq t(R)$，那么对任意的 $\langle a,b\rangle$，有

$$\begin{aligned}\langle a,b\rangle\in R^{n+1}=R^n\circ R &\Leftrightarrow(\exists t)((\langle a,t\rangle\in R^n)\wedge(\langle t,b\rangle\in R))\\ &\Rightarrow(\exists t)((\langle a,t\rangle\in t(R)\wedge(\langle t,b\rangle\in t(R))\\ &\Rightarrow\langle a,b\rangle\in t(R)\quad(\text{因为 } t(R) \text{ 是传递的})\end{aligned}$$

这就证明了 $R^{n+1}\subseteq t(R)$，由归纳知 $R\cup R^2\cup R^3\cup\cdots\subseteq t(R)$.

综上所述，$t(R)=R\cup R^2\cup R^3\cup\cdots$

推论 3.10.1 设 A 为非空有限集合，且 $|A|=n$，$R\subseteq A\times A$，则存在正整数 $k\leqslant n$，使得 $t(R)=R\cup R^2\cup R^3\cup\cdots\cup R^k$.

证明 设 $a,b\in A$，若 $\langle a,b\rangle\in t(R)$ 成立，则存在正整数 p 使得 $\langle a,b\rangle\in R^p$ 成立，此时存在序列 $x_0,x_1,\cdots,x_p$，$x_0=a$，$x_p=b$，且对 $0\leqslant i\leqslant p$ 有 x_iRx_{i+1}. 设满足上述条件的最小 p 大于 n，则在上述序列中必有 $0\leqslant s<t\leqslant p$，使得 $x_s=x_t$，因此序列就成为

$$\underbrace{x_0Rx_1,x_1Rx_2,\cdots,x_{s-1}Rx_s}_{s\text{个}},\underbrace{x_sRx_{t+1},\cdots,x_{t-1}Rx_p}_{(p-t)\text{个}}$$

这表明 $\langle a,b\rangle\in R^k$ 存在，其中 $k=s+p-t=p-(t-s)<p$，这与 p 是最小的假设矛盾，故 $p>n$ 不成立，即 $p\leqslant n$.

另外，由于对任意正整数 n 均有 $R^n\subseteq t(R)$，故本推论中的结论不妨写为

$$t(R)=R\cup R^2\cup R^3\cup\cdots\cup R^n$$

例 3.10.2　设集合 $A=\{1,2,3\}$，A 上关系 $R=\{\langle 1,2\rangle,\langle 2,3\rangle,\langle 3,2\rangle,\langle 3,3\rangle\}$，求 $r(R)$，$s(R)$ 及 $t(R)$.

解　(1) $r(R)=R\cup I_A=\{\langle 1,2\rangle,\langle 2,3\rangle,\langle 3,2\rangle,\langle 3,3\rangle,\langle 1,1\rangle,\langle 2,2\rangle\}$；

(2) $s(R)=R\cup R^{-1}=\{\langle 1,2\rangle,\langle 2,3\rangle,\langle 3,2\rangle,\langle 3,3\rangle,\langle 2,1\rangle\}$；

(3) $R^2=\{\langle 1,3\rangle,\langle 2,2\rangle,\langle 2,3\rangle,\langle 3,3\rangle,\langle 3,2\rangle\}$，$R^3=\{\langle 1,2\rangle,\langle 1,3\rangle,\langle 2,3\rangle,\langle 2,2\rangle,\langle 3,2\rangle,\langle 3,3\rangle\}$，所以 $t(R)=R\cup R^2\cup R^3=\{\langle 1,2\rangle,\langle 2,3\rangle,\langle 3,2\rangle,\langle 3,3\rangle,\langle 1,3\rangle,\langle 2,2\rangle\}$.

例 3.10.3　设 $R=\{\langle a,b\rangle\mid a,b\in\mathbf{Z},\mathbf{Z}$ 为整数集，$a<b\}$，求 R 的自反闭包、对称闭包和传递闭包.

解　由已知可得

$$\begin{aligned}
r(R)&=R\cup R^0\\
&=\{\langle a,b\rangle\mid a,b\in\mathbf{Z},a<b\}\cup\{\langle a,b\rangle\mid a,b\in\mathbf{Z},a=b\}\\
&=\{\langle a,b\rangle\mid a,b\in\mathbf{Z},a\leqslant b\}\\
s(R)&=R\cup R^{-1}\\
&=\{\langle a,b\rangle\mid a,b\in\mathbf{Z},a<b\}\cup\{\langle b,a\rangle\mid a,b\in\mathbf{Z},b<a\}\\
&=\{\langle a,b\rangle\mid a,b\in\mathbf{Z},a\neq b\}\\
t(R)&=R\cup R^2\cup R^3\cup\cdots\\
&=\{\langle a,b\rangle\mid a,b\in\mathbf{Z},a<b\}\cup\{\langle a,b\rangle\mid a,b\in\mathbf{Z},a<b\}\cup\cdots\\
&=\{\langle a,b\rangle\mid a,b\in\mathbf{Z},a<b\}
\end{aligned}$$

通过关系矩阵也可求闭包.

设关系 R，$r(R)$，$s(R)$ 及 $t(R)$ 的关系矩阵分别为 $\boldsymbol{M}$，$\boldsymbol{M}_r$，$\boldsymbol{M}_s$ 和 $\boldsymbol{M}_t$，则：

$$\begin{aligned}
\boldsymbol{M}_r&=\boldsymbol{M}+\boldsymbol{E}\\
\boldsymbol{M}_s&=\boldsymbol{M}+\boldsymbol{M}^T\\
\boldsymbol{M}_t&=\boldsymbol{M}+\boldsymbol{M}^2+\boldsymbol{M}^3+\cdots
\end{aligned}$$

其中，$\boldsymbol{E}$ 是与 $\boldsymbol{M}$ 同阶的单位矩阵，$\boldsymbol{M}^{\mathrm{T}}$ 是 $\boldsymbol{M}$ 的转置矩阵，矩阵元素相加时使用布尔和.

例 3.10.4　设集合 $A=\{1,2,3\}$，A 上关系 $R=\{\langle 1,2\rangle,\langle 2,3\rangle,\langle 3,1\rangle\}$，试通过关系矩阵求 $r(R)$，$s(R)$和 $t(R)$.

解　由已知可得，

R 的关系矩阵为$\boldsymbol{M}=\begin{bmatrix}0&1&0\\0&0&1\\1&0&0\end{bmatrix}$，所以

$$\boldsymbol{M}_r=\boldsymbol{M}+\boldsymbol{E}=\begin{bmatrix}0&1&0\\0&0&1\\1&0&0\end{bmatrix}+\begin{bmatrix}1&0&0\\0&1&0\\0&0&1\end{bmatrix}=\begin{bmatrix}1&1&0\\0&1&1\\1&0&1\end{bmatrix}$$

即 $r(R)=\{\langle 1,2\rangle,\langle 2,3\rangle,\langle 3,1\rangle,\langle 1,1\rangle,\langle 2,2\rangle,\langle 3,3\rangle\}$.

$$\boldsymbol{M}_s=\boldsymbol{M}+\boldsymbol{M}^{\mathrm{T}}=\begin{bmatrix}0&1&0\\0&0&1\\1&0&0\end{bmatrix}+\begin{bmatrix}0&0&1\\1&0&0\\0&1&0\end{bmatrix}=\begin{bmatrix}0&1&1\\1&0&1\\1&1&0\end{bmatrix}$$

即 $s(R)=\{\langle 1,2\rangle,\langle 2,3\rangle,\langle 3,1\rangle,\langle 2,1\rangle,\langle 3,2\rangle,\langle 1,3\rangle\}$.

$$\boldsymbol{M}^2=\begin{bmatrix}0&1&0\\0&0&1\\1&0&0\end{bmatrix}\circ\begin{bmatrix}0&1&0\\0&0&1\\1&0&0\end{bmatrix}=\begin{bmatrix}0&0&1\\1&0&0\\0&1&0\end{bmatrix}$$

$$\boldsymbol{M}^3=\begin{bmatrix}0&0&1\\1&0&0\\0&1&0\end{bmatrix}\circ\begin{bmatrix}0&1&0\\0&0&1\\1&0&0\end{bmatrix}=\begin{bmatrix}1&0&0\\0&1&0\\0&0&1\end{bmatrix}$$

继续计算,可得 $R^4=R=R^{3n+1}$,$R^5=R^2=R^{3n+2}$,$R^6=R^3=R^{3n+3}$.所以 $t(R)=R\cup R^2\cup R^3=\{\langle 1,2\rangle,\langle 2,3\rangle,\langle 3,1\rangle,\langle 2,1\rangle,\langle 3,2\rangle,\langle 1,3\rangle,\langle 1,1\rangle,\langle 2,2\rangle,\langle 3,3\rangle\}$.

另外,还可以通过关系图求闭包,具体方法为:

(1) $r(R)$:在 R 的基础上添加自回路,使得每点均有自回路;

(2) $s(R)$:在 R 中两点间只有一条弧的情况下,再添加一条反向弧,使两点间或是 0 条弧或是两条弧,原来两点间没有弧不添加;

(3) $t(R)$:在 R 中如结点 a 通过长为 2 及以上的有向路能通到 x,则添加一条从 a 到 x 的有向弧,其中包括如果 a 能到达自身,则必须添从 a 到 a 的自回路.

例 3.10.5 设集合 $A=\{1,2,3\}$,A 上关系 $R=\{\langle 1,1\rangle,\langle 1,2\rangle,\langle 2,3\rangle\}$,试通过关系图求 $r(R)$,$s(R)$和 $t(R)$.

解 R 的关系图如图 3.10.1 所示,根据上述方法,$r(R)$,$s(R)$,$t(R)$的关系图分别如图 3.10.2 至图 3.10.4 所示.

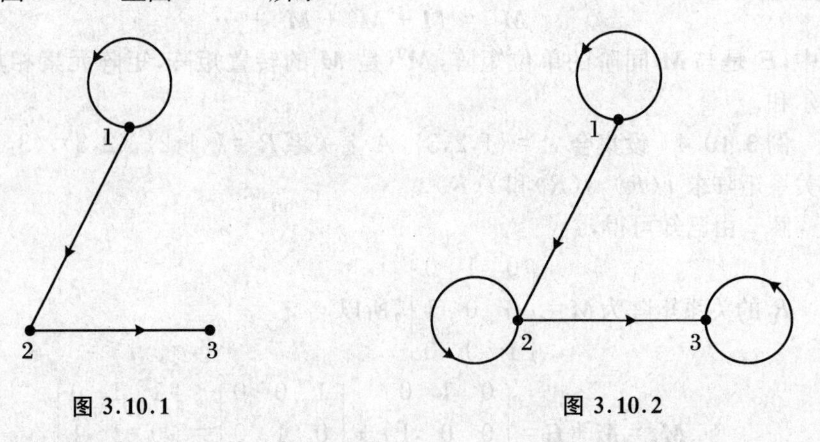

图 3.10.1　　图 3.10.2

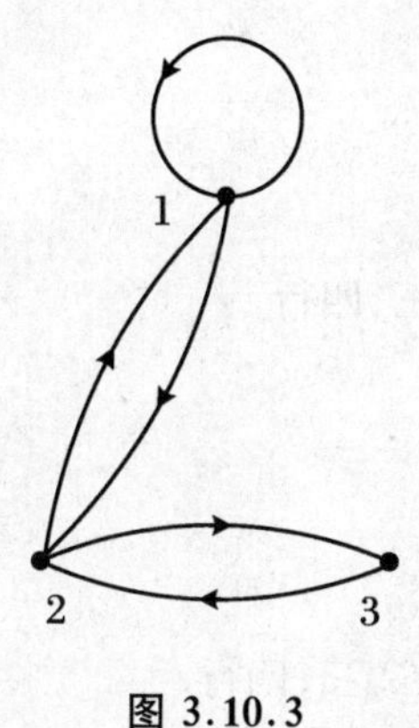

图 3.10.3

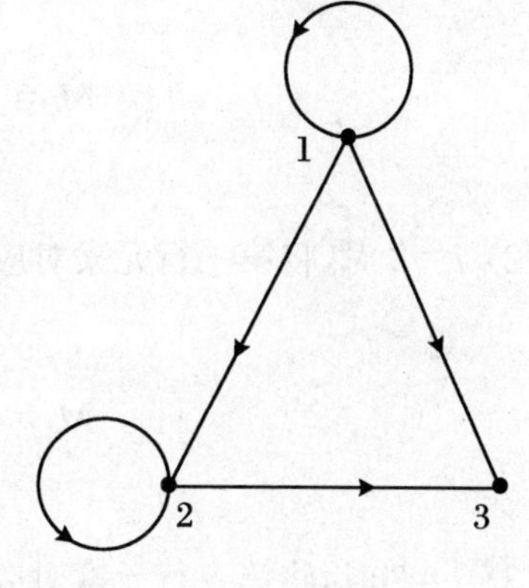

图 3.10.4

所以

$$r(R)=\{\langle 1,1\rangle,\langle 1,2\rangle,\langle 2,3\rangle,\langle 2,2\rangle,\langle 3,3\rangle\}$$
$$s(R)=\{\langle 1,1\rangle,\langle 1,2\rangle,\langle 2,3\rangle,\langle 2,1\rangle,\langle 3,2\rangle\}$$
$$t(R)=\{\langle 1,1\rangle,\langle 1,2\rangle,\langle 2,3\rangle,\langle 2,2\rangle,\langle 1,3\rangle\}$$

但是,用关系矩阵或关系图求传递闭包,当集合的元素较多时,相当烦琐,为此,1962年,美国计算机科学家 Warshall(1935～)提出了求关系 R 的传递闭包 $t(R)$的一种有效算法,这种算法也便于计算机实现.

算法 3.10.1　计算传递闭包 $t(R)$的 Warshall 算法:

设 R 是 n 个元素集合 A 上的关系,$\boldsymbol{M}_R$ 为 R 的关系矩阵,$\boldsymbol{M}=(m_{ji})$为 $t(R)$的关系矩阵.

(1) 置新矩阵 $\boldsymbol{M}=\boldsymbol{M}_R$;

(2) 置 $i=1$;

(3) 对所有 j,如果 $m_{ji}=1$,则对 $k=1,2,\cdots,n$,$m_{jk}=m_{jk}+m_{ik}$(第 i 行与第 j 行逻辑相加,记于第 j 行);

(4) $i=i+1$;

(5) 如果 $i\leqslant n$,则转到步骤(3),否则停止.

例 3.10.6　已知 R 的关系矩阵 $\boldsymbol{M}_R=\begin{bmatrix}1&1&0&0\\0&0&1&0\\1&0&0&1\\1&0&0&1\end{bmatrix}$,求 $t(R)$的关系矩阵.

解　(1) $i=1$ 时,将第一行元素对应逻辑加到第一、三、四行.

$$M = \begin{bmatrix} 1 & 1 & 0 & 0 \\ 0 & 0 & 1 & 0 \\ 1 & 1 & 0 & 1 \\ 1 & 1 & 0 & 1 \end{bmatrix}$$

(2) $i=2$ 时,将第二行元素对应逻辑加到第一、三、四行.

$$M = \begin{bmatrix} 1 & 1 & 1 & 0 \\ 0 & 0 & 1 & 0 \\ 1 & 1 & 1 & 1 \\ 1 & 1 & 1 & 1 \end{bmatrix}$$

(3) $i=3$ 时,将第三行元素对应逻辑加到第一、二、三、四行.

$$M = \begin{bmatrix} 1 & 1 & 1 & 1 \\ 1 & 1 & 1 & 1 \\ 1 & 1 & 1 & 1 \\ 1 & 1 & 1 & 1 \end{bmatrix}$$

(4) $i=4$ 时,矩阵 M 的赋值不变.

$$M_{t(R)} = \begin{bmatrix} 1 & 1 & 1 & 1 \\ 1 & 1 & 1 & 1 \\ 1 & 1 & 1 & 1 \\ 1 & 1 & 1 & 1 \end{bmatrix}$$

3.10.3 闭包的性质

定理 3.10.2 设 R 为非空集合 A 上的关系,则:

(1) R 为集合 A 上的自反关系,当且仅当 $r(R)=R$;

(2) R 为集合 A 上的对称关系,当且仅当 $s(R)=R$;

(3) R 为集合 A 上的传递关系,当且仅当 $t(R)=R$.

证明 (1) **必要性** 若 R 是自反的,则对任意的 $x\in A$,有 xRx,于是 $I_A\subseteq R$,从而 $r(R)\subseteq R$,又显然 $R\subseteq r(R)$,所以 $r(R)=R$.

充分性 若 $r(R)=R$,由自反闭包的定义知 $r(R)$为集合 A 上的自反关系,从而 R 为集合 A 上的自反关系.

(2) **必要性** 若 R 是对称的,则对任意的 $\langle x,y\rangle\in R$,有 $\langle y,x\rangle\in R$,于是 $R^{-1}\subseteq R$,从而 $s(R)\subseteq R$,又显然 $R\subseteq s(R)$,所以 $s(R)=R$.

充分性 若 $s(R)=R$,由对称闭包的定义知 $s(R)$为集合 A 上的对称关系,从而 R 为集合 A 上的对称关系.

(3) **必要性** 若 R 是传递的,显然 $t(R)\subseteq R$;又因为 $t(R)$是包含 R 的传递

关系,所以 $R \subseteq t(R)$,故 $t(R)=R$.

充分性　若 $t(R)=R$,由传递闭包的定义知 $t(R)$为集合 A 上的传递关系,从而 R 为集合A 上的传递关系.

定理 3.10.3　设 R 与 H 均为非空集合 A 上的关系,若 $R \subseteq H$,则:

(1) $r(R) \subseteq r(H)$;

(2) $s(R) \subseteq s(H)$;

(3) $t(R) \subseteq t(H)$.

证明　(1) $\forall \langle x,y\rangle \in r(R) \Rightarrow \langle x,y\rangle \in R \cup I_A$

$$\begin{aligned}&\Rightarrow(\langle x,y\rangle \in R) \vee (\langle x,y\rangle \in I_A)\\&\Rightarrow(\langle x,y\rangle \in H) \vee (\langle x,y\rangle \in I_A)\\&\Rightarrow\langle x,y\rangle \in H \cup I_A\\&\Rightarrow\langle x,y\rangle \in r(H).\end{aligned}$$

从而 $r(R) \subseteq r(H)$.

(2) $\forall \langle x,y\rangle \in s(R) \Rightarrow \langle x,y\rangle \in R \cup R^{-1}$

$$\begin{aligned}&\Rightarrow(\langle x,y\rangle \in R) \vee (\langle x,y\rangle \in R^{-1})\\&\Rightarrow(\langle x,y\rangle \in R) \vee (\langle y,x\rangle \in R)\\&\Rightarrow(\langle x,y\rangle \in H) \vee (\langle y,x\rangle \in H)\\&\Rightarrow(\langle x,y\rangle \in H) \vee (\langle x,y\rangle \in H^{-1})\\&\Rightarrow\langle x,y\rangle \in H \cup H^{-1}\\&\Rightarrow\langle x,y\rangle \in s(H).\end{aligned}$$

从而 $s(R) \subseteq s(H)$.

(3) 先用数学归纳法证明,对任意正整数 n,$R^n \subseteq H^n$.

当 $n=1$ 时,结论显然成立.

假设对于 $n=k$,$R^k \subseteq H^k$. 当 $n=k+1$ 时,则$\langle x,y\rangle \in R^{k+1} \Rightarrow \exists z(xR^kz \wedge zRy) \Rightarrow \exists z(xH^kz \wedge zHy) \Rightarrow \langle x,y\rangle \in H^{k+1}$,所以 $R^{k+1} \subseteq H^{k+1}$. 因此,对任意正整数,有 $R^n \subseteq H^n$.

从而 $t(R)=\bigcup R^i \subseteq \bigcup H^i = t(H)$.

例 3.10.7　若 R 是对称的,则 R^n也是对称的,其中 n 是任何正整数.

证明　用数学归纳法.

当 $n=1$,$R^1=R$ 显然是对称的.

假设 R^n也是对称的,则对任意的$\langle x,y\rangle$,有

$$\begin{aligned}\langle x,y\rangle \in R^{n+1}&\Leftrightarrow\langle x,y\rangle \in R^n \circ R\\&\Leftrightarrow(\exists t)((\langle x,t\rangle \in R^n) \wedge (\langle t,y\rangle \in R))\\&\Rightarrow(\exists t)((\langle t,x\rangle \in R^n) \wedge (\langle y,t\rangle \in R))\\&\Leftrightarrow\langle y,x\rangle \in R \circ R^n\\&\Leftrightarrow\langle y,x\rangle \in R^{1+n}=R^{n+1}\end{aligned}$$

所以 R^{n+1}是对称的.

例 3.10.8 设 R 为非空集合 A 上的关系,试证明:

(1) 若 R 为集合 A 上的自反关系,则 $s(R)$与 $t(R)$都是自反关系;

(2) 若 R 为集合 A 上的对称关系,则 $t(R)$与 $r(R)$都是对称关系;

(3) 若 R 为集合 A 上的传递关系,则 $r(R)$是传递关系.

证明 (1) 由于 R 为 A 上的自反关系,所以 $I_A\subseteq R$,故 $I_A\subseteq R\subseteq s(R)$,即 $s(R)$是 A 上的自反关系;同理可证 $t(R)$也是 A 上的自反关系.

(2) 先证明 $r(R)$是对称的.由于 R 是 A 上的对称关系,所以 $R=R^{-1}$,同时 $I_A=I_A^{-1}$,于是 $r(R)^{-1}=(R\cup R^0)^{-1}=(R\cup I_A)^{-1}=R^{-1}\cup I_A^{-1}=R\cup I_A=r(R)$,即 $r(R)$是对称的.

下面证明 $t(R)$的对称性.

$$\begin{aligned}\forall\langle x,y\rangle\in t(R)&\Rightarrow(\exists n)(\langle x,y\rangle\in R^n)\\&\Rightarrow(\exists n)(\langle y,x\rangle\in R^n)\quad(\text{因为 } R^n \text{ 是对称的})\\&\Rightarrow\langle y,x\rangle\in t(R)\end{aligned}$$

所以 $t(R)$是 A 上的对称关系.

(3) 对$\forall\langle x,y\rangle,\langle y,z\rangle\in r(R)=R\cup I_A$,如果$\langle x,y\rangle,\langle y,z\rangle$中有属于 I_A的,不妨假设$\langle x,y\rangle\in I_A$,则有 $x=y$,那么$\langle x,z\rangle=\langle y,z\rangle\in r(R)$;如果 x,y,z 都不相等,则必有$\langle x,y\rangle\in R$ 且$\langle y,z\rangle\in R$.因 R 是传递的,所以$\langle x,z\rangle\in R\subseteq r(R)$.故 $r(R)$也是传递的.

注意 R 为集合 A 上的传递关系,不能推得 $s(R)$是 A 上的传递关系.如 $R=\{\langle 1,2\rangle,\langle 3,2\rangle\}$,则 $s(R)=\{\langle 1,2\rangle,\langle 2,1\rangle,\langle 3,2\rangle,\langle 2,3\rangle\}$,显然 R 是传递的,但 $s(R)$不是传递的,需要补上$\langle 1,1\rangle,\langle 2,2\rangle,\langle 3,3\rangle,\langle 1,3\rangle,\langle 3,1\rangle$后,$s(R)$才是传递的.

定理 3.10.4 设 R_1 和 R_2 是非空集合 A 上的关系,则:

(1) $r(R_1)\cup r(R_2)=r(R_1\cup R_2)$;

(2) $s(R_1)\cup s(R_2)=s(R_1\cup R_2)$;

(3) $t(R_1)\cup t(R_2)\subseteq t(R_1\cup R_2)$.

证明 (1)
$$\begin{aligned}r(R_1)\cup r(R_2)&=R_1\cup I_A\cup R_2\cup I_A\\&=(R_1\cup R_2)\cup I_A\\&=r(R_1\cup R_2).\end{aligned}$$

(2)
$$\begin{aligned}s(R_1)\cup s(R_2)&=(R_1\cup R_1{}^{-1})\cup(R_2\cup R_2{}^{-1})\\&=(R_1\cup R_2)\cup(R_1{}^{-1}\cup R_2{}^{-1})\\&=(R_1\cup R_2)\cup(R_1\cup R_2)^{-1}\\&=s(R_1\cup R_2).\end{aligned}$$

(3) 因为 $R_1 \subseteq R_1 \cup R_2$，由定理3.10.3(3)知，$t(R_1) \subseteq t(R_1 \cup R_2)$，同理可得 $t(R_2) \subseteq t(R_1 \cup R_2)$，故 $t(R_1) \cup t(R_2) \subseteq t(R_1 \cup R_2)$.

3.10.4　闭包的复合运算

定理 3.10.5　设 R 为非空集合 A 上的关系，则：

(1) $r(s(R)) = s(r(R))$；

(2) $r(t(R)) = t(r(R))$；

(3) $s(t(R) \subseteq t(s(R))$.

证明　(1)
$$\begin{aligned} s(r(R)) &= s(R \cup I_A) \\ &= (R \cup I_A) \cup (R \cup I_A)^{-1} \\ &= (R \cup I_A) \cup R^{-1} \cup I_A \\ &= (R \cup R^{-1}) \cup I_A \\ &= s(R) \cup I_A \\ &= r(s(R)). \end{aligned}$$

(2)
$$\begin{aligned} t(r(R)) &= t(I_A \cup R) \\ &= \bigcup_{i=1}^{\infty} (I_A \cup R)^i \\ &= \bigcup_{i=1}^{\infty} (I_A \cup \bigcup_{t=1}^{i} R^t) \\ &= I_A \cup \bigcup_{i=1}^{\infty} R^i \\ &= I_A \cup t(R) \\ &= r(t(R)). \end{aligned}$$

(3) 因为 $R \subseteq s(R)$，所以 $t(R) \subseteq t(s(R))$，从而 $s(t(R)) \subseteq s(t(s(R)))$. 又由 $s(R)$ 对称知 $ts(R)$ 对称，于是 $s(t(s(R))) = t(s(R))$，所以 $s(t(R)) \subseteq t(s(R))$.

注意　$r(s(R))$ 通常简记作 $rs(R)$.

例 3.10.9　设集合 $A = \{a, b, c, d\}$ 上的关系 $R = \{\langle a,b\rangle, \langle b,b\rangle, \langle b,a\rangle, \langle d,c\rangle\}$，试求 $ts(R)$，$st(R)$，$rts(R)$.

解　由已知求得

$s(R) = \{\langle a,b\rangle, \langle b,b\rangle, \langle b,a\rangle, \langle d,c\rangle, \langle c,d\rangle\}$

$t(R) = \{\langle a,b\rangle, \langle b,b\rangle, \langle b,a\rangle, \langle d,c\rangle, \langle a,a\rangle\}$

$ts(R) = \{\langle a,b\rangle, \langle b,b\rangle, \langle b,a\rangle, \langle d,c\rangle, \langle c,d\rangle, \langle a,a\rangle, \langle c,c\rangle, \langle d,d\rangle\}$

$st(R) = \{\langle a,b\rangle, \langle b,b\rangle, \langle b,a\rangle, \langle d,c\rangle, \langle a,a\rangle, \langle c,d\rangle\}$

$rts(R) = \{\langle a,b\rangle, \langle b,b\rangle, \langle b,a\rangle, \langle d,c\rangle, \langle c,d\rangle, \langle a,a\rangle, \langle c,c\rangle, \langle d,d\rangle\}$

习题 3.10

1. 设 $R=\{\langle a,a\rangle,\langle b,b\rangle,\langle c,c\rangle,\langle c,d\rangle\}$，$S=\{\langle a,a\rangle,\langle b,b\rangle,\langle b,c\rangle,\langle c,b\rangle,\langle d,d\rangle\}$是集合 $A=\{a,b,c,d\}$上的关系，则 S 是 R 的(　　)闭包.

A. 自反　　B. 对称　　C. 传递　　D. 以上都不对

2. 设集合 $A=\{a,b,c,d\}$，R 为划分$\{\{a,c\},\{b,d\}\}$所确定的等价关系，则 $t(s(R))$ 为(　　).

A. $\{\langle a,c\rangle,\langle c,a\rangle,\langle b,d\rangle,\langle d,b\rangle\}$

B. $\{\langle a,c\rangle,\langle c,a\rangle,\langle b,d\rangle,\langle d,b\rangle\}\cup I_A$

C. $A\times A$

D. I_A

3. 设集合 $A=\{a,b,c,d\}$，关系 $R=\{\langle a,c\rangle,\langle c,a\rangle,\langle b,d\rangle,\langle d,b\rangle\}$，则 $rst(R)$的值为(　　).

A. I_A　　B. $A\times A$　　C. $R\cup I_A$　　D. $R^{-1}\cup I_A$

4. 设集合 $A=\{a,b,c,d\}$，A 上关系 $R=\{\langle a,c\rangle,\langle b,b\rangle\}$，则 $t(I_A\cup R^{-1})$的值为(　　).

A. R　　B. $I_A\cup R^{-1}$　　C. $\sim R$　　D. 不确定

5. 集合 $A=\{1,2,3,4,5,6\}$上的关系 $R=\{\langle a,b\rangle|\ a,b\in A,且\ a+b=8\}$，则 R 的等价闭包为____________.

6. 设集合 $A=\{1,2,3,4,5,6,7,8,9\}$，A 上关系 $R=\{\langle a,b\rangle\mid a,b\in A,且\ b=3a\}$，则 $t(R\circ R)=$________，$s(R\circ R)=$________，$sr(R)=$________.

7. 设 R_1 与 R_2 均为集合 A 上的关系，证明：

(1) $r(R_1\cap R_2)=r(R_1)\cap r(R_2)$；

(2) $s(R_1\cap R_2)\subseteq s(R_1)\cap s(R_2)$；

(3) $t(R_1\cap R_2)\subseteq t(R_1)\cap t(R_2)$.

8. 设集合 $A=\{a,b,c,d\}$，A 上关系 $R=\{\langle a,a\rangle,\langle a,b\rangle,\langle b,d\rangle,\langle c,b\rangle\}$，求 $r(R)$，$s(R)$ 与 $t(R)$.

9. 设 $R=\{\langle a,c\rangle,\langle b,a\rangle,\langle b,d\rangle,\langle c,a\rangle,\langle c,b\rangle\}$为集合 $A=\{a,b,c,d\}$上的关系，试用 Warshall 算法求 $t(R)$.

10. 设集合 $A=\{a,b,c,d\}$，$R=\{\langle a,c\rangle,\langle b,d\rangle,\langle c,c\rangle,\langle d,c\rangle\}$为 A 上的关系，试求包含 R 且元素个数最少的 R'，使得 R'满足：

(1) 自反关系和传递关系；

(2) 对称关系和传递关系；

(3) 等价关系.

11. 求集合 $A=\{a,b,c,d\}$上关系 $R=\{\langle a,b\rangle,\langle b,b\rangle,\langle b,c\rangle,\langle c,d\rangle,\langle d,b\rangle\}$的等价闭包.

12. 设 R 为集合 A 上的关系，证明：对任意正整数 n 均有 $R^n\subseteq t(R)$.

13. 设 $R=\{\langle 1,2\rangle,\langle 2,3\rangle,\langle 3,5\rangle,\langle 4,5\rangle,\langle 5,6\rangle,\langle 6,7\rangle,\langle 7,4\rangle\}$为集合 $A=\{1,2,\cdots,7\}$上的关系，试求 $t(R)$.

第 4 章　函数与运算

函数是一个最基本的概念. 在通常的函数定义中, $y = f(x)$是在实数集合上讨论的, 即其定义域为实数集. 前面已从一种特殊集合引出关系. 本章将从一种特殊关系导出函数, 从而将函数的概念予以推广, 其定义域可以是任意的集合, 然后再从一种特殊函数引出运算. 不仅运算可以是抽象的, 且对应的集合也可以是抽象的.

4.1　函数的基本概念

4.1.1　函数的定义

定义 4.1.1　设 A 和 B 是任意两个集合, $f \subseteq A \times B$, 如果对任意 $x \in A$, 有唯一 $y \in B$, 使得 $\langle x, y \rangle \in f$, 则称关系 f 为 A 到 B 的**函数**(function)或**映射**(mapping), 记作 $f: A \to B$. 其中 x 称为**自变量**, y 称为 f 作用下 x 的**函数值**或**像**(image), 且 $\langle x, y \rangle \in f$ 通常记作 $y = f(x)$.

注意　(1) 此时称 $\mathrm{dom}(f)$为函数 f 的**定义域**, 且 $\mathrm{dom}(f) = A$(对于关系 f, $\mathrm{dom}(f) \subseteq A$). 通常把该性质称为函数的**全域性**或**遍历性**.

(2) 此时称 $\mathrm{ran}(f)$为函数 f 的**值域**, 且 $\mathrm{ran}(f) \subseteq B$(对于关系 f, $\mathrm{ran}(f) \subseteq B$). 由于 $\mathrm{ran}(f) = \{y \mid \langle x, y \rangle \in f\} = \{f(x) \mid x \in A\}$, 所以函数的值域就是函数值的集合, 有时也记作 $f(A)$.

(3) 集合 B 称为函数 f 的**共域**(codomain).

(4) 若$\langle x, y \rangle, \langle x, z \rangle \in f$, 则 $y = z$, 即 A 中每个元素 x 只能对应 B 中唯一的一个值 y, 通常把该性质称为函数的**单值性**.

(5) 如果去掉定义中的全域性要求, 便得到偏函数(又称部分函数)的概念; 如果去掉定义中的单值性要求, 便得到多值函数的概念. 因而关系实际上是一种多值的一元偏函数.

(6) 集合 A 到集合 B 的函数全体记作 B^A, 读作"B 上 A", 即 $B^A = \{f \mid f:$

$A \to B\}$.若 $|A| = n$, $|B| = m$,则 $|B^A| = m^n$.事实上,任取 A 到 B 的函数 f,由于 f 的定义域为 A,所以 f 中恰有 n 个序偶,且分别以 A 中的 n 个元素为第一元素,而对于这每一个序偶,B 的 m 个元素中的每一个元素都可作为它的第二元素.

例 4.1.1 设 $A=\{1,2,3,4\}$,$B=\{a,b,c,d\}$,试判断下列关系中哪些是函数.

(1) $f_1=\{\langle 1,a\rangle,\langle 2,b\rangle,\langle 3,c\rangle\}$;

(2) $f_2=\{\langle 1,a\rangle,\langle 2,b\rangle,\langle 3,d\rangle,\langle 4,a\rangle,\langle 4,d\rangle\}$;

(3) $f_3=\{\langle 1,a\rangle,\langle 2,b\rangle,\langle 3,c\rangle,\langle 3,d\rangle\}$;

(4) $f_4=\{\langle 1,a\rangle,\langle 2,b\rangle,\langle 3,c\rangle,\langle 4,d\rangle\}$;

(5) $f_5=\{\langle 1,a\rangle,\langle 2,a\rangle,\langle 3,a\rangle,\langle 4,a\rangle\}$.

解 (1) 不是.不满足全域性.

(2) 不是.不满足单值性.

(3) 不是.既不满足全域性也不满足单值性.

(4) 是.

(5) 是.

例 4.1.2 设 $A=\{a,b,c\}$,$B=\{1,2\}$,给出集合 A 到集合 B 的全部函数.

解 由已知可得

$$f_1=\{\langle a,1\rangle,\langle b,1\rangle,\langle c,1\rangle\},\quad f_2=\{\langle a,1\rangle,\langle b,1\rangle,\langle c,2\rangle\}$$
$$f_3=\{\langle a,1\rangle,\langle b,2\rangle,\langle c,1\rangle\},\quad f_4=\{\langle a,1\rangle,\langle b,2\rangle,\langle c,2\rangle\}$$
$$f_5=\{\langle a,2\rangle,\langle b,1\rangle,\langle c,1\rangle\},\quad f_6=\{\langle a,2\rangle,\langle b,1\rangle,\langle c,2\rangle\}$$
$$f_7=\{\langle a,2\rangle,\langle b,2\rangle,\langle c,1\rangle\},\quad f_8=\{\langle a,2\rangle,\langle b,2\rangle,\langle c,2\rangle\}$$

例 4.1.3 设 $\mathbf{N}$ 为自然数集,$\mathbf{R}$ 为实数集,判断下列关系中哪些能构成函数.

(1) $f=\{\langle x,y\rangle \mid x,y\in\mathbf{N}, x+y<20\}$;

(2) $g=\{\langle x,y\rangle \mid x,y\in\mathbf{R}, y^2=x\}$;

(3) $h=\{\langle x,y\rangle \mid x,y\in\mathbf{N}, y$ 为小于 x 的偶数的个数$\}$.

解 (1) 不能.因 x 不能取 $\mathbf{N}$ 中所有的值,且一个 y 对应很多的 x.

(2) 不能.一个 x 对应两个 y.

(3) 能.

例 4.1.4 设函数 $f:A\to B$,$g:A\to D$,且对任意 $x\in A$ 均有 $f(x)=g(x)$,证明:$f=g$.

证明 $f=\{\langle x,y\rangle \mid x\in A, y=f(x)\}=\{\langle x,y\rangle \mid x\in A, y=g(x)\}=g$.

定义 4.1.2 设函数 $f:A\to B$,$g:C\to D$,如果 $A=C$,且对任意 $x\in A$ 均有 $f(x)=g(x)$,则称函数 f 与 g **相等**,记作 $f=g$.

4.1.2　特殊函数

定义 4.1.3　设函数 $f:A\to B$,若 $\mathrm{ran}(f)=B$,则称 f 为 A 到 B 的**满射**(surjection).

定义 4.1.4　设函数 $f:A\to B$,任取 $x_1,x_2\in A$ 且 $x_1\neq x_2$,若 $f(x_1)\neq f(x_2)$,则称 f 为 A 到 B 的**单射或入射**(injection).

定义 4.1.5　设函数 $f:A\to B$,若 f 既是满射又是单射,则称 f 为 A 到 B 的**双射**(bijection).

例 4.1.5　指出例 4.1.2 中的单射、满射及双射.

解　由于 $|A|>|B|$,故从 A 到 B 不存在单射,更不存在 A 到 B 的双射.

满射:f_2,f_3,f_4,f_5,f_6,f_7.

例 4.1.6　设 $\mathbf{R}$ 为实数集,函数 $f:\mathbf{R}\to\mathbf{R}$,且 $f(x)=3x+2$,证明:f 为双射.

证明　任取 $x_1,x_2\in A$ 且 $x_1\neq x_2$.假设 $f(x_1)=f(x_2)$,由于 $f(x_1)=3x_1+2$,$f(x_2)=3x_2+2$,所以 $3x_1+2=3x_2+2$,从而 $x_1=x_2$,导出矛盾,故 $f(x_1)\neq f(x_2)$,即 f 为 $\mathbf{R}$ 到 $\mathbf{R}$ 的单射.

从共域 $\mathbf{R}$ 中任取元素 y,由于定义域 $\mathbf{R}$ 中总存在元素 $x=\dfrac{y-2}{3}$,使得

$$f(x)=f\left(\frac{y-2}{3}\right)=3\times\frac{y-2}{3}+2=y$$

从而 $\mathrm{ran}(f)=\mathbf{R}$,故 f 为 $\mathbf{R}$ 到 $\mathbf{R}$ 的满射.

例 4.1.7　设 $\mathbf{R}$ 为实数集,函数 $f:\mathbf{R}\times\mathbf{R}\to\mathbf{R}\times\mathbf{R}$,且 $f(\langle x,y\rangle)=\langle\dfrac{x+y}{2},\dfrac{x-y}{3}\rangle$,试证明:$f$ 为双射.

证明　设 $\langle a,b\rangle,\langle c,d\rangle\in\mathbf{R}\times\mathbf{R}$ 且 $\langle a,b\rangle\neq\langle c,d\rangle$.假设 $f(\langle a,b\rangle)=f(\langle c,d\rangle)$,则

$$\langle\frac{a+b}{2},\frac{a-b}{3}\rangle=\langle\frac{c+d}{2},\frac{c-d}{3}\rangle$$

于是 $\begin{cases}\dfrac{a+b}{2}=\dfrac{c+d}{2}\\ \dfrac{a-b}{3}=\dfrac{c-d}{3}\end{cases}$,从而 $\begin{cases}a=c\\ b=d\end{cases}$,因此 $\langle a,b\rangle=\langle c,d\rangle$,这与已知矛盾.故 $f(\langle a,b\rangle)\neq f(\langle c,d\rangle)$,即 f 为 $\mathbf{R}\times\mathbf{R}$ 到 $\mathbf{R}\times\mathbf{R}$ 的单射.

从共域 $\mathbf{R}\times\mathbf{R}$ 中任取元素 $\langle a,b\rangle$,由于定义域 $\mathbf{R}\times\mathbf{R}$ 中总存在元素

$$\langle x,y\rangle=\langle\frac{2a+3b}{2},\frac{2a-3b}{2}\rangle$$

使得

$$f(\langle x,y\rangle)=f\left(\langle\frac{2a+3b}{2},\frac{2a-3b}{2}\rangle\right)=\langle a,b\rangle$$

从而 $\mathrm{ran}(f)=\mathbf{R}\times\mathbf{R}$,故 f 为 $\mathbf{R}\times\mathbf{R}$ 到 $\mathbf{R}\times\mathbf{R}$ 的满射,综上可得,f 为双射.

定义 4.1.6 设函数 $f:A\to B$,若存在常数 $c\in B$,使得对于任意 $x\in A$,均有 $f(x)=c$,即 $\mathrm{ran}(f)=\{c\}$,则 f 为 A 到 B 的**常函数**.

定义 4.1.7 设函数 $f:A\to A$,若对任意 $x\in A$,均有 $f(x)=x$,则 f 为 A 上的**恒等函数**.

注意 A 上的恒等函数就是 A 上的恒等关系,仍记作 I_A,即 $I_A(x)=x$.

例 4.1.8 指出例 4.1.2 中的常函数.

解 常函数有:f_1 与 f_8.

习题 4.1

1. 设 A 和 B 均是有限集,且 $|A|=|B|$,则函数 $f:A\to B$ 是单射,当且仅当它是满射.若 A 和 B 均是无限集,结论成立吗?若不成立,试举例说明.

2. 设 f 与 g 是函数,证明:$f\subseteq g$ 当且仅当 $\mathrm{dom}(f)\subseteq\mathrm{dom}(g)$,且对任意 $x\in\mathrm{dom}(f)$ 均有 $f(x)=g(x)$.

3. 设 f 与 g 是函数,且有 $f\subseteq g$ 和 $\mathrm{dom}(g)\subseteq\mathrm{dom}(f)$,证明:$f=g$.

4. 设 f 与 g 是函数,证明:$f\cap g$ 是函数.

5. 设函数 $f:A\to B$,$C\subseteq A$,证明:$f(A)-f(C)\subseteq f(A-C)$.

6. 设 f 是函数,证明:

(1) $f(A\cup B)=f(A)\cup f(B)$;

(2) $f(A\cap B)\subseteq f(A)\cap f(B)$.

7. 设 A 和 B 均是有限集,且从 A 到 B 有单射函数,则(　　).

A. $|A|=|B|$　　　　B. $|A|\neq|B|$

C. $|A|\geqslant|B|$　　　　D. $|A|\leqslant|B|$

8. 设 A 和 B 均是有限集,且从 A 到 B 有满射函数,则(　　).

A. $|A|=|B|$　　　　B. $|A|\neq|B|$

C. $|A|\geqslant|B|$　　　　D. $|A|\leqslant|B|$

9. 设 A 和 B 均是有限集,且从 A 到 B 有双射函数,则(　　).

A. $|A|=|B|$　　　　B. $|A|\neq|B|$

C. $|A|\geqslant|B|$　　　　D. $|A|\leqslant|B|$

10. 设 A 和 B 是任意集合,$|A|=n$,$|B|=m$,则从 A 到 B 有____个关系,从 A 到 B 有____个函数;若 $n\leqslant m$,从 A 到 B 有____个单射;若 $n\geqslant m$,从 A 到 B 有____个满射;若 $n=m$,从 A 到 B 有____个双射.

11. 下列函数中,____是单射,____是满射,____是双射,____是既不是单射也不是满射.

(1) 函数 $f:\mathbf{R}\to\mathbf{R}$,其中 $\mathbf{R}$ 是实数集,且 $f(x)=2x-1$.

(2) 函数 $f:\mathbf{R}\times\mathbf{R}\to\mathbf{R}\times\mathbf{R}$,其中 $\mathbf{R}$ 是实数集,且 $f(\langle x,y\rangle)=\langle x-1,y-2\rangle$.

(3) 函数 $f:\mathbf{R}\to\mathbf{R}$,其中 $\mathbf{R}$ 是实数集,且 $f(x)=2\mid x\mid -1$.

(4) 函数 $f:\mathbf{Z}\to\mathbf{Z}$,其中 $\mathbf{Z}$ 是整数集,且 $f(x)=x\ (\mathrm{mod}\ 3)$.

(5) 函数 $f:\mathbf{N}\to\{1,0\}$,其中 $\mathbf{N}$ 是自然数集,且 $f(x)=\begin{cases}0, & x\text{ 是奇数}\\1, & x\text{ 是偶数}\end{cases}$.

4.2　复合函数与逆函数

4.2.1　复合函数的概念

定理 4.2.1　设函数 $f:A\to B$, $g:B\to D$,则复合关系 $f\circ g$ 是 A 到 D 的函数.

证明　任取 $a\in A$,则存在唯一 $b\in B$,使得 $\langle a,b\rangle\in f$;又由于 g 是 B 到 D 的函数,从而存在唯一 $d\in D$,使得 $\langle b,d\rangle\in g$;于是 $\langle a,d\rangle\in f\circ g$,即 $\mathrm{dom}(f\circ g)=A$.

假设 $\langle a,d\rangle,\langle a,e\rangle\in f\circ g$ 且 $d\neq e$,这样在 B 中必存在元素 b 与 c 使 $\langle a,b\rangle\in f$, $\langle b,d\rangle\in g$ 及 $\langle a,c\rangle\in f$, $\langle c,e\rangle\in g$;由于 f 为函数必有 $b=c$,再由 g 为函数必有 $d=e$;这说明 A 中的每个元素 a 恰好对应 D 中唯一的元素 d,使得 $\langle a,d\rangle\in f\circ g$.

综上所知,复合关系 $f\circ g$ 是 A 到 D 的函数.

定义 4.2.1　设函数 $f:A\to B$, $g:B\to D$,则 f 与 g 的复合关系称为 f 与 g 的**复合函数**(composite function),记作 $g\circ f$,即

$$g\circ f=\{\langle a,d\rangle\mid a\in A,d\in D,(\exists b\in B)(f(a)=b,g(b)=d)\}$$

注意　(1) f 与 g 的复合函数本质上是 f 与 g 的复合关系,只是记号不同.

(2) 由定理 4.2.1 知,定义 4.2.1 中 f 与 g 的复合函数 $f\circ g$ 是 A 到 D 的函数.

(3) 由定义 4.2.1 知,一方面 $g\circ f(a)=d$;另一方面 $g(f(a))=g(b)=d$,所以 $g\circ f(a)=g(f(a))$.

(4) 函数的复合不满足交换律,容易证明函数的复合满足结合律.

(5) 一般地,设函数 $f:A\to A$, f 的 n 次幂(记作 f^n,这里 n 为非负整数)定义为

$$f^n=\underbrace{f\circ f\circ\cdots\circ f}_{n\text{个}f}$$

并约定 $f^0=I_A$.递归定义 f 的 n 次幂(记作 f^n,这里 n 为非负整数)为

$$f^0=I_A$$
$$f^n=f^{n-1}\circ f$$

容易证明

$$f^m\circ f^n=f^{m+n}\quad(m\text{ 与 }n\text{ 均为非负整数})$$

$$(f^m)^n = f^{mn} \quad (m \text{ 与 } n \text{ 均为非负整数})$$

例 4.2.1 设 $A=\{a,b,c,d\}$, $B=\{1,2,3,4\}$.

$$f:A \to B, \quad 且\ f = \{\langle a,1\rangle,\langle b,2\rangle,\langle c,3\rangle,\langle d,3\rangle\}$$
$$g:B \to B, \quad 且\ g = \{\langle 1,2\rangle,\langle 2,3\rangle,\langle 3,4\rangle,\langle 4,4\rangle\}$$

试求复合函数 $f\circ I_A, g\circ f, g\circ g, g\circ g\circ f$.

解 由已知可得

$$f\circ I_A: A \to B, \quad 且\ f\circ I_A = f$$
$$g\circ f: A \to B, \quad 且\ g\circ f = \{\langle a,2\rangle,\langle b,3\rangle,\langle c,4\rangle,\langle d,4\rangle\}$$
$$g\circ g: B \to B, \quad 且\ g\circ g = \{\langle 1,3\rangle,\langle 2,4\rangle,\langle 3,4\rangle,\langle 4,4\rangle\}$$
$$g\circ g\circ f: A \to B, \quad 且\ g\circ g\circ f = \{\langle a,3\rangle,\langle b,4\rangle,\langle c,4\rangle,\langle d,4\rangle\}$$

例 4.2.2 $f,g,h\in \mathbf{R}^{\mathbf{R}}$,其中 $\mathbf{R}$ 为实数集,且 $f(x)=2x+1$, $g(x)=3x+2$, $h(x)=x+3$,试求复合函数 $f\circ g\circ h$, $f\circ f\circ f$ 及 $f\circ h\circ h$.

解 $f\circ g\circ h\in \mathbf{R}^{\mathbf{R}}$,且 $f\circ g\circ h(x)=f(g(h(x)))=f(g(x+3))=f(3x+11)=6x+23$,即

$$f\circ g\circ h = \{\langle x,6x+23\rangle \mid x\in \mathbf{R}\}$$

$f\circ f\circ f\in \mathbf{R}^{\mathbf{R}}$,且 $f\circ f\circ f(x)=f(f(f(x)))=f(f(2x+1))=f(4x+3)=8x+7$,即

$$f\circ f\circ f = \{\langle x,8x+7\rangle \mid x\in \mathbf{R}\}$$

$f\circ h\circ h\in \mathbf{R}^{\mathbf{R}}$,且 $f\circ h\circ h(x)=f(h(h(x)))=f(h(x+3))=f(x+6)=2x+13$,即

$$f\circ h\circ h = \{\langle x,2x+13\rangle \mid x\in R\}$$

4.2.2 复合函数的性质

定理 4.2.2 设函数 $f:A\to B$, $g:B\to D$,则:

(1) 若 f 与 g 均为单射,则复合函数 $g\circ f$ 是单射;

(2) 若 f 与 g 均为满射,则复合函数 $g\circ f$ 是满射;

(3) 若 f 与 g 均为双射,则复合函数 $g\circ f$ 是双射.

证明 只要证明(1)与(2)即可.

(1) 任取 $x_1,x_2\in A$ 且 $x_1\neq x_2$,则 $f(x_1)\neq f(x_2)$,从而 $g(f(x_1))\neq g(f(x_2))$,于是 $g\circ f(x_1)\neq g\circ f(x_2)$,故 $g\circ f$ 是 A 到 D 的单射.

(2) 任取 $d\in D$,则存在某个元素 $b\in B$ 使得 $g(b)=d$,从而存在某个元素 $a\in A$ 使得 $f(a)=b$,故 $g\circ f(a)=g(f(a))=g(b)=d$,因此 $\mathrm{ran}(g\circ f)=D$,即 $g\circ f$ 是 A 到 D 的满射.

定理 4.2.3 设函数 $f:A\to B$, I_A 为集合 A 上的恒等函数, I_B 为集合 B 上的恒

等函数,则 $f\circ I_A, I_B\circ f\in B^A$,且 $f\circ I_A = f = I_B\circ f$.

证明　显然函数 $f\circ I_A: A\to B$. 任取 $x\in A$,由于 $f\circ I_A(x) = f(I_A(x)) = f(x)$,所以 $f\circ I_A = f$.

同理可证 $I_B\circ f: A\to B$ 且 $I_B\circ f = f$.

4.2.3　逆函数的概念

定理 4.2.4　设双射 $f: A\to B$,证明:f 的逆关系 f^{-1} 是 B 到 A 的双射.

证明　由于 f 是满射,故每个 $y\in B$ 必存在 $x\in A$ 使得 $\langle x,y\rangle\in f$,从而 $\langle y,x\rangle\in f^{-1}$,于是 $\mathrm{dom}(f^{-1}) = B$;又由于 f 是单射,故每个 $y\in B$ 有且仅有一个 $x\in A$ 使得 $\langle x,y\rangle\in f$,从而恰有一个 $x\in A$ 使得 $\langle y,x\rangle\in f^{-1}$,即 B 中每个元素 y 恰对应 A 中唯一的一个元素 x 使得 $\langle y,x\rangle\in f^{-1}$. 因此 f^{-1} 是 B 到 A 的函数.

由于 $\mathrm{ran}(f^{-1}) = \mathrm{dom}(f) = A$,故 f^{-1} 为满射.

假设 $\langle b,a\rangle, \langle b,c\rangle\in f^{-1}$ 且 $a\neq c$,则 $\langle a,b\rangle, \langle c,b\rangle\in f$,由 f 是单射知必有 $a = c$,这与已知矛盾. 因此 f^{-1} 为单射.

这样就证明了 f^{-1} 是 B 到 A 的双射.

定义 4.2.2　设双射 $f: A\to B$,则称 f 的逆关系 f^{-1} 是 f 的**逆函数**(converse function)或反函数,仍记作 f^{-1}.

注意　(1) 由定理 4.2.4 知,定义 4.2.2 中逆函数 f^{-1} 是 B 到 A 的双射.

(2) 只有双射才有逆函数,即为其逆关系.

例如,设 $A = \{a,b,c,d\}$,$B = \{1,2,3,4\}$,$f: A\to B$,且 $f = \{\langle a,1\rangle, \langle b,2\rangle, \langle c,3\rangle, \langle d,3\rangle\}$,显然 f 的逆关系 $f^{-1} = \{\langle 1,a\rangle, \langle 2,b\rangle, \langle 3,c\rangle, \langle 3,d\rangle\}$ 不是 B 到 A 的函数.

例 4.2.3　设 $A = \{a,b,c,d\}$,$B = \{1,2,3,4\}$,双射 $f: A\to B$,且 $f(a) = 2$, $f(b) = 1$, $f(c) = 3$, $f(d) = 4$. 试求逆函数 f^{-1},复合函数 $f\circ f^{-1}$ 及 $f^{-1}\circ f$.

解　由于双射 $f: A\to B$,且 $f = \{\langle a,2\rangle, \langle b,1\rangle, \langle c,3\rangle, \langle d,4\rangle\}$,所以 $f^{-1}: B\to A$,且 $f^{-1} = \{\langle 1,b\rangle, \langle 2,a\rangle, \langle 3,c\rangle, \langle 4,d\rangle\}$. 所以

$$f\circ f^{-1}: B\to B,\text{且 } f\circ f^{-1} = \{\langle 1,1\rangle, \langle 2,2\rangle, \langle 3,3\rangle, \langle 4,4\rangle\} = I_B$$

$$f^{-1}\circ f: A\to A,\text{且 } f^{-1}\circ f = \{\langle a,a\rangle, \langle b,b\rangle, \langle c,c\rangle, \langle d,d\rangle\} = I_A$$

例 4.2.4　求例 4.1.6 中双射 f 的逆函数 f^{-1} 及复合函数 $f\circ f^{-1}$.

解　已知双射 $f: \mathbf{R}\to\mathbf{R}$ 且 $f(x) = 3x+2$,其中 $\mathbf{R}$ 为实数集,即双射 $f: \mathbf{R}\to\mathbf{R}$,且 $f = \{\langle x, 3x+2\rangle \mid x\in\mathbf{R}\}$. 所以 $f^{-1}: \mathbf{R}\to\mathbf{R}$ 且

$$\begin{aligned} f^{-1} &= \{\langle 3x+2, x\rangle \mid x\in\mathbf{R}\} \\ &= \{\langle t, \frac{t-2}{3}\rangle \mid t\in\mathbf{R}\} \quad (\text{令 } 3x+2 = t) \end{aligned}$$

$$= \{\langle x, \frac{x-2}{3}\rangle \mid x \in \mathbf{R}\}$$

即

$$f^{-1}: \mathbf{R} \to \mathbf{R} \text{ 且 } f^{-1}(x) = \frac{x-2}{3}$$

$$f \circ f^{-1}: \mathbf{R} \to \mathbf{R} \text{ 且 } f \circ f^{-1}(x) = f(f^{-1}(x)) = f\left(\frac{x-2}{3}\right) = 3 \times \frac{x-2}{3} + 2 = x$$

例 4.2.5 求例 4.1.7 中双射 f 的逆函数 f^{-1}.

解 已知双射 $f: \mathbf{R} \times \mathbf{R} \to \mathbf{R} \times \mathbf{R}$，且 $f(\langle x, y\rangle) = \langle \frac{x+y}{2}, \frac{x-y}{3}\rangle$，令 $\langle \frac{x+y}{2}, \frac{x-y}{3}\rangle = \langle s, t\rangle$，则 $\begin{cases} \frac{x+y}{2} = s \\ \frac{x-y}{3} = t \end{cases}$，从而 $\begin{cases} x = \frac{2s+3t}{2} \\ y = \frac{2s-3t}{2} \end{cases}$.

所以 $f^{-1}: \mathbf{R} \times \mathbf{R} \to \mathbf{R} \times \mathbf{R}$ 且 $f(\langle s, t\rangle) = \langle \frac{2s+3t}{2}, \frac{2s-3t}{2}\rangle$，即 $f^{-1}: \mathbf{R} \times \mathbf{R} \to \mathbf{R} \times \mathbf{R}$ 且 $f(\langle x, y\rangle) = \langle \frac{2x+3y}{2}, \frac{2x-3y}{2}\rangle$.

4.2.4 逆函数的性质

定理 4.2.5 设双射 $f: A \to B$，则

(1) $f \circ f^{-1}: B \to B$ 且 $f \circ f^{-1} = I_B$；

(2) $f^{-1} \circ f: A \to A$ 且 $f^{-1} \circ f = I_A$.

证明 (1) 由于 $f^{-1}: B \to A$，$f: A \to B$，所以 $f \circ f^{-1}: B \to B$. 设 $f(a) = b$，则 $f^{-1}(b) = a$，于是 $f \circ f^{-1}(b) = f(f^{-1}(b)) = f(a) = b = I_B(b)$. 故得证 $f \circ f^{-1}: B \to B$ 且 $f \circ f^{-1} = I_B$.

(2) 由于 $f: A \to B$，$f^{-1}: B \to A$，所以 $f^{-1} \circ f: A \to A$. 设 $f(a) = b$，则 $f^{-1}(b) = a$，于是 $f^{-1} \circ f(a) = f^{-1}(f(a)) = f^{-1}(b) = a = I_A(a)$. 故得证 $f^{-1} \circ f: A \to A$ 且 $f^{-1} \circ f = I_A$.

定理 4.2.6 设双射 $f: A \to B$，则 $(f^{-1})^{-1}: A \to B$ 且 $(f^{-1})^{-1} = f$.

证明 显然 $(f^{-1})^{-1}: A \to B$. 设 $f(a) = b$，则 $f^{-1}(b) = a$，于是 $(f^{-1})^{-1}(a) = b = f(a)$.

定理 4.2.7 设双射 $f: A \to B$，双射 $g: B \to D$，则 $(g \circ f)^{-1}: D \to A$ 且 $(g \circ f)^{-1} = f^{-1} \circ g^{-1}$.

证明 由双射 $f: A \to B$，双射 $g: B \to D$ 知复合函数 $g \circ f$ 是 A 到 D 的双射. 从而 $(g \circ f)^{-1}$ 是 D 到 A 的双射. 另一方面，由 f^{-1} 是 B 到 A 的双射，g^{-1} 是 D 到 B 的

双射知 $f^{-1}\circ g^{-1}$ 是 D 到 A 的双射.

设 $f(a)=b, g(b)=d$. 则 $f^{-1}(b)=a, g^{-1}(d)=b$. 于是 $f^{-1}\circ g^{-1}(d)=f^{-1}(g^{-1}(d))=f^{-1}(b)=a$.

又由于 $g\circ f(a)=g(f(a))=g(b)=d$，从而 $(g\circ f)^{-1}(d)=a$. 故 $(g\circ f)^{-1}(d)=f^{-1}\circ g^{-1}(d)$，即 $(g\circ f)^{-1}=f^{-1}\circ g^{-1}$.

习题 4.2

1. 设函数 $f:X\to Y$ 和函数 $g:Y\to Z$，使得复合函数 $g\circ f$ 是一个满射，且 g 是单射. 证明：f 是满射.

2. 设函数 $S:A\times B\to A$ 使得 $S(\langle x,y\rangle)=x$，函数 $T:A\times B\to B$ 使得 $T(\langle x,y\rangle)=y$. 令函数 $f:X\to A$ 和函数 $g:X\to B$，证明：存在唯一函数 $h:X\to A\times B$ 使得 $S\circ h=f, T\circ h=g$.

3. 设 $A=\{1,2,3,4\}$，确定双射 $f:A\to A$ 使得 $f\neq I_A$，并求出 f^{-2}, f^{-3}, f^{-1} 和 $f\circ f^{-1}$；确定函数 $g:A\to A$ 使得 $g\neq I_A$，但是 $g\circ g=I_A$.

4. 设 A 为任意集合，若 $f\in A^A$，证明：f 是传递关系当且仅当 $f^{-2}=f$.

5. 设函数 $f:A\to B$，且 $Y\subseteq B$，称 A 的子集 $f^{-1}(Y)=\{x\mid f(x)\in Y\}$ 为 f 作用下 Y 的逆映射. 令 $X\subseteq A$，证明：

(1) $f(f^{-1}(Y))\subseteq Y$；

(2) 如果 f 是满射，那么 $f(f^{-1}(Y))=Y$；

(3) $f^{-1}(f(X))\supseteq X$；

(4) 如果 f 是单射，那么 $f^{-1}(f(X))=X$.

6. 设函数 $f:X\to Y$ 和函数 $g:Y\to Z$，使得复合函数 $g\circ f$ 是一个单射，且 f 是满射. 证明：g 是单射. 举例说明，若 f 不是满射，则 g 不一定是单射.

7. 函数 $f:\mathbf{R}\to\mathbf{R}$ 和 $g:\mathbf{R}\to\mathbf{R}$ 都是单调递增，其中 $\mathbf{R}$ 是实数集.

(1) 若 $(f+g)(x)=f(x)+g(x)$，则 $f+g$ 是单调________(递增或递减)；

(2) 复合函数 $g\circ f$ 是单调________(递增或递减)；

(3) 若 $(f\circ g)(x)=f(x)g(x)$，则 $f\circ g$ 是________(单调递增、单调递减或不一定单调递增).

8. 设函数 $f:X\to Y$ 和函数 $g:Y\to X$，且 $g\circ f$ 是 X 上恒等函数，证明：f 是单射，g 是满射.

9. 设 X 为任意集合，$h\in X^X$，证明：对所有的 $f,g\in X^X$，若 $h\circ f=h\circ g$，则 $f=g$ 当且仅当 h 是单射.

10. 设 X 为任意集合，$h\in X^X$，证明：对所有的 $f,g\in X^X$，若 $f\circ h=g\circ h$，则 $f=g$ 当且仅当 h 是满射.

11. 设 $f:X\to X$，正整数 n 使得 $f^n=I_X$，证明：f 是双射.

12. 设函数 $f:A\to B, g:B\to A$，且 $g\circ f=I_A, f\circ g=I_B$，则 $g=f^{-1}$ 且 $f=g^{-1}$.

13. 设 $f\circ g$ 是复合函数. 如果 $f\circ g$ 是满射，那么 f 是____；如果 $f\circ g$ 是单射，那么 f 是____.

14. 设函数 $f: X \to X$. 如果 $f \subseteq I_X$, 则_______; 如果 $I_X \subseteq f$, 则_______.

15. 设 $\mathbf{R}$ 为实数集, $f, g, h \in \mathbf{R}^{\mathbf{R}}$, 且 $f(x) = 2x+3$, $g(x) = 3x+1$, $h(x) = x+1$, 试求复合函数 $f \circ g \circ h =$_______, $f \circ f \circ f =$_______, $f \circ h \circ h =$_______.

16. 设 $A = \{1,2,3\}$, 关系 $f \subseteq A \times A$ 且 $f = \{\langle 1,2\rangle, \langle 2,3\rangle, \langle 3,1\rangle\}$, 关系 $g \subseteq A \times A$ 且 $g = \{\langle 1,2\rangle, \langle 2,3\rangle, \langle 3,3\rangle\}$, 复合关系 $f \circ g$ 的值为(　　).

A. $\{\langle 1,3\rangle, \langle 2,1\rangle, \langle 3,1\rangle\}$　　B. $\{\langle 1,3\rangle, \langle 2,3\rangle, \langle 3,2\rangle\}$

C. $\{\langle 1,2\rangle, \langle 2,3\rangle, \langle 2,2\rangle\}$　　D. $\{\langle 2,3\rangle, \langle 3,1\rangle, \langle 3,2\rangle\}$

17. 设 $A = \{1,2,3\}$, 函数 $f: A \to A$ 且 $f = \{\langle 1,2\rangle, \langle 2,3\rangle, \langle 3,1\rangle\}$, 函数 $g: A \to A$ 且 $g = \{\langle 1,2\rangle, \langle 2,3\rangle, \langle 3,3\rangle\}$, 复合函数 $f \circ g$ 的值为(　　).

A. $\{\langle 1,3\rangle, \langle 2,1\rangle, \langle 3,1\rangle\}$　　B. $\{\langle 1,3\rangle, \langle 2,3\rangle, \langle 3,2\rangle\}$

C. $\{\langle 1,2\rangle, \langle 2,3\rangle, \langle 2,2\rangle\}$　　D. $\{\langle 2,3\rangle, \langle 3,1\rangle, \langle 3,2\rangle\}$

18. 设 $\mathbf{R}$ 为实数集, $f, g \in \mathbf{R}^{\mathbf{R}}$, 且 $f(x) = 2x+3$, $g(x) = x+2$, 则逆函数 $f^{-1} =$_______, 逆函数 $g^{-1} =$_______.

19. 设 $A = \{1,2,3\}$, 函数 $f: A \to A$ 且 $f = \{\langle 1,3\rangle, \langle 2,1\rangle, \langle 3,2\rangle\}$, 则逆函数 $f^{-1} =$_______.

4.3 置　换

4.3.1 置换的概念

定义 4.3.1 设集合 $A = \{1,2,\cdots,n\}$, 若 f 是 A 到 A 的双射, 则称 f 是 A 上的 n **次置换**, 简称为**置换**(permutation), 记作

$$f = \begin{pmatrix} 1 & 2 & \cdots & n \\ f(1) & f(2) & \cdots & f(n) \end{pmatrix}$$

例 4.3.1 设集合 $A = \{1,2,3,4,5\}$, 双射 $f: A \to A$, 且 $f(1) = 4$, $f(2) = 5$, $f(3) = 2$, $f(4) = 1$, $f(5) = 3$. 试将 f 表示成置换形式.

解 由已知求得

$$f = \begin{pmatrix} 1 & 2 & 3 & 4 & 5 \\ 4 & 5 & 2 & 1 & 3 \end{pmatrix}$$

例 4.3.2 设集合 $A = \{1,2,3\}$, 给出 A 上的全部置换.

解 由已知求得

$$f_1 = \begin{pmatrix} 1 & 2 & 3 \\ 1 & 2 & 3 \end{pmatrix}, \quad f_2 = \begin{pmatrix} 1 & 2 & 3 \\ 1 & 3 & 2 \end{pmatrix}, \quad f_3 = \begin{pmatrix} 1 & 2 & 3 \\ 2 & 1 & 3 \end{pmatrix}$$

$$f_4 = \begin{pmatrix} 1 & 2 & 3 \\ 2 & 3 & 1 \end{pmatrix}, \quad f_5 = \begin{pmatrix} 1 & 2 & 3 \\ 3 & 1 & 2 \end{pmatrix}, \quad f_6 = \begin{pmatrix} 1 & 2 & 3 \\ 3 & 2 & 1 \end{pmatrix}$$

注意　作集合$\{1,2,\cdots,n\}$上的置换f，就是构造集合$\{1,2,\cdots,n\}$的一个全排列，即$f(1)f(2)\cdots f(n)$是集合$\{1,2,\cdots,n\}$的一个全排列，因此集合$\{1,2,\cdots,n\}$上共有$n!$个n次置换.

4.3.2　置换的积与逆

定义4.3.2　设A为有限集，f与g均为集合A上的置换，则f与g的复合函数$g\circ f$称为置换f与g的**积**，记作gf.

定义4.3.3　设A为有限集，f为集合A上的置换，则f的逆函数f^{-1}称为置换f的**逆**，仍记作f^{-1}.

例4.3.3　求例4.3.2中置换f_3与f_6的积f_6f_3，f_5的逆f_5^{-1}.

解　由已知求得

$$f_6f_3=\begin{pmatrix}1&2&3\\3&2&1\end{pmatrix}\begin{pmatrix}1&2&3\\2&1&3\end{pmatrix}=\begin{pmatrix}1&2&3\\2&3&1\end{pmatrix}=f_4$$

$$f_5^{-1}=\begin{pmatrix}3&1&2\\1&2&3\end{pmatrix}=\begin{pmatrix}1&2&3\\2&3&1\end{pmatrix}=f_4$$

注意　(1) 集合A上的置换就是A到A的双射.置换的积与逆就是复合函数与逆函数.

(2) 设集合$A=\{1,2,\cdots,n\}$，则置换$\boldsymbol{e}=\begin{pmatrix}1&2&\cdots&n\\1&2&\cdots&n\end{pmatrix}$称为$A$上的**恒等置换**.$A$上的恒等置换即为$A$上的恒等函数.对于$A$上的任意置换$f$，显然$fe=f=ef$.

(3) 设集合$A=\{1,2,\cdots,n\}$，若A上的置换$f=\begin{pmatrix}1&2&\cdots&n\\f(1)&f(2)&\cdots&f(n)\end{pmatrix}$，则置换$f$的逆即为$f^{-1}=\begin{pmatrix}f(1)&f(2)&\cdots&f(n)\\1&2&\cdots&n\end{pmatrix}$.

(4) 设f为有限集A上的置换，定义f的n**次幂**(仍记作f^n，这里n为整数)为

$$f^n=\begin{cases}\underbrace{ff\cdots f}_{n\text{个}f}, & n\text{为正整数}\\ \underbrace{f^{-1}f^{-1}\cdots f^{-1}}_{|n|\text{个}f^{-1}}, & n\text{为负整数}\end{cases}$$

并约定$f^0=e$(e为A上的恒等置换).

递归定义f的n次幂f^n为

$$f^0=e\quad(e\text{为}A\text{上的恒等置换})$$
$$f^n=f^{n-1}f\quad(n\text{为正整数})$$

$$f^n = f^{n+1}f^{-1} \quad (n \text{ 为负整数})$$

容易验证

$$f^n f^m = f^{n+m} \quad (n, m \text{ 为整数})$$

$$(f^n)^m = f^{nm} \quad (n, m \text{ 为整数})$$

例 4.3.4 设集合 $A = \{1,2,\cdots,n\}$，若 A 上的置换 $f = \begin{pmatrix} 1 & 2 & \cdots & n \\ i_1 & i_2 & \cdots & i_n \end{pmatrix}$，则对 A 上的任意置换 h，有 $hfh^{-1} = \begin{pmatrix} h(1) & h(2) & \cdots & h(n) \\ h(i_1) & h(i_2) & \cdots & h(i_n) \end{pmatrix}$.

证明 由于

$$hf = \begin{pmatrix} 1 & 2 & \cdots & n \\ h(1) & h(2) & \cdots & h(n) \end{pmatrix}\begin{pmatrix} 1 & 2 & \cdots & n \\ i_1 & i_2 & \cdots & i_n \end{pmatrix}$$

$$= \begin{pmatrix} 1 & 2 & \cdots & n \\ h(i_1) & h(i_2) & \cdots & h(i_n) \end{pmatrix}$$

而

$$\begin{pmatrix} h(1) & h(2) & \cdots & h(n) \\ h(i_1) & h(i_2) & \cdots & h(i_n) \end{pmatrix} h$$

$$= \begin{pmatrix} h(1) & h(2) & \cdots & h(n) \\ h(i_1) & h(i_2) & \cdots & h(i_n) \end{pmatrix}\begin{pmatrix} 1 & 2 & \cdots & n \\ h(1) & h(2) & \cdots & h(n) \end{pmatrix}$$

$$= \begin{pmatrix} 1 & 2 & \cdots & n \\ h(i_1) & h(i_2) & \cdots & h(i_n) \end{pmatrix}$$

故 $hf = \begin{pmatrix} h(1) & h(2) & \cdots & h(n) \\ h(i_1) & h(i_2) & \cdots & h(i_n) \end{pmatrix} h$，即 $hfh^{-1} = \begin{pmatrix} h(1) & h(2) & \cdots & h(n) \\ h(i_1) & h(i_2) & \cdots & h(i_n) \end{pmatrix}$.

例 4.3.5 设 $A = \{1,2,3,4,5\}$，$f = (1,4,2,3,5)$，$h = (1,5,3,2,4)$，求 hfh^{-1}，fhf^{-1}.

解 由已知求得

$$hfh^{-1} = (h(1), h(4), h(2), h(3), h(5)) = (5,1,4,2,3)$$

$$fhf^{-1} = (f(1), f(5), f(3), f(2), f(4)) = (4,1,5,3,2)$$

定义 4.3.4 设 f 为有限集 A 上的置换，使 f^k 等于恒等置换的最小正整数 k 称为 f 的**阶**.

例如，设 $A = \{1,2,3,4,5,6,7,8\}$，$f = \begin{pmatrix} 1 & 2 & 3 & 4 & 5 & 6 & 7 & 8 \\ 3 & 5 & 4 & 2 & 8 & 6 & 7 & 1 \end{pmatrix}$，由于

$$f^5 = \begin{pmatrix} 1 & 2 & 3 & 4 & 5 & 6 & 7 & 8 \\ 8 & 4 & 1 & 3 & 2 & 6 & 7 & 5 \end{pmatrix}, \quad f^6 = \begin{pmatrix} 1 & 2 & 3 & 4 & 5 & 6 & 7 & 8 \\ 1 & 2 & 3 & 4 & 5 & 6 & 7 & 8 \end{pmatrix}$$

所以 f 的阶为 6.

4.3.3 轮换

定义4.3.5　设 f 是集合 A 上的置换，若 f 把 A 中元素 i_1 映射为 i_2，元素 i_2 映射为 i_3，……，元素 i_{k-1} 映射为 i_k，元素 i_k 映射为 i_1，但其余的元素（如果还有的话）都映射为自身，则称 f 是集合 A 上的 k **轮换**或 k **循环**，简称为**轮换**或**循环**，记作 $f=(i_1,i_2,\cdots,i_k)$.

例如，$f=\begin{pmatrix}1&2&3&4&5&6&7&8\\3&5&4&2&8&6&7&1\end{pmatrix}=(1,3,4,2,5,8)$.

思考：$f=\begin{pmatrix}1&2&3&4&5&6&7&8\\3&5&4&2&8&7&6&1\end{pmatrix}$是轮换吗？

注意　(1) 集合 A 上的轮换是集合 A 上置换的一种简洁明晰表达方式，因此轮换的积与逆就是置换的积与逆.

(2) 设 $f=(i_1,i_2,\cdots,i_k)$ 是有限集 A 上的轮换，则轮换 f 的逆 $f^{-1}=(i_k,i_{k-1},\cdots,i_1)$.

(3) 2轮换还简称为**对换**.

(4) 设集合 $A=\{1,2,\cdots,n\}$，则 A 上的恒等置换 $e=\begin{pmatrix}1&2&\cdots&n\\1&2&\cdots&n\end{pmatrix}$ 简称为 1 **轮换**或 1 **循环**，记作(1)或(2)或…或(n)，即$(1)=(2)=\cdots=(n)$.

(5) 集合 A 上无公共元素的轮换称为不相交轮换.

例如，设 $A=\{1,2,3,4,5\}$，轮换 $f=\begin{pmatrix}1&2&3&4&5\\3&1&2&4&5\end{pmatrix}=(1,3,2)$，轮换 $g=\begin{pmatrix}1&2&3&4&5\\1&2&3&5&4\end{pmatrix}=(4,5)$，则 f 与 g 是不相交轮换.

例4.3.6　设集合 $A=\{1,2,3,4,5\}$，f 与 g 是 A 上的两个轮换，且 $f=(5,3,2,4,1)$，$g=(4,2,5)$，求 f 与 g 的积 gf，g 与 f 的积 fg，f 的逆 f^{-1}，g 的逆 g^{-1}.

解　由已知求得

$$
\begin{aligned}
gf &= (4,2,5)(5,3,2,4,1)\\
&= \begin{pmatrix}1&2&3&4&5\\1&5&3&2&4\end{pmatrix}\begin{pmatrix}1&2&3&4&5\\5&4&2&1&3\end{pmatrix}=\begin{pmatrix}1&2&3&4&5\\4&2&5&1&3\end{pmatrix}\\
fg &= (5,3,2,4,1)(4,2,5)\\
&= \begin{pmatrix}1&2&3&4&5\\5&4&2&1&3\end{pmatrix}\begin{pmatrix}1&2&3&4&5\\1&5&3&2&4\end{pmatrix}=\begin{pmatrix}1&2&3&4&5\\5&3&2&4&1\end{pmatrix}\\
f^{-1} &= \begin{pmatrix}5&4&2&1&3\\1&2&3&4&5\end{pmatrix}=\begin{pmatrix}1&2&3&4&5\\4&3&5&2&1\end{pmatrix}=(1,4,2,3,5)
\end{aligned}
$$

$$g^{-1}=\begin{pmatrix}1&5&3&2&4\\1&2&3&4&5\end{pmatrix}=\begin{pmatrix}1&2&3&4&5\\1&4&3&5&2\end{pmatrix}=(5,2,4)$$

定理 4.3.1　设集合 $A=\{1,2,\cdots,n\}$,则 k 轮换$(i_1,i_2,\cdots,i_k)$的阶为 k.

证明　当$1\leqslant m<k$ 时,$(i_1,i_2,\cdots,i_k)^m=(i_1,i_{m+1},\cdots)\neq(1)$,而$(i_1,i_2,\cdots,i_k)^k=(1)$.

定理 4.3.2　设 f 与 g 是集合 A 上的不相交轮换,则 $fg=gf$.

证明　设 $f=(i_1,i_2,\cdots,i_s)$,$g=(j_1,j_2,\cdots,j_t)$是集合 A 上的不相交轮换,任取 $a\in A$.

(1) 若 $a\neq i_k,j_r(k=1,2,\cdots,s;r=1,2,\cdots,t)$,则

$$fg(a)=f(g(a))=f(a)=a$$
$$gf(a)=g(f(a))=g(a)=a$$

所以

$$fg(a)=gf(a)$$

再由 a 的任意性得证 $fg=gf$.

(2) 若 $a=i_k(k=1,2,\cdots,s)$,则 $a\neq j_r$且$f(a)\neq j_r(r=1,2,\cdots,t)$,从而

$$fg(a)=f(g(a))=f(a)$$
$$gf(a)=g(f(a))=f(a)$$

所以

$$fg(a)=gf(a)$$

再由 a 的任意性得证 $fg=gf$.

(3) 若 $a=j_r(r=1,2,\cdots,t)$,同理可证 $fg=gf$.

推论 4.3.1　设 $f_1,f_2,\cdots,f_r$是集合 A 上的互不相交轮换,n 为正整数,则

$$(f_1f_2\cdots f_r)^n=f_1^nf_2^n\cdots f_r^n$$

证明　$n=1$ 时,结论成立.

设 $n=k$ 时,结论成立,即$(f_1f_2\cdots f_r)^k=f_1^kf_2^k\cdots f_r^k$.

当 $n=k+1$ 时

$$\begin{aligned}(f_1f_2\cdots f_r)^n&=(f_1f_2\cdots f_r)^{k+1}\\&=(f_1f_2\cdots f_r)(f_1f_2\cdots f_r)^k\\&=(f_1f_2\cdots f_r)(f_1^kf_2^k\cdots f_r^k)\\&=f_1f_2\cdots f_rf_1^kf_2^k\cdots f_r^k\\&=f_2\cdots f_rf_1f_1^kf_2^k\cdots f_r^k\\&=f_2\cdots f_rf_1^{k+1}f_2^k\cdots f_r^k\\&=f_3\cdots f_rf_1^{k+1}f_2f_2^k\cdots f_r^k\\&=f_3\cdots f_rf_1^{k+1}f_2^{k+1}\cdots f_r^k\end{aligned}$$

$$
\begin{aligned}
&= \cdots \\
&= f_1^{k+1} f_2^{k+1} \cdots f_r^{k+1} \\
&= f_1^n f_2^n \cdots f_r^n
\end{aligned}
$$

由数学归纳法得证,结论成立.

例 4.3.7 设 $A=\{1,2,3,4,5,6,7,8\}$,轮换 $f=(3,4,7,2,6)$,轮换 $g=(1,5,8)$,试求$(fg)^{59}$.

解 由已知求得

$$
\begin{aligned}
(fg)^{59} &= f^{59} g^{59} = f^4 g^2 = (3,6,2,7,4)(1,8,5) \\
&= \begin{pmatrix} 1 & 2 & 3 & 4 & 5 & 6 & 7 & 8 \\ 1 & 7 & 6 & 3 & 5 & 2 & 4 & 8 \end{pmatrix} \begin{pmatrix} 1 & 2 & 3 & 4 & 5 & 6 & 7 & 8 \\ 8 & 2 & 3 & 4 & 1 & 6 & 7 & 5 \end{pmatrix} \\
&= \begin{pmatrix} 1 & 2 & 3 & 4 & 5 & 6 & 7 & 8 \\ 8 & 7 & 6 & 3 & 1 & 2 & 4 & 5 \end{pmatrix}
\end{aligned}
$$

定理 4.3.3 每个非轮换置换都可表示为不相交轮换的积,并且除了轮换的排列次序外,表示法是唯一的.

证明 设 A 为 n 个元素的集合,f 是 A 上的一个置换且 f 不是恒等置换,则 A 中至少有一个元素 i_1 使得 $f(i_1)\neq i_1$.设 $f(i_1)=i_2, f(i_2)=i_3,\cdots$.由于 $|A|=n$,则存在最小正整数 k,使得 $f(i_k)=i_t(1\leqslant t<k)$.假设 $t>1$,由于 $f^k(i_1)=f(i_k), f^t(i_1)=f(i_t)$,从而 $f^k(i_1)=f^t(i_1)$,于是 $f^{-1}f^k(i_1)=f^{-1}f^t(i_1)$,即 $f^{k-1}(i_1)=f^{t-1}(i_1)$,因而 $f(i_{k-1})=f(i_{t-1})$.

这与 k 是最小正整数矛盾,故 $t=1$,即 $f(i_k)=f(i_1)$,于是得到一个轮换 $f_1=(i_1,i_2,\cdots,i_k)$.

在 $A-\{i_1,i_2,\cdots,i_k\}$ 中重复上述步骤,便可得到 $f=f_1f_2\cdots f_s$,且 $f_t(t=1,2,\cdots,s)$两两不相交.

假设另有 $f=g_1g_2\cdots g_t$,且 $g_i(i=1,2,\cdots,r)$两两不相交.任取 $a\in A$ 且 $f(a)\neq a$,则在 $f_1,f_2,\cdots,f_s$ 中存在唯一的 f_p 使得 $f_p(a)\neq a$;同理,在 $g_1,g_2,\cdots,g_t$ 中存在唯一的 g_q 使得 $g_q(a)\neq a$,于是有 $f_p^m(a)=f^m(a)=g_q^m(a)(m=0,1,2,\cdots)$.

由于 $f_p=(a,f_p(a),f_p^2(a),\cdots)$,$g_q=(a,g_q(a),g_q^2(a),\cdots)$,因此 $f_p=g_q$.

反复上面的讨论可得 $s=r$,且在适当排列 $f_1,f_2,\cdots,f_s$ 的次序后,有 $f_t=g_t(t=1,2,\cdots,s)$.从而唯一性得证.

例如,$\begin{pmatrix} 1 & 2 & 3 & 4 & 5 & 6 & 7 \\ 7 & 4 & 3 & 2 & 1 & 5 & 6 \end{pmatrix}=(1,7,6,5)(2,4)(3)$,这种表示方法还被称为置换的**轮换表示法**.在置换的轮换表示法中,还常省略其1轮换,例如,$\begin{pmatrix} 1 & 2 & 3 & 4 & 5 & 6 & 7 \\ 7 & 4 & 3 & 2 & 1 & 5 & 6 \end{pmatrix}=(1,7,6,5)(2,4)$,该表示方法称为轮换表示法的省略

形式.

定理 4.3.4 有限集 A 上不相交轮换的积的阶为各个轮换阶的最小公倍数.

证明 设 $f_1,f_2,\cdots,f_r$ 是集合 A 上的互不相交轮换,它们的阶分别为 $k_1,k_2,\cdots,k_r$,且记 $k_1,k_2,\cdots,k_r$ 的最小公倍数为 t.并记 A 上的恒等置换为(1).

由于 $k_i\mid t(i=1,2,\cdots,r)$,故 $(f_1f_2\cdots f_r)^t=f_1{}^tf_2{}^t\cdots f_r{}^t=(1)$.

另一方面,设 $(f_1f_2\cdots f_r)^m=(1)$,则 $f_1^mf_2^m\cdots f_r^m=(1)$.而 $f_1^m,f_2^m,\cdots,f_r^m$ 仍是 A 上的互不相交轮换,且互不相交轮换的积不等于恒等置换(1),因此只有 $f_i^m=(1)$ $(i=1,2,\cdots,r)$,而 $f_i\,(i=1,2,\cdots,r)$ 的阶为 k_i,所以 $k_i\mid m\,(i=1,2,\cdots,r)$,故 $t\mid m$.

例如,由于 $f=\begin{pmatrix}1&2&3&4&5&6&7\\7&4&3&2&1&5&6\end{pmatrix}=(1,7,6,5)(2,4)$,所以 f 的阶为 4.

4.3.4 奇置换与偶置换

定理 4.3.5 每个置换都可以表示为一些对换的积.

证明 每个轮换都可以表示为一些对换的积.例如,$(i_1,i_2,\cdots,i_k)=(i_1,i_2)(i_2,i_3)\cdots(i_{k-1},i_k)=(i_1,i_k)(i_1,i_{k-1})\cdots(i_1,i_3)(i_1,i_2)$,1 轮换 $(1)=(1,2)(1,2)$ 等.

例如,$f=\begin{pmatrix}1&2&3&4&5\\2&3&1&5&4\end{pmatrix}=(1,4)(2,3)(4,3)(1,4)(4,5)=(1,3)(1,2)(4,5)=(1,2)(2,3)(4,5)$ 等.

而 $f=\begin{pmatrix}1&2&3&4&5\\2&3&1&5&4\end{pmatrix}=(1,3)(1,2)(4,5)$ 实际上是把排列 12345 进行三次对换变成排列 23154,即 $12345\xrightarrow{4\text{与}5\text{对换位置}}12354\xrightarrow{1\text{与}2\text{对换位置}}21354\xrightarrow{1\text{与}3\text{对换位置}}23154$.这样,得到下面的定理.

定理 4.3.6 每个置换要么表示为奇数个对换的积,要么表示为偶数个对换的积.

证明 设 f 为集合 $\{1,2,\cdots,n\}$ 上的置换,且 $f=f_1f_2\cdots f_s$,其中 $f_t\,(t=1,2,\cdots,s)$ 是对换,则 f 就是把排列 $12\cdots n$ 进行 s 次对换变成排列 $f(1)f(2)\cdots f(n)$.由线性代数知识知,每进行一次对换都改变排列的奇偶性,而排列 $12\cdots n$ 是偶排列,故 s 与排列 $f(1)f(2)\cdots f(n)$ 的奇偶性一致.而一个排列要么是奇排列要么是偶排列,故 s 要么是奇数,要么是偶数.

定义 4.3.6 一个置换若表示为奇数个对换的积,则称其为**奇置换**,否则称其为**偶置换**.

注意 (1) 设 f 为集合 $\{1,2,\cdots,n\}$ 上的置换,f 是奇(偶)置换,当且仅当排列

$f(1)f(2)\cdots f(n)$是奇(偶)排列.

(2) 恒等置换是偶置换;对换是奇置换.

(3) 两个奇(偶)置换的积为偶置换;一个偶置换与一个奇置换的积是奇置换.

(4) 奇(偶)置换的逆仍为奇(偶)置换.

(5) $n!$ 个 n 次置换中奇偶置换各半.

证明　(5) 设集合 $A=\{1,2,\cdots,n\}$,P 是集合 A 上全部奇置换的集合,Q 是集合 A 上全部偶置换的集合.作 $f:P\to Q$,且对任意 $t\in P$,$f(t)=t(1,2)$.

由于奇置换与对换的积是偶置换,偶置换与对换的积是奇置换.所以任取奇置换 $x\in P$,存在唯一偶置换 $y\in Q$ 使得$f(x)=y=x(1,2)$,其中

$$y=\begin{pmatrix}1 & 2 & 3 & \cdots\\ x(2) & x(1) & x(3) & \cdots\end{pmatrix}$$

$$=\begin{pmatrix}1 & 2 & 3 & \cdots\\ x(1) & x(2) & x(3) & \cdots\end{pmatrix}\begin{pmatrix}1 & 2 & 3 & \cdots\\ 2 & 1 & 3 & \cdots\end{pmatrix}=x(1,2)$$

因此 f 是P 到 Q 的函数.

任取 $t,x\in P$ 且 $t\neq x$,假设 $f(t)=f(x)$,则 $t(1,2)=x(1,2)$,于是 $t(1,2)(2,1)=x(1,2)(2,1)$,从而 $t=x$,这与已知矛盾,故 $f(t)\neq f(x)$.即 f 是P 到 Q 的单射.

任取 $y\in Q$,存在 $t=y(2,1)\in P$ 使得$f(t)=f(y(2,1))=y(2,1)(1,2)=y$,所以 f 是P 到 Q 的满射.

这就证明了 f 是P 到 Q 的双射.故 $n!$ 个 n 次置换中奇偶置换各半.

例 4.3.8　设集合 $A=\{1,2,3,4,5\}$,$f=\begin{pmatrix}1 & 2 & 3 & 4 & 5\\ 4 & 5 & 2 & 1 & 3\end{pmatrix}$,$f$ 是奇置换还是偶置换?

解一　排列 45213 中,由于 1 的逆序数为 3,2 的逆序数为 2,3 的逆序数为 2,4 的逆序数为 0,5 的逆序数为 0.所以排列 45213 的逆序数 $=3+2+2+0+0=7$,从而排列 45213 是奇排列,故 f 是奇置换.

解二　由于 $f=(1,4)(2,5,3)$,再用集合 A 的基数减去f 的不相交轮换的个数(1 轮换的个数也要算上).由 $5-2=3$ 得 f 是奇置换.

习题 4.3

1. 下列置换中,(　　)是奇置换.

A. $\begin{pmatrix}1 & 2 & 3 & 4 & 5\\ 4 & 3 & 1 & 5 & 2\end{pmatrix}$　　B. $\begin{pmatrix}1 & 2 & 3 & 4 & 5 & 6 & 7 & 8\\ 8 & 6 & 4 & 3 & 2 & 1 & 7 & 5\end{pmatrix}$

C. $\begin{pmatrix}1&2&3&4&5\\1&5&2&3&4\end{pmatrix}$　　D. $\begin{pmatrix}1&2&3&4&5&6&7&8\\7&1&3&5&8&2&6&4\end{pmatrix}$

2. 下列置换中,(　　)是偶置换.

A. $\begin{pmatrix}1&2&3&4&5&6&7\\7&6&5&4&1&3&2\end{pmatrix}$　　B. $\begin{pmatrix}1&2&3&4&5&6&7\\3&2&7&6&4&5&1\end{pmatrix}$

C. $\begin{pmatrix}1&2&3&4&5&6&7\\2&3&1&5&7&6&4\end{pmatrix}$　　D. $\begin{pmatrix}1&2&3&4&5&6&7\\1&4&7&6&5&3&2\end{pmatrix}$

3. 设置换 $f=\begin{pmatrix}1&2&3&4&5&6&7&8\\8&6&4&3&2&1&7&5\end{pmatrix}$,则 f 的阶为____,$f^{100}=$____,$f^{203}=$____.

4. 设置换 $f=\begin{pmatrix}1&2&3&4&5&6&7&8\\8&6&4&3&2&1&7&5\end{pmatrix}$,则 f^{-1} 的阶为____,$f^{-100}=$____,$f^{-203}=$____.

5. 设 f 为有限集 A 上的置换,证明:

(1) $f^n f^m=f^{n+m}$(n,m 为整数);

(2) $(f^n)^m=f^{nm}$(n,m 为整数).

6. 设 $A=\{1,2,3,4,5,6,7,8\}$,$f=(3,4,7,2,6)(1,2,3,5)$,$g=(1,5,8)(3,2,7,5)$,试求 f^{100},f^{-100},g^{100},g^{-100},$(fg)^{59}$,$f^{59}g^{59}$.

7. 设 $f=(i_1,i_2,\cdots,i_k)$ 是有限集 A 上的轮换,证明:轮换 f 的逆 $f^{-1}=(i_k,i_{k-1},\cdots,i_1)$.

4.4 运算及其性质

4.4.1 n 元运算的定义

定义 4.4.1 设任意集合 A 和 B,f 是一个从 A^n 到 B 的函数,则称 f 为集合 A 上的一个 n **元运算**(n-ary operation).如果值域 $f(A^n)\subseteq A$,则称该 n 元运算是**封闭**的,其中 f 称为该 n 元运算的**运算符**.

例 4.4.1 **R** 是实数集.

(1) 函数 $f:\mathbf{R}\to\mathbf{R}$ 且 $f(x)=x+1$,则 f 是 **R** 上的一元运算;

(2) 函数 $g:\mathbf{R}^2\to\mathbf{R}$ 且 $g(\langle x,y\rangle)=x+y$,则 g 是 **R** 上的二元运算;

(3) 函数 $h:\mathbf{R}^3\to\mathbf{R}$ 且 $h(\langle x,y,z\rangle)=x+y-z$,则 h 是 **R** 上的三元运算.

注意 (1) 集合 A 上的 n 元运算,是以 A^n 为定义域的函数.如 $f:A^n\to B$,函数值 $f(\langle a_1,a_2,\cdots,a_n\rangle)$ 是对 A 中的 n 个元素 $a_1,a_2,\cdots,a_n$ 进行了一次 f 运算所得的唯一确定的运算结果.这个运算结果是 B 上的一个元素.

(2) 可以用任何符号来作运算符.

(3) 不特别说明时,本教材讨论的都是二元运算.

(4) 二元运算常采用夹中间写法：设 f 是集合 A 上的二元运算，对任意 $a,b\in A$，运算结果 $f(\langle a,b\rangle)=c$，常记作 $afb=c$，读作“af 运算 b 等于 c”.

(5) 有限集合 A 上的二元运算还常用运算表显示. 例如，表 4.4.1 与表 4.4.2 分别是 A 上的二元运算 $*$ 与 Δ 的运算表，其中 $A=\{1,2,3,4\}$.

表 4.4.1

$*$	1	2	3	4
1	1	2	3	4
2	2	3	4	1
3	4	1	3	2
4	3	4	2	1

表 4.4.2

Δ	1	2	3	4
1	1	2	1	1
2	2	2	2	2
3	4	4	4	4
4	3	3	2	1

(6) 设 f 是集合 A 上的一元运算，对任意 $a\in A$，运算结果 $f(a)=b$，记作 $fa=b$. 例如，x 的相反数记作 $-x$，集合 A 的绝对补记作 $\sim A$，其中 $-$ 与 $\sim$ 是运算符.

4.4.2　二元运算的性质

二元运算有以下性质：

(1) 封闭：设 $*$ 是定义在集合 A 上的二元运算，如果对任意 $x,y\in A$，都有 $x*y\in A$，则称运算 $*$ 在集合 A 上**封闭**(closed)，或称运算 $*$ 是集合 A 上的**代数运算**(algebraic operation).

(2) 交换：设 $*$ 是定义在集合 A 上的二元运算，如果对任意 $x,y\in A$，都有 $x*y=y*x$，则称运算 $*$ 在集合 A 上**交换**，或称运算 $*$ 在集合 A 上满足**交换律**(commutation law).

(3) 幂等：设 $*$ 是定义在集合 A 上的二元运算，如果对任意 $x\in A$，都有 $x*x=x$，则称运算 $*$ 在集合 A 上**幂等**，或称运算 $*$ 在集合 A 上满足**幂等律**(idemopotent law).

(4) 分配：设 $*$ 和 Δ 是定义在集合 A 上的两个二元运算，如果对任意 $x,y,z\in A$，均有

$$x*(y\Delta z)=(x*y)\Delta(x*z)\quad(\text{左分配})$$
$$(y\Delta z)*x=(y*x)\Delta(z*x)\quad(\text{右分配})$$

则称运算 $*$ 对于运算 Δ 在集合 A 上分配，或称运算 $*$ 对于运算 Δ 在集合 A 上满足**分配律**(distributive law).

(5) 吸收：设 $*$ 和 Δ 是定义在集合 A 上的两个交换运算，如果对任意 $x,y\in A$，均有

$$x * (x \Delta y) = x$$
$$x \Delta (x * y) = x$$

则称运算 $*$ 与运算 Δ 在集合 A 上**吸收**,或称运算 $*$ 与运算 Δ 在集合 A 上满足**吸收律**(absorption law).

(6) 结合:设 $*$ 是定义在集合 A 上的二元运算,如果对任意 $x,y,z\in A$,均有 $(x*y)*z=x*(y*z)$,则称运算 $*$ 在集合 A 上**结合**,或称运算 $*$ 在集合 A 上满足**结合律**(associative law).

例 4.4.2 设 m 是大于 1 的正整数,Z_m 是模 m 同余类集合,即 $Z_m=\{[0],[1],\cdots,[m-1]\}$,对任意 $[a],[b]\in Z_m$,规定

$$[a]+_m[b]=[(a+b)\bmod m]$$
$$[a]\times_m[b]=[(a\times b)\bmod m]$$

则 $+_m$ 与 $\times_m$ 都是 Z_m 上的代数运算.

证明 只要证明上面规定的运算与元素的选取无关即可.设 $[a]=[x]$,$[b]=[y]$,则

$$m\mid(a-x),\quad m\mid(b-y)$$

于是

$$m\mid[(a-x)+(b-y)],\quad m\mid[(a-x)b+(b-y)x]$$

从而

$$m\mid[(a+b)-(x+y)],\quad m\mid[(ab)-(xy)]$$

即

$$[a+b]=[x+y],\quad [ab]=[xy]$$

故 $+_m$ 与 $\times_m$ 都是 Z_m 上的代数运算.

例 4.4.3 设 $*$ 是定义在集合 A 上的二元运算,如果对任意 $x,y\in A$,有 $x*y=x$,则运算 $*$ 在集合 A 上结合.

证明 任意 $x,y,z\in A$,由于

$$(x*y)*z=x*z=x$$
$$x*(y*z)=x*y=x$$

所以 $(x*y)*z=x*(y*z)$,故运算 $*$ 在集合 A 上结合.

4.4.3 代数系统的概念

一个非空集合 A 连同若干个定义在 A 上的代数运算 $f_1,f_2,\cdots,f_n$ 所组成的整体称为一个**代数系统**(algebraic system)或**代数结构**(algebraic structure),记作 $\langle A,f_1,f_2,\cdots,f_n\rangle$.

例如 $\langle \mathbf{R},+,-,\times\rangle$ 是代数系统,其中 $\mathbf{R}$ 是实数集,$+$,$-$ 与 $\times$ 是实数加、减与

乘运算. $\langle P(A),\cap,\cup,\sim\rangle$是代数系统,其中 $P(A)$是有限集合 A 的幂集,$\cap$,$\cup$与$\sim$是集合的交、并与绝对补运算.

例 4.4.4　设有代数系统$\langle A,\Delta,*\rangle$,其中 Δ 与 $*$ 都是二元运算且满足吸收律,则 Δ 与 $*$ 都满足幂等律.

证明　由于二元运算 Δ 与 $*$ 满足吸收律,所以对任意 $x,y\in A$,有

$$x*(x\Delta(x*y)) = x,\quad x\Delta(x*(x\Delta y)) = x$$

而

$$x*(x\Delta(x*y)) = x*x,\quad x\Delta(x*(x\Delta y)) = x\Delta x$$

所以

$$x*x = x,\quad x\Delta x = x$$

4.4.4　半群

定义 4.4.2　设有代数系统$\langle A,*\rangle$,其中 $*$ 是集合 A 上的二元运算.若运算 $*$ 在集合 A 上结合,则称$\langle A,*\rangle$是**半群**(semigroup).

定理 4.4.1　设$\langle A,*\rangle$是半群,如果 A 是有限集,则必有 $a\in A$,使得 $a*a=a$.

证明　对任意 $b\in A$,由 $*$ 的封闭性可知

$$b*b\in A,\quad 记\ b^2 = b*b$$
$$b^2*b\in A,\quad 记\ b^3 = b^2*b = b*b^2$$
$$b^3*b\in A,\quad 记\ b^4 = b^3*b = b*b^3$$

因为 A 是有限集,所以必存在正整数 $j>i$,使得 $b^i=b^j$.

令 $p=j-i$,于是

$$b^i = b^p*b^i,所以\ b^q = b^p*b^q\quad (q\geqslant i).$$

因为 $p\geqslant 1$,所以总可以找到 $k\geqslant 1$,使得 $kp\geqslant i$,从而对于 A 中的元素 b^{kp}有

$$\begin{aligned} b^{kp} &= b^p*b^{kp} \\ &= b^p*(b^p*b^{kp}) \\ &= b^{2p}*b^{kp} \\ &= b^{2p}*(b^p*b^{kp}) \\ &= \cdots \\ &= b^{kp}*b^{kp} \end{aligned}$$

这就证明了在 A 中存在元素 $a=b^{kp}$,使得 $a*a=a$.

定义 4.4.3　设代数系统$\langle A,*\rangle$,其中 $*$ 是集合 A 上的二元运算.如果存在 $a\in A$,使得 $a*a=a$,则称 a 为 A 中关于 $*$ 运算的**幂等元**.

例如,设代数系统为$\langle P(A),\cap\rangle$,其中 $P(A)$是有限集合 A 的幂集,$\cap$是集合的交运算,显然 $P(A)$中每个元素都是$\cap$的幂等元.同样,设代数系统为$\langle P(A),$

$\cup\rangle$，其中$\cup$是集合的并运算，$P(A)$中每个元素都是$\cup$的幂等元. 设代数系统$\langle \mathbf{R}, \times\rangle$，其中$\mathbf{R}$是实数集，$\times$是实数乘运算，则1和0都是$\times$的幂等元. 定理4.4.1说明有限半群一定有幂等元.

定义4.4.4 设$\langle A, *\rangle$是半群，B是A的非空子集，若$\langle B, *\rangle$也是半群，则称$\langle B, *\rangle$是半群$\langle A, *\rangle$的**子半群**(subsemigroup).

习题4.4

1. 设$A=\{2,3\}$，$S=A^A$，求S上函数复合运算$\circ$的运算表.

2. 设$\langle A, *\rangle$是半群，其中$A=\{a,b\}$，且$a*a=b$，证明：$a*b=b*a$.

3. 设$\langle A, *\rangle$是半群，且$*$运算在A上交换，如果A中有元素a与b，使得$a*a=a$，$b*b=b$，证明：$(a*b)*(a*b)=a*b$.

4. 设$A=\{$深色，浅色$\}$，定义A上的一个二元运算$*$如表4.4.3所示，则运算$*$在A上(　　).

A. 封闭　　B. 交换　　C. 结合　　D. 幂等

5. 设$A=\{$一元，五角$\}$，定义A上的一个二元运算$*$如表4.4.4所示，则运算$*$在A上(　　).

A. 封闭　　B. 交换　　C. 结合　　D. 幂等

表4.4.3

*	深色	浅色
深色	深色	深色
浅色	深色	浅色

表4.4.4

*	一元	五角
一元	可乐	冰淇淋
五角	果汁	矿泉水

6. 设$*$运算是定义在整数集$\mathbf{Z}$上的二元运算，且对任意$a,b\in\mathbf{Z}$，$a*b=a+b-9$，则$*$运算在$\mathbf{Z}$上(　　).

A. 封闭　　B. 交换　　C. 结合　　D. 幂等

7. 设$*$与Δ运算是定义在正整数集I_+上的两个二元运算，且对任意$a,b\in I$，$a*b=a^b$，$a\Delta b=ab$，则(　　).

A. 运算$*$对运算Δ分配　　B. 运算Δ对运算$*$分配

C. 运算$*$与运算Δ相互分配　　D. 运算$*$与运算Δ互不分配

8. 设$*$运算与Δ运算是定义在自然数集$\mathbf{N}$上的两个二元运算，且对任意$a,b\in\mathbf{N}$，$a*b=\max(a,b)$，$a\Delta b=\min(a,b)$，则(　　).

A. 运算$*$对运算Δ分配　　B. 运算Δ对运算$*$分配

C. 运算$*$与运算Δ相互分配　　D. 运算$*$与运算Δ满足吸收律

4.5　幺元、零元和逆元

4.5.1　幺元

设$\langle A, * \rangle$是一个代数系统，$*$是集合A上的一个二元运算.

(1) 若存在元素$e_l \in A$，对一切$x \in A$都有$e_l * x = x$，则称e_l为A中关于运算$*$的**左幺元**(left identity)；

(2) 若存在元素$e_r \in A$，对一切$x \in A$都有$x * e_r = x$，则称e_r为A中关于运算$*$的**右幺元**(right identity)；

(3) 若存在元素$e \in A$，对一切$x \in A$都有$e * x = x = x * e$，则称e为A中关于运算$*$的**幺元**(identity element).

定理 4.5.1　设$\langle A, * \rangle$是一个代数系统，$*$是集合A上的一个二元运算.若A中有关于运算$*$的左幺元e_l与右幺元e_r，则$e_l = e_r = e$且A中幺元唯一.

证明　$e_l = e_l * e_r = e_r$

假设A中有两个幺元e与e'，则$e' = e' * e = e$.

例 4.5.1　设$A = \{1,2,3,4\}$，定义集合A上的两个二元运算$*$和Δ分别如表4.5.1与表4.5.2所示，则2,3,4均是$*$运算的左幺元，3是Δ运算的幺元.

表 4.5.1

$*$	1	2	3	4
1	2	3	4	1
2	1	2	3	4
3	1	2	3	4
4	1	2	3	4

表 4.5.2

Δ	1	2	3	4
1	2	3	1	4
2	3	2	2	4
3	1	2	3	4
4	1	2	4	3

4.5.2　零元

设$\langle A, * \rangle$是一个代数系统，$*$是集合A上的一个二元运算.

(1) 若存在元素$\theta_l \in A$，对一切$x \in A$都有$\theta_l * x = \theta_l$，则称θ_l为A中关于运算$*$的**左零元**(left zero element)；

(2) 若存在元素$\theta_r \in A$，对一切$x \in A$都有$x * \theta_r = \theta_r$，则称θ_r为A中关于运算$*$的**右零元**(right zero)；

(3) 若存在元素$\theta \in A$，对一切$x \in A$都有$\theta * x = \theta = x * \theta$，则称$\theta$为$A$中关

于运算 $*$ 的**零元**(zero element).

定理 4.5.2 设 $\langle A, *\rangle$ 是一个代数系统，$*$ 是集合 A 上的一个二元运算.若 A 中有关于运算 $*$ 的左零元 θ_l 与右零元 θ_r，则 $\theta_l=\theta_r=\theta$，且 A 中零元唯一.

证明 $\theta_l=\theta_l*\theta_r=\theta_r$.假设 A 中有两个零元 θ 与 θ'，则 $\theta'=\theta'*\theta=\theta$.

例 4.5.2 设有代数系统 $\langle P(A), \cap, \cup\rangle$，其中 $P(A)$ 是有限集合 A 的幂集，$\cap$ 与 $\cup$ 是集合的交与并运算，则 $\cap$ 的幺元为 A，零元为 $\varnothing$；$\cup$ 的幺元为 $\varnothing$，零元为 A.

例 4.5.3 设有代数系统 $\langle \mathbf{R}, +, \times\rangle$，其中 $\mathbf{R}$ 是实数集，$+$ 与 $\times$ 是实数加与乘运算，则 $+$ 的幺元为 0，且没有零元；$\times$ 的幺元为 1，零元为 0.

例 4.5.4 设 $A=\{1,2,3,4\}$，定义集合 A 上的两个二元运算 $*$ 和 Δ 分别如表 4.5.3 与表 4.5.4 所示，则 1，2 均是 $*$ 运算的右零元，2 是 Δ 运算的零元.

表 4.5.3

$*$	1	2	3	4
1	1	2	4	1
2	1	2	3	4
3	1	2	3	4
4	1	2	3	4

表 4.5.4

Δ	1	2	3	4
1	2	2	1	4
2	2	2	2	2
3	1	2	3	4
4	1	2	4	3

定理 4.5.3 设 $\langle A, *\rangle$ 是一个代数系统，$*$ 是集合 A 上的一个二元运算，且 A 中元素的个数不小于 2.若该代数系统中存在幺元 e 和零元 θ，则 $e\neq\theta$.

证明 假设 $e=\theta$，则对任意 $a\in A$，有 $a=a*e=a*\theta=\theta=e$.于是，集合 A 中所有元素都相同，这与 A 中元素的个数不小于 2 相矛盾.

4.5.3 逆元

设 $\langle A, *\rangle$ 是一个代数系统，$*$ 是集合 A 上的一个二元运算，且 e 为 A 中关于 $*$ 运算的幺元.对 A 中的某个元素 a，有：

(1) 如果有元素 $b\in A$ 使 $b*a=e$，那么称 b 为 a 的**左逆元**(left inverse element)；

(2) 如果有元素 $b\in A$ 使 $a*b=e$，那么称 b 为 a 的**右逆元**(right inverse element)；

(3) 如果有元素 $b\in A$ 使 $b*a=e=a*b$，那么称 b 是 a 的**逆元**(inverse element).

例 4.5.5 设 $A=\{1,2,3,4\}$，定义集合 A 上的两个二元运算 $*$ 和 Δ 分别如

表4.5.5与表4.5.6所示.试讨论各元素的逆元.

表4.5.5

*	1	2	3	4
1	4	4	4	1
2	4	4	4	2
3	4	4	4	3
4	1	2	3	4

表4.5.6

Δ	1	2	3	4
1	1	2	3	4
2	2	4	3	1
3	3	4	4	2
4	4	3	2	1

解　4为*运算的幺元时,关于*运算:

1的逆元为:1,2,3

2的逆元为:1,2,3

3的逆元为:1,2,3

4的逆元为:4

而1为Δ运算的幺元时,关于Δ运算:

1的逆元为1

2的右逆元为4,无左逆元

3既无左逆元又无右逆元

4的左逆元为2与4,右逆元为4

定理4.5.4　设$\langle A, *\rangle$是一个代数系统,*是集合A上的一个二元运算,e为A中关于*运算的幺元,且*运算在A上结合.对于A中的元素a,若a既有左逆元b_l又有右逆元b_r,则$b_l=b_r=b$,且b是a的唯一逆元.

证明　由$b_l*a=e$和$a*b_r=e$知

$$b_l = b_l*e = b_l*(a*b_r) = (b_l*a)*b_r = e*b_r = b_r$$

假设b和c都是a的逆元,则

$$b = b*e = b*(a*c) = (b*a)*c = e*c = c$$

注意　设代数系统$\langle A, *\rangle$,*是集合A上的一个二元运算,且*运算在A上结合,则A中的元素a若有逆元,则其逆元唯一,于是把它记作a^{-1}.

例如,设代数系统$\langle \mathbf{R}, +, \times\rangle$,其中$\mathbf{R}$是实数集,+与×是实数加与乘运算.显然0是+的幺元,且+运算在$\mathbf{R}$上结合,对于任意$a\in\mathbf{R}$,关于+运算,a的逆元$a^{-1}=-a$.同时1是×的幺元,且×运算在$\mathbf{R}$上结合,对于任意$a\in\mathbf{R}$且$a\neq 0$,关于×运算,a的逆元$a^{-1}=1/a$.

4.5.4　独异点

定义4.5.1　设$\langle A, *\rangle$是一个半群,如果A中有关于*运算的幺元,则称

$\langle A, *\rangle$为**独异点**(monoid).

例 4.5.6 设 m 是大于1的正整数,Z_m是模 m 同余类集合,即 $Z_m=\{[0],[1],\cdots,[m-1]\}$,对任意$[a],[b]\in Z_m$,规定

$$[a]+_m[b]=[(a+b)\bmod m]$$
$$[a]\times_m[b]=[(a\times b)\bmod m]$$

则$\langle Z_m,+_m\rangle$与$\langle Z_m,\times_m\rangle$都是独异点.

证明 (1) 由于$+_m$与$\times_m$都是Z_m上的代数运算,所以$\langle Z_m,+_m\rangle$与$\langle Z_m,\times_m\rangle$都是半群.

(2) 任取$[i],[j],[k]\in Z_m$,则

$$([i]+_m[j])+_m[k]=[i]+_m([j]+_m[k])=[(i+j+k)\bmod m]$$
$$([i]\times_m[j])\times_m[k]=[i]\times_m([j]\times_m[k])=[(ijk)\bmod m]$$

所以$+_m$与$\times_m$在Z_m上都结合,即$\langle Z_m,+_m\rangle$与$\langle Z_m,\times_m\rangle$都是独异点.

表4.5.7与表4.5.8分别是$\langle Z_6,+_6\rangle$与$\langle Z_6,\times_6\rangle$的运算表.

表 4.5.7

$+_6$	[0]	[1]	[2]	[3]	[4]	[5]
[0]	[0]	[1]	[2]	[3]	[4]	[5]
[1]	[1]	[2]	[3]	[4]	[5]	[0]
[2]	[2]	[3]	[4]	[5]	[0]	[1]
[3]	[3]	[4]	[5]	[0]	[1]	[2]
[4]	[4]	[5]	[0]	[1]	[2]	[3]
[5]	[5]	[0]	[1]	[2]	[3]	[4]

表 4.5.8

$\times_6$	[0]	[1]	[2]	[3]	[4]	[5]
[0]	[0]	[0]	[0]	[0]	[0]	[0]
[1]	[0]	[1]	[2]	[3]	[4]	[5]
[2]	[0]	[2]	[4]	[0]	[2]	[4]
[3]	[0]	[3]	[0]	[3]	[0]	[3]
[4]	[0]	[4]	[2]	[0]	[4]	[2]
[5]	[0]	[5]	[4]	[3]	[2]	[1]

显然,这两个运算表中任意两行或两列都不同.

定理 4.5.5 设$\langle A, *\rangle$是一个独异点,则$*$运算的运算表中任意两行或两列都不相同.

证明 设 e 为 A 中关于$*$运算的幺元,任取 $a,b\in A$ 且$a\neq b$,总有

$$e*a=a\neq b=e*b$$
$$a*e=a\neq b=b*e$$

所以$*$运算的运算表中任意两行或两列都不相同.

定义 4.5.2 设$\langle A, *\rangle$是独异点,B 是 A 的非空子集,若$\langle B, *\rangle$也是独异点,则称$\langle B, *\rangle$是独异点$\langle A, *\rangle$的**子独异点**(submonoid).

习题 4.5

1. 设 $G=\{1,2\}$，则集合 G 上总共可定义(　　)个二元运算.

A. 4　　B. 8　　C. 16　　D. 32

2. 下列运算中，(　　)运算关于整数集不构成半群.

A. $a*b=\max(a,b)$　　B. $a*b=b$

C. $a*b=2ab$　　D. $a*b=|a-b|$

3. 下列运算中，(　　)运算是关于$\{a,b\}$构成独异点.

A.

*	a	b
a	a	b
b	a	b

B.

*	a	b
a	a	a
b	b	b

C.

*	a	b
a	a	a
b	a	a

D.

*	a	b
a	a	b
b	b	a

4. 设有代数系统$\langle \mathbf{R},*\rangle$，其中 $\mathbf{R}$ 为实数集，且对任意 $x,y\in\mathbf{R}$，定义 $x*y=x+y-2xy$，则 $*$ 运算的幺元为(　　).

A. 0　　B. 1　　C. 2　　D. 3

5. 设有代数系统$\langle \mathbf{R},*\rangle$，其中 $\mathbf{R}$ 为实数集，且对任意 $x,y\in\mathbf{R}$，定义 $x*y=x+y-2xy$，则 $*$ 运算不满足(　　).

A. 封闭性　　B. 交换律　　C. 结合律　　D. 幂等律

6. 代数系统$\langle \mathbf{R},*\rangle$是(　　)，其中 $\mathbf{R}$ 为实数集，且对任意 $x,y\in\mathbf{R}$，定义 $x*y=x+y+xy$.

A. 半群　　B. 独异点　　C. 群　　D. 交换群

7. 设 $P(S)$为集合 S 的幂集，则代数系统$\langle P(S),\cup\rangle$的幺元为(　　).

A. S　　B. $\varnothing$　　C. S 或$\varnothing$　　D. 不确定

8. 代数系统$\langle \mathbf{R},+\rangle$的零元为(　　)，其中 $\mathbf{R}$ 为实数集，+为实数加.

A. 1　　B. -1　　C. 0　　D. 不存在

9. 设代数系统$\langle A,*\rangle$，且 $*$ 运算在 A 上幂等、交换、结合，试探求关系 $R=\{\langle x,y\rangle \mid x,y\in A$ 且 $x*y=x\}$的性质，并加以证明.

10. 设半群$\langle G,*\rangle$，且对任意 $x,y\in G$，若 $x\neq y$ 时必有 $x*y\neq y*x$，证明：

(1) 对任意 $x\in G$ 有 $x*x=x$；

(2) 对任意 $x,y\in G$ 有 $x*y*x=x$；

(3) 对任意 $x,y,z\in G$ 有 $x*y*z=x*z$.

第5章 群论初步

挪威伟大数学家阿贝尔(Abel,1802～1829),19岁时解决了让许多著名数学家烦恼了数百年的难题.即证明了一元二次、一元三次和一元四次方程都有求根公式,但是对于一般的一元五次方程却不存在这样的求根公式.1829年,法国天才数学家伽罗瓦(Galois,1811～1832)在此基础上,对方程的可解性问题提供了全面透彻的解答,指出了五次及五次以上的方程,哪些有求根公式,哪些没有求根公式.从而开辟了群论这门全新的研究领域,使群论迅速发展成一门新的数学分支,并对近代数学的形成和发展产生了巨大影响,人们为了纪念他们,引入了阿贝尔群、伽罗瓦理论等概念.举一个具有说服力的例子,1962年,物理学家 M. Gell Mann(1969年获得诺贝尔物理学奖)和 Y. Ne'eman 应用群的理论预言,存在着一种被称为 Ω-负粒子的新粒子,两年后这个预言在实验室里被证实.

5.1 群的基本概念

5.1.1 群的定义

定义 5.1.1 设$\langle A, * \rangle$是独异点,对于任意 $a \in A$,如果 a 都有逆元a^{-1},则称$\langle A, * \rangle$是**群**(group).如果 A 是有限集,则称$\langle A, * \rangle$是**有限群**(finite group),此时 A 中元素的个数称为有限群$\langle A, * \rangle$的**阶**(order),记作$|A|$;如果 A 是无限集,则称$\langle A, * \rangle$是**无限群**(infinite group).

例如,$\langle P(A), \oplus \rangle$是群,其中 $P(A)$是有限集 A 的幂集,$\oplus$是集合的对称差运算.$\langle \mathbf{R}, + \rangle$是群,其中 $\mathbf{R}$ 是实数集,+是实数加运算.$\langle \mathbf{R} - \{0\}, \times \rangle$是群,其中 $\mathbf{R}$ 是实数集,×是实数乘运算.$\langle \mathbf{Z}, + \rangle$是群,其中 $\mathbf{Z}$ 是整数集,+是实数加运算,称其为**整数加群**.例 4.5.6 中,$\langle \mathrm{Z}_m, +_m \rangle$是群,称其为**模 m 同余类加群**,但$\langle \mathrm{Z}_m, \times_m \rangle$不是群.

例 5.1.1 设$\langle A, * \rangle$是半群,e 是其左幺元且对每个 $a \in A$ 存在 $b \in A$,使得 $b * a = e$,试证明:$\langle A, * \rangle$为群.

证明 任取 $a\in A$,则存在 $b\in A$ 使得 $b*a=e$,同时存在 $c\in A$ 使得 $c*b=e$.于是

$$b*a*e=(b*a)*e=e*e=e=b*a$$

即

$$b*a*e=b*a$$

从而

$$\begin{aligned}c*(b*a*e)&=c*(b*a)\\(c*b)*(a*e)&=(c*b)*a\\e*(a*e)&=e*a\\a*e&=a\end{aligned}$$

这说明 e 为右幺元,故得证 e 为 $\langle A,*\rangle$ 的幺元.而

$$\begin{aligned}a*b&=e*(a*b)\\&=(c*b)*(a*b)\\&=c*(b*a)*b\\&=c*e*b\\&=c*b\\&=e\end{aligned}$$

所以 $a*b=e=b*a$,即 A 中每个元素 a 均有逆元,因此,$\langle A,*\rangle$ 为群.

例 5.1.2 设 $\mathbf{R}$ 为实数集,$A=\mathbf{R}-\{0,1\}$,对任意 $x\in A$,定义函数 $f_1(x)=x$, $f_2(x)=\dfrac{1}{x}$, $f_3(x)=1-x$, $f_4(x)=\dfrac{1}{1-x}$, $f_5(x)=\dfrac{x-1}{x}$, $f_6(x)=\dfrac{x}{x-1}$.记 $F=\{f_1,f_2,f_3,f_4,f_5,f_6\}$,证明:$\langle F,\circ\rangle$ 是群,其中 $\circ$ 是函数的复合运算.

证明 显然,运算 $\circ$ 在 F 上结合.

再由函数的复合运算求得 $\langle F,\circ\rangle$ 的运算表如表 5.1.1 所示.

表 5.1.1

$\circ$	f_1	f_2	f_3	f_4	f_5	f_6
f_1	f_1	f_2	f_3	f_4	f_5	f_6
f_2	f_2	f_1	f_4	f_3	f_6	f_5
f_3	f_3	f_5	f_1	f_6	f_2	f_4
f_4	f_4	f_6	f_2	f_5	f_1	f_3
f_5	f_5	f_3	f_6	f_1	f_4	f_2
f_6	f_6	f_4	f_5	f_2	f_3	f_1

由表 5.1.1 知,运算 $\circ$ 在 F 上封闭;f_1 是幺元;f_2,f_3,f_6 均以自身为逆,f_4 与 f_5

互为逆元,所以$\langle F,\circ\rangle$是群.

注意 (1) 在不产生混淆时,群$\langle A,*\rangle$简称为群A.

(2) 设$\langle A,*\rangle$是群,由于$*$运算在集合A上结合,因此,对任意$a_1,a_2,\cdots,a_n\in A$,$a_1*a_2*\cdots*a_n$的值是唯一确定的.

于是,对任意$a\in A$,定义a**的**n**次幂**(记作a^n,这里n为整数)为

$$a^n=\begin{cases}\underbrace{a*a*\cdots*a}_{n个a} & (n为正整数)\\ \underbrace{a^{-1}*a^{-1}*\cdots*a^{-1}}_{|n|个a^{-1}} & (n为负整数)\end{cases}$$

约定$a^0=e$(e为幺元).

为便于计算和证明其他结论,还可递归定义a的n次幂(记作a^n,这里n为整数)为:

(1) $a^0=e$(e为幺元);

(2) $a^n=a^{n-1}*a$(n为正整数);

(3) $a^n=a^{n+1}*a^{-1}$(n为负整数).

容易验证

$$a^n*a^m=a^{n+m}\quad(n,m为整数)$$
$$(a^n)^m=a^{nm}\quad(n,m为整数)$$

注意 一般地$(a*b)^n\neq a^n*b^n$.

5.1.2 群的性质

定理 5.1.1 设$\langle G,*\rangle$是群,对于任意$a,b\in G$,则:

(1) $(a^{-1})^{-1}=a$;

(2) $(a*b)^{-1}=b^{-1}*a^{-1}$.

证明 设$\langle G,*\rangle$的幺元为e.

(1) 由于$a*a^{-1}=e=a^{-1}*a$,所以a^{-1}的逆元为a,即$(a^{-1})^{-1}=a$.

(2) 因$(b^{-1}*a^{-1})*(a*b)=b^{-1}*(a^{-1}*a)*b=b^{-1}*e*b=b^{-1}*b=e$,所以$b^{-1}*a^{-1}$为$a*b$的左逆元.

同理可证$(a*b)*(b^{-1}*a^{-1})=e$,即证得$b^{-1}*a^{-1}$为$a*b$的右逆元.

因此$(a*b)^{-1}=b^{-1}*a^{-1}$.对任意$a_1,a_2,\cdots,a_n\in G$,易证$(a_1*a_2*\cdots*a_n)^{-1}=a_n^{-1}*\cdots*a_2^{-1}*a_1^{-1}$.

定理 5.1.2 群$\langle G,*\rangle$中不可能有零元.

证明 当群的阶为1时,它的唯一元素看作幺元.

设$|G|>1$且群$\langle G,*\rangle$有零元θ,那么对任意$x\in G$都有$x*\theta=\theta*x=\theta$.

由于 $\theta \neq e$，所以零元 θ 就不存在逆元，这与群 $\langle G, * \rangle$ 中每个元素都有逆元相矛盾. 所以群 $\langle G, * \rangle$ 中不含有零元.

定理 5.1.3 群 $\langle G, * \rangle$ 中除幺元 e 外，不可能有任何别的幂等元.

证明 因为 $e * e = e$，所以 e 是幂等元. 假定有 $a \in A, a \neq e$ 也满足 $a * a = a$，则有

$$\begin{aligned} a &= e * a \\ &= (a^{-1} * a) * a \\ &= a^{-1} * (a * a) \\ &= a^{-1} * a \\ &= e \end{aligned}$$

此与假设 $a \neq e$ 相矛盾. 所以定理成立.

定理 5.1.4（消去律） 设 $\langle G, * \rangle$ 是群，对于任意的 $a, b, c \in G$，有：

(1) 如果 $a * b = a * c$，则必有 $b = c$（左消去律）；

(2) 如果 $b * a = c * a$，则必有 $b = c$（右消去律）.

证明 设 e 是群 $\langle G, * \rangle$ 的幺元.

(1) 由于 $\langle G, * \rangle$ 是群，所以 a 的逆元 a^{-1} 存在，于是 $a^{-1} * (a * b) = a^{-1} * (a * c)$，所以 $(a^{-1} * a) * b = (a^{-1} * a) * c$. 从而 $e * b = e * c$，即 $b = c$.

(2) 当 $b * a = c * a$ 时，同理可证得 $b = c$.

定理 5.1.5 设 $\langle G, * \rangle$ 是群，对于任意 $a, b \in G$，方程 $a * x = b$ 与 $y * a = b$ 都有唯一解.

证明 设 e 是群 $\langle G, * \rangle$ 的幺元. 令 $x = a^{-1} * b$，则

$$\begin{aligned} a * x &= a * (a^{-1} * b) \\ &= (a * a^{-1}) * b \\ &= e * b \\ &= b \end{aligned}$$

假定方程 $a * x = b$ 另有一解 x_1，即 $a * x_1 = b$，于是 $a * x = a * x_1$，从而 $x = x_1$.

同理可证，方程 $y * a = b$ 有唯一解 $y = b * a^{-1}$.

例 5.1.3 设 $\langle G, * \rangle$ 是群，e 是幺元，且 $a, b, c \in G$. 求下列方程的解 x.

(1) $a * b * x = c$；

(2) $a = b * x^2$ 且 $x^3 = e$.

解 (1) $x = (a * b)^{-1} * c = b^{-1} * a^{-1} * c$.

(2) 因为 $a = b * x^2$，所以 $a * x = b * x^2 * x$，即 $a * x = b * x^3$. 于是 $a * x = b$，从而 $x = a^{-1} * b$.

定理 5.1.6 群$\langle G, *\rangle$的运算表中的每一行(或每一列)都是 G 上的一个双射.

证明 设 x 是 G 中的任意元素,只需证 G 中的每个元素在 x 所在行出现且仅出现一次.

(1) 任取 $a\in G$,因为 $x*(x^{-1}*a)=a$,且 $x^{-1}*a\in G$,所以 a 一定在 x 所在行,$x^{-1}*a$ 所在列出现.

(2) 假定 a 在 x 所在行出现两次,则必有 $y_1,y_2\in G$,且 $y_1\neq y_2$ 使得

$$x*y_1 = a = x*y_2$$

由消去律得 $y_1=y_2$,此与 $y_1\neq y_2$ 矛盾.所以 a 在任意元素 x 所在行只出现一次.

5.1.3 元素的阶

定义 5.1.2 设 e 是群$\langle G, *\rangle$的幺元,$a\in G$,满足 $a^k=e$ 的最小正整数 k,称为元素 a 的阶,记作 $|a|$.

例 5.1.4 设有代数系统$\langle N_k, +_k\rangle$,其中集合 $N_k=\{0,1,2,\cdots,k-1\}$,且对任意 $x,y\in N_k$,$x+_k y=(x+y)\bmod k$.证明$\langle N_k, +_k\rangle$是群,并求$\langle N_6, +_6\rangle$中各元素的阶.

证明 因为 $x+_k y=(x+y)\bmod k$,而 $0\leqslant(x+y)\bmod k\leqslant k-1$,所以 $x+_k y\in N_k$,即运算 $+_k$ 在 N_k 上封闭.

因为$(x+_k y)+_k z=(x+y+z)\bmod k=x+_k(y+_k z)$,所以运算 $+_k$ 满足结合律.

因为 $0+_k x=x+_k 0=(0+x)\bmod k=x$,所以 0 是运算 $+_k$ 的幺元.

对每个 $x\in N_k$ 且 $x\neq 0$,因为

$$(k-x)+_k x=(k-x+x)\bmod k=k \bmod k=0$$
$$x+_k(k-x)=(x+k-x)\bmod k=k \bmod k=0$$

所以 $x^{-1}=k-x$.又幺元 0 的逆元 $0^{-1}=0$,故$\langle N_k, +_k\rangle$是群.

对于$\langle N_6, +_6\rangle$,其各元素的阶为

$$|0|=1,\quad |1|=6,\quad |2|=3$$
$$|3|=2,\quad |4|=3,\quad |5|=6$$

定理 5.1.7 有限群中每个元素的阶均有限.

证明 设 n 阶有限群$\langle G, *\rangle$,e 为其幺元.任取 $a\in G$,则 $a,a^2,\cdots,a^n,a^{n+1}$ 中必有两个元素相等,不妨设 $a^s=a^t(1\leqslant s<t\leqslant n+1)$,则

$$e*a^t=a^t=a^{t-s}*a^s=a^{t-s}*a^t$$

即

$$a^{t-s} = e$$

故元素 a 的阶有限.

注意 无限群中元素的阶可以是有限的也可以是无限的,甚至可以都是有限的.

定理 5.1.8 设 e 为群 $\langle G, *\rangle$ 幺元,$a \in G$ 且 a 的阶为 k,则 $a^n = e$ 当且仅当 $k \mid n$.

证明 设 $a^n = e$ 并令 $n = mk + r(0 \leqslant r < k)$,则

$$a^n = a^{mk+r} = a^{mk} * a^r = (a^k)^m * a^r = e * a^r = a^r = e$$

由于 $|a| = k$ 且 $0 \leqslant r < k$,故 $r = 0$,从而 $k \mid n$.

反之,设 $k \mid n$,则令 $n = kq$,从而 $a^n = a^{kq} = (a^k)^q = e$.

定理 5.1.9 设 e 为群 $\langle G, *\rangle$ 幺元,$a \in G$ 且 a 的阶为 n,则 $|a^k| = n/d$,其中,d 为 k 与 n 的最大公约数.

证明 由于 d 为 k 与 n 的最大公约数,则 $n = dp$ 且 $k = dq$(p 与 q 互质).于是

$$(a^k)^p = a^{kp} = a^{dqp} = (a^{dp})^q = e^q = e$$

再设 $(a^k)^m = e$,则 $a^{km} = e$,于是 $n \mid km$,从而 $dp \mid dqm$,即 $p \mid qm$.

又由于 p 与 q 互质,故 $p \mid m$,因此 a^k 的阶为 p.

例 5.1.5 设 $\langle G, *\rangle$ 是群,e 是其幺元,任取 $a, b \in G$,则

(1) a 与 a^{-1} 有相同的阶;

(2) $a * b$ 与 $b * a$ 有相同的阶.

证明 (1) 设 a 的阶为 n,则 $a^n = e$.于是 $(a^{-1})^n = (a^n)^{-1} = e^{-1} = e$.

再设 $(a^{-1})^m = e$,则 $(a^m)^{-1} = e$,从而 $a^m = e$,这样由定理 5.1.8 知 $n \mid m$,故 a^{-1} 的阶为 n.

(2) 设 $a * b$ 的阶为 n,则 $(a * b)^n = e$.从而

$$a * (a * b)^{n-1} * b = e$$

于是

$$b * a * (b * a)^{n-1} * b * a = b * e * a$$

即

$$(b * a)^n * (b * a) = b * a = e * (b * a)$$

故

$$(b * a)^n = e$$

再设 $(b * a)^m = e$,同理可证 $(a * b)^m = e$.

这样由定理 5.1.8 必有 $n \mid m$,故 $b * a$ 的阶为 n.

习题 5.1

1. 设$\langle G, *\rangle$是独异点,试证明:G 中所有可逆元对于 $*$ 运算形成群.

2. 证明:偶数阶群必有 2 阶元.

3. 设$\langle G, *\rangle$是半群,若

(1) 存在元素 $e\in G$,对任意 $a\in G$ 有 $e*a=a$;

(2) 对任意 $a\in G$,存在元素 $b\in G$ 使 $b*a=e$.

证明:在上述两种情况下,$\langle G, *\rangle$都为群.

4. 设$\langle G, *\rangle$是半群,若任意 $a,b\in G$,方程 $x*a=b$ 有唯一解,证明:$\langle G, *\rangle$是群.

5. 设$\langle G, *\rangle$是有限半群,对任意 $a,b,c\in G$,若 $b*a=c*a$ 时必有 $b=c$,证明:$\langle G, *\rangle$是群.

6. 设代数系统$\langle H, *\rangle$,其中 $H=\{1,i,j,k,-1,-i,-j,-k\}$,且

$$i^2=j^2=k^2=-1$$
$$i*j=-j*i=k$$
$$j*k=-k*j=i$$
$$k*i=-i*k=j$$

或如表 5.1.2 所示其运算表,则$\langle H, *\rangle$是群,称其为 Hamilton 四元数群.

表 5.1.2

$*$	1	i	j	k	-1	$-i$	$-j$	$-k$
1	1	i	j	k	-1	$-i$	$-j$	$-k$
i	i	-1	k	$-j$	$-i$	1	$-k$	j
j	j	$-k$	-1	i	$-j$	k	1	$-i$
k	k	j	$-i$	-1	$-k$	$-j$	i	1
-1	-1	$-i$	$-j$	$-k$	1	i	j	k
$-i$	$-i$	1	$-k$	j	i	-1	k	$-j$
$-j$	$-j$	k	1	$-i$	j	$-k$	-1	i
$-k$	$-k$	$-j$	i	1	k	j	$-i$	-1

5.2 子　　群

5.2.1 子群的定义

定义 5.2.1 设$\langle G, *\rangle$是一个群,S 是 G 的非空子集,如果$\langle S, *\rangle$也是群,则

称$\langle S, *\rangle$是$\langle G, *\rangle$的一个**子群**(subgroup),简称S是G的子群.若$S \subset G$,则称$\langle S, *\rangle$是$\langle G, *\rangle$的**真子群**(proper subgroup)

例 5.2.1 设e是群$\langle G, *\rangle$的幺元,则称$\langle \{e\}, *\rangle$与$\langle G, *\rangle$为群$\langle G, *\rangle$的**平凡子群**(trivial subgroup),其余的(如果有的话)称为**非平凡子群**(nontrivial subgroup).

例 5.2.2 $\langle N_6, +_6\rangle$不是群$\langle N_k, +_k\rangle$的子群,而$\langle \{0,2\}, +_6\rangle$,$\langle \{0,2,4\}, +_6\rangle$是$\langle N_6, +_6\rangle$的非平凡子群.

5.2.2 子群的性质

定理 5.2.1 设$\langle S, *\rangle$是群$\langle G, *\rangle$子群,则:

(1) 群$\langle G, *\rangle$的幺元也是$\langle S, *\rangle$的幺元;

(2) 对任意$a \in S$,a在G中的逆元也是a在S中的逆元.

证明 (1) 设e_1为$\langle S, *\rangle$的幺元,显然$e_1 \in G$.任取$x \in S$,则$e_1 * x = x = e * x$,故$e = e_1$.

(2) 任取$a \in S$(显然$a \in G$),设a_1为a在S中的逆元,则$a_1 * a = e = a^{-1} * a$,故$a_1 = a^{-1}$.

5.2.3 子群的判定

定理 5.2.2 设$\langle G, *\rangle$是群,S是G的非空子集,则$\langle S, *\rangle$是$\langle G, *\rangle$的子群当且仅当下面的条件同时成立:

(1) 任意$a, b \in S$,有$a * b \in S$;

(2) 任意$a \in S$,有$a^{-1} \in S$.

证明 必要性显然.

为证充分性,只需证明$e \in S$,其中e为$\langle G, *\rangle$的幺元.因S为非空,必存在$a \in S$,且由条件(2)知$a^{-1} \in S$,再由(1)知有$a * a^{-1} \in S$,即$e \in S$.

定理 5.2.3 设$\langle G, *\rangle$是群,S是G的有限非空子集,则$\langle S, *\rangle$是$\langle G, *\rangle$的子群当且仅当运算$*$在S上封闭.

证明 必要性显然.

为证充分性,只需证明任取$b \in S$有$b^{-1} \in S$.

设e为$\langle G, *\rangle$的幺元,任取$b \in S$,有:

(1) 若$b = e$,则$b^{-1} = e^{-1} = e \in S$.

(2) 若$b \neq e$,由于$*$在S上封闭,则元素$b, b * b = b^2, b * b * b = b^3, \cdots$都在$S$中.

又由于S是有限集,所以必存在正整数i和j,不妨设$i < j$,使得$b^i = b^j$,从而

$b^i = b^j = b^{i+j-i} = b^i * b^{j-i}$,于是 $e = b^{j-i}$.由 $b \neq e$ 且 $j - i > 1$ 得 $b^{-1} = b^{j-i-1} \in S$.

定理 5.2.4　设$\langle G,\Delta\rangle$是群,S 是 G 的非空子集,则$\langle S,\Delta\rangle$是$\langle G,\Delta\rangle$的子群当且仅当对于任意元素 $a,b\in S$,都有 $a\Delta b^{-1}\in S$.

证明　设$\langle S,\Delta\rangle$是$\langle G,\Delta\rangle$的子群,则对任意 $b\in S$ 有 $b^{-1}\in S$.又对任意 $a\in S$,由运算 $*$ 在 S 上封闭知 $a\Delta b^{-1}\in S$,从而必要性得证.

下面证明充分性.

设 e 为$\langle G,*\rangle$的幺元,任取 $a\in S$,则 $a\Delta a^{-1}\in S$,又 $e = a\Delta a^{-1}$,故得证幺元 $e\in S$.

对任意 $a\in S$,因为 $e\in S$,从而 $e\Delta a^{-1}\in S$,而 $e\Delta a^{-1} = a^{-1}$,故得证逆元 $a^{-1}\in S$.

对任意 $a,b\in S$,由(2)可知 $b^{-1}\in S$,而 $b=(b^{-1})^{-1}$,从而 $a\Delta(b^{-1})^{-1} = a\Delta b$,所以 $a\Delta b\in S$,故得证运算 Δ 在 S 上封闭.

Δ 运算在 G 上的结合性仍保持到 S.

综上所述,$\langle S,\Delta\rangle$是$\langle G,\Delta\rangle$的子群.

例 5.2.3　设 $\mathbf{R}$ 是实数集,$\mathbf{R}\times\mathbf{R}=\{\langle x,y\rangle \mid x,y\in\mathbf{R}\}$是一实平面,实平面上的一条直线 $H=\{\langle x,y\rangle \mid x,y\in\mathbf{R},y=2x\}$.任取$\langle x,y\rangle$,$\langle z,t\rangle\in\mathbf{R}\times\mathbf{R}$,$\langle x,y\rangle+\langle z,t\rangle = \langle x+z,y+t\rangle$,求证$\langle H,+\rangle$是群$\langle\mathbf{R}\times\mathbf{R},+\rangle$的一个子群.

证明　任取$\langle x,y\rangle$,$\langle z,t\rangle\in H$,则 $y=2x$,$t=2z$.而幺元 $e=\langle 0,0\rangle$,$\langle x,y\rangle$的逆元$\langle x,y\rangle^{-1}=\langle -x,-y\rangle$.于是

$$\begin{aligned}\langle z,t\rangle + \langle x,y\rangle^{-1} &= \langle z-x,t-y\rangle \\ &= \langle z-x,2(z-x)\rangle \\ &\in H\end{aligned}$$

根据定理 5.2.4 知$\langle H,+\rangle$是群$\langle R\times R,+\rangle$的子群.

例 5.2.4　设$\langle G,*\rangle$是群,记 $C=\{a \mid a\in G$ 且任取 $x\in G(a*x=x*a)\}$,证明:$\langle C,*\rangle$是$\langle G,*\rangle$的子群,并称 C 为 G 的**中心**(center).

证明　显然 C 是 G 的子集.

设 e 是$\langle G,*\rangle$的幺元,对$\forall x\in G$,由于 $e*x=x*e$,从而 $e\in C$,故 C 为 G 的非空子集.

任取 $a,b\in C$,则对$\forall x\in G$ 有

$$a*x = x*a$$

$$x^{-1}*b^{-1} = b^{-1}*x^{-1}\quad(\text{由于 } b*x = x*b)$$

从而

$$(a*x)*(x^{-1}*b^{-1}) = (x*a)*(b^{-1}*x^{-1})$$

于是

$$a * b^{-1} = x * a * b^{-1} * x^{-1}$$
$$(a * b^{-1}) * x = (x * a * b^{-1} * x^{-1}) * x$$

即

$$(a * b^{-1}) * x = x * (a * b^{-1})$$

故

$$a * b^{-1} \in C$$

因此$\langle C, * \rangle$是$\langle G, * \rangle$的子群.

例 5.2.5 设$\langle H, * \rangle$与$\langle K, * \rangle$均是群$\langle G, * \rangle$的子群,证明:

(1) $\langle H \cap K, * \rangle$也是$\langle G, * \rangle$的子群;

(2) $\langle H \cup K, * \rangle$是$\langle G, * \rangle$的子群当且仅当 $H \subseteq K$ 或$K \subseteq H$.

证明 设 e 是$\langle G, * \rangle$的幺元.

(1) 由 $e \in H \cap K$ 知$H \cap K$ 非空.任取 $a,b \in H \cap K$,则 $a,b \in H$ 且$a,b \in K$,从而 $a * b^{-1} \in H$ 且$a * b^{-1} \in K$,于是 $a * b^{-1} \in H \cap K$.故得证$\langle H \cap K, * \rangle$也是$\langle G, * \rangle$的子群.

(2) 充分性显然.

只需证明必要性,用反证法.假设 H 不是K 的子集且K 也不是H 的子集,则存在 h 与k 使得$h \in H$ 但$h \notin K$,$k \in K$ 但$k \notin H$.这就推出 $h * k \notin H$,否则由$h^{-1} \in H$知$h^{-1} * (h * k) \in H$,而 $h^{-1} * (h * k) = (h^{-1} * h) * k = e * k = k$,这与 $k \notin H$ 矛盾.

同理可证 $h * k \notin K$.故得证 $h * k \notin H \cup K$,这与$\langle H \cup K, * \rangle$是子群矛盾.所以 $H \subseteq K$ 或$K \subseteq H$.

5.2.4 生成子群

1. 记号$\langle S \rangle$

设$\langle G, * \rangle$是群,S 是 G 的非空子集,G 的包含 S 的子群总是存在的,例如,G 本身就是一个.当然,G 中可能还有别的子群也包含 S.令$\langle S \rangle$表示 G 中包含 S 的一切子群的交,显然$\langle S \rangle$仍是 G 的包含 S 的子群,且 G 的任何一个子群只要包含 S,就必包含$\langle S \rangle$,所以$\langle S \rangle$是群 G 的包含S 的最小子群.

2. 生成子群的定义

称$\langle S \rangle$为群$\langle G, * \rangle$中由子集 S 生成的子群,简称为**生成子群**,并把 S 称为$\langle S \rangle$的**生成系**.

注意 (1) 生成子群$\langle S \rangle$可能有很多生成系,甚至可能有无限多个生成系.

例如,设整数加群$\langle \mathbf{Z}, + \rangle$,即 $\mathbf{Z}$ 为整数集,$+$ 为实数加.又 $S = \{-8,4,6,10\}$,

易知$\langle S\rangle$是偶数加群,而且$\{4,6\}$,$\{-8,4,10\}$,$\{2\}$,$\{10,12\}$,$\{6,8,10,12,14,\cdots\}$等都是$\langle S\rangle$的生成系.

(2) 当S本身是一个子群时,显然$\langle S\rangle=S$.

(3) 集合S可以是无限集,也可以是有限集.

(4) 当$S=\{a\}$时,记$\langle S\rangle=\langle a\rangle$.

定理5.2.5 设S是群$\langle G,*\rangle$的非空子集,则:

(1) $\langle S\rangle$是群G的包含S的最小子群;

(2) $\langle S\rangle=\{a_1^{k_1}*a_2^{k_2}*\cdots*a_n^{k_n}\mid a_i\in S(i=1,2,\cdots,n),k_i$为任意整数$\}$.

证明 (1) 显然成立.

(2) 任取$a_i\in S$,由于$S\subseteq\langle S\rangle$,而$\langle S\rangle$是子群,故对任意整数$k_i$,均有$a_i^{k_i}\in\langle S\rangle$,从而对任意正整数$n$,有

$$a_1^{k_1}*a_2^{k_2}*\cdots*a_n^{k_n}\in\langle S\rangle,\quad a_i\in S$$

令$T=\{a_1^{k_1}*{}_2^{k_2}*\cdots*a_n^{k_n}\mid a_i\in S,k_i$为任意整数$\}$,显然$T\subseteq\langle S\rangle$.

另一方面,形为$a_1^{k_1}*{}_2^{k_2}*\cdots*a_n^{k_n}$元素的$*$运算仍为这一形式,所以$*$运算在$T$上封闭;又每个这种形式元素的逆也是这种形式,所以$T$中每个元素的逆元仍在$T$中,从而$T$是$G$的子群.又$S\subseteq T$,所以$\langle S\rangle\subseteq T$.

例5.2.6 设$\langle G,*\rangle$是群,S是G的单元素子集,即$\langle S\rangle=\langle a\rangle$,由于

$$a^{k_1}*a^{k_2}*\cdots*a^{k_n}=a^{k_1+k_2+\cdots+k_n}=a^r\quad(r\text{为整数})$$

所以$\langle a\rangle=\{a^r\mid a\in G,r$为整数$\}$.

这种由G的一个元素a生成的子群称为由a生成的**循环群**.

例5.2.7 设$\langle G,*\rangle$是群,e为其幺元,$S\subseteq G$,$S=\{a,b\}$,且

(1) $a^2=b^3=e$;

(2) $b*a=a*b^2$.

试列$\langle S\rangle$的运算表.

解 由(2)可得$b^k*a=a*b^{2k}$(k为正整数),于是

$$b^2*a=a*b^4=(a*b)*b^3=a*b$$

再结合(1)得$\langle S\rangle=\{e,a,b,b^2,a*b,a*b^2\}$,这样,$\langle S\rangle$的运算表如表5.2.1所示.

表5.2.1

$*$	e	a	b	b^2	$a*b$	$a*b^2$
e	e	a	b	b^2	$a*b$	$a*b^2$
a	a	e	$a*b$	$a*b^2$	b	b^2
b	b	$a*b^2$	b^2	e	a	$a*b$

续表

$*$	e	a	b	b^2	$a*b$	$a*b^2$
b^2	b^2	$a*b$	e	b	$a*b^2$	a
$a*b$	$a*b$	b^2	$a*b^2$	a	e	b
$a*b^2$	$a*b^2$	b	a	$a*b$	b^2	e

习题 5.2

1. 设$\langle H,*\rangle$是群$\langle G,*\rangle$的子群,$R=\{\langle a,b\rangle \mid a,b\in G$ 且 $a^{-1}*b\in H\}$,试证明:R 是G上的等价关系.

2. 给出群$\langle N_6,+_6\rangle$的所有子群.

3. 设$G=\{\langle a,b,c,d\rangle \mid a,b,c,d\in\{0,1\}\}$,$*$是集合$G$上的二元运算,对任意$\langle a,b,c,d\rangle$,$\langle e,f,g,h\rangle\in G$,$\langle a,b,c,d\rangle*\langle e,f,g,h\rangle=\langle a\nabla e,b\nabla f,c\nabla g,d\nabla h\rangle$,给出群$\langle G,*\rangle$的一个子群.

4. 设$\langle H,*\rangle$与$\langle K,*\rangle$均是群$\langle G,*\rangle$的子群,令$HK=\{a*b \mid a\in H,b\in K\}$,证明:$\langle HK,*\rangle$是群$\langle G,*\rangle$的子群,当且仅当$HK=KH$.

5.3 子群的陪集

5.3.1 集合的乘积

定义 5.3.1 设$\langle G,*\rangle$是一个群,A和B均是G的非空子集,称集合$AB=\{a*b \mid a\in A,b\in B\}$为$A$和$B$的**乘积**(product).

容易证明$(AB)C=A(BC)$.

例 5.3.1 设$\langle G,*\rangle$是一个群,A是G的子群,则$AA=A$.

证明 任取$a*b\in AA$,其中$a\in A,b\in A$.由于A是子群,因而$a*b\in A$,即$AA\subseteq A$.

任取$a\in A$,则$a=a*e\in AA$(e为幺元),故$A\subseteq AA$.

这就证明了$AA=A$.

例 5.3.2 设$\langle G,*\rangle$是群,A和B均是G的子群,则AB是G的子群,当且仅当$AB=BA$.

证明　先证明必要性.

必要性　设 AB 是 G 的子群.

任取 $a*b\in AB$,其中 $a\in A$ 且 $b\in B$.由 AB 为子群知 $(a*b)^{-1}\in AB$.即存在 $x\in A$ 且 $y\in B$ 使得 $x*y=(a*b)^{-1}$.从而 $a*b=(x*y)^{-1}=y^{-1}*x^{-1}\in BA$.所以 $AB\subseteq BA$.

任取 $b*a\in BA$,其中 $b\in B$ 且 $a\in A$.由 A 和 B 均为子群知 $a^{-1}*b^{-1}\in AB$,再由 AB 为子群知 $(a^{-1}*b^{-1})^{-1}\in AB$,即 $b*a\in AB$,故 $BA\subseteq AB$.

这就证明了 $AB=BA$.

充分性　任取 $a_1*b_1,a_2*b_2\in AB$,由 A 和 B 均是子群知 ${b_2}^{-1}*{a_2}^{-1}\in BA$.再由 $AB=BA$ 知,必存在 $a_3\in A$ 且 $b_3\in B$ 使得 $a_3*b_3={b_2}^{-1}*{a_2}^{-1}$.于是

$$\begin{aligned}
&(a_1*b_1)*(a_2*b_2)^{-1}\\
&=a_1*b_1*{b_2}^{-1}*{a_2}^{-1}\\
&=a_1*b_1*a_3*b_3\\
&=a_1*(b_1*a_3)*b_3\quad(b_1*a_3\in BA)\\
&=a_1*(a_4*b_4)*b_3\quad(a_4*b_4\in AB)\\
&=(a_1*a_4)*(b_4*b_3)\\
&=a_5*b_5\quad(a_5\in A,b_5\in B)\\
&\in AB
\end{aligned}$$

故得证 AB 是 G 的子群.

5.3.2　陪集

定义 5.3.2　设 $\langle G,*\rangle$ 是群,$\langle H,*\rangle$ 是 $\langle G,*\rangle$ 的一个子群,$a\in G$,则

(1) 集合 $\{a\}$ 与 H 的乘积 $\{a\}H$ 称为 H 在 G 中的**左陪集**(left coset),记作 aH;

(2) 集合 H 与 $\{a\}$ 的乘积 $H\{a\}$ 称为 H 在 G 中的**右陪集**(right coset),记作 Ha;

(3) 若 $aH=Ha$,则称其为 H 在 G 中的**陪集**(coset),元素 a 称为陪集的**代表元**.

例 5.3.3　设群 $\langle N_{15},+_{15}\rangle$,其中 $N_{15}=\{0,1,2,\cdots,14\}$,且对任意 $x,y\in N_{15}$,$x+_{15}y=(x+y)\bmod 15$.N_{15} 的子群 $H=\{0,5,10\}$,求出群 N_{15} 关于子群 H 的所有陪集.

解　由题意可得

$0H=\{0,5,10\}=H$　(可见 H 本身是一个陪集)

$1H=\{1,6,11\}$

$2H=\{2,7,12\}$ （用 H,$1H$ 中没有出现过的元素作代表元,比如2)

$3H=\{3,8,13\}$ （用 H,$1H$,$2H$ 中没有出现过的元素作代表元,比如3)

$4H=\{4,9,14\}$ （用 H,$1H$,$2H$,$3H$ 中没有出现过的元素作代表元,比如4)

不再有可选的代表元,于是所有的陪集已经找到,即陪集的全体为$\{H,1H,2H,3H,4H\}$.

例 5.3.4 设 $\mathbf{R}$ 是实数集,$\mathbf{R}\times\mathbf{R}=\{\langle x,y\rangle \mid x,y\in\mathbf{R}\}$是一实平面,实平面上的一条直线 $H=\{\langle x,y\rangle \mid x,y\in\mathbf{R},y=2x\}$. 任取$\langle x,y\rangle,\langle z,t\rangle\in\mathbf{R}\times\mathbf{R}$,$\langle x,y\rangle+\langle z,t\rangle=\langle x+z,y+t\rangle$,例 5.2.3 中已证$\langle H,+\rangle$是群$\langle\mathbf{R}\times\mathbf{R},+\rangle$的一个子群. 试求群$\langle\mathbf{R}\times\mathbf{R},+\rangle$关于子群$\langle H,+\rangle$的所有陪集.

解 取$\langle x_1,y_1\rangle\in\mathbf{R}\times\mathbf{R}$,则

$$\begin{aligned}\langle x_1,y_1\rangle H &= \{\langle x_1,y_1\rangle+\langle z,t\rangle \mid \langle z,t\rangle\in H\}\\ &= \{\langle x_1+z,y_1+t\rangle \mid z,t\in\mathbf{R},t=2z\}\\ &= \{\langle x_1+z,y_1+2z\rangle \mid z\in\mathbf{R}\}\\ &= \{\langle x,y\rangle \mid x,y\in\mathbf{R},y=2x+y_1-2x_1\}\end{aligned}$$

子群 H 是一条过原点且斜率为2的直线. 陪集$\langle x_1,y_1\rangle H$ 是一条过点$\langle x_1,y_1\rangle$且斜率为2的直线. 可见每个陪集的斜率都与子群 H 相同.

对于无数不同的代表元$\langle x,y\rangle$可得到无数个陪集,它们是无数条斜率为2且过点$\langle x,y\rangle$的直线. 所有这些直线的集合就是$\langle\mathbf{R}\times\mathbf{R},+\rangle$关于子群$\langle H,+\rangle$的所有陪集的集合.

例 5.3.5 设 H 和 Q 均是群$\langle G,*\rangle$的子群,证明:$a(H\cap Q)=(aH)\cap(aQ)$.

证明 由题意可得

$$\begin{aligned}\text{取 } a*t\in a(H\cap Q) &\Leftrightarrow t\in H\cap Q\\ &\Leftrightarrow t\in H \text{ 且 } t\in Q\\ &\Leftrightarrow a*t\in aH \text{ 且 } a*t\in aQ\\ &\Leftrightarrow a*t\in(aH)\cap(aQ)\end{aligned}$$

所以 $a(H\cap Q)=(aH)\cap(aQ)$.

定理 5.3.1 设$\langle G,*\rangle$是群,$\langle H,*\rangle$是$\langle G,*\rangle$的一个子群,$a,b\in G$,则:

(1) $a\in aH$;

(2) $aH=H$ 当且仅当 $a\in H$;

(3) $aH=bH$ 当且仅当 $a^{-1}*b\in H$;

(4) $|aH|=|H|$;

(5) 如果 $b\in aH$,那么 $aH=bH$;

(6) 对任意 aH 与 bH,则 $aH=bH$ 或 $aH\cap bH=\varnothing$.

证明 设 e 为群 $\langle G,*\rangle$ 的幺元.

(1) $a=a*e\in aH$.正是基于此点,元素 a 称为左陪集 aH 的代表元.

(2) 若 $aH=H$,由(1)知 $a\in aH=H$.

任取 $a*h\in aH$,其中 $h\in H$.由 $a\in H$ 知 $a*h\in HH$,而由例 5.3.1 知,$HH=H$,故 $a*h\in H$,即 $aH\subseteq H$.

任取 $h\in H$,由 $a\in H$ 知 $a^{-1}\in H$,从而 $a^{-1}*h\in H$.而

$$h=e*h=(a*a^{-1})*h=a*(a^{-1}*h)$$

故 $h\in aH$,即 $H\subseteq aH$.所以 $aH=H$.

(3) 若 $aH=bH$,则存在 $h_1,h_2\in H$ 使得 $a*h_1=b*h_2$,从而

$$h_1*h_2^{-1}=h_1*(h_1^{-1}*a^{-1}*b)=a^{-1}*b\in H$$

若 $a^{-1}*b\in H$,则由(2)知,$(a^{-1}*b)H=H$.于是 $a((a^{-1}*b)H)=aH$,即 $bH=aH$.

(4) 考察函数 $f:aH\to H$,且 $f(a*h)=h$.易知 f 为双射,故 $|aH|=|H|$.

(5) 若 $b\in aH$,则存在 $h\in H$ 使得 $b=a*h$.从而 $bH=(a*h)H=aH$.

(6) 假设 $aH\cap bH\neq\varnothing$,则存在 c 使得 $c\in aH$ 且 $c\in bH$.由(5)知

$$aH=cH,\quad bH=cH$$

于是 $aH=bH$.

注意 (1) 由于每个元素 a 都属于一个左陪集 aH,故可将有限群 G 划分成子群 H 的一些互不相交的左陪集之并.即

$$G=a_1H\cup a_2H\cup\cdots\cup a_rH$$

其中,$a_iH\cap a_jH=\varnothing(i,j=1,2,\cdots,r;i\neq j)$.这个式子称为 G 对 H 的(左)**陪集分解式**,其中 r 为 H 的不同左陪集的个数.

(2) 定理 5.3.1 相应的结论对右陪集也成立.特别地,相应于定理 5.3.1(3)的结论为 $Ha=Hb$ 当且仅当 $a*b^{-1}\in H$

(3) 若令 A 和 B 分别表示 H 的全体左陪集和右陪集组成的集合,作函数 $f:A\to B$,且 $f(aH)=Ha^{-1}$,易知 f 为双射,因此,H 的左陪集和右陪集的个数或者相等,或者都是无穷大.

5.3.3 Lagrange 定理

定义 5.3.3 设 $\langle G,*\rangle$ 是群,$\langle H,*\rangle$ 是 $\langle G,*\rangle$ 的一个子群,称 H 的左陪集或右陪集的个数为 H 在 G 中的**指数**(index),记作 $[G:H]$.

定理 5.3.2(Lagrange 定理) 设 $\langle G,*\rangle$ 是有限群,$\langle H,*\rangle$ 是 $\langle G,*\rangle$ 的一个子群,则

$$|G| = |H|[G:H]$$

证明　设 G 对 H 的陪集分解式为 $G=a_1H\cup a_2H\cup\cdots\cup a_rH$. 因为

$$|a_iH| = |H| \quad (i=1,2,\cdots,r)$$

所以

$$|G| = |H|r = |H|[G:H]$$

例 5.3.6　设 $\langle H,*\rangle$ 是群 $\langle G,*\rangle$ 的子群, $R=\{\langle a,b\rangle \mid a,b\in G$ 且 $a^{-1}*b\in H\}$, 试证明:

(1) R 是 G 上的等价关系;

(2) 对 $a\in G$, 有 $[a]_R=aH$, 其中等价类 $[a]_R=\{x\mid x\in G$ 且 $\langle a,x\rangle\in R\}$.

证明　(1) 任取 $x\in G$, 因为幺元 $x^{-1}*x\in H$, 所以 $\langle x,x\rangle\in R$, 即 R 是 G 上的自反关系.

设 $\langle x,y\rangle\in R$, 则 $x^{-1}*y\in H$, 从而 $(x^{-1}*y)^{-1}=y^{-1}*x\in H$, 所以 $\langle y,x\rangle\in R$, 即 R 是 G 上的对称关系.

设 $\langle x,y\rangle\in R$, $\langle y,z\rangle\in R$, 则 $x^{-1}*y\in H$, $y^{-1}*z\in H$. 由 $*$ 运算在 H 上的封闭性知 $(x^{-1}*y)*(y^{-1}*z)\in H$, 即有 $x^{-1}*z\in H$, 所以 $\langle x,z\rangle\in R$, 即 R 是 G 上的传递关系.

这就证明了 R 是 G 上的等价关系.

(2) 任取 $b\in[a]_R$, 则 $\langle a,b\rangle\in R$, 从而 $a^{-1}*b\in H$, 于是 $aH=bH$. 又 $b\in bH$, 故 $b\in aH$, 所以 $[a]_R\subseteq aH$.

任取 $b\in aH$, 则 $aH=bH$, 从而 $a^{-1}*b\in H$, 于是 $\langle a,b\rangle\in R$, 所以 $b\in[a]_R$, 故 $aH\subseteq[a]_R$.

这就证明了 $[a]_R=aH$.

G 上的等价关系, 确定 G 的划分 $\{[a_1]_R,[a_2]_R,\cdots,[a_r]_R\}$, 使得

$$\begin{aligned} G &= [a_1]_R\cup[a_2]_R\cup\cdots\cup[a_r]_R \\ &= a_1H\cup a_2H\cup\cdots\cup a_rH \end{aligned}$$

而 $|aH|=|H|$, 故 $|G|=|H|r=|H|[G:H]$, $[G:H]$ 指 H 在 G 中的陪集个数.

由此也可导出定理 5.3.2.

例 5.3.7　设 $\langle G,*\rangle$ 是有限群, $|G|=mk$. H 是 G 的子群, 且 $|H|=m$. 试证明: 对任意 $a\in G$, 必存在正整数 n, $1\leqslant n\leqslant k$, 使得 $a^n\in H$.

证明　由 Lagrange 定理知, H 有且仅有 k 个互异的左陪集. 因而左陪集 H, aH, a^2H, $\cdots$, a^kH 中必有两个相等, 不妨设 $a^pH=a^qH$, 其中 $1\leqslant p<q\leqslant k$. 从而 $(a^p)^{-1}*a^q\in H$, 即 $a^{q-p}\in H$, 取 $n=q-p$ 即可.

例 5.3.8　设 p 是质数, 证明: p^n 阶群一定有一个 p 阶子群.

证明 设p^n阶群为$\langle G,*\rangle$，e为其幺元.

任取$a\in G$，$a\neq e$.若a的阶为m，则$a^m=e$且$m\mid p^n$.从而$m=p^t$，其中t为不小于1的正整数.

若$t=1$，则a的阶为p，于是$\langle a\rangle$就是G的一个p阶子群.

若$t>1$，令$b=a^{p^{t-1}}$，则$b^p=a^{p^t}=a^m=e$，于是$\langle b\rangle$就是G的一个p阶子群.

推论 5.3.1 任何质数阶的群不可能有非平凡子群.

证明 这是因为质数阶群的子群的阶必定是这个质数的一个因子，而质数除1和本身外无其他因子.

推论 5.3.2 设$\langle G,*\rangle$是n阶有限群，对任意$a\in G$，则a的阶必是n的因子且$a^n=e$，其中e为幺元.如果n是质数，则$\langle G,*\rangle$必是循环群.

证明 设$|a|=m$，则循环群$\langle a\rangle$是G的m阶子群，由定理5.3.2知必有$n=km$，其中k为正整数，且$a^n=a^{km}=(a^m)^k=e^k=e$.由于n是质数，所以G中有非幺元a.而$|a|$整除n，因此$|a|=n$.故$G=\langle a\rangle$.

5.3.4 正规子群

定义 5.3.4 设$\langle H,*\rangle$是群$\langle G,*\rangle$的子群，如果对于任意$a\in G$，都有$aH=Ha$，则称$\langle H,*\rangle$是$\langle G,*\rangle$的**正规子群**(normal subgroup)或**不变子群**(invariant subgroup).

定义 5.3.5 群G的平凡子群$\{e\}$和G都是G的正规子群，称其为G的**平凡正规子群**.如果G只有平凡正规子群，且$G\neq\{e\}$，则称G为**单群**(simple group).

例 5.3.9 设$\langle H,*\rangle$是群$\langle G,*\rangle$的正规子群，那么对任意$a,b\in G$，有

$$(aH)(bH)=(a*b)H$$

证明 任取$x\in(aH)(bH)$，由H是正规子群，知$aH=Ha$，$bH=Hb$.因为

$$\begin{aligned}
x&=(a*h_1)*(b*h_2)\quad(h_1,h_2\in H)\\
&=a*(h_1*b)*h_2\\
&=a*(b*h_3)*h_2\quad(\text{因为 } bH=Hb\text{，所以存在 } b*h_3\in bH\\
&\qquad\qquad\qquad\qquad\text{使 } b*h_3=h_1*b)\\
&=(a*b)*(h_3*h_2)\\
&=(a*b)*h_4\quad(h_4\in H)
\end{aligned}$$

所以$x\in(a*b)H$，即$(aH)(bH)\subseteq(a*b)H$.

反之，任取$x\in(a*b)H$，则

$$\begin{aligned}
x&=(a*b)*h\quad(h\in H)\\
&=(a*b)*h*(h_1*h_1^{-1})\quad(h_1\in H)
\end{aligned}$$

$= a*(b*(h*h_1))*h_1^{-1}$

$= a*(b*h_3)*h_1^{-1} \quad (h_3 \in H)$

$= a*(h_4*b)*h_1^{-1}$ （因为 $bH = Hb$，所以存在 $h_4*b \in Hb$ 使 $b*h_3 = h_4*b$）

$= (a*h_4)*(b*h_1^{-1})$

于是 $x \in (aH)(bH)$，即 $(a*b)H \subseteq (aH)(bH)$.

这就证明了 $(aH)(bH) = (a*b)H$.

例 5.3.10 设 H 和 Q 均是群 $\langle G, *\rangle$ 的正规子群，证明：$H \cap Q$ 和 HQ 都是 G 的正规子群.

证明 任取 $a \in G$，则

$$a(H \cap Q) = (aH) \cap (aQ) = (Ha) \cap (Qa) = (H \cap Q)a$$

$$a(HQ) = (aH)Q = (Ha)Q = H(aQ) = H(Qa) = (HQ)a$$

故 $H \cap Q$ 和 HQ 都是 G 的正规子群.

定理 5.3.3 设 $\langle G, *\rangle$ 是群，$\langle H, *\rangle$ 是 $\langle G, *\rangle$ 的一个子群，则 H 是 G 的正规子群，当且仅当对任意 $a \in G, h \in H$，有 $a*h*a^{-1} \in H$.

证明 先证明必要性.

必要性 对任意 $a \in G, h \in H$，由于 $aH = Ha$，则存在 $h_1 \in H$ 使得

$$a*h = h_1*a$$

从而

$$a*h*a^{-1} = h_1*a*a^{-1} = h_1 \in H$$

充分性 任取 $a*h \in aH$，则 $a \in G, h \in H$. 从而 $a*h*a^{-1} \in H$，于是

$$a*h = (a*h*a^{-1})*a \in Ha$$

故 $aH \subseteq Ha$.

任取 $h*a \in Ha$，则 $a^{-1} \in G, h \in H$. 从而 $a^{-1}*h*(a^{-1})^{-1} \in H$，即 $a^{-1}*h*a \in H$，于是

$$h*a = a*(a^{-1}*h*a) \in aH$$

故 $Ha \subseteq aH$. 这就证明了 $aH = Ha$，即 H 是 G 的正规子群.

5.3.5 商群

定理 5.3.4 设 $\langle H, *\rangle$ 是群 $\langle G, *\rangle$ 的正规子群，由 H 的所有陪集构成的集合记为 G/H. 在 G/H 上定义一个二元运算 Δ 为：对任意 $aH, bH \in G/H$，$aH \Delta bH = (a*b)H$. 那么 $\langle G/H, \Delta\rangle$ 是群，称其为群 G 关于 H **的商群**(quotient group)，简记作 G/H.

证明 (1) 任取 $aH, bH \in G/H$，则 $aH \Delta bH = (a*b)H$. 又因为 $\langle G, *\rangle$ 是

群,所以 $a*b\in G$,于是$(a*b)H\in G/H$,故 Δ 运算在 G/H 上封闭.

(2) 任取 $aH,bH,cH\in G/H$,则

$$\begin{aligned}(aH\Delta bH)\Delta cH &= ((a*b)H)\Delta cH\\ &= ((a*b)*c)H\\ &= (a*(b*c))H\\ &= aH\Delta(b*c)H\\ &= aH\Delta(bH\Delta cH)\end{aligned}$$

所以 Δ 运算在 G/H 上满足结合律.

(3) 设 e 是 G 的幺元,则 $eH\in G/H$,而

$$eH\Delta aH = (e*a)H = aH$$

$$aH\Delta eH = (a*e)H = aH$$

所以 $eH=H$ 是 G/H 的幺元.

(4) 任取 $aH\in G/H$,由 $a\in G$ 得 $a^{-1}\in G$,所以 $a^{-1}H\in G/H$.于是

$$aH\Delta a^{-1}H = (a*a^{-1})H = eH$$

$$a^{-1}H\Delta aH = (a^{-1}*a)H = eH$$

所以 $a^{-1}H=(aH)^{-1}$,即 G/H 上每个陪集都有逆元.

根据(1),(2),(3),(4)可得 G/H 是群.

推论 5.3.3 设$\langle H,*\rangle$是群$\langle G,*\rangle$的正规子群,且 e 是 G 的幺元,则:

(1) 商群 G/H 的幺元为 $eH=H$;

(2) 任取 $aH\in G/H$,则 aH 在 G/H 中的逆元为 $a^{-1}H$.

推论 5.3.4 设$\langle H,*\rangle$是有限群$\langle G,*\rangle$的正规子群,则$|G/H|=|G|/|H|$.

证明 H 在 G 中的陪集个数$[G:H]=|G/H|$.

特别地,当 G 为有限群时,$|G/H|=[G:H]=|G|/|H|$.

习题 5.3

1. 设$\langle H,*\rangle$是群$\langle G,*\rangle$的子群,证明:H 在 G 中的所有左陪集中,只有一个是$\langle G,*\rangle$的子群.

2. 设 H 和 K 均是群$\langle G,*\rangle$的子群,定义关系 $R=\{\langle a,b\rangle\mid a,b\in G$,存在 $h\in H$ 且 $k\in K$ 使 $b=h*a*k\}$.

证明:

(1) R 是 G 上的等价关系;

(2) 对 $a\in G$,等价类$[a]_R=HaK$;

(3) $b\in[a]_R\Leftrightarrow Hb\subseteq[a]_R\Leftrightarrow bK\subseteq[a]_R\Leftrightarrow Ha\cap bK\neq\varnothing$.

3. 设群 $G=\{e,a,b,c,d,f\}$，G 上的 $*$ 运算如表 5.3.1 所示.

(1) 写出子群 $H=\langle a\rangle$；

(2) 证明：$cH=Hc$；

(3) 找出所有两个元素的子群；

(4) 求 $|G/\langle d\rangle|$；

(5) 求$\langle d\rangle$的右陪集.

表 5.3.1

$*$	e	a	b	c	d	f
e	e	a	b	c	d	f
a	a	b	e	d	f	c
b	b	e	a	f	c	d
c	c	f	d	e	b	a
d	d	c	f	a	e	b
f	f	d	c	b	a	e

4. 设 $A=\{1,2,3,4\}$，集合 A 上轮换 $e=(1)$，$f=(1,2)(3,4)$，$g=(1,4)(2,3)$，$h=(1,3)(2,4)$，记 $F=\{e,f,g,h\}$，证明：Klein 群$\langle F,\circ\rangle$是四元对称群$\langle S_4,\circ\rangle$的正规子群，其中$\circ$为轮换的积.

5. 设$\langle G,*\rangle$是群，记 $C=\{a\mid a\in G$ 且 $\forall x\in G(a*x=x*a)\}$，称 C 为 G 的中心，证明：$\langle C,*\rangle$是$\langle G,*\rangle$的正规子群.

6. 设$\langle H,*\rangle$是群$\langle G,*\rangle$的子群，若 H 在 G 中的指数为 2，证明：$\langle H,*\rangle$是$\langle G,*\rangle$的正规子群.

5.4 同态与同构

5.4.1 同态与同构的定义

定义 5.4.1 设$\langle A,\Delta\rangle$和$\langle B,*\rangle$是两个代数系统，Δ 运算和 $*$ 运算分别是 A 和 B 上的二元运算，如果存在 A 到 B 的函数 f，使得对任意 $a,b\in A$，有 $f(a\Delta b)=f(a)*f(b)$. 那么称 f 为$\langle A,\Delta\rangle$到$\langle B,*\rangle$的**同态映射**(homomorphism)，并称$\langle A,\Delta\rangle$**同态**$\langle B,*\rangle$，记作 $A\backsim B$. 并把$\langle f(A),*\rangle$称为$\langle A,\Delta\rangle$的**同态象**，其中，$f(A)=\{f(a)\mid a\in A\}\subseteq B$.

若 f 是 A 到 B 的一个满射，则称 f 为**满同态**(epimorphism)；

若 f 是 A 到 B 的一个单射，则称 f 为**单同态**(monomorphism)；

若 f 是 A 到 B 的一个双射，则称 f 为**同构映射**(isomorphism)，并称$\langle A,\Delta\rangle$**同构**$\langle B,*\rangle$，记作 $A\cong B$. 若 f 是$\langle A,\Delta\rangle$到$\langle A,\Delta\rangle$的同构映射，则称 f 为 A 的**自同构**(automorphism).

例 5.4.1 设 $\mathbf{R}$ 是实数集合，$\mathbf{R}_+$ 是正实数集合，$+$ 和 $\cdot$ 是实数加法和乘法运算. 说明$\langle\mathbf{R},+\rangle$同态$\langle\mathbf{R}_+,\cdot\rangle$且$\langle\mathbf{R}_+,\cdot\rangle$同态$\langle\mathbf{R},+\rangle$.

解 构造函数 $f:\mathbf{R}\to\mathbf{R}_+$，且 $f(x)=2^x$.

因为 $f(x+y)=2^{x+y}=2^x\cdot 2^y=f(x)\cdot f(y)$，所以 f 为$\langle\mathbf{R},+\rangle$到$\langle\mathbf{R}_+,\cdot\rangle$

的同态映射，即$\langle \mathbf{R},+\rangle$同态$\langle \mathbf{R}_+,\cdot\rangle$.

另外，构造函数$g:\mathbf{R}_+\to\mathbf{R}$，且$g(x)=\log_2 x$.

因为$g(x\cdot y)=\log_2(x\cdot y)=\log_2(x)+\log_2(y)=g(x)+g(y)$，所以$g$为$\langle \mathbf{R}_+,\cdot\rangle$到$\langle \mathbf{R},+\rangle$的同态映射. 即$\langle \mathbf{R}_+,\cdot\rangle$同态$\langle \mathbf{R},+\rangle$.

例 5.4.2 设有代数系统$\langle \mathbf{N},+\rangle$，其中$\mathbf{N}$为自然数集，+为实数加.

定义函数$f:\mathbf{N}\to\mathbf{N}_k$且$f(x)=x\bmod k$. 则$f$是$\langle \mathbf{N},+\rangle$到$\langle \mathbf{N}_k,+_k\rangle$的满同态.

例 5.4.3 设有代数系统$\langle \mathbf{Z},+\rangle$，其中$\mathbf{Z}$为整数集，+是实数加法，令$H=\{3n\mid n\in\mathbf{Z}\}$，定义函数$f:\mathbf{Z}\to H$且$f(x)=3x$，则$f$是$\langle \mathbf{Z},+\rangle$到$\langle H,+\rangle$的同构映射.

例 5.4.4 设有代数系统$\langle A,*\rangle$，A上的恒等映射$I_A:A\to A$且$I_A(x)=x$，是A的自同构，并称其为A的恒等同构.

例 5.4.5 设$A=\{a,b,c,d\}$，A上的$*$运算如表 5.4.1 所示. 设$B=\{1,2,3,4\}$，B上的Δ运算如表 5.4.2 所示.

表 5.4.1

$*$	a	b	c	d
a	a	b	c	d
b	b	a	a	c
c	b	d	d	c
d	a	b	c	d

表 5.4.2

Δ	1	2	3	4
1	1	2	3	4
2	2	1	1	3
3	2	4	4	3
4	1	2	3	4

定义映射$f:A\to B$且$f(a)=1,f(b)=2,f(c)=3,f(d)=4$，则$f$是$\langle A,*\rangle$到$\langle B,\Delta\rangle$的同构映射.

定义映射$g:A\to B$且$g(a)=4,g(b)=3,g(c)=2,g(d)=1$，则$g$是$\langle A,*\rangle$到$\langle B,\Delta\rangle$的同构映射.

注意 同构的两个代数系统，它们之间的同构映射可以不唯一. 同时，同构的两个代数系统，就是可以撇开其元素的个性和运算的具体含义，抽象地看作本质上相同的代数系统.

例 5.4.6 设f是代数系统$\langle S_1,\Delta\rangle$到代数系统$\langle S_2,*\rangle$的同态映射. 如果$\langle S_1,\Delta\rangle$是半群，那么同态像$\langle f(S_1),*\rangle$也是半群.

证明 只需证$*$运算在$f(S_1)$上封闭和结合.

任取$x,y\in f(S_1)$，必定存在$a,b\in S_1$，使$f(a)=x$且$f(b)=y$. 由于f是同态映射，所以$x*y=f(a)*f(b)=f(a\Delta b)$. 而$S_1$是半群，所以$a\Delta b\in S_1$. 故$x*y=f(a)*f(b)\in f(S_1)$，即运算$*$在$f(S_1)$上封闭.

任取$x,y,z\in f(S_1)$，必定存在$a,b,c\in S_1$，使$f(a)=x$且$f(b)=y$且

$f(c)=z$,而

$$
\begin{aligned}
(f(a)*f(b))*f(c) &= f((a\Delta b)\Delta c) \\
&= f(a\Delta(b\Delta c)) \\
&= f(a)*(f(b)*f(c))
\end{aligned}
$$

即$(x*y)*z=x*(y*z)$,故运算$*$在$f(S_1)$上结合.

这就证明了同态像$\langle f(S_1),*\rangle$是半群.

定理 5.4.1 代数系统的同构关系是等价关系.

证明 因为任意代数系统$\langle A,*\rangle$可以通过恒等映射I_A与它自身同构,即自反性成立.若f是$\langle A,*\rangle$到$\langle B,\bigstar\rangle$的同构映射,则逆函数$f^{-1}$是$\langle B,\bigstar\rangle$到$\langle A,*\rangle$的同构映射,即对称性成立.若$f$是$\langle A,*\rangle$到$\langle B,\bigstar\rangle$的同构映射,且$g$是$\langle B,\bigstar\rangle$到$\langle C,\Delta\rangle$的同构映射,则复合函数$g\circ f$是$\langle A,*\rangle$到$\langle C,\Delta\rangle$的同构映射,即传递性成立.

定理 5.4.2 设f是代数系统$\langle A,*\rangle$到代数系统$\langle B,\Delta\rangle$的同态映射.如果$\langle A,*\rangle$是群,那么同态像$\langle f(A),\Delta\rangle$也是群.

证明 封闭和结合已在例5.4.6加以证明.

设e为$\langle A,*\rangle$的幺元.任取$a\in f(A)$,则存在$x\in A$使得$f(x)=a$.于是

$$
\begin{aligned}
a\Delta f(e) &= f(x)\Delta f(e) = f(x*e) = f(x) \\
f(e)\Delta a &= f(e)\Delta f(x) = f(e*x) = f(x)
\end{aligned}
$$

即$f(e)$为$\langle f(A),\Delta\rangle$的幺元.

任取$a\in f(A)$,则存在$x\in A$使得$f(x)=a$.由于$x^{-1}\in A$,从而$f(x^{-1})\in f(A)$.于是

$$
\begin{aligned}
f(x)\Delta f(x^{-1}) &= f(x*x^{-1}) = f(e) \\
f(x^{-1})\Delta f(x) &= f(x^{-1}*x) = f(e)
\end{aligned}
$$

即$f(x)$的逆元为$f(x^{-1})$.

这就证明了$\langle f(A),\Delta\rangle$也是群.

5.4.2 同余关系

定义 5.4.2 设有代数系统$\langle A,\Delta\rangle$,R是A上的等价关系.如果对任意$\langle a_1,a_2\rangle$,$\langle b_1,b_2\rangle\in R$时,必有$\langle a_1\Delta b_1,a_2\Delta b_2\rangle\in R$,则称$R$为$A$上的**同余关系**,同余关系所导出的等价类称为**同余类**.

例 5.4.7 设$S=\{a,b,c,d\}$,S的划分$\{\{a,b\},\{c,d\}\}$唯一对应S上的一个等价关系R.代数系统$\langle S,*\rangle$的运算表如表5.4.3所示.R是否是S上的同余关系?

解 由运算表可知,该划分的每一块中任两个元素运算的结果还在该块中,所

以 R 是 S 上的同余关系.

表 5.4.3

*	a	b	c	d
a	a	b	c	d
b	b	a	d	c
c	c	d	b	a
d	d	c	a	b

例 5.4.8 设有代数系统 $\langle \mathbf{Z}, + \rangle$，其中 $\mathbf{Z}$ 为整数集，+ 为实数加法. 证明 $\mathbf{Z}$ 上的等价关系 $R=\{\langle x,y\rangle \mid x\equiv y \pmod k\}$ 也是 $\mathbf{Z}$ 上的同余关系.

证明 设 $\langle x,y\rangle, \langle z,t\rangle \in R$，则

$$(x-y)/k = n_1$$

$$(z-t)/k = n_2$$

其中，$n_1, n_2 \in \mathbf{Z}$. 而

$$((x+z)-(y+t))/k = ((x-y)+(z-t))/k = n_1 + n_2$$

其中，$n_1+n_2 \in \mathbf{Z}$. 所以 $\langle x+z, y+t\rangle \in R$，即 R 是 $\mathbf{Z}$ 上的同余关系.

定理 5.4.3 设 $\langle A,\Delta\rangle$ 是一个代数系统，R 是 A 上的一个同余关系，由 R 诱导的 A 的划分为 $B=\{[a_1],[a_2],\cdots,[a_r]\}$. 那么必存在代数系统 $\langle B,*\rangle$，使得它是 $\langle A,\Delta\rangle$ 的同态像.

证明 (1) 先构造 B 上的代数运算 $*$. 任取 $[a_i],[a_j]\in B$，规定 $[a_i]*[a_j]=[a_i\Delta a_j]$.

对任意 $[a_i],[a_j]\in B$，必有 $a_i\Delta b_j\in A$，即存在 $[a_k]\in B$ 使 $a_i\Delta b_j\in[a_k]$，于是 $[a_i\Delta a_j]=[a_k]$，即 $[a_i]*[a_j]\in B$，故 $*$ 运算在 B 上封闭.

(2) 接着构造一个 $\langle A,\Delta\rangle$ 到 $\langle B,*\rangle$ 的同态映射 f.

设 $f:A\to B$ 且 $f(a)=[a]$，$\forall a\in A$.

任取 $a\in A$，由于 B 是 A 的划分，则存在唯一 $[b]\in B$ 使得 $a\in[b]$，从而 $[a]=[b]$. 所以 f 是 A 到 B 的函数.

任取 $a,b\in A$，因为 $f(a\Delta b)=[a\Delta b]=[a]*[b]=f(a)*f(b)$，所以 f 是 A 到 B 的同态映射.

定理 5.4.4 设 f 是代数系统 $\langle A,\Delta\rangle$ 到 $\langle B,*\rangle$ 的一个同态映射，如果在 A 上定义二元关系 R 为：$\langle a,b\rangle\in R$ 当且仅当 $f(a)=f(b)$，那么 R 是 A 上的一个同余关系.

证明 (1) 任取 $a\in A$，因为 $f(a)=f(a)$，所以 $\langle a,a\rangle\in R$，即 R 是 A 上的自反关系.

设 $\langle a,b\rangle\in R$，则 $f(a)=f(b)$，于是 $f(b)=f(a)$，所以 $\langle b,a\rangle\in R$，即 R 是 A 上的对称关系.

设 $\langle a,b\rangle\in R$，$\langle b,c\rangle\in R$，则 $f(a)=f(b)$，$f(b)=f(c)$. 于是 $f(a)=f(c)$，

所以$\langle a,c\rangle\in R$,即R是A上的传递关系.

这就证明了R是A上的等价关系.

(2) 设$\langle a,b\rangle\in R$,$\langle c,d\rangle\in R$,则$f(a)=f(b)$,$f(c)=f(d)$.于是

$$f(a\Delta c)=f(a)*f(c)=f(b)*f(d)=f(b\Delta d)$$

所以$\langle a\Delta c,b\Delta d\rangle\in R$,于是$R$是$A$上的同余关系.

5.4.3 同态核

定义 5.4.3 设f是群$\langle A,\Delta\rangle$到群$\langle B,*\rangle$的一个同态映射,e'是B的幺元.集合$\mathrm{Ker}(f)=\{x\mid x\in A,f(x)=e'\}$被称为同态映射$f$的**核**(kernel),简称为$f$的**同态核**.

定理 5.4.5 设f是群$\langle A,*\rangle$到群$\langle B,\Delta\rangle$的同态映射,则f的同态核$\mathrm{Ker}(f)$是A的正规子群.

证明 设A和B的幺元分别为e_1与e_2.

(1) 显然$\mathrm{Ker}(f)\subseteq A$.又因为$f(e_1)=e_2$,故$e_1\in\mathrm{Ker}(f)$,从而$\mathrm{Ker}(f)\neq\varnothing$.

任取$a,b\in\mathrm{Ker}(f)$,则$f(a)=e_2$,$f(b^{-1})=(f(b))^{-1}=e_2{}^{-1}=e_2$.于是

$$f(a*b^{-1})=f(a)\Delta f(b^{-1})=e_2*e_2=e_2$$

故$a*b^{-1}\in\mathrm{Ker}(f)$.

这就证明了$\mathrm{Ker}(f)$是A的子群.

(2) 任取$a\in A$,$k\in\mathrm{Ker}(f)$,则

$$\begin{aligned}f(a*k*a^{-1})&=f(a)\Delta f(k)\Delta f(a^{-1})\\&=f(a)\Delta e_2\Delta f(a^{-1})\\&=f(a)\Delta f(a^{-1})\\&=f(a)\Delta(f(a))^{-1}\\&=e_2\end{aligned}$$

于是$a*k*a^{-1}\in\mathrm{Ker}(f)$.

由定理5.3.3知,$\mathrm{Ker}(f)$是A的正规子群.

定理 5.4.6 设$\langle H,*\rangle$是群$\langle G,*\rangle$的正规子群,映射$f:G\to G/H$且$f(a)=aH$,则f是G到商群G/H的满同态,且$\mathrm{Ker}(f)=H$.

证明 不妨记商群$\langle G/H,\Delta\rangle$.任取$a,b\in G$,则

$$f(a*b)=(a*b)H=aH\Delta bH=f(a)\Delta f(b)$$

故f为G到G/H的同态映射.

任取$aH\in G/H$,有$a\in G$使得$f(a)=aH$,故f是满射.

这就证明了 f 是 G 到 G/H 的满同态.

设 G 的幺元为 e,则 $\mathrm{Ker}(f)=\{x \mid x\in G, f(x)=eH\}$. 于是

$$x \in \mathrm{Ker}(f) \Leftrightarrow xH = f(x) = eH$$
$$\Leftrightarrow x * e^{-1} \in H$$
$$\Leftrightarrow x \in H$$

故 $\mathrm{Ker}(f)=H$.

定理 5.4.7 设 f 是群 $\langle A, *\rangle$ 到群 $\langle B, \bigstar\rangle$ 的满同态,记 $K=\mathrm{Ker}(f)$,则 $A/K \cong B$.

证明 由定理5.4.5知,K 为 A 的正规子群. 设 A 对 K 的陪集分解式为

$$A = a_1K \cup a_2K \cup \cdots \cup a_rK$$

其中,$a_iK\cap a_jK=\varnothing(i,j=1,2,\cdots,r;i\neq j)$. 于是 $A/K=\{a_1K,a_2K,\cdots,a_rK\}$,并记 $\langle A/K,\Delta\rangle$.

定义映射 $g:A/K\to B$ 且 $g(a_iK)=f(a_i)$. 则:

(1) 任取 $b\in B$,由于 f 为满射,所以存在 $a\in A$ 使得 $f(a)=b$.

从而 A/K 中必存在 $a_iK=aK$,使得 $g(a_iK)=g(aK)=f(a)=b$,故 g 为满射.

(2) 任取 $a_iK,a_jK\in A/K$ 且 $a_iK\neq a_jK$. 假设 $g(a_iK)=g(a_jK)$,则 $f(a_i)=f(a_j)$. 于是

$$f(a_i{}^{-1} * a_j) = f(a_i{}^{-1})\bigstar f(a_j)$$
$$= (f(a_i))^{-1}\bigstar f(a_i)$$
$$= e_2 \quad (e_2 \text{ 为 } B \text{ 的幺元})$$

从而 $a_i{}^{-1} * a_j\in K$,故 $a_iK=a_jK$. 这与已知矛盾,因此 g 是单射.

这就证明了 g 为双射.

(3) 任取 $a_iK,a_jK\in A/K$,由于

$$g(a_iK\Delta a_jK) = g((a_i * a_j)K)$$
$$= f(a_i * a_j)$$
$$= f(a_i)\bigstar f(a_j)$$
$$= g(a_iK)\bigstar g(a_jK)$$

所以 g 是 $\langle A/k,\Delta\rangle$ 到 $\langle B,\bigstar\rangle$ 的同构映射. 即 $A/K\cong B$.

定理 5.4.8 设 $\langle G, *\rangle$ 是群,A 是 G 的子群,B 是 G 的正规子群,则:

(1) AB 是 G 的子群;

(2) $A\cap B$ 是 A 的正规子群;

(3) $A/(A\cap B)\cong(AB)/B$.

证明 (1) 显然 AB 是 G 的非空子集.

任取 $a_1*b_1,a_2*b_2\in AB$,则 $a_1*a_2^{-1}\in AB,b_1*b_2^{-1}\in AB,a_2\in A\subseteq G$.

又因为 B 是 G 的正规子群,所以 $a_2*(b_1*b_2^{-1})*a_2^{-1}\in B$.从而

$$
\begin{aligned}
(a_1*b_1)*(a_2*b_2)^{-1} &= a_1*b_1*b_2^{-1}*a_2^{-1}\\
&=(a_1*a_2^{-1})*(a_2*(b_1*b_2^{-1})*a_2^{-1})\\
&\in AB
\end{aligned}
$$

故得证 AB 是 G 的子群.

(2) 显然 $A\cap B$ 是 A 的非空子集.

任取 $x,y\in A\cap B$,则 $x\in A$ 且 $x\in B$,$y^{-1}\in A$ 且 $y^{-1}\in B$.于是 $x*y^{-1}\in A$,$x*y^{-1}\in B$.故 $x*y^{-1}\in A\cap B$.即得证 $A\cap B$ 为 A 的子群.

任取 $a\in A$,由于 $a(A\cap B)=aA\cap aB=Aa\cap Ba=(A\cap B)a$,因此得证 $A\cap B$为 A 的正规子群.

(3) 设群 G 的幺元为 e.由于 $B=eB\subseteq AB$,所以 B 是 AB 的非空子集.又因为 B 是群,所以 B 是 AB 的子群.对任意 $x\in AB\subseteq G$,有 $xB=Bx$,故得证 B 为 AB 的正规子群.从而 AB 对 B 的陪集分解式为

$$
\begin{aligned}
AB&=(a_1*b_1)B\cup(a_2*b_2)B\cup\cdots\cup(a_r*b_r)B\quad(a_i*b_i\in AB,i=1,2,\cdots,r)\\
&=a_1B\cup a_2B\cup\cdots\cup a_rB\quad(a_i\in A,i=1,2,\cdots,r)
\end{aligned}
$$

于是 $(AB)/B=\{a_1B,a_2B,\cdots,a_rB\}$.

记商群 $\langle(AB)/B,\Delta\rangle$.定义映射 $f:A\to(AB)/B$ 且 $f(a)=aB$.

对任意 $a_iB\in(AB)/B$,有 $a_i\in A$ 使得 $f(a_i)=a_iB$,故得证 f 是满射.

对任意 $a_i,a_j\in A$,有

$$f(a_i*a_j)=(a_i*a_j)B=a_iB\Delta a_jB=f(a_i)\Delta f(a_j)$$

故得证 f 是满同态.

这样,由定理 5.2.9 知 $A/K\cong(AB)/B$,其中 $K=\mathrm{Ker}(f)$.而

$$
\begin{aligned}
\mathrm{Ker}(f)&=\{a\mid a\in A,f(a)=eB=B\}\\
&=\{a\mid a\in A,aB=B\}\\
&=\{a\mid a\in A,a\in B\}\\
&=A\cap B
\end{aligned}
$$

即 $A/(A\cap B)\cong(AB)/B$.

习题 5.4

1. 设 $A=\{a,b,c,d\}$，A 上的 $*$ 运算如表 5.4.4 所示. 设 $B=\{1,2,3,4\}$，B 上的 Δ 运算如表 5.4.5 所示. $\langle A,*\rangle$ 与 $\langle B,\Delta\rangle$ 同构吗?

表 5.4.4

*	a	b	c	d
a	a	b	c	d
b	b	a	d	c
c	c	d	a	b
d	d	c	b	a

表 5.4.5

Δ	1	2	3	4
1	3	4	1	2
2	4	3	2	1
3	1	2	3	4
4	2	1	4	3

2. 证明:如果 f 是 $\langle A,\Delta\rangle$ 到 $\langle B,\bigstar\rangle$ 的同态映射，g 是 $\langle B,\bigstar\rangle$ 到 $\langle C,*\rangle$ 的同态映射，则复合函数 $g\circ f$ 是 $\langle A,\Delta\rangle$ 到 $\langle C,*\rangle$ 的同态映射.

3. 设 $\langle G,*\rangle$ 为群，$a\in G$，函数 $f:G\to G$ 且对任意 $x\in G$ 有 $f(x)=a*x*a^{-1}$，证明: f 为 G 的自同构.

4. 设 f 与 g 都是 $\langle A,\Delta\rangle$ 到 $\langle B,*\rangle$ 的同态映射. h 是 A 到 B 的映射，且对任意 $a\in A$，有

$$h(a)=f(a)*g(a)$$

证明:若 $\langle B,*\rangle$ 是一个交换半群，那么 h 是 $\langle A,\Delta\rangle$ 到 $\langle B,*\rangle$ 的同态映射.

5. 证明:循环群的同态像必是循环群.

6. $\mathbf{R}$ 是实数集，$+$ 是实数加运算，$\times$ 是实数乘运算. 群 $\langle\mathbf{R},+\rangle$ 与群 $\langle\mathbf{R}-\{0\},\times\rangle$ 同构吗?

7. 同一集合上任意两个同余关系的交仍是同余关系.

8. 设 $\langle\mathbf{Z},+\rangle$，其中 $\mathbf{Z}$ 是整数集，$+$ 是实数加运算. 下列关系哪些是同余关系?

(1) $R=\{\langle x,y\rangle\mid x,y\in\mathbf{Z}$ 且 $((x<0)\wedge(y<0))\vee((x\geqslant 0)\wedge(y\geqslant 0))\}$;

(2) $R=\{\langle x,y\rangle\mid x,y\in\mathbf{Z}$ 且 $|x-y|<10\}$;

(3) $R=\{\langle x,y\rangle\mid x,y\in\mathbf{Z}$ 且 $((x=0)\wedge(y=0))\vee((x\neq 0)\wedge(y\neq 0))\}$;

(4) $R=\{\langle x,y\rangle\mid x,y\in\mathbf{Z}$ 且 $x\geqslant y\}$.

9. 设 f 与 g 都是群 $\langle A,\Delta\rangle$ 到群 $\langle B,*\rangle$ 的同态映射. 证明: $\langle C,\Delta\rangle$ 是 $\langle A,\Delta\rangle$ 的子群，其中

$$C=\{x\mid x\in A\text{ 且 }f(x)=g(x)\}$$

10. 设群 $\langle\mathbf{R}-\{0\},\times\rangle$，其中 $\mathbf{R}$ 是实数集，$\times$ 是实数乘运算. 问 f 是否是 $\mathbf{R}-\{0\}$ 到 $\mathbf{R}-\{0\}$ 的同态映射，并求 $\mathrm{Ker}(f)$.

(1) $f(x)=|x|$;

(2) $f(x)=2x$;

(3) $f(x)=x^2$;

(4) $f(x)=\dfrac{1}{x}$.

5.5　阿贝尔群与循环群

5.5.1　阿贝尔群

定义 5.5.1　设$\langle G, * \rangle$是群，若$*$运算在G上交换，则称G为**阿贝尔群**(Abel group)或**交换群**(commutative group).

例 5.5.1　设$A=\{1,2,3,4\}$，在A上定义一个双射$f:A\to A$，且$f(1)=2$，$f(2)=3$，$f(3)=4$，$f(4)=1$. 记$F=\{f^0,f^1,f^2,f^3\}$，则$\langle F,\circ\rangle$是阿贝尔群，其中$\circ$为函数的复合运算.

证明　由于$f^4(1)=1$，$f^4(2)=2$，$f^4(3)=3$，$f^4(4)=4$. 所以$f^4=f^0$. 于是$f^5=f^1$，$f^6=f^2$. 求得$\langle F,\circ\rangle$的运算表如表 5.5.1 所示.

表 5.5.1

$\circ$	f^0	f^1	f^2	f^3
f^0	f^0	f^1	f^2	f^3
f^1	f^1	f^2	f^3	f^0
f^2	f^2	f^3	f^0	f^1
f^3	f^3	f^0	f^1	f^2

由表 5.5.1 知，$\circ$运算在F上封闭且交换.

f^0为幺元. f^0的逆元为f^0，f^1与f^3互逆，f^2的逆元为f^2，故得证$\langle F,\circ\rangle$为阿贝尔群.

例 5.5.2　设$A=\{a_1,a_2,\cdots,a_n\}$，$f=(a_1,a_2,\cdots,a_r)$是A上的r轮换. 记$F=\{f^1,f^2,\cdots,f^r\}$，则$\langle F,\circ\rangle$是阿贝尔群，其中$\circ$为置换的积运算.

证明　任取$f^i,f^j\in F$，则$f^i\circ f^j=f^{(i+j)\bmod r}$，其中$0\leqslant(i+j)\bmod r\leqslant r-1$. 于是$f^{(i+j)\bmod r}\in F$，即运算在$F$上封闭.

任取$f^i,f^j\in F$，则$f^i\circ f^j=f^{(i+j)\bmod r}=f^j\circ f^i$，其中$0\leqslant(i+j)\bmod r\leqslant r-1$. 即$\circ$运算在$F$上交换. 置换的积运算$\circ$满足结合律.

任取$f^i\in F$，则$f^i\circ f^r=f^{(i+r)\bmod r}=f^i=f^r\circ f^i$，所以$f^r$为$\langle F,\circ\rangle$的幺元.

任取$f^i\in F$，则$f^i\circ f^{r-i}=f^{(i+r-i)\bmod r}=f^r=f^{r-i}\circ f^i$，所以$f^i$的逆元为$f^{r-i}$.

这就证明了$\langle F,\circ\rangle$为阿贝尔群.

定理 5.5.1　设$\langle G, * \rangle$是群，则$\langle G, * \rangle$是阿贝尔群，当且仅当对任意$a,b\in G$，有

$$(a*b)^2=a^2*b^2$$

证明　先证明充分性.

充分性　对任意$a,b\in G$，有$(a*b)^2=a^2*b^2$，即

$$a*(b*a)*b=a*(a*b)*b$$

于是

$$b*a=a*b$$

因此$\langle G,*\rangle$是阿贝尔群.

必要性 对任意 $a,b\in G$,有 $a*b=b*a$. 于是

$$\begin{aligned}(a*b)^2&=(a*b)*(a*b)\\&=a*(b*a)*b\\&=a*(a*b)*b\\&=(a*a)*(b*b)\\&=a^2*b^2\end{aligned}$$

一般地,在交换群$\langle G,*\rangle$中,可以证明对任意 $a,b\in G$,有$(a*b)^n=a^n*b^n$,其中,n 为任意整数.

5.5.2 循环群的概念

定义 5.5.2 设$\langle G,*\rangle$是群,如果存在 $a\in G$,使得 G 中每个元素都能表示成a 的幂,即对任意 $x\in G$,有 $x=a^n$,其中 n 为任意整数,则称 G 为由a 生成的**循环群**(cyclic group),记作$\langle a\rangle$. 并称 a 为G 的**生成元**(generator). 若 G 是有限群,则称 G 为**有限循环群**. 若 G 是无限群,则称 G 为**无限循环群**.

例 5.5.3 显然,例 5.5.1 的阿贝尔群$\langle F,\circ\rangle$是循环群,且 f 是其生成元. 又因为 $f^0=(f^3)^4$,$f^1=(f^3)^3$,$f^2=(f^3)^2$,$f^3=(f^3)^1$,所以 f^3也是其生成元.

例 5.5.4 群$\langle N_5,+_5\rangle$是循环群,因为 $0=1^5$,$1=1^1$,$2=1^2$,$3=1^3$,$4=1^4$,即 1 是其生成元. 可以验证 2,3,4 均是其生成元.

例 5.5.5 设整数加群$\langle \mathbf{Z},+\rangle$,其中 $\mathbf{Z}$ 为整数集,+ 为实数加法. 由于对任意 $n\in\mathbf{Z}$,有 $n=1^n$,比如 $5=1+1+1+1+1=1^5$,$-5=5^{-1}=(1^5)^{-1}=1^{-5}$,所以$\langle \mathbf{Z},+\rangle$是循环群,且 1 为其生成元.

对任意 $n\in\mathbf{Z}$,又有 $n=(-1)^n$,比如$-5=(-1)+(-1)+(-1)+(-1)+(-1)=(-1)^5$,$5=(-5)^{-1}=((-1)^5)^{-1}=(-1)^{-5}$,所以$-1$ 也是其生成元.

例 5.5.6 设$\langle H,+\rangle$,其中 $H=\{5k\mid k$ 为整数$\}$,+ 为实数加法. $\langle H,+\rangle$是循环群,且生成元为 5 与 -5.

例 5.5.7 设模 12 同余类加群$\langle Z_{12},+_{12}\rangle$,其中 Z_{12}是模 12 同余类集合,即

$$Z_{12}=\{[0],[1],\cdots,[11]\}$$

对任意$[a],[b]\in Z_{12}$,规定$[a]+_{12}[b]=[(a+b)\bmod 12]$,则$\langle Z_{12},+_{12}\rangle$是循环群,其全部生成元为[1],[5],[7],[11].

定理 5.5.2 任何循环群都是阿贝尔群.

证明 设$\langle G,*\rangle$是循环群,a 为其生成元. 任取 $x,y\in G$,则存在整数 m 与

n,使得

$$x = a^m, \quad y = a^n$$

于是

$$x * y = a^m * a^n = a^{m+n} = a^n * a^m = y * x$$

因此$\langle G, * \rangle$是阿贝尔群.

5.5.3 循环群的特征

定理 5.5.3 设$\langle G, * \rangle$是 n 阶有限循环群,a 为其生成元,e 为其幺元,则 $|a| = n$,且 $G=\{a, a^2, a^3, \cdots, a^n = e\}$.

证明 假设存在某个正整数 m,$m<n$ 且 $a^m = e$.任取 $x \in G$,则 $x = a^k$,其中 k 为整数.由于存在整数 p 与 r,使 $k = mp + r(0 \leqslant r < m)$.于是

$$x = a^k = a^{mp+r} = (a^m)^p * a^r = a^r$$

因此 G 中最多只有$m(m<n)$个元素.这与 $|G| = n$ 矛盾,故 $|a| = n$.

下面只要证明 $a, a^2, a^3, \cdots, a^n$互不相同.

假设 $a^i = a^j (1 \leqslant i < j \leqslant n)$.则

$$a^j = a^{i+(j-i)} = a^i * a^{j-i} = a^j * a^{j-i}$$

于是 $a^{j-i} = e$,且 $j - i$ 为小于n 的正整数.这与 $|a| = n$ 相矛盾,故 $a, a^2, a^3, \cdots, a^n$互不相同.

因此 $G=\{a, a^2, a^3, \cdots, a^n = e\}$.

例 5.5.8 设有循环群$\langle N_8, +_8 \rangle$,找出其所有的生成元.

解 先计算每个元素的阶,找出阶为 8 的元素,便是生成元.

$1^8 = 0$,1 的阶是 8; $2^4 = 0$,2 的阶是 4; $3^8 = 0$,3 的阶是 8

$4^2 = 0$,4 的阶是 2; $5^8 = 0$,5 的阶是 8; $6^4 = 0$,6 的阶是 4

$7^8 = 0$,7 的阶是 8; $0^1 = 0$,0 的阶是 1

所以$\langle N_8, +_8 \rangle$的全部生成元为 1,3,5,7.

例 5.5.9 设 Klein 四元群$\langle K, * \rangle$,其中 $K = \{e, a, b, c\}$,$*$ 运算如表 5.5.2 所示.

表 5.5.2

*	e	a	b	c
e	e	a	b	c
a	a	e	c	b
b	b	c	e	a
c	c	b	a	e

由于其运算表关于主对角线对称,所以 Klein 四元群是阿贝尔群.但由于 a, b, c 都是 2 阶元,故 Klein 四元群不是循环群.

注意 Klein 四元群的特点:

(1) 四个元素,e 为幺元;

(2) a, b, c 都是二阶元;

(3) a, b, c 三元素中,任两个运算的值等于另一个.

例 5.5.10 设有循环群$\langle G, * \rangle$,其运算表如表 5.5.3 所示. 找出其所有生成元.

表 5.5.3

$*$	a	b	c	d
a	a	b	c	d
b	b	a	d	c
c	c	d	b	a
d	d	c	a	b

解 因为 a 是幺元,所以不是生成元.

因为 $b^2 = a$,即 b 是 2 阶元,所以 b 不是生成元.

因为 $c^2 = b, c^3 = c * b = d, c^4 = c * d = a$,即 c 是 4 阶元,所以 c 是生成元.

因为 $d^2 = b, d^3 = d * b = c, d^4 = d * c = a$,即 d 是 4 阶元,所以 d 是生成元.

定理 5.5.4 设$\langle G, * \rangle$是无限循环群,a 为其生成元,e 为其幺元. 则

$$G = \{\cdots, a^{-3}, a^{-2}, a^{-1}, a^0 = e, a, a^2, a^3, \cdots\}$$

证明 只要证明$\cdots, a^{-3}, a^{-2}, a^{-1}, a^0, a, a^2, a^3, \cdots$互不相同即可.

假设 $a^i = a^j$,且 $i < j$. 则 $a^j = a^{i+(j-i)} = a^i * a^{j-i} = a^j * a^{j-i}$,于是 $a^{j-i} = e$,且 $j - i$ 为正整数.

不妨设 $j - i = p$,并将整数集划分为模 p 的同余类

$$\mathbf{Z} = [0] \cup [1] \cup \cdots \cup [p-1]$$

任取 $m, n \in [r] (r = 0, 1, \cdots, p-1)$,则

$$a^m = a^{kp+r} = a^r, \quad k \in \mathbf{Z}$$
$$a^n = a^{tp+r} = a^r, \quad t \in \mathbf{Z}$$

因此 $G = \{a^0, a^1, a^2, \cdots, a^{p-1}\}$,这与 G 是无限集矛盾.

定理 5.5.5 (1) 无限循环群$\langle a \rangle$有且仅有两个生成元 a 与 a^{-1};

(2) n 阶有限循环群$\langle a \rangle$中,a^r是其生成元,当且仅当 r 与 n 互质.

证明 (1) 显然 a 与 a^{-1}是$\langle a \rangle$的生成元.

设 a^k是$\langle a \rangle$的生成元,则$\langle a \rangle$中每个元素都能表示成 a^k的幂. 特别地,a 也能表示a^k的幂.

设 $a = (a^k)^m = a^{km}$,由定理 5.5.4 知 $km = 1$,从而 $k = \pm 1$.

(2) 设 $*$ 为$\langle a \rangle$上的运算,e 为$\langle a \rangle$的幺元.

必要性 若 a^r 是$\langle a \rangle$的生成元,则由定理 5.5.3 知 $|a^r| = n$. 而据定理 5.1.9 有 $|a^r| = n/d$,其中 d 为 r 与 n 的最大公约数. 因此 r 与 n 互质.

充分性 若 r 与 n 互质,则存在整数 p 与 q 使得 $np + rq = 1$. 于是

$$(a^r)^q = a^{rq} = a^{1-nq} = a * (a^n)^{-p} = a * e = a$$

所以 a 能表示成a^r的幂,从而$\langle a \rangle$中每个元素都能表示成 a^r的幂.

5.5.4 循环群的子群

定理 5.5.6 循环群的子群仍是循环群.

证明 设$\langle G, * \rangle$是循环群,a 为其生成元,e 为其幺元. H 是其子群.

若 $H=\{e\}$,则 H 是循环群.

若 $H\neq\{e\}$,则 H 中必有 a 的幂 a^k,当然 $a^{-k}\in H$.

设 m 是使$a^m\in H$ 的最小正整数,则对任意整数 q 均有$(a^m)^q\in H$.

下面证明 $H=\langle a^m\rangle$.

显然$\langle a^m\rangle\subseteq H$.

任取 $a^k\in H$,则存在整数 p 与 r 使得$k=mp+r(0\leqslant r<m)$. 于是

$$a^r = a^{k-mp} = a^k * (a^m)^{-p} \in H$$

由于 $r<m$ 且m 是最小正整数,所以 $r=0$. 因此 $a^k=a^{mp}=(a^m)^p\in\langle a^m\rangle$. 即得证 $H\subseteq\langle a^m\rangle$.

这样就证明了 $H=\langle a^m\rangle$.

定理 5.5.7 设$\langle G, * \rangle$是循环群,a 为其生成元.

(1) 无限循环群$\langle a\rangle$的全部子群为$\langle a^m\rangle$,其中 $m=0,1,2,\cdots$

(2) 若$\langle a\rangle$是 n 阶有限循环群,则对 n 的每个正因子d,$\langle a^{n/d}\rangle$是其唯一的 d 阶子群.

证明 (1) 显然$\langle a^m\rangle(m=0,1,2,\cdots)$是$\langle a\rangle$的非空子集.

任取 $x,y\in\langle a^m\rangle(m=0,1,2,\cdots)$,则存在整数 p 与q 使得

$$x = (a^m)^p, \quad y = (a^m)^q$$

于是

$$x * y^{-1} = a^{mp} * a^{-mq} = (a^m)^{p-q} \in \langle a^m\rangle$$

因此$\langle a^m\rangle$为$\langle a\rangle$的子群.

(2) 设 d 是n 的正因子,则存在正整数 s 使$n=ds$. 由于$|a|=n$,据定理 5.1.8 知

$$|a^s| = \frac{n}{\gcd(n,s)} = \frac{n}{s} = d$$

因此$\langle a^s\rangle$是$\langle a\rangle$的 d 阶子群.

假设$\langle a^k\rangle$是$\langle a\rangle$的另一个 d 阶子群,则

$$|a^k| = d = \frac{n}{s}$$

又因为$|a^k|=\dfrac{n}{\gcd(n,k)}$,所以 $\gcd(n,k)=s$. 于是存在整数 p 与 q 使 $np+kq=s$. 从而 $a^s=a^{np+kq}=(a^n)^p*a^{kp}=a^{kp}=(a^k)^q$. 即 a^s能表示成a^k的幂. 这

样$\langle a^s\rangle$中每个元素都能表示成a^k的幂.因此$\langle a^s\rangle=\langle a^k\rangle$.

例 5.5.11 求模12同余类加群$\langle Z_{12},+_{12}\rangle$的全部子群.

解 因为12的全部正因子为1,2,3,4,6,12.所以Z_{12}的子群共有6个:

1阶子群$\langle[1]^{12}\rangle=\{[0]\}$

2阶子群$\langle[1]^6\rangle=\{[0],[6]\}$

3阶子群$\langle[1]^4\rangle=\{[0],[4],[8]\}$

4阶子群$\langle[1]^3\rangle=\{[0],[3],[6],[9]\}$

6阶子群$\langle[1]^2\rangle=\{[0],[2],[4],[6],[8],[10]\}$

12阶子群$\langle[1]\rangle=Z_{12}$

5.5.5 循环群的结构

定理 5.5.8 设$\langle G,*\rangle$是循环群,a为其生成元.

(1) 如果G是无限循环群,则$\langle \mathbf{Z},+\rangle\cong\langle G,*\rangle$,其中$\langle \mathbf{Z},+\rangle$是整数加群;

(2) 如果G是n阶有限循环群,则$\langle Z_n,+_n\rangle\cong\langle G,*\rangle$,其中$\langle Z_n,+_n\rangle$为模$n$同余类加群.

证明 (1) 作映射$f:\mathbf{Z}\to G$,且$f(x)=a^x$.

① 任取$x,y\in\mathbf{Z},x\neq y$.假设$f(x)=f(y)$,则$a^x=a^y$,从而$x=y$.这与已知矛盾,故f是$\mathbf{Z}$到G的单射.

② 任取$a^x\in G$,有$x\in\mathbf{Z}$使$f(x)=a^x$,所以f是$\mathbf{Z}$到G的满射.

③ 任取$x,y\in\mathbf{Z}$,有$f(x+y)=a^{x+y}=a^x*a^y=f(x)*f(y)$.所以$f$是$\mathbf{Z}$到$G$的同构映射.

这就证明了$\langle \mathbf{Z},+\rangle\cong\langle G,*\rangle$.

(2) 作映射$g:Z_n\to G$,且$f([x])=a^x$.

① 任取$[x],[y]\in Z_n,[x]\neq[y]$.假设$g([x])=g([y])$,则$a^x=a^y$,于是$n\mid(x-y)$,从而$[x]=[y]$.这与已知矛盾,故$g$是$Z_n$到$G$的单射.

② 任取$a^x\in G$,有$[x]\in Z_n$使$g([x])=a^x$,所以g是Z_n到G的满射.

③ 任取$[x],[y]\in Z_n$,有

$$g([x]+_n[y])=g([x+y])=a^{x+y}=a^x*a^y=g(x)*g(y)$$

所以g是Z_n到G的同构映射.

这就证明了$\langle Z_n,+_n\rangle\cong\langle G,*\rangle$.

习题 5.5

1. 证明 4 阶群必为循环群或 Klein 四元群.

2. 求阶数最小的非交换群.

3. 证明:群$\langle G,*\rangle$中,若幺元 e 以外的每个元素均是 2 阶元,则 G 是交换群.

4. 设$\langle G,*\rangle$是有限的可交换的独异点,且对任意 $a,b,c\in G$,每当 $a*b=a*c$ 时必有 $b=c$,则$\langle G,*\rangle$是交换群.

5. 设$\langle G,*\rangle$是有限交换群,a 是 G 的 m 阶元,b 是 G 的 n 阶元,且 $\gcd(m,n)=1$,证明:$a*b$的阶为mn.

6. 设 $A=\{1,2,3,4\}$,集合 A 上轮换 $e=(1)$,$f=(1,2)(3,4)$,$g=(1,4)(2,3)$,$h=(1,3)(2,4)$,记 $F=\{e,f,g,h\}$,证明$\langle F,*\rangle$为群,其中 $*$ 为轮换的积.$\langle F,*\rangle$是循环群吗?为什么?

7. 设$\langle G,*\rangle$为 n 阶群,$a\in G$ 且 a 的阶为 k,证明:$k\mid n$.

8. 设代数系统$\langle N_k,+_k\rangle$,其中集合 $N_k=\{0,1,2,\cdots,k-1\}$,且对任意 $x,y\in N_k$,有

$$x+_k y=(x+y)\pmod k$$

证明:$\langle N_k,+_k\rangle$是循环群,且 m 为其生成元当且仅当m 与k 互质.

5.6　置　换　群

5.6.1　置换群的概念

定义 5.6.1　设 S 是n 个元素的集合,令 $S_n=\{f\mid f$ 为S 上的置换$\}$,则$\langle S_n,\circ\rangle$是群,称其为 S 的 n **元对称群**(n-ray symmetric group),其中$\circ$是置换的积运算.并称$\langle S_n,\circ\rangle$的子群为 S 的 n **元置换群**,简称为**置换群**(permutation group)或**变换群**(transformation group).

例 5.6.1　证明:S_n 中全体偶置换构成S_n 的子群,称其为 S 的n **元交错群**(n-ary alternating group).

证明　恒等置换是偶置换;偶置换的积仍为偶置换;偶置换的逆仍为偶置换.

例 5.6.2　设集合 $S=\{1,2,3\}$,写出 S 上的全部置换.

解

$$f_0=\begin{pmatrix}1&2&3\\1&2&3\end{pmatrix}=(1),\quad f_1=\begin{pmatrix}1&2&3\\2&1&3\end{pmatrix}=(1,2)$$

$$f_2=\begin{pmatrix}1&2&3\\3&2&1\end{pmatrix}=(1,3),\quad f_3=\begin{pmatrix}1&2&3\\1&3&2\end{pmatrix}=(2,3)$$

$$f_4 = \begin{pmatrix} 1 & 2 & 3 \\ 2 & 3 & 1 \end{pmatrix} = (1,2,3), \quad f_5 = \begin{pmatrix} 1 & 2 & 3 \\ 3 & 1 & 2 \end{pmatrix} = (1,3,2)$$

则 S 的对称群为 $\langle S_3, \circ \rangle$，其中 $S_3 = \{f_0, f_1, f_2, f_3, f_4, f_5\}$.

$\langle S_3, \circ \rangle$ 的运算表如表 5.6.1 所示.

表 5.6.1

$\circ$	f_0	f_1	f_2	f_3	f_4	f_5
f_0	f_0	f_1	f_2	f_3	f_4	f_5
f_1	f_1	f_0	f_5	f_4	f_3	f_2
f_2	f_2	f_4	f_0	f_5	f_1	f_3
f_3	f_3	f_5	f_4	f_0	f_2	f_1
f_4	f_4	f_2	f_3	f_1	f_5	f_0
f_5	f_5	f_3	f_1	f_2	f_0	f_4

显然 $\{f_0, f_1\}$，$\{f_0, f_2\}$，$\{f_0, f_3\}$，$\{f_0, f_4, f_5\}$ 都是 $\langle S_3, \circ \rangle$ 的子群，即都是 S 的置换群，且 $\{f_0, f_4, f_5\}$ 还是 S 的交错群.

5.6.2 左正则表示

设群 $\langle G, * \rangle$，其中 $G = \{a_1, a_2, \cdots, a_n\}$ 且 a_1 为幺元. 取定元素 a_i，则 $a_i * a_1, a_i * a_2, \cdots, a_i * a_n$ 是 $a_1, a_2, \cdots, a_n$ 的一个排列，记置换

$$\lambda_i = \begin{pmatrix} a_1 & a_2 & \cdots & a_n \\ a_i * a_1 & a_i * a_2 & \cdots & a_i * a_n \end{pmatrix}$$

令 $G_1 = \{\lambda_1, \lambda_2, \cdots, \lambda_n\}$，则

(1) 由于

$$\begin{aligned} \lambda_i \circ \lambda_j &= \begin{pmatrix} a_1 & a_2 & \cdots & a_n \\ a_i * a_1 & a_i * a_2 & \cdots & a_i * a_n \end{pmatrix} \begin{pmatrix} a_1 & a_2 & \cdots & a_n \\ a_j * a_1 & a_j * a_2 & \cdots & a_j * a_n \end{pmatrix} \\ &= \begin{pmatrix} a_1 & a_2 & \cdots & a_n \\ a_i * a_j * a_1 & a_i * a_j * a_2 & \cdots & a_i * a_j * a_n \end{pmatrix} \\ &= \begin{pmatrix} a_1 & a_2 & \cdots & a_n \\ (a_i * a_j) * a_1 & (a_i * a_j) * a_2 & \cdots & (a_i * a_j) * a_n \end{pmatrix} \in G_1 \end{aligned}$$

故 $\langle G_1, \circ \rangle$ 是 $\langle S_n, \circ \rangle$ 的子群.

(2) 定义双射 $g: G \to G_1$ 且对任意 $a_i \in G$，$g(a_i) = \lambda_i$. 由于 $g(a_i) \circ g(a_j) = \lambda_i \circ \lambda_j = g(a_i * a_j)$，故 $\langle G, * \rangle$ 同构 $\langle G_1, \circ \rangle$.

5.6.3　右正则表示

设群$\langle G, *\rangle$，其中 $G=\{a_1, a_2, \cdots, a_n\}$ 且 a_1 为幺元. 取定元素 a_i，则 $a_1 * a_i^{-1}, a_2 * a_i^{-1}, \cdots, a_3 * a_i^{-1}$ 是$a_1, a_2, \cdots, a_n$ 的一个排列，记置换

$$\lambda_i = \begin{pmatrix} a_1 & a_2 & \cdots & a_n \\ a_1 * a_i^{-1} & a_2 * a_i^{-1} & \cdots & a_n * a_i^{-1} \end{pmatrix}$$

令 $G_r=\{\lambda_1, \lambda_2, \cdots, \lambda_n\}$.

(1) 由于

$$\begin{aligned} \lambda_i \circ \lambda_j &= \begin{pmatrix} a_1 & a_2 & \cdots & a_n \\ a_1 * a_i^{-1} & a_2 * a_i^{-1} & \cdots & a_n * a_i^{-1} \end{pmatrix} \begin{pmatrix} a_1 & a_2 & \cdots & a_n \\ a_1 * a_j^{-1} & a_2 * a_j^{-1} & \cdots & a_n * a_j^{-1} \end{pmatrix} \\ &= \begin{pmatrix} a_1 & a_2 & \cdots & a_n \\ a_1 * a_j^{-1} * a_i^{-1} & a_2 * a_j^{-1} * a_i^{-1} & \cdots & a_n * a_j^{-1} * a_i^{-1} \end{pmatrix} \\ &= \begin{pmatrix} a_1 & a_2 & \cdots & a_n \\ a_1 * (a_i * a_j)^{-1} & a_2 * (a_i * a_j)^{-1} & \cdots & a_n * (a_i * a_j)^{-1} \end{pmatrix} \in G_r \end{aligned}$$

故$\langle G_r, \circ\rangle$是$\langle S_n, \circ\rangle$的子群.

(2) 定义双射 $g: G \to G_r$ 且对任意 $a_i \in G$，$g(a_i)=\lambda_i$. 由于 $g(a_i) \circ g(a_j) = \lambda_i \circ \lambda_j = g(a_i * a_j)$，故$\langle G, *\rangle$同构$\langle G_r, \circ\rangle$.

5.6.4　Cayley 定理

定理 5.6.1(Cayley 定理)　每个群都同构于一个置换群.

证明　设 e 为群$\langle G, *\rangle$的幺元.

(1) $a \in G$，定义函数 $f_a: G \to G$ 且$f_a(x)=a * x$. 下面证明 f_a是G 上的双射.

任取 $x, y \in G$ 且$x \neq y$. 假设 $f_a(x)=f_a(y)$，则 $a * x = a * y$，于是 $x=y$，故假设不成立，即 f_a是G 上的单射.

任取 $y \in G$，则存在 $x=a^{-1} * y \in G$ 使得

$$f_a(x) = f_a(a^{-1} * y) = a * (a^{-1} * y) = y$$

故 f_a是G 上的满射.

这就证明了 f_a是G 上的双射.

(2) 令 $G_1=\{f_a \mid a \in G\}$. 下面证明$\langle G_1, \circ\rangle$是$\langle S_G, \circ\rangle$的子群.

由于 $f_e \in G_1$，故 $G_1 \subseteq S_G$ 且 $G_1 \neq \varnothing$.

任取 $f_a, f_b \in G_1$，则对任意 $x \in G$ 有$f_a(x)=a * x$，$f_b(x)=b * x$. 于是

$$f_a \circ f_b(x) = f_a(f_b(x)) = f_a(b * x) = a * (b * x) = (a * b) * x = f_{a * b}(x)$$

即

$$f_a \circ f_b = f_{a * b}$$

而

$$(f_b)^{-1}(x) = b^{-1} * x = f_{b^{-1}}(x)$$

故

$$f_a \circ (f_b)^{-1} = f_a * f_{b^{-1}} = f_{a * b^{-1}} \in G_1$$

因此$\langle G_1, \circ \rangle$是 G 的对称群$\langle S_G, \circ \rangle$的子群.即$\langle G_1, \circ \rangle$是 G 的一个置换群.

(3) 下面证明$\langle G, * \rangle$同构$\langle G_1, \circ \rangle$.

定义函数 $g: G \to G_1$ 且 $g(a) = f_a$.

任取 $a, b \in G$ 且 $a \neq b$,假设 $g(a) = g(b)$,则 $f_a = f_b$.从而 $f_a(e) = f_b(e)$,于是 $a * e = b * e$,即 $a = b$.这与已知矛盾,故 g 为单射.

任取 $f_a \in G_l$,有 $a \in G$ 使得$g(a) = f_a$,故 g 为满射.

任取 $a, b \in G$,$g(a * b) = f_{a*b} = f_a \circ f_b = g(a) \circ g(b)$.

这就证明了 g 为$\langle G, * \rangle$到$\langle G_l, \circ \rangle$的同构映射.

5.6.5 Burnside 定理

定义 5.6.2 设$\langle G, \circ \rangle$是集合 S 的一个置换群,称 $R = \{\langle a, b \rangle \mid a, b \in S, \lambda(a) = b, \lambda \in G\}$为$\langle G, \circ \rangle$诱导的 S 上的关系.

例如,设集合 $S = \{1,2,3,4\}$,$G = \{\lambda_0, \lambda_1, \lambda_2, \lambda_3\}$,其中

$$\lambda_0 = \begin{pmatrix} 1 & 2 & 3 & 4 \\ 1 & 2 & 3 & 4 \end{pmatrix}, \quad \lambda_1 = \begin{pmatrix} 1 & 2 & 3 & 4 \\ 2 & 1 & 3 & 4 \end{pmatrix}$$

$$\lambda_2 = \begin{pmatrix} 1 & 2 & 3 & 4 \\ 1 & 2 & 4 & 3 \end{pmatrix}, \quad \lambda_3 = \begin{pmatrix} 1 & 2 & 3 & 4 \\ 2 & 1 & 4 & 3 \end{pmatrix}$$

易证明$\langle G, \circ \rangle$是集合 S 的一个置换群,而由$\langle G, \circ \rangle$诱导的 S 上的关系为

$$R = \{\langle 1,1 \rangle, \langle 1,2 \rangle, \langle 2,1 \rangle, \langle 2,2 \rangle, \langle 3,3 \rangle, \langle 3,4 \rangle, \langle 4,3 \rangle, \langle 4,4 \rangle\}$$

定理 5.6.2 设$\langle G, \circ \rangle$是集合 S 的一个置换群,$R = \{\langle a, b \rangle \mid a, b \in S, \lambda(a) = b, \lambda \in G\}$为$\langle G, \circ \rangle$诱导的 S 上的关系,则 R 为等价关系.

证明 对任意 $a \in S$,因为恒等置换使 $\lambda_0(a) = a$,所以$\langle a, a \rangle \in R$,即 R 自反.

设$\langle a, b \rangle \in R$,则存在 $\lambda \in G$ 使得$\lambda(a) = b$,又由于$\langle G, \circ \rangle$为群,所以必有 $\lambda^{-1} \in G$,从而

$$\lambda^{-1}(b) = \lambda^{-1}(\lambda(a)) = a$$

所以$\langle b, a \rangle \in R$,即 R 对称.

设$\langle a, b \rangle \in R$ 且$\langle b, c \rangle \in R$,则存在 $\lambda_1, \lambda_2 \in G$ 使得$\lambda_1(a) = b$ 且$\lambda_2(b) = c$.因 $\lambda_2 \circ \lambda_1 \in G$,而 $\lambda_2 \circ \lambda_1(a) = \lambda_2(\lambda_1(a)) = \lambda_2(b) = c$,所以$\langle a, c \rangle \in R$,即 R 传递.

定义 5.6.3 设 λ 为集合S 的一个置换,$a \in S$,若 $\lambda(a) = a$,则说 a 是λ 的一个不变元.用 $\psi(\lambda)$表示在置换 λ 作用下的不变元的个数.

例如，$S=\{1,2,3,4\}$，S 的置换

$$\lambda_0=\begin{pmatrix}1&2&3&4\\1&2&3&4\end{pmatrix},\quad \lambda_1=\begin{pmatrix}1&2&3&4\\2&1&3&4\end{pmatrix}$$

显然 1,2,3,4 均是 λ_0的不变元；3,4 均是 λ_1 的不变元. 所以

$$\psi(\lambda_0)=4,\quad \psi(\lambda_1)=2$$

一个集合上的等价关系可以确定该集合的一个划分，且这个划分中的每一块就是一个等价类.

设$\langle G,\circ\rangle$是集合 S 的一个置换群，由$\langle G,\circ\rangle$诱导的 S 上的等价关系 R 必将产生 S 的一个划分，Burnside 定理提供了一种计算该划分中等价类数目的方法.

定理 5.6.3 设$\langle G,\circ\rangle$是集合 S 的一个置换群，$x\in S$，令

$$G(x)=\{f\mid f\in G\text{ 且 }f(x)=x\}$$

则$\langle G(x),\circ\rangle$是$\langle G,\circ\rangle$的子群.

证明 显然 $G(x)$为 G 的子集，又由于$\langle G,\circ\rangle$为有限群，且 $G(x)$中包含 S 的恒等置换，所以 $G(x)$为 G 的有限非空子集.

任取 $f,g\in G(x)$，则 $f(x)=x,g(x)=x$，于是

$$f\circ g(x)=f(g(x))=f(x)=x$$

因此 $f\circ g\in G(x)$，即$\langle G(x),\circ\rangle$是$\langle G,\circ\rangle$的子群.

定理 5.6.4 设$\langle G,\circ\rangle$是集合 S 的一个置换群，$R=\{\langle a,b\rangle\mid a,b\in S,\lambda(a)=b,\lambda\in G\}$为$\langle G,\circ\rangle$诱导的 S 上的等价关系，若$[x]$为 R 确定的划分 S 的任一块，则

$$|G(x)|=\frac{|G|}{|[x]|}$$

其中 $G(x)=\{f\mid f\in G\text{ 且 }f(x)=x\}$.

证明 任取 $x\in S$，设$[x]=\{x,x_1,x_2,\cdots,x_{k-1}\}$，由于 $x_i\in[x](i=1,2,\cdots,k-1)$，从而$\langle x,x_i\rangle\in R(i=1,2,\cdots,k-1)$，于是存在 $g_i\in G$ 使得 $g_i(x)=x_i(i=1,2,\cdots,k-1)$.

令 g_0为恒等置换，并作子群$\langle G(x),\circ\rangle$的左陪集

$$g_iG(x)=\{g_i\circ f\mid f\in G(x)\}$$

显然

$$\bigcup_{i=0}^{k-1}g_iG(x)\subseteq G$$

若任意 $g\in G$ 且 $g(x)=y$，则$\langle x,y\rangle\in R$，从而 $y\in[x]$，于是存在某个 $g_i(i=1,2,\cdots,k-1)$使得 $g_i(x)=y$，从而 $g(x)=g_i(x)$，故

$$g_i^{-1}\circ g(x)=g_i^{-1}(g(x))=g_i^{-1}(g_i(x))=g_0(x)=x$$

即 $g_i^{-1}\circ g\in G(x)$. 于是 $g_i\circ(g_i^{-1}\circ g)\in g_iG(x)$，即 $g\in g_iG(x)$. 因

此$G\subseteq\bigcup_{i=0}^{k-1}g_iG(x)$,从而 $G=\bigcup_{i=0}^{k-1}g_iG(x)$.

假设$g_iG(x)\cap g_jG(x)\neq\varnothing(0\leqslant i<j\leqslant k-1)$,则

$$g\in g_iG(x),\quad g\in g_jG(x)$$

从而存在 $h,t\in G(x)$使得

$$g=g_i\circ h,\quad g=g_j\circ t$$

即 $g_i\circ h=g_j\circ t$,故 $g_i\circ h(x)=g_j\circ t(x)$.而

$$g_i\circ h(x)=g_i(h(x))=g_i(x)$$
$$G_j\circ t(x)=g_j(t(x))=g_j(x)$$

所以 $g_i(x)=g_j(x)$,即 $g_i=g_j$,与已知矛盾,故

$$g_iG(x)\cap g_jG(x)=\varnothing\quad(0\leqslant i<j\leqslant k-1)$$

因此

$$|G|=\bigcup_{i=0}^{k-1}|g_iG(x)|=k|G(x)|=|[x]||G(x)|$$

即

$$|G(x)|=\frac{|G|}{|[x]|}$$

定理 5.6.5(Burnside 定理)　设$\langle G,\circ\rangle$是集合 S 的一个置换群,$R=\{\langle a,b\rangle\mid a,b\in S,f(a)=b,f\in G\}$为$\langle G,\circ\rangle$诱导的 S 上的等价关系,则 R 确定的集合 S 的划分的块数为$\frac{1}{|G|}\sum_{f\in G}\psi(f)$,其中 $\psi(f)$ 为置换 f 作用下的不变元的个数.

证明　设 R 确定的集合S 的划分的块分别为$A_1,A_2,\cdots,A_n$,并令

$$\delta(g,x)=\begin{cases}1, & g(x)=x\\0, & g(x)\neq x\end{cases}\quad(x\in S\text{ 且 }g\in G)$$

于是

$$\begin{aligned}\sum_{g\in G}\psi(g)&=\sum_{g\in G}\sum_{x\in S}\delta(g,x)=\sum_{x\in S}\sum_{g\in G}\delta(g,x)\\&=\sum_{x\in S}|G(x)|\quad(G(x)=\{f\mid f\in G\text{ 且 }f(x)=x\})\\&=\sum_{i=1}^{n}\sum_{x\in A_i}|G(x)|=\sum_{i=1}^{n}\sum_{x\in A_i}\frac{|G|}{|A_i|}\\&=\sum_{i=1}^{n}|A_i|\times\frac{|G|}{|A_i|}=n\times|G|\\&=(\text{划分的块数})\times|G|\end{aligned}$$

故划分的块数 $=\frac{1}{|G|}\sum_{f\in G}\psi(f)$.

运用 Burnside 定理,关键是求 $\psi(f)$,如何使求 $\psi(f)$简单容易呢?

先回忆置换的轮换表示形式,例如

$$\begin{pmatrix}1&2&3&4&5&6&7&8&9\\7&4&3&2&1&5&6&8&9\end{pmatrix}$$

$$=(1,7,6,5)(2,4)(3)(8)(9)\quad（轮换表示法）$$

$$\begin{pmatrix}1&2&3&4&5&6&7&8&9\\4&9&1&7&6&5&3&8&2\end{pmatrix}$$

$$=(1,4,7,3)(2,9)(5,6)(8)\quad（轮换表示法）$$

再讨论置换轮换表示法在计算 $\psi(f)$时的重要性.

例如,设 $A=\{1,2,3,4,5,6,7,8,9\}$,A 的置换

$$f=\begin{pmatrix}1&2&3&4&5&6&7&8&9\\4&9&1&7&6&5&3&8&2\end{pmatrix}$$

$$=(1,4,7,3)(2,9)(5,6)(8)\quad（轮换表示法）$$

现用三种颜色对 A 的元素着色,所有着色方案构成的集合记为 S,显然$|S|=3^9$,问在 f 作用下保持S 中多少种方案不变？也就是求使 $f(a)=a\,(a\in S)$的元素 a 的个数,即求 $\psi(f)$.

设 $a\in S$ 且$f(a)=a$.由于方案 a 在f 作用下,1 变 4,4 变 7,7 变 3,3 变 1,因此方案 a 中必有

1 的颜色 = 4 的颜色 = 7 的颜色 = 3 的颜色

同理,方案 a 中必有

2 的颜色 = 9 的颜色

5 的颜色 = 6 的颜色

8 的颜色没有限定

因而,(1,4,7,3)这个整体可用三色之一对它着色;(2,9)这个整体可用三色之一对它着色;(5,6)这个整体可用三色之一对它着色;8 也有三种着色方法.由乘法原则,使 $f(a)=a$ 的方案a 的个数为$\psi(f)=3^4$,其中指数 4 为置换 f 中轮换的个数,且与轮换的阶无关.

例 5.6.3 把三种颜色的五个中空的珍珠串成手镯,能串成多少种不同的手镯?

解 若一只手镯经顺时针旋转能得到另一只手镯,那么这样的两只手镯是相同的.手镯可顺时针旋转 1 粒珍珠、2 粒珍珠、3 粒珍珠、4 粒珍珠、5 粒珍珠(或不旋转),将其依次表示为置换

$$f_1=\begin{pmatrix}1&2&3&4&5\\5&1&2&3&4\end{pmatrix}=(1,5,4,3,2)$$

$$f_2 = \begin{pmatrix} 1 & 2 & 3 & 4 & 5 \\ 4 & 5 & 1 & 2 & 3 \end{pmatrix} = (1,4,2,5,3)$$

$$f_3 = \begin{pmatrix} 1 & 2 & 3 & 4 & 5 \\ 3 & 4 & 5 & 1 & 2 \end{pmatrix} = (1,3,5,2,4)$$

$$f_4 = \begin{pmatrix} 1 & 2 & 3 & 4 & 5 \\ 2 & 3 & 4 & 5 & 1 \end{pmatrix} = (1,2,3,4,5)$$

$$f_5 = \begin{pmatrix} 1 & 2 & 3 & 4 & 5 \\ 1 & 2 & 3 & 4 & 5 \end{pmatrix} = (1)(2)(3)(4)(5)$$

易证明$\langle G,\circ\rangle$为置换群,其中$G=\{f_1,f_2,f_3,f_4,f_5\}$.

设S是不考虑旋转等价时所用5粒珍珠串成的手镯的集合,显然$|S|=3^5=243$.令$R=\{\langle a,b\rangle \mid a,b\in S,\lambda(a)=b,\lambda\in G\}$为$\langle G,\circ\rangle$诱导的$S$上的等价关系.于是$R$确定$S$的划分,即把$S$中在顺时针旋转下相同的方案放在同一等价类中,因此所求不同的方案数为$\frac{1}{|G|}\sum_{f\in G}\psi(f)$,而$\psi(f_1)=3^1$,$\psi(f_2)=3^1$,$\psi(f_3)=3^1$,$\psi(f_4)=3^1$,$\psi(f_5)=3^5$,因此所求不同的方案数为

$$\frac{1}{|G|}\sum_{f\in G}\psi(f) = \frac{1}{5}(3+3+3+3+243) = 51$$

习题 5.6

1. 设$A=\{1,2,3,4\}$,集合A上轮换$e=(1)$,$f=(1,2)(3,4)$,$g=(1,4)(2,3)$,$h=(1,3)(2,4)$,记$F=\{e,f,g,h\}$,$*$为轮换的积,$\langle F,*\rangle$是置换群吗?为什么?

2. 哪些对称群是阿贝尔群?

3. 把3种颜色的6个中空的珍珠串成手镯,问能串成多少种不同的手镯?

4. 用4种颜色涂一根6节的棍棒,问有多少种不同的涂色方案?

5. 在一张卡片上打印一个十进制的5位数,对于小于10 000的数,前面用0补足5位.如果一个数可以倒转过来读,例如89 166倒转过来就是99 168,就合用一张卡片,问共需要多少张卡片才能打印所有的十进制5位数?

第6章 图论基础

图论创始人、著名瑞士数学家欧拉(L. Euler,1707～1783)在1736年发表的关于"Könisberg 七桥问题"的论文,被公认为图论的第一篇论文,这也类似于中国古代的一笔画问题、迷宫问题、地图着色问题、漫游世界问题等数学游戏及难题,它们都是图论中最早出现和关心的问题.1847年,基尔霍夫(G. R. Kirchhoff,1824～1887)利用图论中的树理论解决了"电网络问题",以及凯莱(A. Cayley,1821～1895)运用树理论计算"同分异构物"的数目等,带来了图论的大发展时期.图论真正成为一门新兴学科,其标志是1936年匈牙利数学家柯尼希(D. König)发表的第一部图论专著《有限图与无限图的理论》.

凡有二元关系的系统,图论均可提供一种数学模型.图论(graph theory)作为一门新兴学科,它发展迅速而又应用广泛,尤其是随着计算机科学的飞速发展,图论也得到了飞跃式的发展,它的研究成果已广泛地应用于物理、化学、运筹学、计算机科学、电子学、信息论、控制论、管理科学、社会科学等几乎所有学科领域.

图论集古典数学之魅力与现代数学之深刻于一身,它是建立和处理离散数学模型的一个重要工具,所以它在计算机科学及其应用的许多领域中尤为重要,比如它在开关理论、逻辑设计、数据结构、算法语言、网络理论、操作系统、人工智能及信息的组织与检索等方面都起了重要的作用.随着自然科学、工程技术、经济管理、军事科学和社会科学各领域不断提出新的问题,随着代数、拓扑等现代数学工具的引入,随着计算机技术和算法研究的迅速发展,图论必定会以更加现代化的面貌和更加广泛的应用展现在科学技术的各个领域.

本章主要讨论有限图的一些基本概念和性质,以及几种在实际应用中有着重要应用的特殊图,并介绍一些算法和应用.

6.1 图的概念

图论中的图和几何学中的图形有着本质区别.几何学中的图形关心的是图形

的形状与面积、顶点的几何位置与坐标等；而图论中的图是由一些点和点之间的连线构成的，点表示的是日常生产生活中或者科学研究中的事物，点与点之间的连线表示事物之间的关系.图论中的图并不关心点的位置、连线的曲直及构成的形状，同一事物可能有不同形状的图的表示，这也是后面图的同构的内容.所以点与点之间的连线构成了图论中图的基本要素，还要说清楚哪些点之间有连线而哪些没有，于是图可如下定义为一个三元组.

6.1.1 图的定义

定义 6.1.1 **图**(graph) G 由一个三元组 $G=\langle V,E,\varphi\rangle$ 表示，其中：

(1) $V(V\neq\varnothing)$ 称为**结点集**(vertex set)，其元素称为**顶点**(vertex)或**结点**(node)；

(2) E 称为**边集**(edge set)，其元素称为**边**(edge)；

(3) $\varphi:E\to V\times V$ 是一个函数，称为**关联函数**(incidence function)，表示边集 E 到结点集 V 上的对应关系.

上述定义是图的集合定义，由定义可知，图中的每条边都与结点集中的两个结点(包括两结点重合的情况)相联系，这两个结点可以是有序的，也可以是无序的，称为**有序偶**(ordered pair)或**无序偶**(unordered pair)，分别用记号 $\langle\cdot,\cdot\rangle$ 或 $(\cdot,\cdot)$ 来表示.用 $e\in E$ 表示连接结点 $v_i,v_j\in V$ 的一条边.若 v_i,v_j 是无序的，记为 (v_i,v_j)(等价于 (v_j,v_i))，则有 $\varphi(e)=(v_i,v_j)=(v_j,v_i)$，此时称边 e 为一条**无向边**(undirected edge)或简称为**边**(edge)，称 v_i,v_j 为 e 的两个**端点**(end vertices)；若 v_i,v_j 是有序的，记为 $\langle v_i,v_j\rangle$，若边 e 表示以 v_i 为**起点**(origin)、以 v_j 为**终点**(terminus)的边，则有 $\varphi(e)=\langle v_i,v_j\rangle$，此时称边 e 为一条**有向边**(directed edge)或**弧**(arc)，v_i,v_j 分别称为 e 的起点和终点.

根据图中边的类型，图分为无向图、有向图和混合图.

定义 6.1.2 (1) 若图中各边都是无向边，则称为**无向图**(undirected graph)，用字母 G 表示，记为 $G=\langle V(G),E(G),\varphi(G)\rangle$ 或者简记为 $G=\langle V,E,\varphi\rangle$；

(2) 若图中各边都是有向边，则称为**有向图**(directed graph)，用字母 D 表示，记为 $D=\langle V(D),E(D),\psi(D)\rangle$ 或者简记为 $D=\langle V,E,\psi\rangle$；

(3) 若图中各边既有无向边又有有向边，则称此图为**混合图**(mixed graph).

注意 常用 G 泛指无向图或者有向图，本章中沿用这个记法，若不特别指明是无向图，则文中 G 是泛指，但是 D 只表示有向图.

除了上述用集合的方法表示外，还习惯用图形来表示一个图，用实心点或者小圆圈表示图的结点，用结点之间的连线表示一条无向边，在无向边上加箭头表示有向边.图 6.1.1(a)所示图用集合的方式表示为 $G=\langle V,E,\varphi\rangle$，其中

$V = \{v_1, v_2, v_3\}$

$E = \{e_1, e_2, e_3, e_4\}$

$\varphi: e_1 \to (v_1, v_2), e_2 \to (v_1, v_3), e_3 \to (v_2, v_2), e_4 \to (v_2, v_3)$

图 6.1.1(b)所示图用集合的方式表示为 $D = \langle V, E, \psi \rangle$,其中

$V = \{v_1, v_2, v_3\}$

$E = \{e_1, e_2, e_3, e_4\}$

$\psi: e_1 \to \langle v_2, v_1 \rangle, e_2 \to \langle v_1, v_2 \rangle, e_3 \to \langle v_2, v_3 \rangle, e_4 \to \langle v_1, v_3 \rangle$

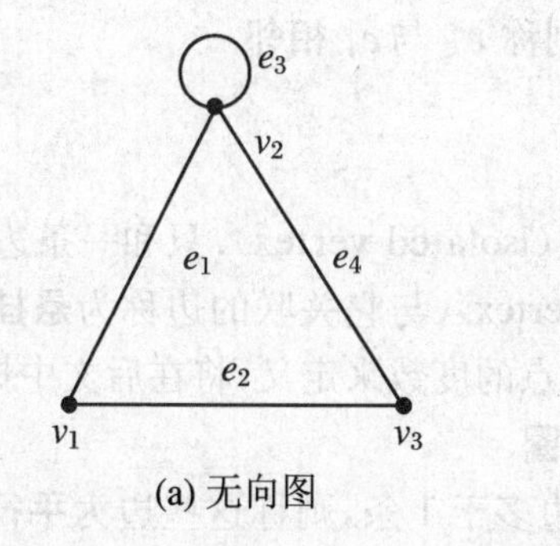

(a) 无向图

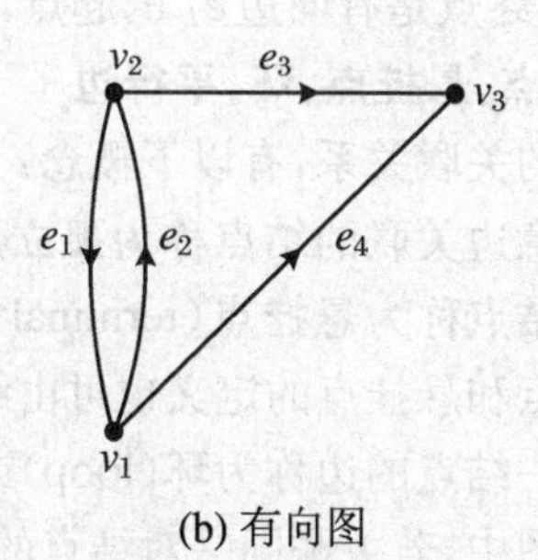

(b) 有向图

图 6.1.1

对于无向图中边的两个端点,可以把其中任意一个看作是起点,另一个看作是终点,于是,一条边可以由两条有向边来代替.把混合图中的每条无向边都用两条相反方向的有向边来代替,混合图就转化为了有向图,所以这里对混合图不再作单独讨论.

研究中为了方便叙述,下面介绍一些关于图的常用术语.

1. 有限图,n 阶图,零图,平凡图

图的定义中包含顶点集和边集两个集合,由这两个集合的性质引出有限图的概念:

若图 G 的结点集 V 及边集 E 都是有限集,则称图 G 为**有限图**(finite graph).

本章介绍的都是有限图.有时只关心图中结点的个数和边的条数,则可以简记图 G 为 $G = \langle n, m \rangle$,这里 n 是结点的个数,m 是边的条数.

习惯上用 $|V|$ 及 $|E|$ 分别表示结点集 V 及边集 E 中元素的个数.若 $|V| = n$,即图 G 有 n 个结点,则称图 G 为 **n 阶图**(n-order graph).

若边集 $E = \varnothing$,称图 G 为**零图**(null graph).

若图 G 既是零图又是 n 阶图,则称图 G 为 **n 阶零图**,记为 N_n;特别地,当 $n = 1$时,称为**平凡图**(trivil graph).

2. 关联,相邻

为了描述图中边与点、点与点、边与边之间的关系,引入了关联和相邻的概念.

设$e\in E$表示图G中连接结点$v_i,v_j\in V$的一条边,此时称e与v_i(或v_j)彼此**关联**(relevance).若$v_i\neq v_j$,则称e与v_i(或v_j)的关联次数为1,若$v_i=v_j$,则称e与v_i(或v_j)的关联次数为2.对于其他任意结点$v_k\in V$,$v_k\neq v_i$且$v_k\neq v_j$,称e与v_k的关联次数为0.

在无向图中,若e与v_i(或v_j)彼此关联,则称端点v_i与v_j彼此**相邻**(adjacent),若边e_k与e_l关联同一个结点,则称边e_k与e_l彼此**相邻**;在有向图中,若$v_i,v_j\in V$分别为边e的起点和终点,则称v_i**邻接到**v_j,称v_j**邻接于**v_i.若有向边e_k的终点是有向边e_l的起点,则称e_k与e_l**相邻**.

3. 孤立点,悬挂点,环,平行边

边和点的关联关系,有以下概念:

不和任意边关联的结点称为**孤立点**(isolated vertex).只和一条边关联且关联次数是1的结点称为**悬挂点**(terminal vertex),与它关联的边称为**悬挂边**(terminal edge).孤立点和悬挂点的定义也可由结点的度数来定义,将在后文中提到.

关联同一结点的边称为**环**(loop)或**圈**.

在无向图中,若关联同一对结点的边多于1条,则称这些边为**平行边**(parallel edges)或**多重边**(multiple edges);在有向图中,由同一起点指向同一终点的边若多于1条,则称这些边为有向平行边,简称平行边.无向图或有向图中平行边的条数称为**重数**.

4. 简单图,多重图

根据图中是否含有平行边引出如下概念:

若图G中有平行边,则称图G为**多重图**(multigraph),其中平行边重数的最大值定义为**图G的重数**,用符号$\mu(G)$表示.既不包含平行边又不包含环的图称为**简单图**(simple graph).因为简单图中E中的元素e_i和$\varphi(E)$中的元素是一一对应的,所以在应用中为了方便讨论,边可以用e_i表示,也可以用(v_j,v_t)(或$\langle v_j,v_t\rangle$)表示,即$e_i=(v_j,v_t)$(或$e_i=\langle v_j,v_t\rangle$).同样用$G=\langle V(G),E(G)\rangle$或者$G=\langle V,E\rangle$表示简单图.

注意 有的书中定义多重图为含有平行边且不含环的图,而含有环的图称为**伪图**.

5. 完全图

若一无向简单图G中,任意两个结点都是彼此相邻的,则称为**无向完全图**,简称为**完全图**(complete graph).若它还是n阶图,则称为**n阶完全图**,记为K_n.

若一有向简单图D中,每个结点邻接到且邻接于其余所有结点,则称为**有向完全图**(complete digraph).若它还是n阶图,则称为**n阶有向完全图**,记为K_n^*.

若对无向完全图K_n的每条边都加上方向使之成为一有向图,此时称为n阶竞赛图(n-order tournament).

6. 赋权图

若图 G 中的结点和边含有一定的信息,称信息为**权**(weight),而图 G 称为**赋权图或带权图**(weighted graph),常用 $G=\langle V,E,W,\varphi\rangle$ 表示,其中 $w_i\in W$ 表示边 $e_i\in E$ 的权值.赋权图常简记为 $G=\langle V,E,W\rangle$.

7. 邻域,关联集,先驱元集,后继元集

设无向图 $G=\langle V,E,\varphi\rangle$, $\forall v\in V$.定义 v 的**邻域**(neighborhood)为集合

$$N(v)=\{u\mid u\in V\wedge\exists e\in E\text{使}\varphi(e)=(u,v)\wedge u\neq v\}$$

并称集合 $\bar{N}(v)=N(v)\cup\{v\}$ 为 v 的**闭邻域**.

设有向图 $D=\langle V,E,\psi\rangle$, $\forall v\in V$.称集合

$$\Gamma^{+}(v)=\{u\mid u\in V\wedge\exists e\in E\text{使}\psi(e)=\langle v,u\rangle\wedge u\neq v\}$$

为 v 的**后继元集**;称集合

$$\Gamma^{-}(v)=\{u\mid u\in V\wedge\exists e\in E\text{使}\psi(e)=\langle u,v\rangle\wedge u\neq v\}$$

为 v 的**先驱元集**.而 v 的邻域定义为 $N(v)=\Gamma^{+}(v)\cup\Gamma^{-}(v)$,其闭邻域为

$$\bar{N}(v)=N(v)\cup\{v\}$$

在无向图或有向图中,定义 v 的**关联集**为 $I(v)=\{e\mid e\in E\wedge e\text{ 关联 }v\}$.

8. 基图

对于有向图 $D=\langle V,E,\psi\rangle$,去掉其所有边的方向使其变为一个无向图,此时,称此无向图为有向图 D 的**基图或底图**(base-graph).

6.1.2 结点度数及握手定理

既然图论关心的是结点、边之间的关系,那么就需进一步探讨与关联及相邻相关的一些问题,特别地,讨论图中结点的度数问题.

定义 6.1.3 设 $G=\langle V,E,\varphi\rangle$ 为(无向或有向)图, $\forall v\in V$,称图 G 中所有边与 v 的关联次数之和为结点 v 的**度数**(degree),简称为度,记作 $\deg(v)$ 或 $d(v)$.特别地,对于有向图,以 v 为起点的边与其关联次数之和称为 v 的**出度**(out-degree),记为 $\deg^{+}(v)$ 或 $d^{+}(v)$,以 v 为终点的边与其关联次数之和称为 v 的**入度**(in-degree),记为 $\deg^{-}(v)$ 或 $d^{-}(v)$,于是 v 的度数 $d(v)=d^{+}(v)+d^{-}(v)$.

注意 (1) 孤立点和悬挂点的定义可由结点的度数来定义.度数为 0 的结点称为孤立点,度数为 1 的结点称为**悬挂点**.

(2) 结点 v 的度数也可定义为其关联集中元素的个数(若有环,每个环个数以 2 记).n 阶完全图的每个结点度数为 $(n-1)$.n 阶有向完全图的每个结点的出度和入度都为 $(n-1)$,其度数为 $2(n-1)$.

称所有结点度数都相同的无向简单图为**正则图**(regular graph).若结点度数

都为 k,则称为 k 次正则图或 k-正则图. n 阶零图是 0-正则图,n 阶完全图为 $(n-1)$次正则图.

定义 6.1.4 图 $G=\langle V,E\rangle$的最大度 $\Delta(G)$、最小度 $\delta(G)$,特别地,对于有向图,最大、最小出度($\Delta^+(G)$,$\delta^+(G)$)和最大、最小入度($\Delta^-(G)$,$\delta^-(G)$)分别定义为

$$\Delta(G) = \max\{d(v) \mid v \in V\}$$
$$\delta(G) = \min\{d(v) \mid v \in V\}$$
$$\Delta^+(G) = \max\{d^+(v) \mid v \in V\}$$
$$\delta^+(G) = \min\{d^+(v) \mid v \in V\}$$
$$\Delta^-(G) = \max\{d^-(v) \mid v \in V\}$$
$$\delta^-(G) = \min\{d^-(v) \mid v \in V\}$$

例 6.1.1 给出图 6.1.1 中无向图的各结点的度数,有向图各结点的出度和入度,并给出图的最大度、最小度.

解 图 6.1.1(a)中:

$$d(v_1) = 2,\quad d(v_2) = 4,\quad d(v_3) = 2,\quad \Delta = 4,\quad \delta = 2$$

图 6.1.1(b)中:

$$d^+(v_1) = 2,\quad d^+(v_2) = 2,\quad d^+(v_3) = 0,\quad \Delta^+ = 2,\quad \delta^+ = 0$$
$$d^-(v_1) = 1,\quad d^-(v_2) = 1,\quad d^-(v_3) = 2,\quad \Delta^- = 2,\quad \delta^- = 1$$
$$d(v_1) = 3,\quad d(v_2) = 3,\quad d(v_3) = 2$$

由上述定义知,结点的度数是与其关联的边数相关的,而每一条边关联两个结点,于是,便有以下图论中的基本定理,称为**握手定理**,由欧拉于 1936 年给出.

定理 6.1.1 任意(无向或有向)图 $G=\langle V,E\rangle$的各结点度数之和等于边数的两倍,即

$$\sum_{v\in V} d(v) = 2\mid E\mid$$

定理 6.1.2 任意有向图 $D=\langle V,E\rangle$的各结点出度之和等于各结点入度之和,亦等于边数之和,即

$$\sum_{v\in V} d^+(v) = \sum_{v\in V} d^-(v) = \mid E\mid$$

这两个定理请读者自行证明.由握手定理可以得到一个有趣的推论.

推论 6.1.1 任意(无向或有向)图中,度数为奇数的结点个数一定是偶数.

证明 设 $G=\langle V,E\rangle$为任意一图,令 V_1,V_2 分别表示结点集中所有度数为奇数和偶数的结点的集合,则 $V=V_1\cup V_2$,$V_1\cap V_2=\varnothing$,下面证明$\mid V_1\mid$为偶数.由握手定理知

$$2\mid E\mid = \sum_{v\in V} d(v) = \sum_{v\in V_1} d(v) + \sum_{v\in V_2} d(v)$$

而其中的 $2|E|$，$\sum_{v\in V_2} d(v)$ 都为偶数，于是 $\sum_{v\in V_1} d(v)$ 为偶数，因为 $v\in V_1$ 时 $d(v)$ 为奇数，要使其和 $\sum_{v\in V_1} d(v)$ 为偶数，必有 $|V_1|$ 为偶数.

由握手定理易知，n 阶完全图的边数为 $\frac{n(n-1)}{2}$，n 阶有向完全图的边数为 $n(n-1)$. n 阶 k-正则图的边数为 $\frac{nk}{2}$，由于边数是整数，所以可知 n 若为奇数，则 k 必为偶数.

再给出一个有意思的定理.

定理 6.1.3 设图 G 为 n 阶无向简单图，若 $n\geqslant 2$，则图中至少存在两个结点，其度数相同.

证明 对于 n 阶零图，n 阶完全图，n 阶 k-正则图定理不言自明. 对于一般的 n 阶无向简单图，每个结点的度数只可能为 n 个自然数 $0,1,\cdots,n-1$ 中的一个，只需证明在任意一个 n 阶无向简单图中，结点的度数不能遍取上述 n 个自然数，那么 n 个结点的度数取不超过 $(n-1)$ 个自然数中的一个，就必有两个结点的度数相同. 事实上，度数为 0 的结点和度数为 $(n-1)$ 的结点不可能同时出现在一个图中，因为度数为 0 的结点，即孤立点，不与任意其他结点相邻，而度数为 $(n-1)$ 的结点，它与其他任意结点相邻，故不能同时存在.

6.1.3 度数序列

给定一个图，那么其各个结点的度数就给定了. 按结点序排列的度数序列称为图的**度数列**(degree sequence). 度数列显然是一非负整数列，也即每个图都与一非负整数列相对应，当图的结点序是固定的，那么其度数列也是唯一的. 问题是，对于任意一个非负整数列，它是否是某个图的度数列？下面仅对无向图作一些研究.

定义 6.1.5 对于给定的非负整数列 $d=(d_1,d_2,\cdots,d_n)$，若存在以 $V=\{v_1,v_2,\cdots,v_n\}$ 为结点的 n 阶无向图，使得 v_i 的度 $d(v_i)=d_i$，则称非负整数列 d 是**可图化**(graphical)的，特别地，若所得图是简单图，则称非负整数列 d 是**可简单图化**的.

定理 6.1.4 非负整数列 $d=(d_1,d_2,\cdots,d_n)$ 可图化当且仅当 $\sum_{i=1}^{n} d_i = 0 \pmod 2$.

证明 必要性显然，下面证明充分性. 取集合 $V=\{v_1,v_2,\cdots,v_n\}$ 为一结点集，构造边集，使所得图的度数列为 d. 首先，若 $d_i=0$，则对应的 v_i 为孤立点，对构造边集没有影响，于是可从集合 V 中剔除. 剔除所有孤立点后的集合记为 $\widetilde{V}$，由 $\widetilde{V}$

构造边集.为方便记,不妨设 $\widetilde{V}=V$.首先,若 d_i 为偶数,则在 v_i 处作 $d_i/2$ 个环;若 d_i 为奇数,则在 v_i 处作 $(d_i-1)/2$ 个环.其次,因为 $\sum_{i=1}^{n} d_i = 0 \pmod 2$,故对应于 d_i 为奇数的结点是偶数个,将这些结点任意两两分组,每组结点构成一个无序对 (v_i,v_j),并在每组的两结点间连一条边,这样所得到的图其所对应的度数列就为 d.事实上,d_i 为偶数时,其对应结点的度数为 $d(v_i)=2\times d_i/2=d_i$,而 d_i 为奇数时,其对应结点的度数为

$$d(v_i)=2\times\frac{d_i-1}{2}+1=d_i$$

推论 6.1.2 非负整数列 $d=(d_1,d_2,\cdots,d_n)$ 可简单图化当且仅当下述条件同时成立:

$$\sum_{i=1}^{n} d_i = 0 \pmod 2$$

$$\max_{1\leqslant k\leqslant n}\{d_k\}\leqslant n-1$$

$$\frac{1}{2}\sum_{i=1}^{n} d_i \leqslant C_n^2$$

6.1.4 图的同构

用集合的定义表示一个图,其表示方法是唯一的,这也体现了数学的严谨性.但是用图形的方法表示一个图,就有可能有多种的表示法,因为在图论中,人们关心的是点、边之间的联系与关系,并不在意其位置及形状,有一些图它们的集合定义是相同的,或者是相似的(只是结点或边的名称不同),这些图有着相同的结构,称它们是同构的.

定义 6.1.6 设两个图 $G_1=\langle V_1,E_1,\varphi_1\rangle$,$G_2=\langle V_2,E_2,\varphi_2\rangle$ 同为无向图或有向图,称 G_1,G_2 是**同构**(isomorphism)的,若满足:存在双射 $f: V_1\to V_2$ 及 $g:E_1\to E_2$,使得对任意 $u,v\in V_1$,满足:$\exists e\in E_1,\varphi_1(e)=(u,v)$(或 $\varphi_1(e)=\langle u,v\rangle$)当且仅当 $\exists\tilde{e}=g(e)\in E_2,\varphi_2(\tilde{e})=(f(u),f(v))$(或 $\varphi_2(\tilde{e})=\langle f(u),f(v)\rangle$).$G_1$,$G_2$ 同构,记作 $G_1\cong G_2$.

注意 相比许多其他教材中关于图的同构的定义,上述定义中加了条件:两图的边集也存在映射关系 $g:E_1\to E_2$.这是为了排除图中有平行边但重数不同时的情况,这种情况下,图不是同构的,如图 6.1.2 所示.

例 6.1.2 图 6.1.3(a)称为彼得森(Petersen)图,图 6.1.3(b)与它同构.

由上述定义可知,图的同构关系是全体图集合上的等价关系,因为它具有自反性,对称性及传递性.将图的集合定义转化成图形表示后,称结点及边用字母等符

号标注的图为标定图,否则称为非标定图.在图的等价关系中,在每一个等价类中均选取一个非标定图作为代表,在同构的意义之下,所有与之同构的图均看作是一个图.

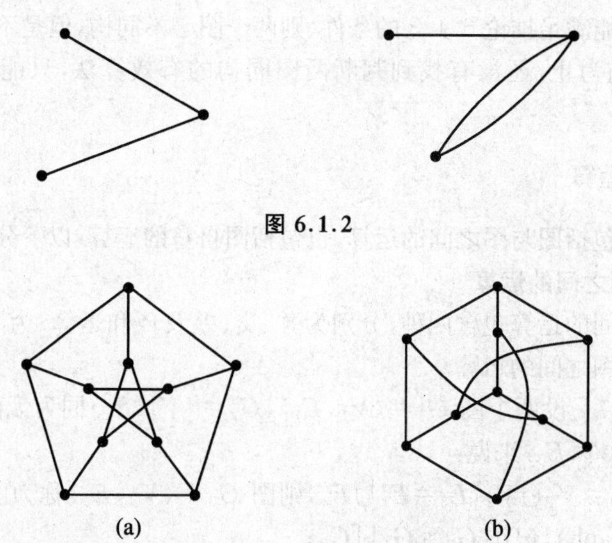

图 6.1.2

(a) (b)

图 6.1.3

推论 6.1.3 若两个图 $G_1=\langle V_1,E_1,\varphi_1\rangle\cong G_2=\langle V_2,E_2,\varphi_2\rangle$,则:

(1) $|V_1|=|V_2|$,$|E_1|=|E_2|$;

(2) 若 $v\in V_1$,$f(v)=\tilde{v}\in V_2$,则 $d(v)=d(\tilde{v})$,且与 v 相邻的结点度数之和等于与 $\tilde{v}$ 相邻的结点度数之和,其中有相同度数的结点个数也相同.

上述推论给出了图同构的必要条件,但是它不是充分条件,如图 6.1.4 所示,图 6.1.4(a)和图 6.1.4(b)虽然满足推论 6.1.3 中条件(1)和(2),但是它们不同构.

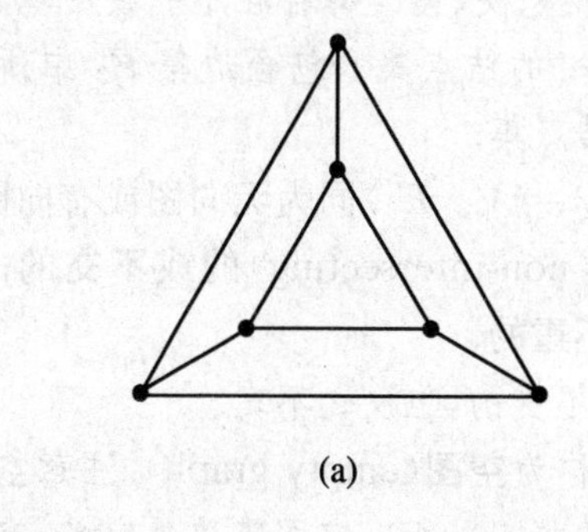

(a)

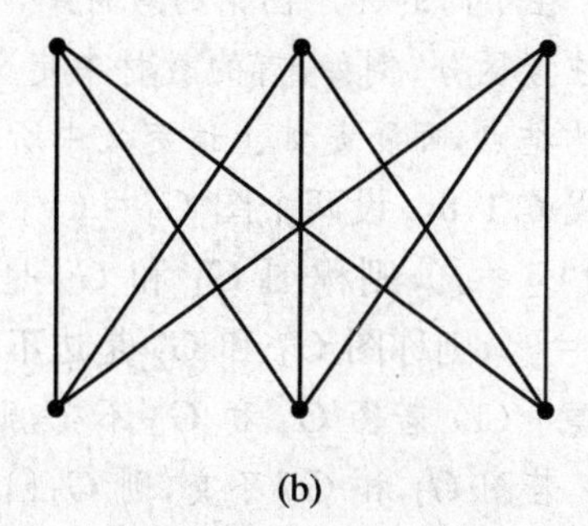

(b)

图 6.1.4

例 6.1.3 结点数及边数相同但不同构的图:事实上,图 6.1.4(a)中任意三个结点之间都存在至少一条边,即其中至少有两个结点相邻;但是在图 6.1.4(b)中,上面三个结点两两不相邻,下面三个结点也两两不相邻.

所以若不能满足推论 6.1.3 的条件,则两个图必不同构,但是不能用来判断两图同构.到目前为止,还没有找到判断两图同构的有效算法,只能根据定义逐条验证.

6.1.5 图的运算

图的运算包括图与图之间的运算,也包括图自身的运算.以下分别讨论.

1. 图与图之间的运算

图与图之间的运算包含四种,分别为并、交、差及环和运算.为了方便叙述,本节只考虑简单图之间的运算.

定义 6.1.7 设两个图 $G_1=\langle V_1,E_1\rangle$,$G_2=\langle V_2,E_2\rangle$同为无向图或有向图,对于图 $G_3=\langle V_3,E_3\rangle$来说:

(1) 若 $V_3=V_1\cup V_2$,$E_3=E_1\cup E_2$,则图 $G_3=\langle V_3,E_3\rangle$称为图 G_1 和 G_2 的**并图**(union graph),记作 $G_3=G_1\cup G_2$;

(2) 若 $V_3=V_1\cap V_2$,$E_3=E_1\cap E_2$,则图 $G_3=\langle V_3,E_3\rangle$称为图 G_1 和 G_2 的**交图**(intersection graph),记作 $G_3=G_1\cap G_2$;

(3) 若 $E_3=E_1-E_2$,$V_3=(V_1-V_2)\cup\{E_3$ 中所有边关联的结点$\}$,则称图 $G_3=\langle V_3,E_3\rangle$为图 G_2 相对于图 G_1 的**差图**(difference graph),记作 $G_3=G_1-G_2$;

(4) 称 $G_3=(G_1\cup G_2)-(G_1\cap G_2)$为图 G_1 和 G_2 的**环和图**(ring sum graph),记作 $G_3=G_1\oplus G_2$.

注意 (1) 在图的差运算中,对结点集并入 E_3 中所有边关联的结点的运算是为了避免图 G_3 的定义中出现有边而无与其相关联的结点的歧定义.

(2) 在不同的关于图论的教材中,有关图的并、交、差运算存在不一致的现象,请读者注意区分.例如,有的教材中定义差图 G_3 的结点集只包含边集 E_3 中所有边关联的结点,而不是如上述定义中所定义的结点集.

定义 6.1.8 设两个图 $G_1=\langle V_1,E_1\rangle$,$G_2=\langle V_2,E_2\rangle$同为无向图或有向图,若 $V_1\cap V_2=\varnothing$,则称图 G_1 和 G_2 是**不相交**(non-intersecting)的或**不交**的;若 $E_1\cap E_2=\varnothing$,则称图 G_1 和 G_2 是**边不交或边不重**的.

注意 (1) 若图 G_1 和 G_2 不交,则必是边不交的,但反之不真.

(2) 若图 G_1 和 G_2 不交,则 $G_1\cap G_2=\varnothing$称为**空图**(empty graph).注意空图和前面图的定义是相悖的(图的定义要求结点集非空),所以空图需单独定义.定义空图是为了图的运算的封闭性.

(3) 若图 G_1 和 G_2 不交或者边不交，则 $G_1 - G_2 = G_1$，$G_2 - G_1 = G_2$，$G_1 \oplus G_2 = G_1 \cup G_2$.

例 6.1.4 求下图 6.1.5(a)与图 6.1.5(b)的并、交、差和环和的图.

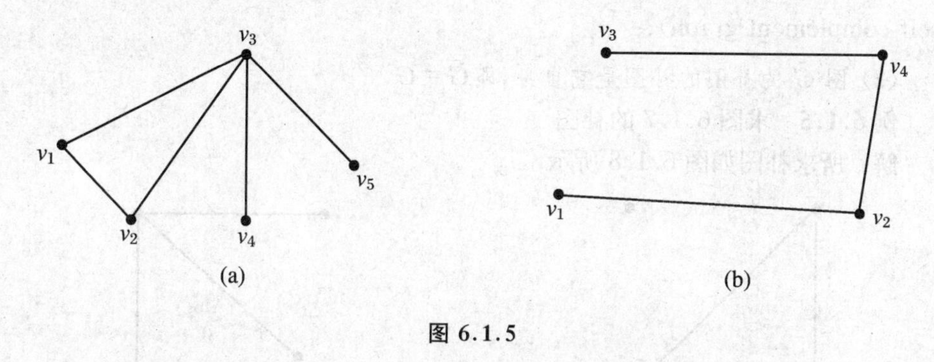

图 6.1.5

解 图 6.1.5(a)与图 6.1.5(b)的并、交、差和环和如图 6.1.6 所示.

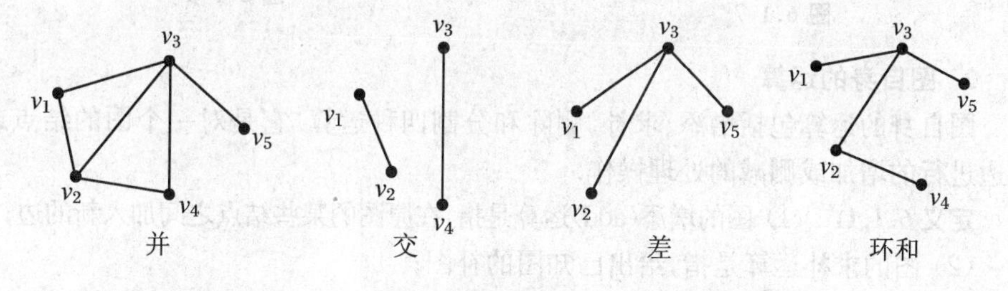

图 6.1.6

下面定义子图和补图的概念.

定义 6.1.9 (1) 设两个图 $G_1 = \langle V_1, E_1 \rangle$，$G_2 = \langle V_2, E_2 \rangle$同为无向图或有向图，若 $V_1 \subseteq V_2$，$E_1 \subseteq E_2$，则称图 G_1 为图 G_2 的**子图**(subgraph)，称图 G_2 为图 G_1 的**母图**(supergraph)，记作 $G_1 \subseteq G_2$；

(2) 若 $G_1 \subseteq G_2$ 且 $G_1 \neq G_2$(即 $V_1 \subset V_2$ 或 $E_1 \subset E_2$)，则称图 G_1 为图 G_2 的**真子图**(proper subgraph)，记作 $G_1 \subset G_2$；

(3) 若 $G_1 \subseteq G_2$ 且 $V_1 = V_2$，称图 G_1 为图 G_2 的**生成子图**(generated subgraph)或**支撑子图**(spanning subgraph)；

(4) 对于给定的图 $G = \langle V, E \rangle$，若 $V_1 \subset V$ 且 $V_1 \neq \varnothing$，称由 V_1 为结点集，以 $E_1 = \{e \mid e \in E$ 且 e 的端点属于 $V_1\}$为边集的 G 的子图为 G 关于 V_1 的**导出子图**(induced subgraph)，记作 $G[V_1]$；若 $E_1 \subset E$，$E_1 \neq \varnothing$，称以 E_1 为边集，以 E_1 中所有边关联的结点为结点集 V_1 的 G 的子图为 G 关于 E_1 的导出子图，记作 $G[E_1]$.

定义 6.1.10 设两个图 $G_1 = \langle V_1, E_1 \rangle$，$G_2 = \langle V_2, E_2 \rangle$同为无向图或有向图.

若 $G_1 \subseteq G_2$,称 $G_3 = G_2 - G_1$ 为图 G_1 相对于图 G_2 的**补图**(complement).特别地,n 阶图 G 相对于 n 阶完全图的补图称为图的补图 G,记为图 $\overline{G}$.

注意 (1) 若图 G 和其补图 $\overline{G}$ 同构,即 $G \cong \overline{G}$,则称图 G 为**自补图**(self-complement graph).

(2) 图 G 的补图的补图是它自身,即 $\overline{G} = G$.

例 6.1.5 求图 6.1.7 的补图.

解 所求补图如图 6.1.8 所示.

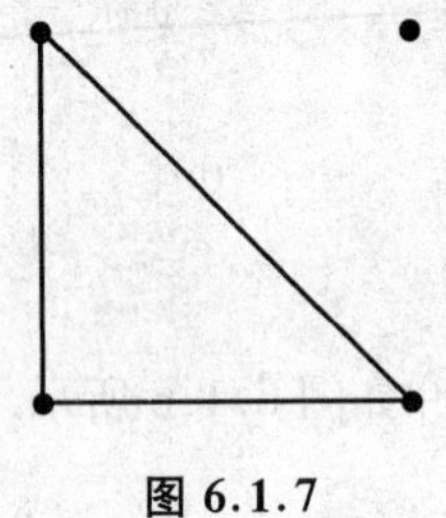

图 6.1.7

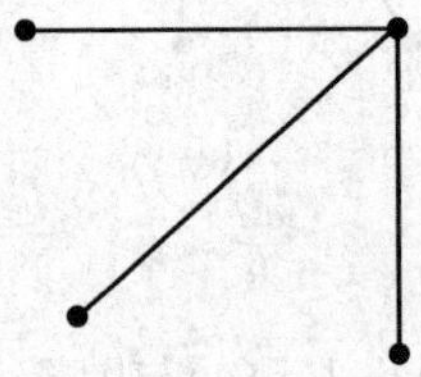

图 6.1.8

2. 图自身的运算

图自身的运算包括增添、求补、删除和分割四种运算,它是对一个图的结点或者边进行的增加或删减的处理操作.

定义 6.1.11 (1) 图的**增添**(add)运算是指,在原图的某些结点之间加入新的边;

(2) 图的**求补**运算是指,给出已知图的补图;

(3) 图的**删除**(delete)运算包括删除结点和删除边两种:删除结点是指去掉原图的某些结点,并且同时去掉与之相关联的边;删除边是指去掉原图的某些边,而与之相关联的结点保留;

(4) 图的**分割**(division)运算是指,通过删除运算,使原图分成几个独立子图的运算.若删除某个结点 v 使原图分割为几个独立子图,则称结点 v 为割点;若删除某条边 e 使原图分割,则称边 e 为**割边**(cut-edge)或**桥**(bridge).

注意 图的分割运算必然是删除运算,但是删除运算不一定是分割运算.

在应用中,通常用符号 $G+e$ 或者 $G+E$ 表示增添一条或者多条边;用 $G-v$ 或者 $G-V$ 表示删除一个或多个结点;用 $G-e$ 或 $G-E$ 表示删除一条或多条边.

习题 6.1

1. n 阶 k-正则图 G 的边数 $m=$______.
2. n 阶竞赛图的基图为______.

3. 三阶 3 条边的所有非同构的有向简单图共有______个.

4. 无向图 G 有 8 条边,1 个 1 度结点,2 个 2 度结点,1 个 5 度结点,其余结点的度数均为 3,则 3 度结点的个数为______.

5. 在一次 10 周年同学会上,想统计所有人握手的次数之和,应该如何建立问题的图论模型?

6. 某人挑一担菜并带一只狼和一只羊要从河的一岸到对岸去.由于船太小,只能带狼、菜、羊中的一种过河.当人不在场时,狼要吃羊,羊要吃菜.通过建立图论模型给出问题答案.

7. 试判断如图 6.1.9 所示两个无向图是否为同构,为什么?

8. 画出如图 6.1.10 所示图相对于完全图的补图.

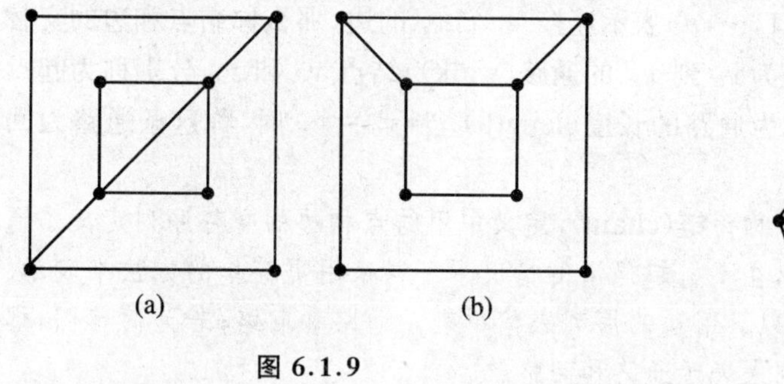

图 6.1.9

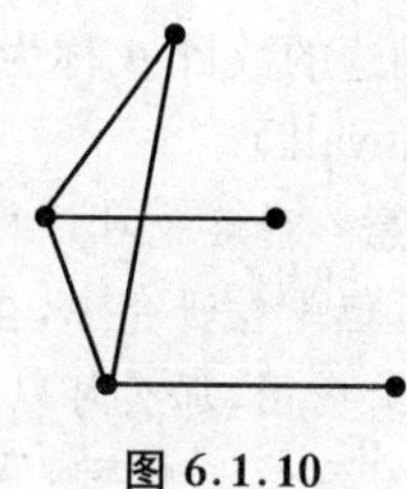

图 6.1.10

9. 设无向图 G 有 12 条边,已知 G 中度数为 3 的结点个数为 6,其余结点的度数均小于 3,G 中至少有多少个结点?

10. 证明:如果 $d_1,d_2,\cdots,d_n$ 为互不相同的正整数,则 $d_1,d_2,\cdots,d_n$ 不可简单图化.

11. 判断是否存在无向图,其度数序列分别为:

(1) 5,4,4,3,3,2,2;

(2) 4,4,3,3,2,2,2,2.

12. 设无向图 G 有 10 条边,3 度和 4 度结点各 2 个,其余结点的度数均小于 3,则 G 至少有多少个结点?在最少结点的情况下,求出 G 的度数序列、最大度 $\Delta(G)$ 和最小度 $\delta(G)$.

13. 证明:存在一个无向图 G,其度数序列为给定的自然数序列 $d_1,d_2,\cdots,d_n$ 的充要条件是 $\sum_{i=1}^{n} d_i \equiv 0 \pmod 2$.

6.2 路与连通

图的研究中,关心结点之间是否有边,是否能通过多条边而连接起来,于是引入了通路的概念.讨论一个图中任意两个结点之间是否有通路,引入了连通的概念.

6.2.1 图的通路与回路

在图论的研究中，通路与回路是两个重要的概念. 图 $G=\langle V,E,\varphi\rangle$ 中两个结点间如果有边，那么它们相邻；如果两结点之间没有边，但是有多条边使它们能连接起来，那么称这两个结点相互可达. 上述两种情形中，称从一个结点开始，到达另一个结点所经过的所有边和结点的线路为路. 下面将给出严格的定义

定义 6.2.1 图 $G=\langle V,E,\varphi\rangle$ 为一给定的无向或有向图. 设 $v_0,v_1,\cdots,v_n\in V$ 为图中的 $n+1$ 个不同或有重合的结点，$e_1,e_2,\cdots,e_n\in E$ 为图中 n 条不同的或有重合的边，其中 $e_i(i=1,\cdots,n)$ 表示连接 v_{i-1},v_i 的边，那么称结点和边的交替序列 $v_0e_1v_1e_2v_2\cdots e_nv_n$ 为 v_0 到 v_n 的**通路**(walk). 结点 v_0 和 v_n 分别称为起点和终点，而边的数目 n 称为通路的**长度**(length). 当 $v_0=v_n$ 时，称这条通路为**回路**(closed walk).

注意 通路也可以称为**链**(chain). 定义中用结点和边的交替序列定义了通路和回路，但是在研究中，在不引起混淆的情况下可以采用更简单的方法来表示. 例如若是有向图，那么可以只用边的序列来简单表示通路和回路；若为简单图，那么也可以只用结点的序列来表示通路和回路.

在定义 6.2.1 中，通路或回路的序列中，结点中除了起点和终点，其他的结点也可以有重合的，同样边也可以有重合的，下面的定义区分了几种通路或回路的情形.

定义 6.2.2 (1) 若通路或回路中所有边各不相同，则称为**简单通路**(simple closed walk)或**简单回路**；

(2) 若通路的所有结点各不相同，所有边也各不相同，则称为**初级通路或路径**(path)或简称**路**；此时，若起点和终点重合，则称为**初级回路**(circuit)或**圈**(loop).

(3) 有边重复出现的通路或回路称为**复杂通路**或**复杂回路**.

注意 简单通路或简单回路也称为**迹**(trail)或**闭迹**. 由定义 6.2.2 可知，初级通路或初级回路一定是简单通路或简单回路，但反之不真.

在上述关于通路和回路的定义中，把回路看作是通路的特殊情形，但是在实际应用中，一般提到初级通路时，都是指其起点和终点是相异的.

定理 6.2.1 设 G 是一个 n 阶图，若 G 中从结点 v_i 到 $v_j(v_j\neq v_i)$ 存在通路，则从 v_i 到 v_j 必存在长度不超过 $n-1$ 的通路. 进而，一定存在长度不超过 $n-1$ 的初级通路.

证明 先证定理的前半部分. 记 $v_i=v_0$，$v_j=v_l$，v_i 到 v_j 的通路简记为 $v_0v_1\cdots v_l$，则此条通路有 $l+1$ 个结点，长度为 l. 若 $l\leqslant n-1$，定理成立；若不然，有 $l+1>n$，即通路中的结点个数超过图 G 的结点个数，于是，至少有两个结点重合，不妨记为 $v_k=v_s(k\leqslant s)$，通路 $v_0v_1\cdots v_l$ 中包含从 v_k 到 v_s 的回路，通过删除运算

删除此回路中的所有边及除 v_k 外的所有结点，那么通路 $v_0v_1\cdots v_kv_{s+1}\cdots v_l$ 是一条从 v_i 到 v_j 的新的通路，因为至少删除了一条边，所以通路 $v_0v_1\cdots v_kv_{s+1}\cdots v_l$ 的长度比通路 $v_0v_1\cdots v_l$ 的长度至少减1，此时，新的通路若满足定理的条件，则定理成立，若不满足，重复上面的工作，经过至多 $(l-n+1)$ 步后，得到长度不超过 $n-1$ 的通路.

再证定理的后半部分. 当得到长度不超过 $(n-1)$ 的通路后，继续重复上面的工作，直到通路中结点和边各不相同时停止，则得到长度不超过 $(n-1)$ 的初级通路.

定理 6.2.2　设 G 是一个 n 阶图，若 G 中存在从结点 v_i 到自身的回路，则必存在从 v_i 到自身的长度不超过 n 的回路；若 G 中存在从结点 v_i 到自身的简单回路，则必存在从 v_i 到自身的长度不超过 n 的初级回路.

6.2.2　图的连通性

对于无向图和有向图，分别讨论其连通性的定义.

1. 无向图的连通性

定义 6.2.3　设无向图 $G=\langle V,E,\varphi\rangle$，$\forall u,v\in V$，若 u 到 v 存在通路，则称 u 和 v 是**连通**(connected)的，记作 $u\sim v$. 并规定，对 $\forall v\in V$，$v\sim v$.

显然，无向图中结点的连通关系～是 V 上的等价关系.

定义 6.2.4　若无向图 G 中的任意两个结点都是连通的，或者 G 是平凡图，那么称 G 为**连通图**(connected graph)，否则，称 G 为**非连通图**(unconnected graph)或**分离图**(disconnected graph).

定义 6.2.5　无向图 $G=\langle V,E,\varphi\rangle$ 中结点的连通关系～将结点集分成若干等价类 $V_1,V_2,\cdots,V_k$，G 的由每个非空子集 $V_i(1\leqslant i\leqslant k)$ 导出的子图 $G[V_i]$ 称为图 G 的一个**连通分支**(connected components).

注意　连通分支也可以这样定义：若 $G'\subseteq G$ 是 G 的一个连通的子图，且它不是 G 中任意连通子图的真子图(即若 $G''\subseteq G$ 为 G 的另外一个连通子图，那么，要么 G' 与 G'' 不交，要么 $G'=G''$)，则 G' 是 G 的一个连通分支.

显然，连通图是只包含一个连通分支的无向图. G 的每个结点位于且仅位于一个连通分支中.

在图的运算一节中定义了割点和割边，本节中，通过连通分支的概念，扩充割点和割边的概念，定义点割集和边割集.

定义 6.2.6　对于给定的无向图 $G=\langle V,E,\varphi\rangle$，记它的连通分支的个数为 $p(G)$.

(1) 若存在非空子集 $V'\subset V$，使得 $p(G-V')>p(G)$，而对任意 V' 的真子集 $V''\subset V'$，都有 $p(G-V'')=p(G)$，则称 V' 是 G 的**点割集**(vertex cut-sets). 特别

地,当 V' 只包含一个点时,这个点就是割点.

(2) 若存在非空子集 $E' \subseteq E$,使得 $p(G-E') > p(G)$,而对任意 E' 的真子集 $E'' \subset E'$,都有 $p(G-E'')=p(G)$,则称 E' 是 G 的**边割集**(edge cut-sets).特别地,当 E' 只包含一条边时,这条边就是割边或桥.

定理 6.2.3 无向连通图 G 中的结点 v 是割点的充分必要条件是,存在结点 u 与 w,使得 u 到 w 的任意通路都经过 v.

证明留作练习.

2. 有向图的连通性

有向图中,因为边的方向性,其连通性可分为弱连通、单向连通和强连通.

定义 6.2.7 设有向图 $D=\langle V,E,\psi\rangle$, $\forall u,v\in V$,若从 u 到 v 存在通路,则称 u 可达 v,记作 $u\rightarrow v$.若 $u\rightarrow v$ 且 $v\rightarrow u$,则称 u 与 v **相互可达**(attainable),记作 $u\leftrightarrow v$.并规定,对 $\forall v\in V$, $v\leftrightarrow v$.

显然,有向图中结点的相互可达关系 $\leftrightarrow$ 是 V 上的等价关系.

定义 6.2.8 设有向图 $D=\langle V,E,\psi\rangle$.

(1) 若 D 的基图是连通图,则称 D 是**弱连通图**(weakly connected graph);

(2) 对 $\forall u,v\in V$ 都有 $u\rightarrow v$ 或 $v\rightarrow u$ 成立,则称 D 是**单向连通图**(one-way connected graph);

(3) 对 $\forall u,v\in V$ 都有 $u\leftrightarrow v$ 成立,则称 D 是**强连通图**(strongly connected graph).

显然,强连通图一定是单向连通图,单向连通图一定是弱连通图.以下给出强连通图和单向连通图的判别定理.

定理 6.2.4 有向图 $D=\langle V,E,\psi\rangle$ 是强连通图当且仅当 D 中存在经过每个结点至少一次的回路.

证明 充分性显然,下面证必要性.若 D 强连通,则其任意两个结点相互可达.不妨记 $V=\{v_0,v_1,\cdots,v_n\}$,并用符号 Γ_i 表示从 v_{i-1} 到 v_i 的一条通路,用 Γ_{n+1} 表示从 v_n 到 v_1 一条通路,这些通路 $\Gamma_1,\Gamma_2,\cdots,\Gamma_n,\Gamma_{n+1}$ 依次相接形成一条从 v_1 到 v_1 的回路,这条回路经过了 D 中的每个结点至少一次.

定理 6.2.5 有向图 $D=\langle V,E,\psi\rangle$ 是单向连通图当且仅当 D 中存在经过每个结点至少一次的通路.

证明留作练习.

在有向图中,也有类似与无向连通图中连通分支的概念.

定义 6.2.9 设有向图 $D=\langle V,E,\psi\rangle$, $D'\subseteq D$ 为 D 的一个子图.若 D' 是弱连通(单向连通,强连通)的,且不存在真包含 D' 的弱连通(单向连通,强连通)子图,则称 D' 是 D 的一个极大弱连通子图(极大单向连通子图,极大强连通子图),也称

为 D 的一个**弱分支**(weakly connected components)(**单向分支**(one-way connected components),**强分支**(strongly connected components)).

定理 6.2.6 有向图 $D=\langle V,E,\psi\rangle$的每个结点位于且仅位于一个强分支中.

证明留作练习.

6.2.3 无向图的连通度

对于无向的连通图,以下给出一个关于其连通性的度量,即连通度.

定义 6.2.10 设 $G=\langle V,E,\varphi\rangle$是无向连通图且为非完全图,定义

$$\kappa(G)=\min\{|V'|\mid V'\text{ 是 }G\text{ 的点割集}\}$$

为 G 的**点连通度**,简称**连通度**(connectivity).并规定,分离图的连通度为 0,n 阶完全图的连通度为 $n-1$.

由定义可知,连通度 κ 是使一个连通图通过删除结点而成为分离图所需删除结点的最小数目.存在割点的连通图,其连通度为 1.

定义 6.2.11 设 $G=\langle V,E\rangle$是无向连通图且为非平凡图,定义

$$\lambda(G)=\min\{|E'|\mid E'\text{ 是 }G\text{ 的边割集}\}$$

为 G 的**边连通度**.并规定,分离图的边连通度为 0.

由定义可知,边连通度 λ 是使一个连通图通过删除边而成为分离图所需删除边的最小数目.存在割边的连通图,其边连通度为 1.

对于点连通度和边连通度,它们和图的最小度有如下关系.

定理 6.2.7 对于任何无向图 G,则 $\kappa\leqslant\lambda\leqslant\delta$,其中 κ,λ,δ 分别为 G 的点连通度、边连通度和结点最小度.

证明留作练习.

6.2.4 二分图

二分图也称为**二部图**或**偶图**等.本节先介绍二分图的概念,它的实际应用会在后面章节中讨论.

定义 6.2.12 若无向图 $G=\langle V,E,\varphi\rangle$的结点集 V 能分成两个不相交的非空集合 V_1 和 V_2(即 $V=V_1\cup V_2,V_1\cap V_2=\varnothing$),使得 G 中的每条边的两个端点分别位于V_1 和 V_2 中,则称 G 为**二分图**(bipartite graph),记作 $G=\langle V_1,V_2,E\rangle$,其中称 V_1 和 V_2 为 G 的二划分,V_1 和 V_2 为互补结点子集.进而,若 G 是简单图,且$|V_1|=m,|V_2|=n$,V_1 中的每个结点都与 V_2 中所有结点相邻,则称 G 为**完全二分图**,并记为 $K_{m,n}$.

注意 n 阶零图 N_n 也是二分图.

判断一个图是否为二分图,有以下定理:

定理 6.2.8 图 G 是二分图当且仅当图 G 不含奇数长度的圈.

证明留作练习.

习题 6.2

1. 在图 6.2.1 中,分别找出一条包含所有边的简单通路.

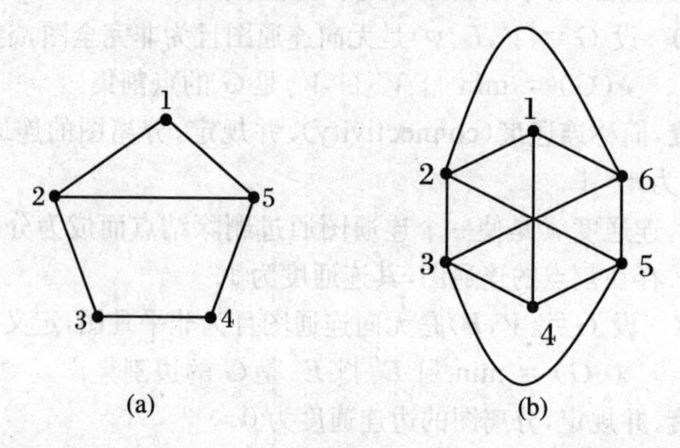

图 6.2.1

2. 在图 6.2.2 中,求:

(1) A 到 D 长度分别为 1,2,3 的通路分别是哪些?

(2) A 到 A 长度分别为 1,2,3 的回路分别是哪些?

(3) 图中长度为 3 的通路共有多少条?其中有回路多少条?

3. 对于完全无向图 K_n,共有多少个圈?包含某条边的圈有多少个?任意两不同结点之间有多少条路径?

4. 有向图 D 如图 6.2.3 所示,回答下列各题.

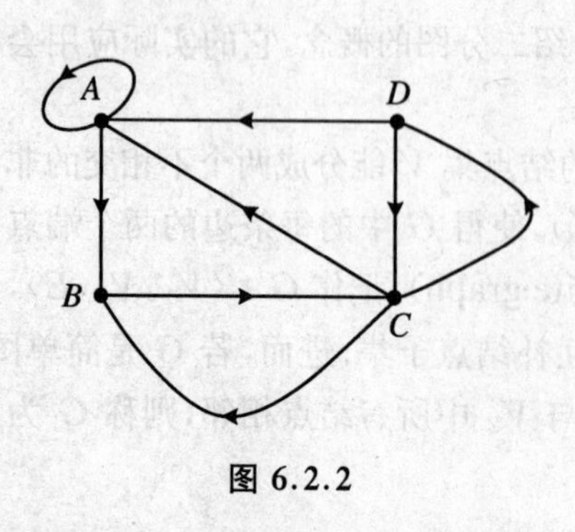

图 6.2.2

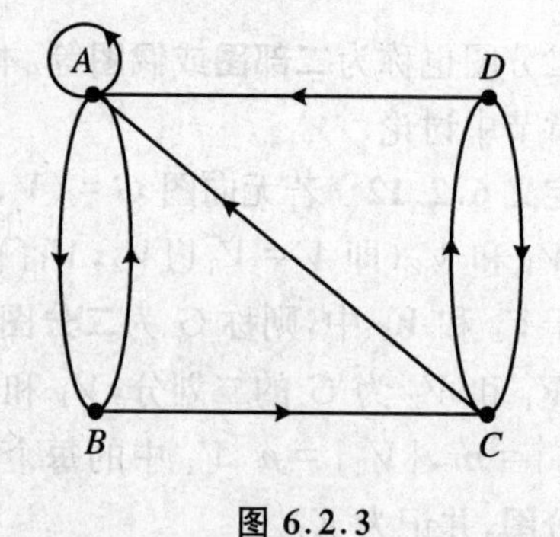

图 6.2.3

(1) D 中有几个非同构的圈(初级回路)?

(2) D 是哪类连通图?

(3) D 中长度为 1,2,3,4 的通路各有多少条?其中各有多少条回路?

(4) D 中长度小于或等于 4 的通路有多少条?其中有多少条回路?

5. 试求图 6.2.4 中有向图的强分支、单向分支和弱分支.

6. 证明:当且仅当 G 的一条边 e 不包含在 G 的简单回路中时,e 才是 G 的割边.

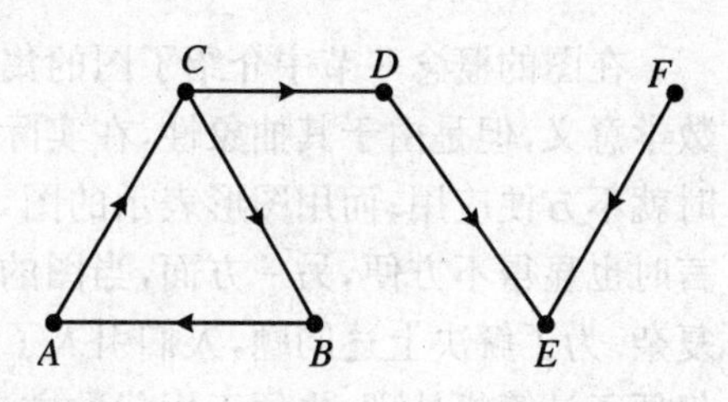

图 6.2.4

7. 无向图 G 如图 6.2.5 所示.

(1) 求 G 的全部点割集和边割集,并指出其中的割点和桥(割边).

(2) 求 G 的点连通度 $\kappa(G)$ 和边连通度 $\lambda(G)$.

8. 无向图 G 如图 6.2.6 所示,先将该图中结点和边标定.然后求图中的全部割点和桥,以及该图的点连通度和边连通度.

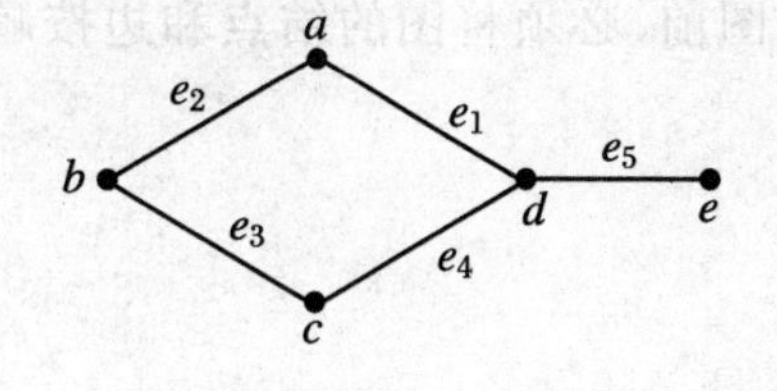

图 6.2.5

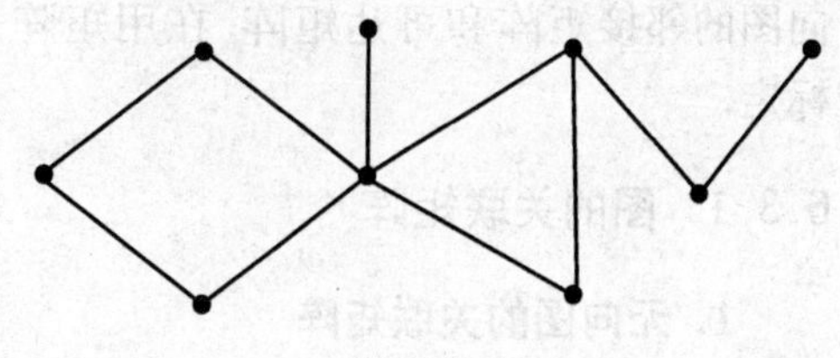

图 6.2.6

9. 证明:设 $G=\langle V,E,\varphi\rangle$ 是连通无向图,则

(1) 去掉 G 中任意简单回路 C 上的一条边 e 得到的图 G-e 连通.

(2) 去掉度数为 1 的结点 v 得到的图 G-v 连通.

10. 分别求出 n 阶完全无向图 K_n 的点连通度和边连通度.

11. 设 $G=\langle V,E,\varphi\rangle$ 是非平凡有向图,若对于任意 $\varnothing\neq W\subset V$,$G$ 中起点在 W,终点在 V-W 的边至少有 k 条,则称有向图 G 的边连通度至少为 k.证明:非平凡有向图 G 是强连通的充要条件是 G 的边连通度至少为 1.

12. 判断图 6.2.7(a)与图 6.2.7(b)两图是否是二分图.若是二分图,求出其互补结点集.

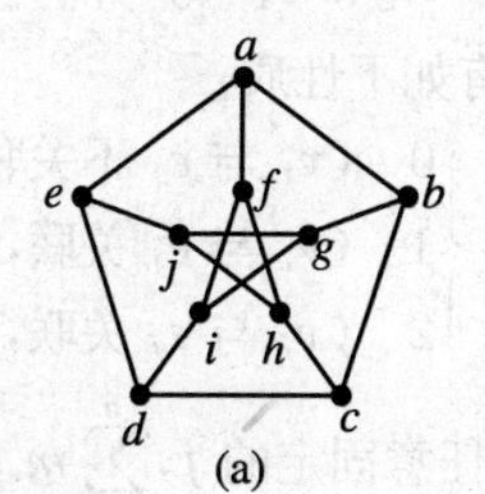

(a)

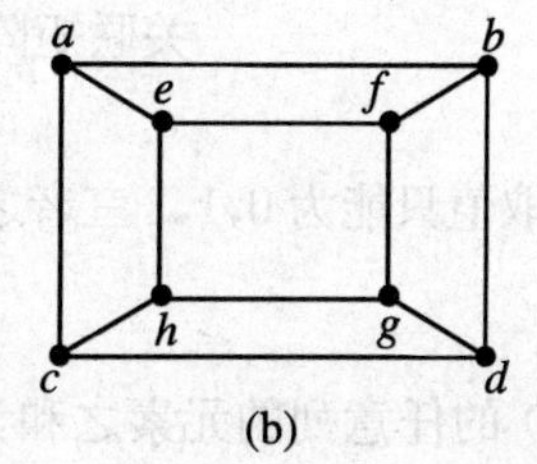

(b)

图 6.2.7

6.3 图的矩阵表示

在图的概念一节中介绍了图的集合表示及图形表示.集合的表示有其严格的数学意义,但是由于其抽象性,在实际应用中不太方便处理,比如用计算机处理图时就不方便应用;而用图形表示的图,虽然直观明了,但是一方面转化为计算机语言时也显得不方便,另一方面,当图的结点和边的数目很大时,用图形表示也较为复杂.为了解决上述问题,人们引入了矩阵的方法来表示一个图.用矩阵表示图,不仅便于计算机处理,也便于用代数方法研究图的性质.矩阵表示图的方法很多,不同的教材中可能有不同的方法,但是只要便于处理,前后表示一致且不引起混淆,采用其中任意一个办法都可以.本节中介绍图的关联矩阵、无向图的相邻矩阵及有向图的邻接矩阵和可达矩阵.在用矩阵表示图前,必须将图的结点和边按顺序标定.

6.3.1 图的关联矩阵

1. 无向图的关联矩阵

定义 6.3.1 设无向图 $G=\langle V,E,\varphi\rangle$,结点集 $V=\{v_0,v_1,\cdots,v_n\}$,边集 $E=\{e_1,e_2,\cdots,e_m\}$.用 m_{ij} 表示结点 v_i 和边 e_j 的关联次数,则称矩阵 $(m_{ij})_{n\times m}$ 为 G 的**关联矩阵**(incidence matrix),记作 $M(G)$.

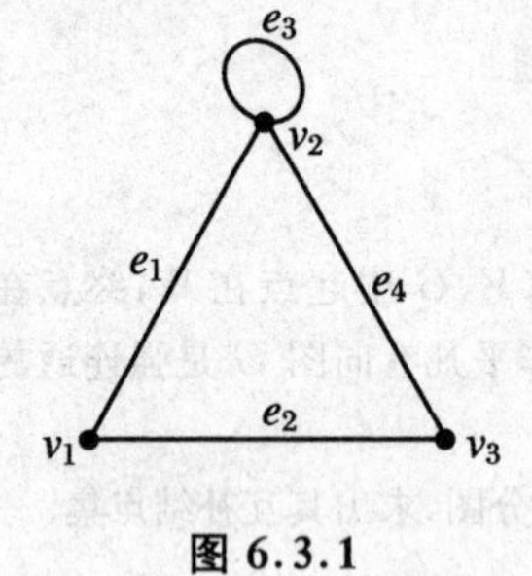

图 6.3.1

例 6.3.1 给出图 6.3.1 的关联矩阵.

解 图 6.3.1 的关联矩阵为

$$M(G)=\begin{bmatrix}1&1&0&0\\1&0&2&1\\0&1&0&1\end{bmatrix}$$

关联矩阵 $M(G)$ 有如下性质:

(1) m_{ij} 的取值只能为 0,1,2 三者之一,$m_{ij}=\begin{cases}0 & (v_i\text{ 与 }e_j\text{ 不关联})\\1 & (v_i\text{ 与 }e_j\text{ 关联},e_j\text{ 不是环});\\2 & (v_i\text{ 与 }e_j\text{ 关联},e_j\text{ 是环})\end{cases}$

(2) $M(G)$ 的任意列的元素之和为 2,即对任意固定的 j,$\sum_{i=1}^{n} m_{ij}=2$.这正说明每条边关联两个结点(环关联的结点重合);

(3) $\boldsymbol{M}(G)$ 的任意行的元素之和为该行所对应结点的度数，即对任意 i，$\sum_{j=1}^{m} m_{ij} = d(v_i)$. v_i 是孤立点当且仅当 $\sum_{j=1}^{m} m_{ij} = 0$；$v_i$ 是悬挂点当且仅当 $\sum_{j=1}^{m} m_{ij} = 1$；

(4) $\sum_{i=1}^{n} d(v_i) = \sum_{i=1}^{n}\sum_{j=1}^{m} m_{ij} = \sum_{j=1}^{m}\sum_{i=1}^{n} m_{ij} = \sum_{j=1}^{m} 2 = 2m$，这正是握手定理的结论；

(5) 第 i 列和第 j 列相同，当且仅当 e_i 和 e_j 是平行边.

2. 有向图的关联矩阵

定义 6.3.2 设有向图 $D=\langle V,E,\psi\rangle$，结点集 $V=\{v_0,v_1,\cdots,v_n\}$，边集 $E=\{e_1,e_2,\cdots,e_m\}$. 用 m_{ij} 表示结点 v_i 和边 e_j 的关联关系，定义为

$$m_{ij}=\begin{cases}0, & (v_i \text{ 与 } e_j \text{ 不关联})；\\ 1, & (v_i \text{ 为 } e_j \text{ 的起点}, e_j \text{ 非环})；\\ -1, & (v_i \text{ 为 } e_j \text{ 的终点}, e_j \text{ 非环})；\\ -2, & (v_i \text{ 与 } e_j \text{ 关联，且 } e_j \text{ 是环}).\end{cases}$$

则称矩阵 $(m_{ij})_{n\times m}$ 为 D 的**关联矩阵**，记作 $\boldsymbol{M}(D)$.

关联矩阵 $\boldsymbol{M}(D)$ 有如下性质：

(1) $\boldsymbol{M}(D)$ 的任意列的元素之和为0或 -2，即对任意固定的 j，$\sum_{i=1}^{n} m_{ij} = 0$（或 -2），若为 -2，则 e_j 是环；

(2) 第 i 列和第 j 列相同，当且仅当 e_i 和 e_j 是有向平行边.

6.3.2 无向图的相邻矩阵

定义 6.3.3 设无向图 $G=\langle V,E\rangle$，其中 $V=\{v_0,v_1,\cdots,v_n\}$，$E=\{e_1,e_2,\cdots,e_m\}$. 用 a_{ij} 表示结点 v_i 和 v_j 之间边的条数，则称矩阵 $(a_{ij})_{n\times n}$ 为 G 的**相邻矩阵**(adjacent matrix)，记作 $\boldsymbol{A}(G)$.

例 6.3.2 给出图 6.3.2 的相邻矩阵.

解 图 6.3.2 的相邻矩阵为 $\boldsymbol{A}(G)=\begin{bmatrix}0 & 1 & 1\\ 1 & 1 & 1\\ 1 & 1 & 0\end{bmatrix}$.

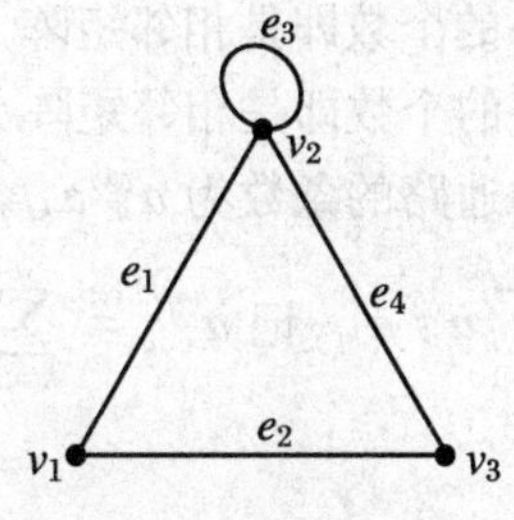

图 6.3.2

无向图的相邻矩阵 $\boldsymbol{A}(G)$ 有如下性质：

(1) 无向图的相邻矩阵必是对称阵；

(2) 若矩阵中有大于等于 2 的元素，则无向图有平行边；

(3) 若对角线元素中第 i 个元素非零,则存在 v_i 到自身的环;

(4) 零阵对应于零图;

(5) 对角线元素为零,其他元素均为 1 时为 n 阶完全图.

由无向图的相邻矩阵,还可以得到结点 v_i 和 v_j 之间任意长度为 l 的通路的数目.

显然,相邻矩阵 $\boldsymbol{A}(G)$的元素 a_{ij}表示结点v_i 和v_j 之间边的条数,即由 v_i 到 v_j 长度为 1 的通路的数目($a_{ij}=0$ 时表示 v_i 和v_j 间不存在边,即长度为 1 的通路数目为 0),如何计算长度大于 1 的通路的数目呢? 以下用数学归纳法给出计算公式(此处略去详细证明,只给出分析思路).

先看长度为 2 的通路:由通路的定义,由 v_i 到v_j 长度为 2 的通路由两条边及三个结点组成,其中两个结点 v_i 和v_j 分别为起点和终点,而另外一个结点 v_k 是任意的,可以和 v_i 或v_j 重合.那么 v_i 和v_j 之间长度为 2 的通路是由 v_i 到v_k 及v_k 到 v_j 的两条长度为 1 的通路连接而成.对任意固定的 k,由 v_i 到v_k 长度为 1 的通路的个数即是相邻矩阵 $\boldsymbol{A}(G)$ 中的元素 a_{ik} 的值,同样,由 v_k 到v_j 长度为1的通路的个数即是相邻矩阵 $\boldsymbol{A}(G)$ 中的元素 a_{kj} 的值,那么由 v_i 经由v_k 到v_j 长度为 2 的通路的条数为 $a_{ik}\cdot a_{kj}$,由 v_k 的任意性知,由 v_i 到v_j 长度为 2 的所有通路总数为 $\sum_{k=1}^{n} a_{ik}a_{kj}$.记 $a_{ij}^{(2)}=\sum_{k=1}^{n} a_{ik}a_{kj}$,那么矩阵$(a_{ij}^{(2)})_{n\times n}$ 正好等于$\boldsymbol{A}^2(G)$

$$\begin{bmatrix} \sum_{k=1}^{n} a_{1k}a_{k1} & \cdots & \sum_{k=1}^{n} a_{1k}a_{kn} \\ \vdots & & \vdots \\ \sum_{k=1}^{n} a_{nk}a_{k1} & \cdots & \sum_{k=1}^{n} a_{nk}a_{kn} \end{bmatrix} = \boldsymbol{A}^2(G)$$

再看长度为 3 的通路:把 v_i 到v_j 长度为 3 的通路看作由一条长度为 2 的通路与一条的长度为 1 的通路连接而成,不妨设为由 v_i 到v_k 一条长度为 2 的通路与一条 v_k 到v_j 的长度为1的通路连接而成.对任意固定的 k,由 v_i 到v_k 长度为2的通路的个数即是相邻矩阵 $\boldsymbol{A}^2(G)$ 中的元素 $a_{ik}^{(2)}$ 的值,同样,由 v_k 到v_j 长度为1的通路的个数即是相邻矩阵 $\boldsymbol{A}(G)$ 中的元素 a_{kj} 的值,那么由 v_i 经由v_k 到v_j 长度为3 的通路的条数为 $a_{ik}^{(2)}a_{kj}$,由 v_k 的任意性知,由 v_i 到v_j 长度为3的所有通路总数为 $\sum_{k=1}^{n} a_{ik}^{(2)}a_{kj}$.记 $a_{ij}^{(3)}=\sum_{k=1}^{n} a_{ik}^{(2)}a_{kj}$,那么矩阵$(a_{ij}^{(3)})_{n\times n}$ 正好等于$\boldsymbol{A}^3(G)$

$$\begin{bmatrix} \sum_{k=1}^{n} a_{1k}^{(2)} a_{k1} & \cdots & \sum_{k=1}^{n} a_{1k}^{(2)} a_{kn} \\ \vdots & & \vdots \\ \sum_{k=1}^{n} a_{nk}^{(2)} a_{k1} & \cdots & \sum_{k=1}^{n} a_{nk}^{(2)} a_{kn} \end{bmatrix} = \boldsymbol{A}^3(G)$$

同理,用数学归纳法可证明,由 v_i 到 v_j 的长度为 l 的通路的条数为矩阵 $\boldsymbol{A}^l(G)$中元素 $a_{ij}^{(l)}$ 的值.

于是有如下定理:

定理 6.3.1　设 $\boldsymbol{A}(G)$为无向图 G 的相邻矩阵,$V=\{v_0,v_1,\cdots,v_n\}$为它的结点集,那么,从结点 v_i 到 v_j 的长度为 l 的通路的条数为矩阵 $\boldsymbol{A}^l(G)$中元素 $a_{ij}^{(l)}$ 的值,其中,$a_{ii}^{(l)}$ 表示 v_i 到自身长度为 l 的回路数.

推论 6.3.1　设 $\boldsymbol{A}(G)$为 n 阶无向图 G 的相邻矩阵,$V=\{v_0,v_1,\cdots,v_n\}$为它的结点集,记 $R=\boldsymbol{A}(G)+\boldsymbol{A}^2(G)+\cdots+\boldsymbol{A}^n(G)$,$R$ 中的元素 $r_{ij}(1\leqslant i,j\leqslant n)$表示由结点 v_i 到 v_j 的长度小于等于 n 的通路总数,那么,若 $r_{ij}=0$,则 v_i 到 v_j 不存在通路.

6.3.3　有向图的邻接矩阵和可达矩阵

1. 邻接矩阵

定义 6.3.4　设有向图 $D=\langle V,E\rangle$,其中 $V=\{v_0,v_1,\cdots,v_n\}$,$E=\{e_1,e_2,\cdots,e_m\}$.用 a_{ij} 表示以 v_i 为起点 v_j 为终点的边的条数,则称矩阵$(a_{ij})_{n\times n}$为 D 的**邻接矩阵**(adjacency matrix),记作 $\boldsymbol{A}(D)$.

有向图的邻接矩阵 $\boldsymbol{A}(D)$有如下性质:

(1) 若矩阵中有大于等于 2 的元素,则有向图中有有向平行边;

(2) 若对角线元素中第 i 个元素非零,则存在 v_i 到自身的环;

(3) 第 i 行元素之和为 v_i 的出度,第 j 列元素之和为 v_j 的入度,即

$$\sum_{j=1}^{n} a_{ij} = d^+(v_i),\quad \sum_{i=1}^{n} a_{ij} = d^-(v_j)$$

对于有向图的邻接矩阵 $\boldsymbol{A}(D)$,它有和无向图的相邻矩阵 $A(G)$相类似的结果.

定理 6.3.2　设 $\boldsymbol{A}(D)$为有向图 D 的邻接矩阵,$V=\{v_0,v_1,\cdots,v_n\}$为它的结点集,那么,从结点 v_i 到 v_j 的长度为 l 的通路的条数为矩阵 $\boldsymbol{A}^l(D)$中元素 $a_{ij}^{(l)}$ 的值,其中,$a_{ii}^{(l)}$ 表示 v_i 到自身长度为 l 的回路数.

推论 6.3.2　设 $\boldsymbol{A}(D)$为 n 阶有向图 D 的邻接矩阵,$V=\{v_0,v_1,\cdots,v_n\}$为它的结点集,记 $R=\boldsymbol{A}(D)+\boldsymbol{A}^2(D)+\cdots+\boldsymbol{A}^n(D)$,$R$ 中的元素 $r_{ij}(1\leqslant i,j\leqslant n)$表示

由结点 v_i 到 v_j 的长度小于等于 n 的通路总数，那么，若 $r_{ij}=0$，则 v_i 到 v_j 是不可达的，若 $r_{ij}\neq 0$，则 $v_i \to v_j$.

2. 可达矩阵

在有向图的矩阵表示中，有时只关心结点间是否可达，那么上述的邻接矩阵表示的方法就不能直观的看出，结点 v_i 到 v_j 的可达性质，需要利用推论 6.3.1 来经过复杂的计算才能得到，故以下给出一个简化的表达方式.

定义 6.3.5　设有向图 $D=\langle V,E,\psi\rangle$，其中 $V=\{v_0,v_1,\cdots,v_n\}$，$E=\{e_1,e_2,\cdots,e_m\}$. 用 p_{ij} 的真伪表示由 v_i 到 v_j 是否可达，即

$$p_{ij}=\begin{cases}1, & 若\ v_i \to v_j \\ 0, & v_i\ 不可达\ v_j\end{cases}$$

则称矩阵 $(p_{ij})_{n\times n}$ 为 D 的可达矩阵，记作 $\boldsymbol{P}(D)$.

注意　显然，p_{ij} 可定义为

$$p_{ij}=\begin{cases}1, & 若\ r_{ij}\neq 0 \\ 0, & 若\ r_{ij}=0\end{cases}$$

习题 6.3

1. 分别写出图 6.3.3(a)，图 6.3.3(b)的邻接矩阵（或相邻矩阵）和可达矩阵.

2. 在如图 6.3.4 所示的有向图 G 中：

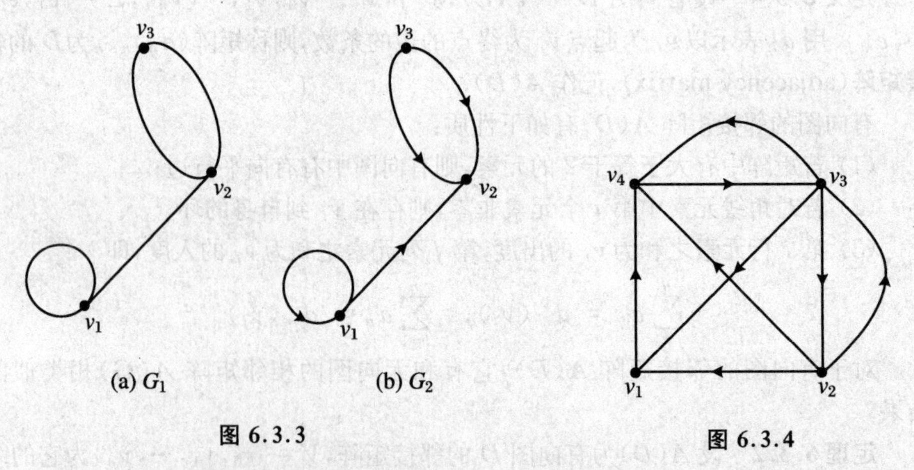

图 6.3.3　　图 6.3.4

(1) 从 v_3 到 v_2 长度为 4 的通路各有多少条，并从图中列举出来.

(2) G 中长度为 3 的通路共有多少条？其中有多少条是回路？

(3) G 是哪类连通图？

3. 如图 6.3.5 所示的有向图 G 中：

(1) 计算图 G 的邻接矩阵 $\boldsymbol{A}$.

(2) G 中 v_1 到 v_4 的长度为 4 的通路有多少条？并根据图分别表示出来.

(3) G 中 v_1 到 v_1 的长度为 3 的回路有多少条？并根据图表示出来.

(4) G 中长度为 4 的通路共有多少条？其中有多少条是回路？

(5) G 中长度≤4 的通路共有多少条？其中有多少条是回路？

(6) G 是哪类连通图？

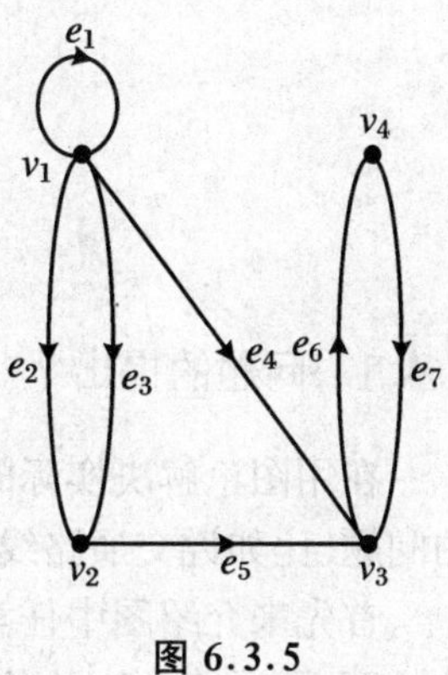

图 6.3.5

4. 求出图 6.3.6 中无向图 G_1 及有向图 G_2 的关联矩阵.

5. 已知无向图 G 的关联矩阵为 $\boldsymbol{M}=\begin{bmatrix}1&1&0&0&1&1\\1&1&1&0&0&0\\0&0&1&1&0&1\\0&0&0&1&1&0\\0&0&0&0&0&0\end{bmatrix}$，画出图 G 的图形.

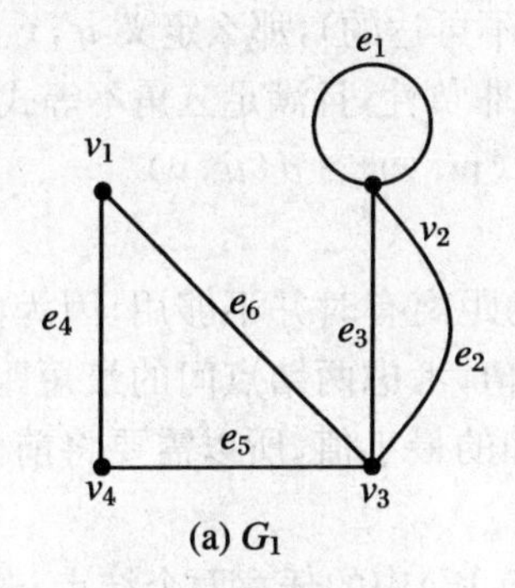

(a) G_1

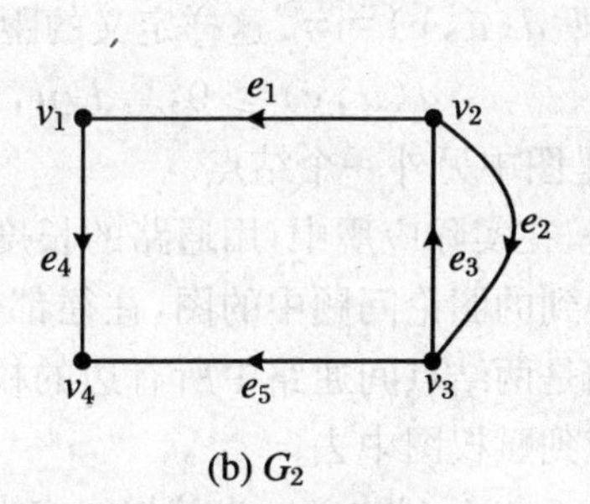

(b) G_2

图 6.3.6

6. 求出图 6.3.7 中有向图的邻接矩阵 $\boldsymbol{A}$，找出从 v_1 到 v_4 的长度为 2 和 4 的路，用计算 $\boldsymbol{A}^2$，$\boldsymbol{A}^3$ 和 $\boldsymbol{A}^4$ 来验证这结论.

7. 在图 6.3.8 中给出了一个有向图，试求该图的邻接矩阵，并求出可达矩阵.

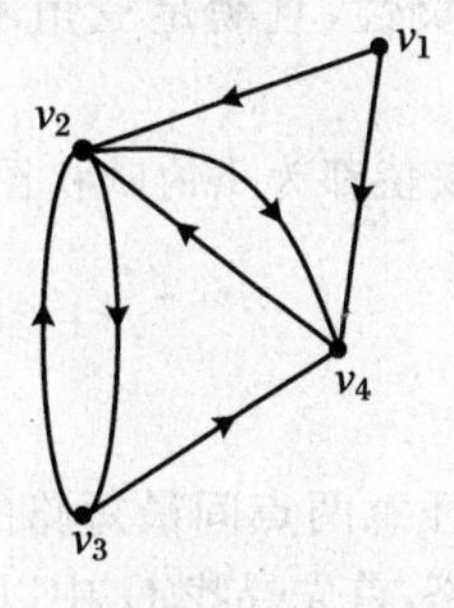

图 6.3.7

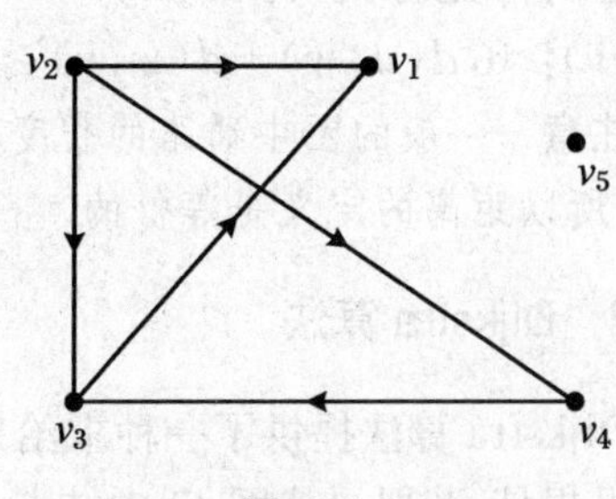

图 6.3.8

6.4 最短路问题

6.4.1 问题的提出

在用图论解决实际问题时,很多问题都可以抽象成为图中两结点间最短距离的问题.比如说交通路线图中两城市间的最短运输路线或最小运输费用等问题.

首先来介绍图中任意两结点间距离的概念.前面在路与连通一节定义了通路的长度,即通路中边的条数.若两结点 u,v 是连通的(或可达的),它们之间可能存在多条通路,其中长度最短的通路称为**短程线**,而短程线的长度就称为 u,v 之间的**距离**,记为 $d(u,v)$.若 u,v 不是连通的(或不可达的),那么定义 u,v 的距离为无穷大,即 $d(u,v)=\infty$.这样定义的距离具有非负性,且满足三角不等式,即

$$d(u,v)\geqslant 0,\quad d(u,w)+d(w,v)\geqslant d(u,v)$$

这里 w 是图中另外一个结点.

但是,在实际应用中,用通路的长度定义的距离有时并不够用,因为由实际问题抽象得到的图论问题中的图,往往都带有权值,考虑两结点间的最短距离时,常常考虑的是两结点间通路中所有边的权值之和的最小值,所以需要将前面距离的概念扩充到赋权图中去.

定义 6.4.1 设 u,v 为赋权图 $G=\langle V,E,W\rangle$ 中的任意两个结点.若 u,v 是连通的(或可达的),称 u、v 间一条通路上所有边的权值之和为这条通路的长度,其中长度最短的路称为**短程路**或**最短路**(shortest path),最短路的长度称为 u 到 v 的**距离**(distance),记为 $d(u,v)$.若 u,v 不是连通的(或不可达的),那么定义 u,v 的距离为无穷大,即 $d(u,v)=\infty$.距离具有非负性,且满足三角不等式,即 $d(u,v)\geqslant 0,d(u,w)+d(w,v)\geqslant d(u,v)$.

注意 一般的图中通路的长度可以看作是各边权值都为 1 的赋权图中通路的长度,所以距离的定义是等价的.

6.4.2 Dijkstra 算法

Dijkstra 算法提供了一种求给定连通无环图中任意两点间最短路的方法.其基本思想是:若要寻找图 G 中结点 u 到 v 间的最短路,首先寻找 G 中以 u 为起点的最短路 Γ_1(当然,这条路必然只含一条边和两个结点),这条路的终点 v_1 若是 v 则结束,否则寻找以 u 为起点的第二短的路 Γ_2,终点为 v_2,若 $v_2=v$ 则结束,否则继续下去,直到 Γ_n 是除 $\Gamma_i(i<n)$ 外的以 u 为起点的最短路且 Γ_n 的终点 $v_n=v$

为止.此时，Γ_n 就是要找的最短路.

下面给出 Dijkstra 算法的具体步骤：

Dijkstra 算法 寻找连通无环图 $G=\langle V,E,W\rangle$ 中 u 到 v 的最短路：

(1) 给定初始集 $S=\{u\}$，$T=V-S$；

(2) 给每个结点做标记，$d(u)=0$，$d(x)=w(u,x)$（x 是不同于 u 的 G 的结点，$w(u,x)$ 是边 (u,x) 的权值，若 u 与 x 无边连接，则记 $w(u,x)=\infty$）；

(3) 寻找 T 中最小 $d(t)$ 值的结点 t，若 $t=v$ 结束，否则令 $S=S\cup\{t\}$，$T=V-S$；

(4) 对所有 T 中结点重新计算 d 值，$x\in T$，若 $d(t)+w(t,x)<d(x)$，则令 $d(x)=d(t)+w(t,x)$；否则 $d(x)$ 值保持不变；转(3).

程序结束时，$d(t)$ 为 u 到 v 最短路的长度，即 u 到 v 的距离.

6.4.3 距离矩阵

首先给出距离矩阵的定义.

定义 6.4.2 设图 $G=\langle V,E,\varphi\rangle$ 的结点集 $V=\{v_0,v_1,\cdots,v_n\}$. 用 d_{ij} 表示由结点 v_i 到 v_j 的距离，则称矩阵 $\boldsymbol{D}(G)=(d_{ij})_{n\times n}$ 为图 G 的**距离矩阵**(distance matrix).

注意 $d_{ii}=0(i=1,2,\cdots,n)$. 若 G 是无向图，则 $\boldsymbol{D}$ 是对称阵.

可以通过 Dijkstra 算法计算每个 d_{ij} 的值，当然这要经过大量的计算，下面介绍利用边权矩阵求距离矩阵的办法.

在图的矩阵表示中，可以看到用无向图的相邻矩阵或者有向图的邻接矩阵表示一个简单图时，矩阵的非零元素值(只能是 1)就是两结点间通路的长度(即两结点有一条边相连)，而矩阵的幂的元素值表示长度为幂值的通路的条数，所以对于一个 n 阶图，通过求其相邻矩阵及其所有不超过 n 次的幂矩阵，可以很容易得到图中任意两个结点间的最短路. 对于赋权图，如果用边的权值替换相邻(或邻接)矩阵中对应非零元素的值，零值用无穷大替换，那么可以得到一个赋权图的边权矩阵. 对于边权矩阵，也可以得到类似于相邻(或邻接)矩阵的结果，这也是后面将要介绍的 Floyd 算法的基本思想.

定义 6.4.3 设连通简单图 $G=\langle V,E\rangle$ 的结点集 $V=\{v_0,v_1,\cdots,v_n\}$. 用 w_{ij} 表示由结点 v_i 到 v_j 的边的权值，若 v_i 到 v_j 无边连接，则记 $w_{ij}=\infty$，并规定 $w_{ii}=0(i=1,2,\cdots,n)$. 称矩阵 $\boldsymbol{W}(G)=(w_{ij})_{n\times n}$ 为图 G 的**边权矩阵**(edge weight matrix).

为了使用边权矩阵求出距离矩阵，首先定义一种矩阵运算：

定义 6.4.4 设矩阵 $\boldsymbol{A}=(a_{ij})_{m\times l}$，$\boldsymbol{B}=(b_{ij})_{l\times n}$. 定义运算 $*$，$\boldsymbol{C}=\boldsymbol{A}*\boldsymbol{B}=(c_{ij})_{m\times n}$，其中 $c_{ij}=\min\limits_{1\leqslant k\leqslant l}(a_{ik}+b_{kj})$.

在上述运算的意义下，求 n 阶边权矩阵 $\boldsymbol{W}$ 的所有不超过 n 次的幂矩阵，如下（为了与平常的矩阵的幂运算区分，在幂上加括号以示区别）：

$$\boldsymbol{W}^{(2)} = \boldsymbol{W} * \boldsymbol{W}, \quad \cdots, \quad \boldsymbol{W}^{(n)} = \boldsymbol{W}^{(n-1)} * \boldsymbol{W}$$

由定义知，k 次幂矩阵 $\boldsymbol{W}^{(k)} = (w_{ij}^{(k)})_{n\times n}$ 的元素值 $w_{ij}^{(k)}$ 表示从 v_i 到 v_j 的经过且只经过 k 条边的通路的最短长度，于是，图 G 的距离矩阵为 $\boldsymbol{D} = (d_{ij})_{n\times n}$，其中 $d_{ij} = \min\limits_{1\leqslant k\leqslant n}\{w_{ij}^{(k)}\}$.

6.4.4 Floyd 算法

利用上节边权矩阵求距离矩阵的算法，就称为 Floyd 算法. 下面给出算法的描述：

Floyd 算法 寻找 n 阶连通图 $G = \langle V, E, W\rangle$ 中 u 到 v 的最短路：

(1) 输入边权矩阵 $\boldsymbol{W}$；

(2) 求 $\boldsymbol{W}$ 的直到 n 次的 $*$ 运算意义下的幂矩阵：$\boldsymbol{W}^{(k)} = (w_{ij}^{(k)})_{n\times n}(1\leqslant k\leqslant n)$；

(3) 令 $d_{ij} = \min\limits_{1\leqslant k\leqslant n}\{w_{ij}^{(k)}\}$，并记 $\boldsymbol{D} = (d_{ij})_{n\times n}$，结束.

算法结束时，得到距离矩阵 $\boldsymbol{D}$. 由距离矩阵可以得到图中任意两点间的距离，也就是最短路.

Floyd-Warshall 算法是改进的 Floyd 算法，它减少了 Floyd 算法的时间复杂度. 可以看出，Floyd 算法的思想是将图中任意两结点间经过且只经过 $k(1\leqslant k\leqslant n)$ 条边的通路的最短长度都求出来，在求得的 n 条通路中选取长度最短的就是这两结点之间的最短路. Floyd-Warshall 算法不求出全部的 $\boldsymbol{W}^{(k)} = (w_{ij}^{(k)})_{n\times n}$ $(1\leqslant k\leqslant n)$，而是在第 $k(1\leqslant k\leqslant n)$ 次运算时，求出任意两结点间的经过不超过 k 条边的最短路，当运算进行到第 n 次时，就求出了图中任意两结点之间的距离.

Floyd-Warshall 算法 (1) 输入边权矩阵 $\boldsymbol{W} = (w_{ij})_{n\times n}$；

(2) 置 $i = j = k = 1$；

(3) 令 $d_{ij} = \min\{w_{ij}, w_{ik} + w_{kj}\}$；

(4) $k = k + 1$，若 $k\leqslant n$，转(3)，否则转(5)；

(5) 置 $k = 1, j = j + 1$，若 $j\leqslant n$，转(3)，否则转(6)；

(6) 置 $k = 1, j = 1, i = i + 1$，若 $i\leqslant n$，转(3)，否则结束.

程序结束时，得到距离矩阵 $\boldsymbol{D} = (d_{ij})_{n\times n}$.

习题 6.4

1. 在一个赋权图中,如何理解权为 0 的边?你认为对边上的权怎样理解最好?

2. 在图 6.4.1 中,利用 Dijkstra 算法求出从 v_4 到其余各结点的最短路径.

3. 在赋权图 6.4.2 中,利用 Dijkstra 算法求出从 u 到 v 的所有最短路径及其权.

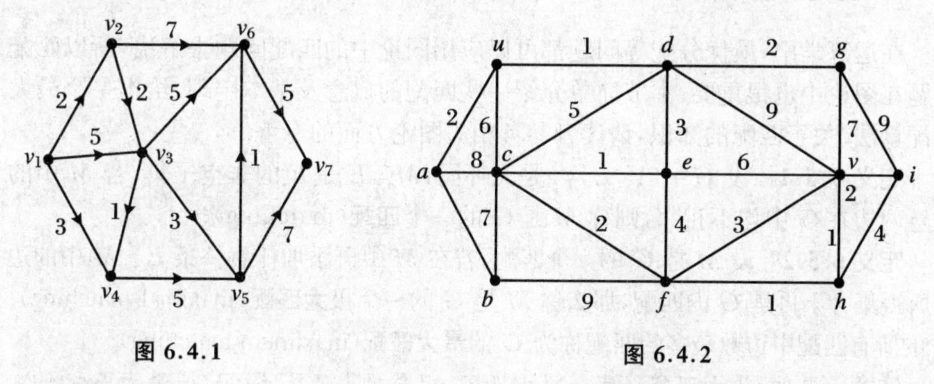

图 6.4.1　　　　图 6.4.2

4. 给定图 $G=\langle V,E,\varphi\rangle$,其中 $V=\{v_1,v_2,\cdots,v_n\}$,定义 G 的距离矩阵 $\boldsymbol{D}$ 如下:

$$\boldsymbol{D}=(d_{ij})\quad(d_{ij}=d\langle v_i,v_j\rangle)$$

对图 6.4.3 中的有向图,试求:

(1) 按定义求出距离矩阵 $\boldsymbol{D}$.

(2) 试用邻接矩阵 $\boldsymbol{A}$ 求出距离矩阵 $\boldsymbol{D}$.

5. 求图 6.4.4 中任意两点间最短有向路的长度.

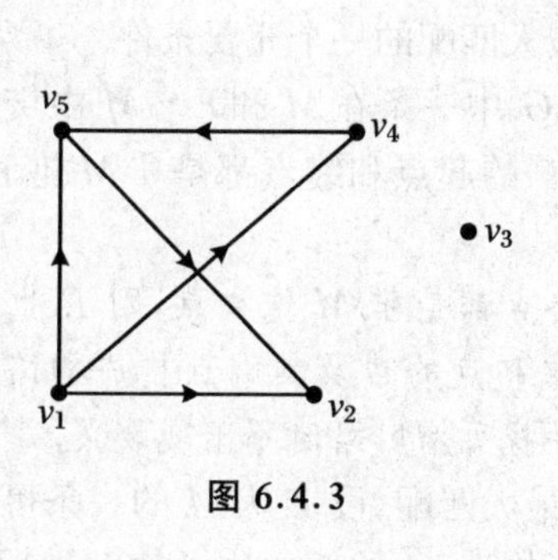

图 6.4.3

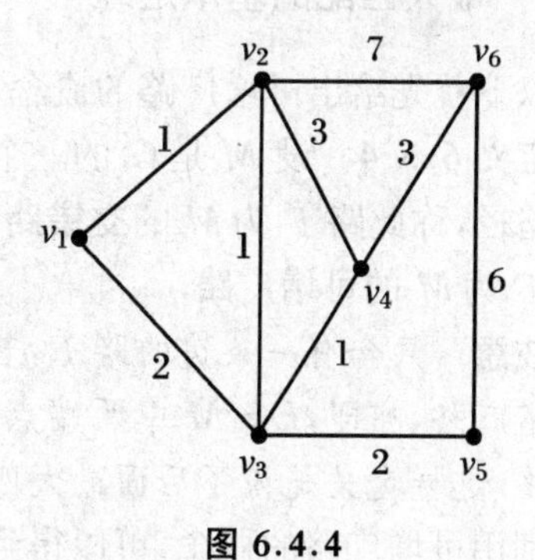

图 6.4.4

6.5 匹 配

6.5.1 匹配的基本概念

在运筹学中,最优分配等问题都可以应用图论中的匹配问题去解决,所以匹配问题在图论中也很重要.本节简单介绍一些匹配的概念及基本定理,给出一个最大匹配算法.关于匹配的知识,请读者参考相关图论方面的专著.

定义 6.5.1 设 $G=\langle V,E,\varphi\rangle$是无环图,$M\subseteq E$ 是 E 的非空子集.若 M 中的任意两边在 G 中均不相邻,则称 M 是 G 的一个**匹配**(matching).

定义 6.5.2 设 M 是 G 的一个匹配,若在 M 中再添加任意一条 $E-M$ 中的边后所得集合不再是 G 的匹配,那么称 M 是 G 的一个**极大匹配**(maximal matching).G 的所有匹配中边数最多的匹配称为 G 的**最大匹配**(maximum matching).

注意 显然,最大匹配一定是极大匹配,但是极大匹配不一定是最大匹配.

定义 6.5.3 设 M 是 G 的一个匹配,与 M 中的边关联的 G 的结点称为 **M 饱和点**(saturation point),否则称为**非 M 饱和点**(unsaturated point).若 G 的结点都是 M 饱和点,则称 M 为**完美匹配**(perfect matching).

注意 完美匹配一定是最大匹配,但最大匹配不一定是完美匹配.

6.5.2 最大匹配的基本定理

以下首先给出可增广路的概念,从而得到最大匹配的一个充要条件.

定义 6.5.4 设 M 是 G 的一个匹配,Γ 是 G 中一条在 M 和 $E-M$ 中交替取边的路径,称此路 Γ 为 M 的**交错路**.若交错路 Γ 的起点和终点都是非 M 饱和点,则称 Γ 为 M 的**可增广路**.

注意 只含有一条边的路 Γ,若其起点和终点都是非 M 饱和点,则 Γ 也是 M 的可增广路,亦即,$E-M$ 中两端点都是非 M 饱和点的边及其端点构成的路是可增广路.这样定义是为了后面最大匹配算法中寻找可增广路时不出现歧义.

利用可增广路的概念,可以得到 G 的一个最大匹配.设 Γ 为 M 的一条可增广路,记 $E(\Gamma)$为 Γ 中所有边组成的 G 的边子集,构造 G 的新的边子集 M' 如下:在 M 中删去既属于 M 又属于 $E(\Gamma)$的边,再将 Γ 中不属于 M 的边加入到 M 中去,构成新的边子集 M',即 M 和 $E(\Gamma)$的环和,$M'=(M-E(\Gamma))\cup(E(\Gamma)-M)=M\oplus E(\Gamma)$.可以证明,$M'$ 也是 G 的一个匹配,且比 M 多一条边.这是因为,Γ 的起点和终点都是非饱和点,所以 Γ 中不属于 M 的边比属于 M 的边多一条,即

$|E(\Gamma)-M|-|E(\Gamma)\cap M|=1$,并且 $E(\Gamma)-M$ 和 $M-E(\Gamma)$ 中的边都不相邻,所以 M' 是比 M 多一条边的匹配.这样继续下去,直到所得的匹配中不再有可增广路,此时所得的匹配就为最大匹配.为了证明这个事实,以下先给出一个引理.

引理 6.5.1 设 M_1 和 M_2 是 G 的两个不同匹配,由 $M_1 \oplus M_2$ 中的边导出的 G 的子图记为 H,则 H 的任意连通分支是下列情况之一:

(1) 边在 M_1 和 M_2 中交替出现的偶圈;

(2) 边在 M_1 和 M_2 中交替出现的路;

(3) 孤立结点.

定理 6.5.1 设 M 是 G 的一个匹配,M 是 G 中的最大匹配当且仅当 G 中不存在 M 可增广路.

证明留作课后练习.

6.5.3 二分图中的匹配

定义 6.5.5 设 $G=\langle V_1,V_2,E\rangle$ 为二分图,$|V_1|\leqslant|V_2|$,M 为 G 的一个最大匹配,且 $|M|=|V_1|$,则称 M 为 V_1 到 V_2 的**完备匹配**.

注意 显然,若 $|V_1|=|V_2|$ 成立时,则完备匹配 M 为完美匹配.

下面给出一个二分图中存在完备匹配的充要条件.首先将前面无向图中结点的邻域的概念扩充到结点集合的邻域.若 S 是 G 的一个结点集合的子集,则称 S 中所有结点的邻域的并与 S 的差集为**集合 S 的邻域或邻集**,记为 $N(S)$.

定理 6.5.2(Hall 定理) 设 $G=\langle V_1,V_2,E\rangle$ 为二分图,$|V_1|\leqslant|V_2|$.G 中存在从 V_1 到 V_2 的完备匹配的充要条件是:对任意 $S\subseteq V_1$,S 中结点个数不少于其邻域 $N(S)$ 中结点的个数,即 $|N(S)|\geqslant|S|$.

推论 6.5.1 k-正则($k>0$)二分图具有完美匹配.

6.5.4 最大匹配算法

本节给出一个求给定图的最大匹配的一个算法,即匈牙利算法.它的基本想法是:在具有二划分 V_1 和 V_2(假设 $|V_1|\leqslant|V_2|$)的图中,任意给定一个初始匹配 M(当然可以是 0 匹配),然后验证 M 是否饱和 V_1(即 V_1 中的点是否都是 M 饱和点),若是,则 M 为一个最大匹配,若不是,则依次验证 V_1 中所有非饱和点.设 u 为 V_1 中任意一个非 M 饱和点,且 G 中存在以 u 为起点的 M 可增广路 Γ,则令 $M'=M\oplus E(\Gamma)$,M' 是比 M 多一条边的匹配,再以 M' 替代 M,并重复上述过程;若 G 中不存在以 u 为起点的可增广路,则标记 u 为真非 M 饱和点.然后再对 V_1 中其他的非 M 饱和点重复上述工作,直到 V_1 中所有非 M 饱和点都为真非 M 饱和点为止.

匈牙利算法的想法很简单,也很容易实现,图 6.5.1 所示为其流程图.下面给出其算法.

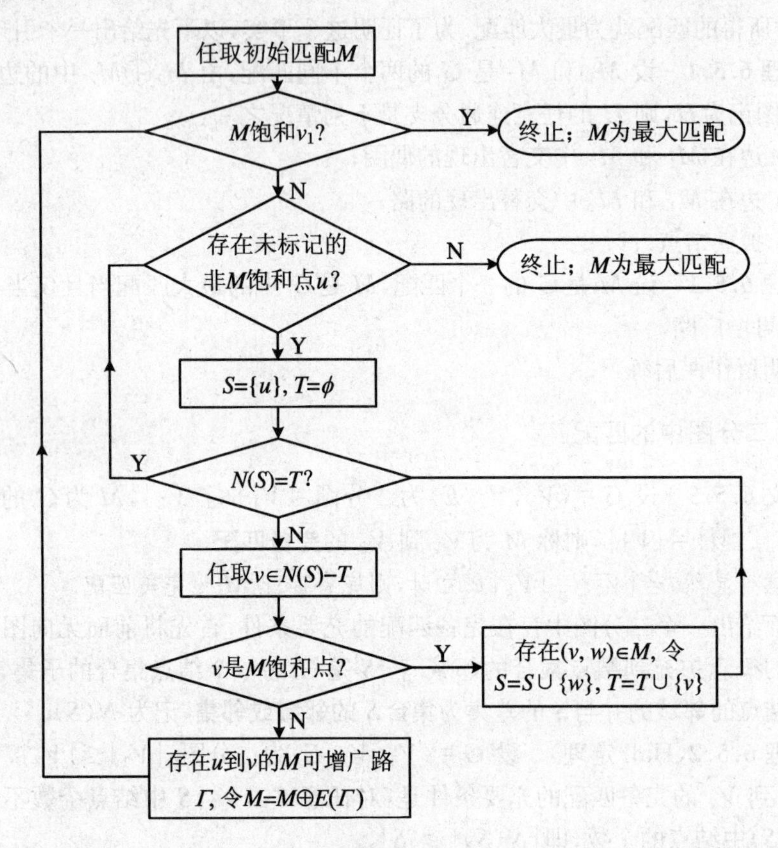

图 6.5.1

匈牙利算法 设 $G=\langle V_1, V_2, E\rangle$ 为二分图, $|V_1|\leqslant|V_2|$.

(1) 任意选取匹配 M 作为初始匹配;

(2) 若 M 饱和 V_1 则结束,否则转(3);

(3) 若 V_1 中所有非 M 饱和点都为真非 M 饱和点则结束,否则在 V_1 中任取未标记的非 M 饱和点 u;

(4) 令 $S=\{u\}, T=\varnothing$;

(5) 令 $N=N(S)$,若 $N=T$,转(3),否则任取 $v\in N-T$;

(6) 若 v 是 M 非饱和点,则存在 u 到 v 的 M 可增广路 Γ,令 $M=M\oplus E(\Gamma)$,转(2);若 v 是 M 饱和点,转(7);

(7) v 是 M 饱和点,故存在 $(v, w)\in M$,令 $S=S\cup\{w\}, T=T\cup\{v\}$,转(5);

(8) 程序终止时,得到的匹配 M 为 G 的一个最大匹配.

习题 6.5

1. 给定二分图 $G = \langle V_1, V_2, E \rangle$，如图 6.5.2 所示，求 V_1 到 V_2 的最大匹配.

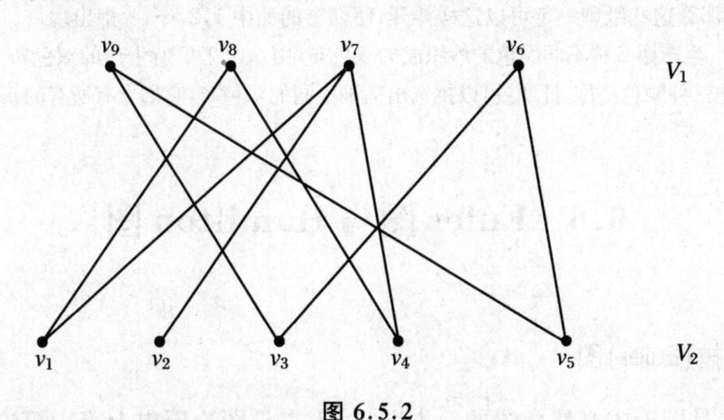

图 6.5.2

2. 如图 6.5.3 所示，已知二划分(V_1, V_2)的二分图 G，其中 $V_1 = \{x_1, x_2, x_3, x_4, x_5\}$，$V_2 = \{y_1, y_2, y_3, y_4, y_5\}$，试求图 G 的最大匹配.

3. 求图 6.5.4 所示图 G 的完美匹配.

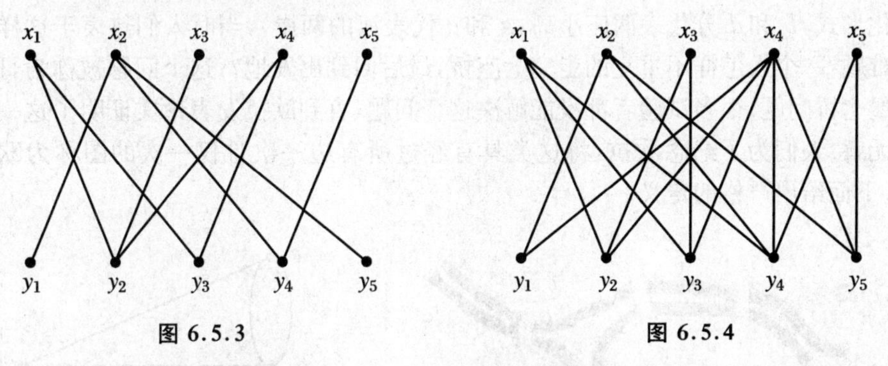

图 6.5.3　　图 6.5.4

4. 一公司有 7 个工作职位 $p_1, p_2, \cdots, p_7$ 和 10 个申请工作的人 $a_1, a_2, \cdots, a_{10}$. 每个申请者能胜任的工作职位集合分别是$\{p_1, p_5, p_6\}$，$\{p_2, p_6, p_7\}$，$\{p_3, p_4\}$，$\{p_1, p_5\}$，$\{p_6, p_7\}$，$\{p_3\}$，$\{p_2, p_3\}$，$\{p_1, p_3\}$，$\{p_1\}$，$\{p_5\}$. 试确定由胜任工作的申请者肩负工作职位的最大数目.

5. 捕获 6 名间谍 a, b, c, d, e, f，其中 a 会汉语、法语和日语；b 会德语、日语和俄语；c 会英语和法语；d 会汉语和西班牙语；e 会英语和德语；f 会俄语和西班牙语. 如将这 6 人用两个房间监禁，是否可以使得在同一房间里的任意两人不能相互直接交谈？

6. 有 6 位老师：张、王、李、赵、孙、周，要安排他们去教 6 门课：数学、化学、物理、语文、英语和计算机. 张老师可教数学、计算机和英语；王老师可教英语和语文；李老师可教数学和物理；赵老师只能教化学；孙老师可教物理和计算机；周老师可教数学和物理. 怎样安排课程才能使得每门课都有人教，且每个人都只教一门课？

7. 某年级共开设了7门课,有7位教师承担.已知每位教师都可以担任其中的3门课.他们将自己能担任的课上报教务处后,教务员发现每门课都恰好有3位教师能承担,教务员能否安排这7位教师每人担任1门课,且每门课都有人承担?(提示:利用 t 条件)

8. 有 n 张纸牌,每张纸牌的正反两面都写上 $1,2,\cdots,n$ 的某个数.证明:如果每个数字都恰好出现两次,那么这些纸牌一定可以这样摊开,使朝上的面中 $1,2,\cdots,n$ 都出现.

9. 某工厂生产由6种不同颜色的纱织成的双色布,由这个工厂所生产的双色布中,每一种颜色至少和其他三种颜色搭配.证明:可以挑选出三种不同的双色布,它们含有所有的6种颜色.

6.6 Euler 图与 Hamilton 图

6.6.1 欧拉(Euler)图

欧拉图是图论中必然介绍的一类图,因为它是图论历史上第一篇论文中所解决的一类图.它的来历是这样的,18世纪中叶,当时称为哥尼斯堡城城市中有一条贯穿全市的河流,当时称为普雷格尔河,这条河中有两个小岛,两小岛间有一座桥相连,同时还有六座桥分别连接两个小岛和河流两岸(如图6.6.1所示,右边图是简化形式,b 和 d 分代表两座小岛,a 和 c 代表河的两岸),当时人们热衷于这样一个难题:一个人怎样不重复的走完七座桥,最后回到出发地?这个问题被称为哥尼斯堡七桥问题.很多试验者都没能解决这个问题,直到欧拉发表论文证明了这一问题无解.人们为了纪念欧拉,将这类具有经过所有边一次且仅一次的图称为欧拉图.下面给出严格的定义.

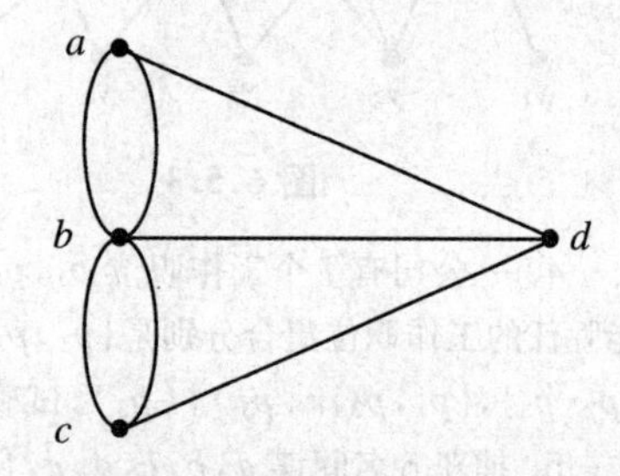

图 6.6.1

定义 6.6.1 给定无孤立点的图 G(无向图或有向图),通过图 G 中所有边的简单通路称为**欧拉通路**;通过图 G 中所有边的简单回路称为**欧拉回路**.具有欧拉通路而无欧拉回路的图称为**半欧拉图**;具有欧拉回路的图称为**欧拉图**.

注意 规定平凡图是欧拉图.

定理 6.6.1　无向图 G 是欧拉图当且仅当 G 是连通图且 G 中没有奇度结点.

定理 6.6.2　无向图 G 是半欧拉图当且仅当 G 是连通图且 G 中有且仅有两个奇度结点.

定理 6.6.3　有向图 D 是欧拉图当且仅当 D 是弱连通的且每个结点的出度与入度相等.

定理 6.6.4　有向图 D 是半欧拉图当且仅当 D 是弱连通的且 D 有且仅有两个结点,其中一个的出度比入度大1,另一个的出度比入度小1,而其余结点的出度与入度相等.

定理 6.6.5　G(无向图或有向图)是非平凡的欧拉图当且仅当 G 是连通的且为若干边不重的圈的并.

上述定理给出的都是判断一个图是否是欧拉图的充要条件,所以很容易知道一个图是否为欧拉图.问题转到了寻找欧拉图中欧拉回路的方法,下面介绍一种求欧拉回路的算法.

Fleury 算法　设图 $G=\langle V,E,\varphi\rangle$ 是欧拉图.

(1) 任取图 G 中结点 v_0,令 $\Gamma_0=v_0$,转(2).

(2) 设 $\Gamma_i=v_0e_1v_1e_2\cdots e_iv_i$ 已经选出,按以下方法在 $E-\{e_1,e_2,\cdots,e_i\}$ 中选取 e_{i+1}:

① e_{i+1} 与 v_i 关联(若 G 是有向图,e_{i+1} 以 v_i 为起点);

② 除非无别的边可选择,否则 e_{i+1} 不是 $G_i=G-\{e_1,e_2,\cdots,e_i\}$ 的割边.

(3) 当(2)不能进行时,终止,否则让 $i+1\rightarrow i$,转(2).

定理 6.6.6　图 G 是欧拉图,则 Fleury 算法终止时得到一条 G 的欧拉回路.

6.6.2　哈密顿(Hamilton)图

哈密顿图对应于另一个有趣的问题:“周游世界”.1857年,爱尔兰数学家哈密顿(W. R. Hamilton,1805～1865)提出一个问题:能否在正十二面体图(图6.6.2)中找到一条初级回路,使它包含图中所有结点?他形象地把图中的每个结点比作一个城市,而每条边比作城市间的交通线,那么问题就称为“周游世界”问题:能否从某个城市出发,沿交通线经过每个城市一次且仅一次,最后回到出发点?哈密顿自己对这个问题做出了肯定的回答.人们为了纪念他,将经过图中每个结点一次且仅一次的回路称为哈密顿回路,将具有哈密顿回路的图称为哈密顿图.下面给出严格的定义.

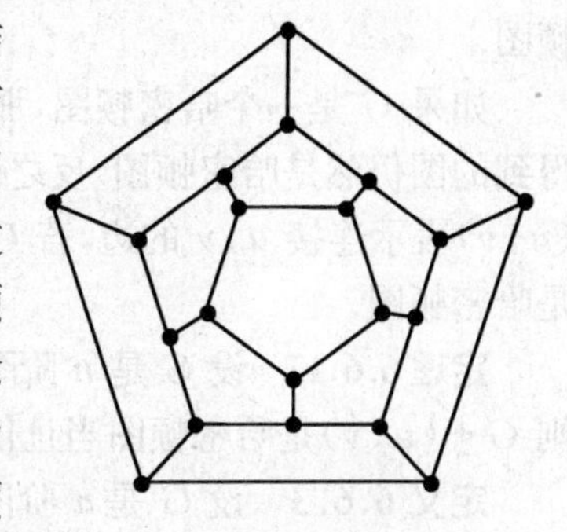

图 6.6.2

定义 6.6.2 给定无孤立点的图 G(无向图或有向图),通过图 G 中所有结点的初级通路称为**哈密顿通路**;通过图 G 中所有结点的初级回路称为**哈密顿回路**.具有哈密顿通路而无哈密顿回路的图称为**半哈密顿图**;具有哈密顿回路的图称为**哈密顿图**.

注意 规定平凡图为哈密顿图.

对于哈密顿图的判断,至今没有得到较好的充要条件,它仍是图论中尚未解决的难题之一,称为**哈密顿问题**,即判断一个图是否为哈密顿图的问题.本节给出一些判断哈密顿图的充分或必要条件.

先给出一个必要条件.

定理 6.6.7 设无向或有向图 $G=\langle V,E\rangle$ 是一个哈密顿图,则对任意 $V_1\subset V$,$V_1\neq\varnothing$,下式均成立:$p(G-V_1)\leqslant|V_1|$,其中 $p(G-V_1)$ 为图 $G-V_1$ 的连通分支数.

注意 此条件是必要条件,不能反推.例如,图 6.6.3 为彼得森,图满足条件:对任意 $V_1\subset V$,$V_1\neq\varnothing$,下式均成立:$p(G-V_1)\leqslant|V_1|$,但其不是哈密顿图.

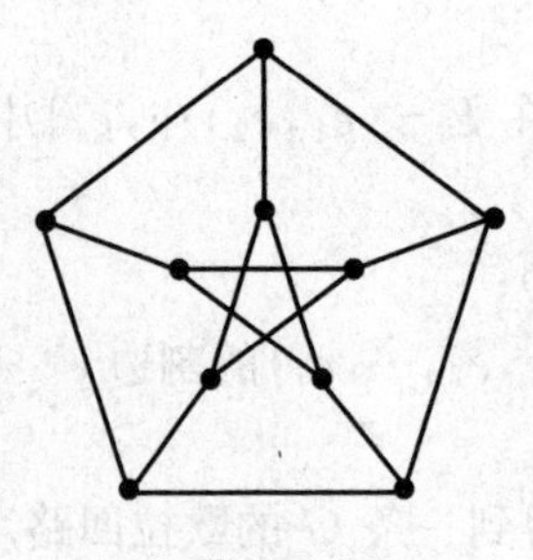

图 6.6.3

再给出几个充分条件.

定理 6.6.8 设图 G 是 $n(n\geqslant3)$ 阶无向简单图,若对于 G 中任意不相邻的结点 u,v 都有 $d(u)+d(v)\geqslant n-1$,则 G 中存在哈密顿通路.

定理 6.6.9 设图 G 是 $n(n\geqslant3)$ 阶无向简单图,若对于 G 中任意不相邻的结点 u,v 都有 $d(u)+d(v)\geqslant n$,则 G 中存在哈密顿回路,从而 G 是哈密顿图.

定理 6.6.10 设图 D 是 $n(n\geqslant2)$ 阶竞赛图,则 D 中具有哈密顿通路.

定理 6.6.11 设图 D 是 $n(n\geqslant3)$ 阶有向强连通简单图,若对于 D 中任意不相邻的结点 u,v 都有 $d(u)+d(v)\geqslant2n$,则 D 中存在哈密顿回路,从而 D 是哈密顿图.

如果 G 是一个哈密顿图,那么在它的任意两个不相邻结点之间增加一条边,得到的图仍然是哈密顿图.反之,G 是 n 阶图,u 和 v 是它的两个不相邻的结点,用 (u,v) 表示连接 u,v 的边,若 $G+(u,v)$ 是哈密顿图,且 $d(u)+d(v)\geqslant n$,则 G 是哈密顿图.

定理 6.6.12 设 G 是 n 阶图,u 和 v 是两个不相邻的结点,且 $d(u)+d(v)\geqslant n$,则 $G+(u,v)$ 是哈密顿图当且仅当 G 是哈密顿图.

定义 6.6.3 设 G 是 n 阶图,将 G 中不相邻且度数和不小于 n 的结点用边连接,得到的图记为 G',对 G' 重复上述工作,直到不再有这样的结点对为止.最终得

到的图称为 G 的**闭包**(closure),记作 $C(G)$.

定理 6.6.13 图 G 是哈密顿图当且仅当它的闭包 $C(G)$ 是哈密顿图.

定理 6.6.14 设 G 是 $n(n\geqslant 3)$ 阶图,若 $C(G)$ 是完全图,则 G 是哈密顿图.

定理 6.6.15 设 G 是 $n(n\geqslant 3)$ 阶图,若 G 的每个结点 v 都满足 $d(v)\geqslant n/2$,则 G 是哈密顿图.

习题 6.6

1. 画出分别满足以下条件的欧拉 (n,m) 图.

(1) n 和 m 的奇偶性相同.

(2) n 和 m 的奇偶性相反.

2. 图 6.6.4 所示的两个图是否为哈密顿图?

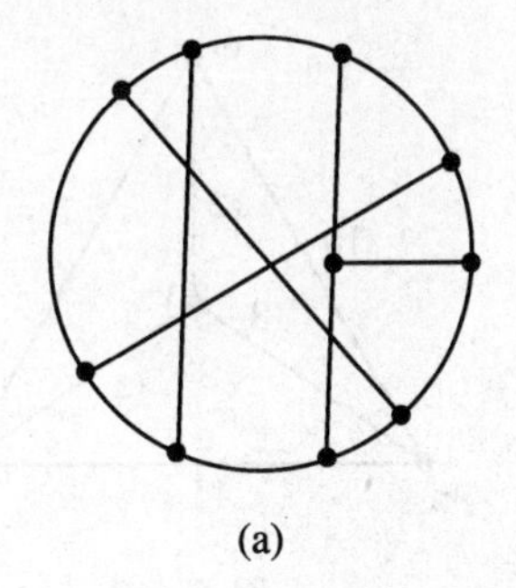
(a)

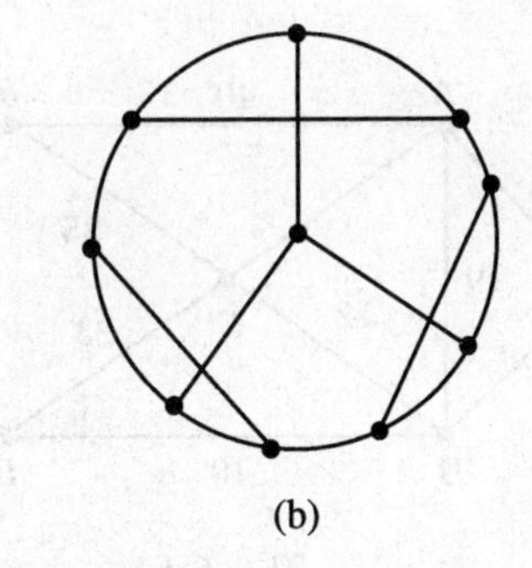
(b)

图 6.6.4

3. 证明:n 阶完全无向图 K_n 是欧拉图当且仅当 n 为奇数.

4. 证明:若一个无向图 $G=\langle V,E,\varphi\rangle$ 存在一个结点 $v\in V$ 使得 $\deg(v)=1$,则 G 不是哈密顿图.

5. 如图 6.6.5 所示两个图,各需多少笔才能画出?

6. 画出满足下列条件的图.

(1) 既是欧拉图又是哈密顿图;

(2) 是欧拉图,不是哈密顿图;

(3) 不是欧拉图,是哈密顿图;

(4) 既不是欧拉图又不是哈密顿图.

7. 彼得森图(图 6.6.3)至少要加多少条边才能成为欧拉图?试画出添加后的图的图形.若只能添加原图的一些边的多重边,是否能使得其成为欧拉图?

8. 计算图 6.6.6 中所示赋权图中的最优投递路线,假定邮局在 C 点.

9. 一只蚂蚁可否从立方体的一个结点出发,沿着棱爬行,它爬过每一个结点一次且仅一次,最后回到原出发点?试利用图作解释.

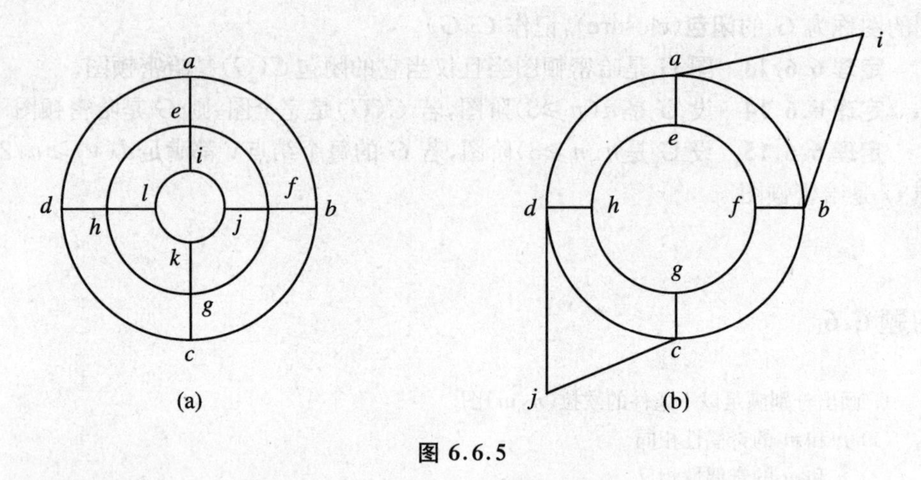

图 6.6.5

10. 求出图 6.6.7 中的赋权图 G 中的权最小的哈密顿回路.

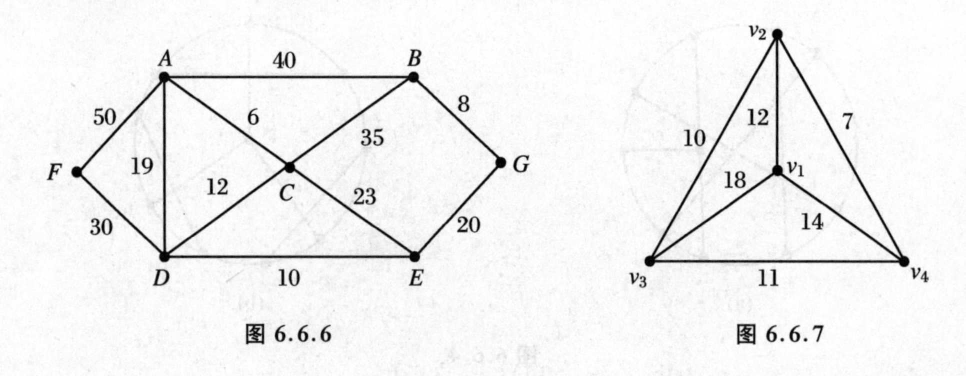

图 6.6.6　　　　图 6.6.7

6.7 树

6.7.1 树的基本概念

树是一种重要的图,是图论中重要内容之一. 树的术语来源于植物学与家谱学,在历史上曾由几个科学家独立地建立过,后来数学家 Jordan 给出了统一的定义. 树之所以重要,是因为它具有广泛的应用背景,如计算机科学中用树理论构造存储和传输数据的有效编码,用树构造最便宜的电话线连接分布式计算机网络,运筹学中用树模拟一系列决策完成的过程等.

定义 6.7.1　树(tree)是无圈的连通无向图,常用字母 T 表示树. 树中悬挂点称为**树叶**(leaf),度数大于1的结点称为**分枝点**(branching point)或**内点**(interior point).若图 G 有至少两个连通分支,每个连通分支是树,那么称 G 为**森林**(forest).

注意 规定平凡图为**平凡树**.

树有许多性质,其中一些性质是树的充要条件,它们与树的定义等价.

定理6.7.1 设 $G=\langle V,E,\varphi\rangle$ 是 n 阶且具有 m 条边的无向图,则如下各命题等价:

(1) G 是树;

(2) G 中任意两结点间存在唯一路径;

(3) G 连通且 G 中任意边为割边;

(4) G 连通且对任意 $e\in E$ 有 $p(G-e)=2$;

(5) G 连通且 $m=n-1$;

(6) G 无圈且 $m=n-1$;

(7) G 无圈,但是在 G 的任意两不同结点之间加一条边后,得到一个包含新边的圈.

由定理的第(5)条可得以下结果.

推论6.7.1 若 G 是 n 阶 m 条边含有 w 棵树的森林,则有 $m=n-w$.

定理6.7.2 若 T 是 n 阶非平凡树,则 T 中至少有两片树叶.

前面介绍了树是连通无圈的无向图,那么对于有向图,是否也有树的概念,答案是肯定的,下面给出有向树的定义.

定义6.7.2 设 T 是有向图,若 T 的基图是树,那么称 T 为**有向树**.

在有向树中,根树是最重要的,根树将在稍后单独讨论.

6.7.2 生成树

任何无向连通图都包含一个是树的生成子图,这就是生成树.下面介绍生成树的概念及其性质.

定义6.7.3 设 T 是无向图 G 的子图且是树,则称 T 是 G 的**树**;进而,若 T 是生成子图且是 G 的树,则称 T 是 G 的**生成树**(spanning tree).生成树 T 的边称为 T 的**树枝**(branch),不属于 T 的树枝的 G 的边称为 T 的**弦**(chord).T 相对于 G 的补图称为 T 的**余树**(cotree),记作 $\overline{T}$.

注意 (1) 生成子图又称支撑子图,所以生成树又称**支撑树**;

(2) 余树不一定是树,因为它不一定连通,且不一定不含圈.

定理6.7.3 图 G 有生成树当且仅当 G 是连通图.

推论6.7.2 若 G 是 n 阶具有 m 条边的连通图,则 $m\geqslant n-1$.

推论 6.7.3 若 G 是 n 阶具有 m 条边的连通图，T 是 G 的生成树，则 T 有 $m-n+1$条弦，即 T 的余树有 $m-n+1$ 条边.

推论 6.7.4 设 T 是 G 的一棵生成树，$\overline{T}$ 为 T 的余树，C 为 G 中的一个圈，那么 $E(\overline{T})\cap E(C)\neq\varnothing$.

定理 6.7.4 设 T 为 G 的一颗生成树，e 为 T 的任意一条弦，则 $T+e$ 中含有 G 的圈，且该圈除弦 e 外其余边均为树枝.

生成树的应用中，最小生成树具有很强的实际应用背景，如国家建立连接各个城市的铁路网，要求造价最低或长度最短的问题就可以归结为一个求最小生成树的问题. 首先定义最小生成树.

定义 6.7.4 设 T 是赋权连通图 G 的生成树，称 T 的所有树枝的权的和为 T 的**权**(weight)，记作 $W(T)$. G 的所有生成树中权最小的生成树称为 G 的**最小生成树**.

求最小生成树的方法有许多种，这里简单介绍两种方法，本节给出算法的思路，但省去详细过程，有兴趣的读者可以参考相关图论的著作.

1. 普林(Prim)算法

设 G 为 n 阶赋权连通图. 首先选取 G 中权值最小的边作为生成树 T 的一条边，然后在 G 中选取与已添加到 T 中边相邻的边中，不与 T 中边形成圈且权值最小的边，添加到 T 中，继续添加直到 T 含有 $n-1$ 条边为止，得到的树是 G 的最小生成树.

2. 克鲁斯卡(Kruskal)算法(避圈法)

设 G 为 n 阶具有 m 条边的赋权连通图. 首先将 m 条边按权值从小到大顺序排列，记为 $e_1, e_2, \cdots, e_m$. 选取 e_1 为 T 的一条边，然后依次检查 $e_2, \cdots, e_m$，若 e_i 不与 T 中的边形成圈，则添加到 T 中，直到 T 含有 $n-1$ 条边时停止，得到 G 的最小生成树.

6.7.3 根树

根树是有向树中最重要的一种树，因为根树描述了一种层次关系，而层次结构是一种重要的数据结构. 以下介绍根树的概念，并介绍一些根树的应用.

1. 根树的定义

定义 6.7.5 设 T 是有向树. 若 T 中有一个结点的入度为 0，其余结点的入度均为 1，则称 T 为**根树**(root tree). 其中，入度为 0 的结点称为**根**(root)，出度为 0 的结点称为**树叶**(leaf)，出度不为 0 的结点称为**内点**(interior point)或**分枝点**(branching point)；由根到任意结点 v 的通路长度称为 v 的**层数**(floors)，所有结点的层数中，最大层数称为 T 的**树高**(height).

注意 (1) 规定平凡树为根树；

(2) 根树的树叶的定义和前面树定义中树叶的定义一致，根树中出度为0的结点即是度数为1的结点；

(3) 根是特殊的分枝点；

(4) 根树也称为**家族树**或**家谱树**(family tree). u,v 是根树的不同结点，若 u 邻接到 v，则称 u 为 v 的**父亲**(parent)，v 为 u 的**儿子**(child)；若 u,v 具有相同的父亲，则称 u,v 是**兄弟**(brothers)；若 u 可达 v，则称 u 是 v 的**祖先**(arcestor)，v 是 u 的**后代**(descendant).

在画根树时，根画在最上方，根树中边的方向可以省略，因为所有边的方向是一致的且是确定的.

定义 6.7.6 若在根树中，规定了每一层上结点的次序，这样的根树称为**有序树**(ordered tree).

定义 6.7.7 若在根树中，每个结点的出度都不大于 m，则称根树为 **m 叉树**(m-ary tree)；每个结点的出度都为 m 或 0 的 m 叉树称为 **m 叉正则树**(m-ary regular tree)；所有树叶层数相同，且都为树高的 m 叉正则树称为**完全 m 叉正则树**(complete m-ary regular tree).

2. 前缀码

根树的应用中，二叉树的应用最为广泛，以下介绍利用最优二叉树产生前缀码的方法.

首先给出最优二叉树的定义.

定义 6.7.8 设 T 是具有 t 片树叶的**二叉树**(binary tree)，其中 t 片树叶 $v_i(1\leqslant i\leqslant t)$ 分别带有权 $w_i(1\leqslant i\leqslant t)$，那么称 T 是**加权二叉树**(weighted binary tree)，并称 $W(T)=\sum_{i=1}^{t}w_il_i$ 为 T 的**权**，其中 $l_i(1\leqslant i\leqslant t)$ 为树叶 $v_i(1\leqslant i\leqslant t)$ 的层数. 在所有具有 t 片树叶的带权 $w_i(1\leqslant i\leqslant t)$ 的二叉树中，权最小的二叉树称为**最优二叉树**(optimal binary tree).

Huffman 算法给出了求给定权值的最优二叉树的方法.

Huffman 算法 给定实数 $w_i(1\leqslant i\leqslant t)$，且满足 $w_1\leqslant w_2\leqslant\cdots\leqslant w_t$.

(1) 连接权为 w_1,w_2 的两片树叶，得到一个分枝点，其权为 w_1+w_2；

(2) 在 $w_1+w_2,w_3,\cdots,w_t$ 中选取两个最小的权，连接对应结点(不一定是树叶)得到新的分枝点，其权为权最小的两个结点的权值之和；

(3) 新分枝点的权值和剩余未选取过的权组成的实数列中再次选取两个最小的权，连接对应结点(不一定是树叶)得到新的分枝点，其权为权最小的两个结点的权值之和,依次重复下去,直到形成 $t-1$ 个分支点,t 片树叶为止.

最优二叉树不是唯一的,但由 Huffman 算法可以看出,带权 $w_1 \leqslant w_2 \leqslant \cdots \leqslant w_t$ 的最优二叉树中,一定存在一个最优二叉树,使得权为 w_1, w_2 的树叶为兄弟,且层数为树高.

利用 Huffman 算法可以给出最优前缀码,这里先介绍前缀码的定义.

定义 6.7.9 给定一个码字序列集合,若集合中任意序列都不是其他序列的前缀,则称这个码字序列集合为**前缀码**(prefix code).

例如,序列 00 是序列 001 的前缀,而不是 01010 的前缀.集合{001,01,11,101,000}是前缀码,而集合{001,01,11,011,00}就不是前缀码了.

引入前缀码是为了计算机通信中节省带宽,提高传输率.大家知道,英文的 26 个字母在计算机中可以用 0 与 1 的二进制序列表示.如果用定长的二进制序列表示 26 个英文字母,则需要长度至少为 5 的二进制序列来表示,如果用变长的二进制序列,则可用长度不超过 4 的序列就可以了.但是,传输中会遇到这样的问题,如用 0 表示字母 a,1 表示字母 b,01 表示字母 c,那么当接收方收到序列 01 时,应当译为 ab 还是 c 呢? 所以前缀码解决了这样的问题.

在英文单词中,有些字母的出现频率很高,如字母 e,而有些字母的出现频率较低,如字母 z,那么在用前缀码表示这些字母的时候,希望出现频率高的字母用尽量短的序列,而出现频率低的字母用相对长的序列,这也能提高传输效率,这样的前缀码称为最优前缀码.

前缀码可以由二叉树产生,那么最优二叉树就能给出最优前缀码.

首先介绍由二叉树产生前缀码的方法.

将一棵二叉树中每个分枝点与其左儿子间的边标记为 0,与右儿子间的边标记为 1,把从根到每片叶子所经过的边的记号序列作为叶子的记号,那么,叶子的记号集合就是一个前缀码.这是因为,叶子的记号与从根到叶子的通路一一对应,而每一条从根到叶子的通路不会经过另一片叶子,这就是用二叉树产生前缀码的原理.

再以通信中字母的传输为例,每个字母对应二叉树的一片树叶,于是可以构造一个前缀码.如果用字母出现的频率作为相应叶子的权值,那么由 Huffman 算法可以构造一棵最优二叉树,其对应的就是 26 个字母的一个最优前缀码.

习题 6.7

1. 试给出具有 6 个结点的所有不同的树.

2. 设 G 是一棵无向树且有 2 个 4 度结点,3 个 3 度结点,其余均为叶结点.

(1) 求出该无向树共有多少个结点.

(2) 画出两棵不同构的满足上述要求的无向树.

3. 给定加权连通无向图 G,如图 6.7.1 所示,试求最小生成树.

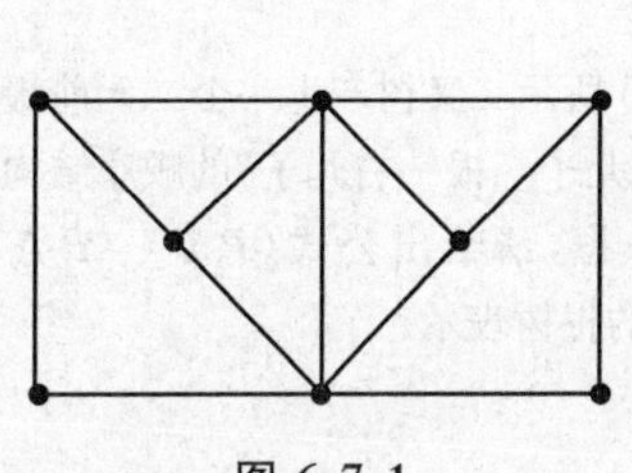

图 6.7.1

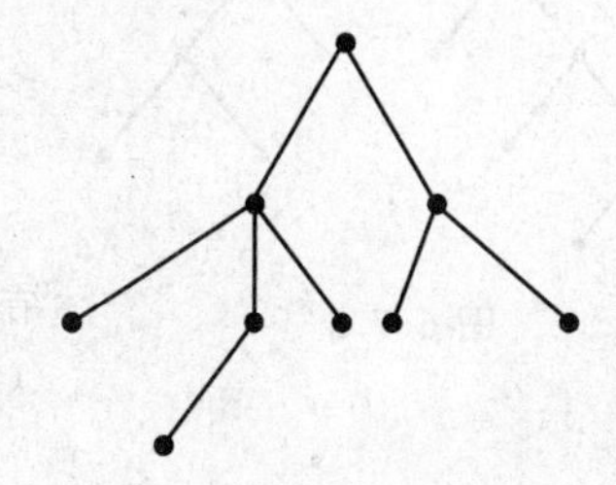

图 6.7.2

4. 给定树 G,如图 6.7.2 所示,试求 G 的对应二叉树.

5. 在图 6.7.3 所示的有向图中,存在是根树的生成子图吗? 若存在,有几棵非同构的?

6. 试画出给定数为 1,2,3,5,7,12 的最优树,并根据这棵最优树编出其对应的前缀码.

7. 设 G 是无向树且 $\Delta(G)\geqslant k$,则 G 至少有 k 片树叶.

8. 如图 6.7.4 所示根树 T,求出:

(1) 根结点;

(2) 树叶结点;

(3) 分枝结点;

(4) 内点;

(5) 每个结点的层;

(6) 每个结点的父结点;

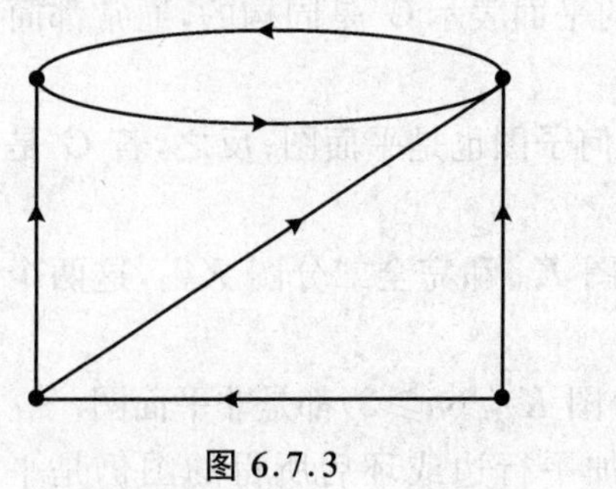

图 6.7.3

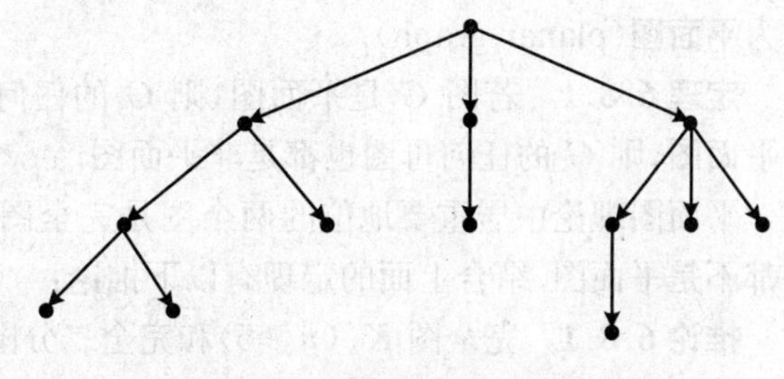

图 6.7.4

(7) 每个结点的子结点;

(8) 树高；

(9) 最大出度；

(10) 所有子(根)树.

9. 在通信中，八进制数字中0,1,2,3,4,5,6,7出现的频率分别为0:30%，1:20%，2:15%，3:10%，4:10%，5:6%，6:5%，7:4%. 编写一个传输它们的最佳前缀码，使通信中出现的二进制数字尽可能地少，具体要求如下：

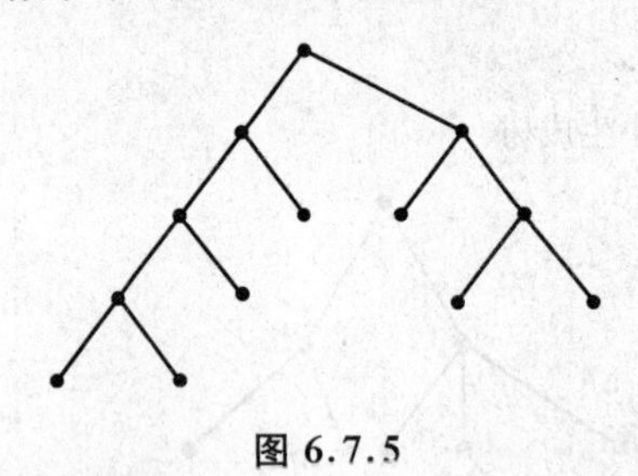

图 6.7.5

(1) 画出相应的Huffman树.

(2) 写出每个数字对应的前缀码.

(3) 传输上述比例出现的数字10 000个时，至少要用多少个二进制数字？

10. 用图6.7.5所示二叉树产生一个二元前缀码.

11. 假设以"左儿子—根—右儿子"的顺序结构为数据结构存储和读取数据，请给出公式$(P\vee(\neg P\wedge Q))\wedge((\neg P\vee Q)\wedge\neg R)$的根树表示.

6.8 平面图

6.8.1 平面图的基本概念

平面图理论研究了一类可嵌入平面的除结点处外边边不交的图，这类图的应用也很广泛，比如集成电路的布线问题等. 本节讨论平面图的概念，介绍什么是平面图.

定义 6.8.1 若图 G 能够画在曲面 S 上，且除结点处外边边不交，则称 G **可嵌入**(embeddable)**曲面** S. 若 G 可嵌入平面，则称 G 是**可平面图**. G 的嵌入平面的图 G' 称为 G 的平面表示. 可平面图 G 与 G 的平面表示 G' 是同构的，通常都简称为**平面图**(planar graph).

定理 6.8.1 若图 G 是平面图，则 G 的任何子图也是平面图；反之，若 G 是非平面图，则 G 的任何母图也都是非平面图.

平面图理论中居重要地位的两个图是完全图 K_5 和完全二分图 $K_{3,3}$，这两个图都不是平面图. 结合上面的定理有以下推论：

推论 6.8.1 完全图 $K_n(n\geqslant5)$和完全二分图 $K_{3,n}(n\geqslant3)$都是非平面图.

定理 6.8.2 若 G 是平面图，则在 G 中加平行边或环后所得的图仍是平面图.

这个定理说明了平行边或环不影响图的可平面性质，故在研究一个图是否为平面图的时候可不考虑平行边和环.

下面介绍平面图的面的概念.

定义 6.8.2 设 G 是一平面图(这里特指 G 的平面表示),G 的边将平面划分为若干个由边围成的区域,每个区域都称为 G 的一个**面**(surface),其中有界区域称为**有限面**(finite surface)或**内部面**(interior surface),无界区域称为**无限面**(infinite surface)或**外部面**(exterior surface).包围每个面的所有边组成的回路称为该面的**边界**(boundary),边界的长度(即回路的长度)称为该面的**度数**(degree).

注意 此处的回路可能有复杂回路,如 $K_{1,1}$(设它的结点为 u 与 v)只有一个面,它的边界为 uvu,它是一个只有一条边的复杂回路.

定理 6.8.3 对任何平面图 G,其所有面的度数之和等于边数的两倍.

证明 显然,任意一条边,若属于两个面的公共边界,则它为这两个面的度数各提供1度;若它只属于一个面的边界,因为边界是由回路所定义的,所以它为边界的长度提供2度,故为相应的面提供2度,综上,定理成立.

接下来给出极大平面图的定义.

定义 6.8.3 设 G 是简单平面图,若在 G 的任意不相邻的结点 u 和 v 之间加边 (u,v),所得的图为非平面图,则称 G 为**极大平面图**(maximal planar graph).极大平面图 G 的平面表示称为**三角剖分平面图**(triangulation of a planar graph),简称为**三角剖分图**(triangulation graph).

极大平面图有如下性质:

定理 6.8.4 极大平面图是连通图.$n(n\geqslant 3)$ 阶极大平面图不存在割点与割边.

证明 连通性显然,否则存在至少两个连通分支.由定理 6.8.1 知,平面图的子图是平面图,故这两个连通分支为平面图.在两个连通分支中分别任意选取一个结点作为端点,连接两个结点作为一条新的边加入,这条边可以不与任何其他边相交,故所得的图仍然是平面图,这与极大平面图的定义矛盾.下证不存在割点与割边.若存在割点,则通过删除割点得到两个连通分支,分别在两个连通分支上各取一个与割点相邻的结点,它们本身不相邻,连接它们作为新边,这条新边可以和其他任意边不相交,故所得的图仍是平面图,矛盾.同理可证不存在割边.

极大平面图有一个特点,由以下定理给出.

定理 6.8.5 $n(n\geqslant 3)$ 阶简单平面图 G 是极大平面图当且仅当 G 的每个面的度数都是3.

推论 6.8.2 $n(n\geqslant 3)$ 阶简单平面图 G 是极大平面图当且仅当 G 的面数 r 和边数 m 满足关系 $3r=2m$.

同理,可以给出极小非平面图的定义.

定义 6.8.4 设 G 是给定非平面图,若删除 G 的任意一条边所得图为平面图,则称 G 为**极小非平面图**.

易证,完全图 K_5 和完全二分图 $K_{3,3}$ 是极小非平面图.

6.8.2 欧拉公式

欧拉在研究多面体时发现,任何多面体的边数、棱数和面数之间都有一个固定的关系,这就是多面体的结点数与棱数之差再加上面数,其值总是等于2.后来发现,连通的平面图也存在这样的性质,于是称其为欧拉公式.

定理 6.8.6(欧拉公式) 设 G 是任意给定的 n 阶具有 m 条边和 r 个面的连通平面图,则有 $n-m+r=2$.

可以将欧拉公式推广到非连通的平面图上.

定理 6.8.7 设 G 是具有 k 个连通分支的平面图,它的结点数、边数和面数分别为 n,m,r,那么 $n-m+r=k+1$.

证明 当 $k=1$ 时是定理 6.8.6 的内容.当 $k\geqslant 2$ 时,容易知道,通过对 G 添加 $k-1$ 条边可使所得图变为连通平面图,且面数不变,那么所得的连通平面图的结点数、边数和面数分别为 $n,m+k-1,r$,由欧拉公式即得 $n-m+r=k+1$,定理得证.

由平面图的面的度数与边的关系,还可以得到以下一些结论.

定理 6.8.8 设 G 是连通平面图,且每个面的度数至少为 $d(d\geqslant 3)$,那么 G 的边数 m 和结点数 n 以及 d 满足关系式 $m\leqslant\frac{d}{d-2}(n-2)$.

推论 6.8.3 完全图 K_5 和完全二分图 $K_{3,3}$ 都是非平面图.

同理,对于具有 k 个连通分支的平面图 G 有如下结论:

定理 6.8.9 设 G 是具有 k 个连通分支的平面图,且每个面的度数至少为 $d(d\geqslant 3)$,那么 G 的边数 m 和结点数 n 以及 d 满足关系式 $m\leqslant\frac{d}{d-2}(n-k-1)$.

定理 6.8.10 设 G 是 $n(n\geqslant 3)$ 阶具有 m 条边的简单平面图,则 $m\leqslant 3n-6$.

由极大平面图的特点及欧拉公式可得以下结论:

定理 6.8.11 设 G 是 $n(n\geqslant 3)$ 阶具有 m 条边和 r 个面的简单平面图,那么 G 是极大平面图当且仅当 $m=3n-6$ 或 $r=2n-4$.

最后给出一个在图的着色理论中将要用到的一个重要定理.

定理 6.8.12 设 G 是简单平面图,则图 G 的最小度 $\delta\leqslant 5$.

6.8.3 对偶图

先简单介绍对偶图的概念,它在图的着色一节有着重要的应用.

定义 6.8.5 设 G 是平面图(这里特指平面表示图),G 有 k 个面 $R(1\leqslant i\leqslant k)$,构造 G 的**对偶图**(dual graph)G^* 如下:

(1) 首先在 G 的每个面 R 内(包括外部面)取一点作为 G^* 的结点,则 G^* 有 k 个结点,记为 v.

(2) 按如下方法作 G^* 的边:过 G 的每条边 e_k 作一条与之相交且与其他边不交的边 e_k^* 关联 G^* 的两个(相同或不同)结点,若 e_k 属于面 R 和 R 的公共边界,则 e_k^* 关联 v 和 v;若 e_k 只属于面 R 的边界,则 e_k^* 是关联 v 的环.

这样得到的图 G^* 称为 G 的对偶图. 进而,若 $G^*\cong G$,则称 G 是**自对偶**(self-dual)的.

由对偶图的构造过程知道,G^* 是连通平面图,且若 e_k 是 G 中的割边,则 e_k^* 必是 G^* 中的环,反之,若 e_k 是 G 中的环,那么 e_k^* 必是 G^* 的割边. 除此之外,还有以下性质.

定理 6.8.13 设 G^* 是连通平面图 G 的对偶图,设 G 的结点数、边数和面数分别为 n,m 和 r,G^* 的结点数、边数和面数分别为 n^*,m^* 和 r^*,则有 $n^*=n$,$m^*=m$ 和 $r^*=v$,且 G^* 位于 G 的面 R 内的结点 v 的度数等于面 R 的度数.

同理,对于非连通的平面图 G 的对偶图 G^* 有如下性质.

定理 6.8.14 设 G^* 是具有 k 个连通分支的平面图 G 的对偶图,设 G 的结点数、边数和面数分别为 n,m 和 r,G^* 的结点数、边数和面数分别为 n^*,m^* 和 r^*,则有 $n^*=r,m^*=m$ 和 $r^*=n-k+1$,且 G^* 的位于 G 的面 R 内的结点 v 的度数等于面 R 的度数.

6.8.4 平面图的判别

下面给出一个关于平面图判别的定理,即库拉图斯基定理.

先给出一个定义.

定义 6.8.6 设 G 是一给定平面图,通过删除 G 的一条边 e(设 e 关联结点 u,v),并增加一个新的结点 w 及两条新边 (u,w),(v,w) 得到一个新图 G',这样的操作称为**初等细分**(primary subdivision),称 G' 是 G 的**初等细分图**(primary subdivision graph),它也是平面图. 若 G_1 和 G_2 是这样两个图,它们可以通过同一个图 G 分别经过若干次初等细分得到,则称 G_1 和 G_2 是**同胚**(homeomorphism)的.

显然,若两个图是同构的则必是同胚的.

下面给出库拉图斯基定理的内容:

定理 6.8.15 一个图是平面图,当且仅当它既不含同胚于 K_5 的子图,也不含同胚于 $K_{3,3}$ 的子图.

习题 6.8

1. 平面图 G,如图 6.8.1 所示,重新画它的平面嵌入,使其外部面的次数分别为 1,3,4.

(1) 已知连通平面图 G 的阶数 $n=5$,边数 $m=7$,求它的面数 r.

(2) 已知非连通平面图 G 的阶数 $n=10$,边数 $m=8$,面数 $r=3$,求 G 的连通分支个数 k.

3. 证明图 6.8.2 所示无向图为非平面图.

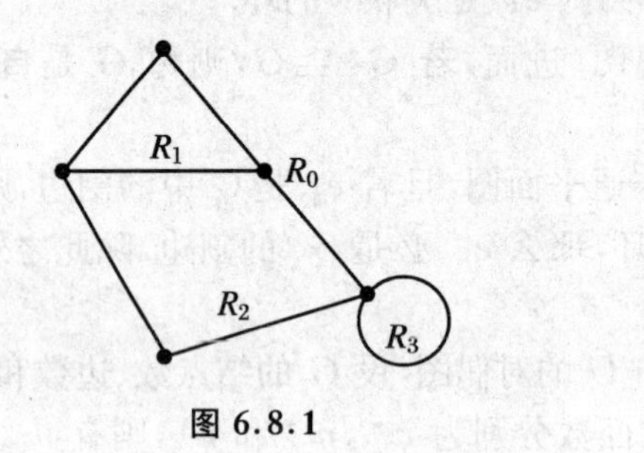

图 6.8.1

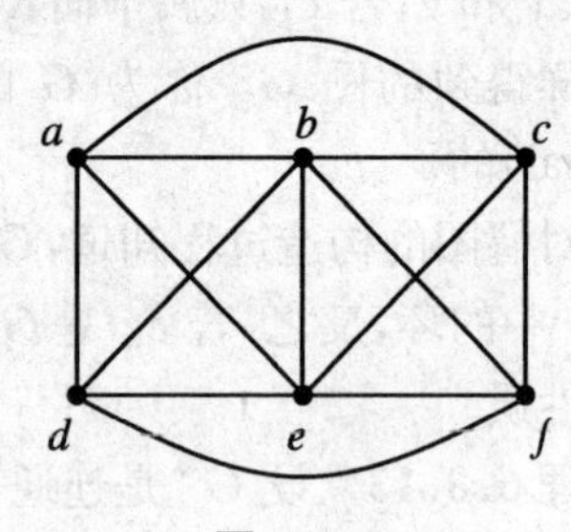

图 6.8.2

4. 设 G^* 是具有 $k(k\geqslant 2)$ 个连通分支的平面图 G 的对偶图,已知 G 的边数 $m=10$,面数 $r=3$,求 G^* 的面数 r^*.

5. 给定两个平面图 G_1 和 G_2,如图 6.8.3 所示,试作出它们的对偶图.

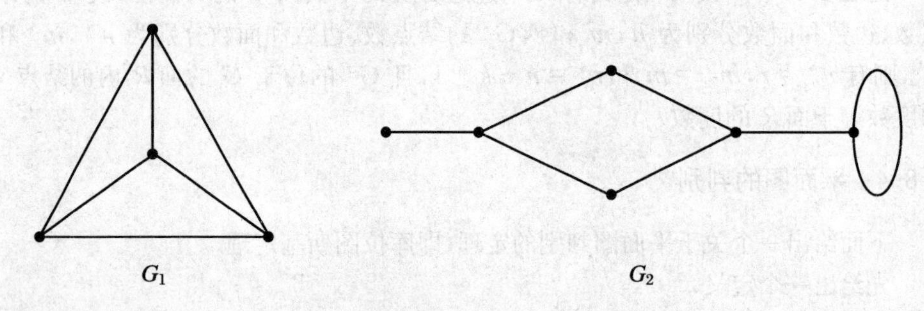

图 6.8.3

6. 证明:彼得森图(图 6.8.4)是非平面图.

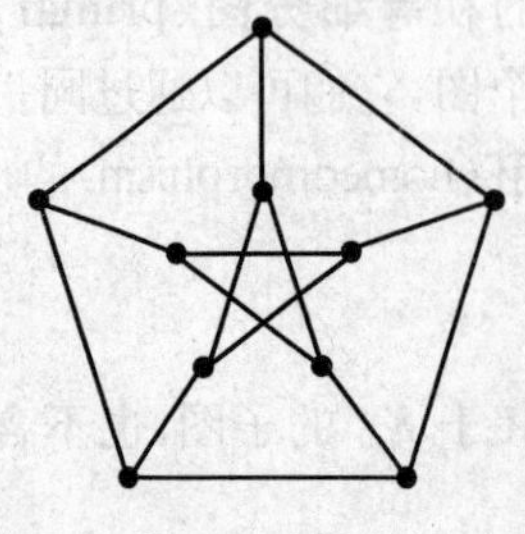

图 6.8.4

7. 设 G 是有 11 个或更多结点的图,证明:G 或 $\bar{G}$ 是非平面图.

8. 证明:K_5 和 $K_{3,3}$ 都是极小非平面图.

9. 设简单连通平面图 G 的结点数 $n=6$ 且边数 $m=12$,求 G 的面数 r 以及围每个面所需的边数.

10. 任何 $n(n\geqslant 3)$ 阶简单平面图 G 必存在 3 个度数小于等于 5 的结点.

6.9 图的着色

6.9.1 问题的提出

图的着色问题起源于四色猜想.四色猜想是这样一个问题:能否用至多4种颜色给平面或球面上的地图着色,使得相邻国家的颜色都不同?这个问题从提出至今已经过了160多年了,但是仍然没有得到彻底地解决.四色猜想也曾与Fermat猜想及Riemann假设一同被认为是数学上三大难题,可见它所受到人们的关注之深切.

下面简单介绍图的着色的概念.图的着色问题包括结点的着色和边的着色问题.一般所说的图的着色主要指图的结点着色,除非特别指出是边着色.这两种问题将在后面分别讨论.另外还将介绍平面图的面着色问题,它与地图的着色问题相关.平面图的面着色问题可以转化为平面图的对偶图的结点着色问题,所以可以将它归于结点着色问题.

图的着色之所以重要不仅仅是因为四色猜想难题,在其他很多实际问题中,图的着色也有着广泛的应用,例如,与学生有关的安排考试问题,有多门选修课需要安排考试,要求同一个学生不能在同一天参加两门考试,且要考试周期最短,这个问题就可以转化为图的着色问题进行解决.还有很多其他的问题,比如说计算机科学中的变址寄存器的设计,运筹学中的存储问题等等都能找到图的着色问题的应用.有兴趣的读者可以参考殷剑宏、吴开亚编著的《图论及其算法》第4章第5节的相关内容.

6.9.2 结点着色

图的着色中考虑的图都是无环的无向图.

定义 6.9.1 对图的每个结点都涂上一种颜色,使得任意相邻结点的颜色都不同,称为**图的结点着色**,或简称**图的着色**(graph coloring).若图的着色的颜色选自一个具有 k 种颜色的集合,则称这种着色为 k-**着色**,也称 k-**可着色**.

定义 6.9.2 对某给定图 G 的着色需要用到的最少颜色数称为图 G 的**色数**(chromatic number),记为 $\chi(G)$.

注意 若 $\chi(G)=k$,则 G 是 k-可着色的但不是 $(k-1)$-可着色的.

由定义,可以知道以下事实:

(1) 零图的色数是1,反之亦成立;

(2) n 阶完全图的色数是 n，即 $\chi(K_n)=n$；

(3) 至少有一边的二分图的色数是 2，反之亦成立；

(4) 长度为奇数的圈图的色数为 3；

(5) 对给定的图 G，其任何子图的色数均不超过 G 的色数.

图的色数一般不容易求得，这也是四色问题至今未得到解决的原因，但是，可以给出色数的上界.

定理 6.9.1 任何图 G 的色数均不超过其最大度加 1，即 $\chi(G)\leqslant\Delta(G)+1$.

定理 6.9.2(Brooks 定理) 连通图 G 若不是完全图，也不是奇圈图，则其色数不超过其最大度，即 $\chi(G)\leqslant\Delta(G)$.

下面来讨论平面图的面着色，为了避免平面图的对偶图中有环存在，这里讨论都是连通无割边的平面图.

定义 6.9.3 对平面图的每个面都涂上一种颜色，使得任意在边界中具有公共边的面的颜色都不同，称为**平面图的面着色**. 若平面图的面着色的颜色选自一个具有 k 种颜色的集合，则称这种着色为 k-**着色**，也称 k-**可着色**. 同样，对一个平面图的面着色所需用到的最少颜色数称为平面图的**色数**.

定理 6.9.3 平面图 G 是 k-可着色的当且仅当其对偶图 G^* 是 k-可着色的.

定理 6.9.4(五色定理) 任何平面图都是 5-可着色的.

6.9.3 边的着色

定义 6.9.4 对图的每条边都涂上一种颜色，使得任意相邻边的颜色都不同，称为图的**边着色**. 若图的边着色的颜色选自一个具有 k 种颜色的集合，则称这种着色为 k-**边着色**，也称 k-**边可着色**.

定义 6.9.5 对给定图 G 的边着色需要用到的最少颜色数称为图 G 的**边色数**，记为 $\chi'(G)$.

注意 若 $\chi'(G)=k$，则 G 是 k-边可着色的但不是 $(k-1)$-边可着色的.

对于简单图的边的着色，其色数只可能是其最大度或最大度加 1 两种情形之一.

定理 6.9.5(维津定理) 若 G 是简单图，则 G 的边色数满足 $\Delta(G)\leqslant\chi'(G)\leqslant\Delta(G)+1$.

对于一些特殊的图，有以下事实：

(1) 对于 n 阶完全图，若 n 为奇数且 $n\neq1$，其边色数是 n，即 $\chi'(K_n)=n$；若 n 为偶数时，其边色数是 $(n-1)$，即 $\chi'(K_n)=n-1$；

(2) 二分图的边色数是其最大度，即 $\chi'=\Delta$；

(3) 长度$\geqslant2$ 的偶圈图的边色数是 2，即 $\chi'=\Delta=2$；

(4) 长度⩾3 的奇圈图的边色数是 3,即 $\chi' = \Delta + 1 = 3$;

(5) 对给定的图 G,其任何子图的边色数均不超过 G 的边色数.

习题 6.9

1. 对下列各图的结点用尽量少的颜色着色.

(1) 5 阶零图 N_5;

(2) 5 阶圈 C_5;

(3) 6 阶圈 C_6;

(4) 6 阶完全图 K_6;

(5) 完全二部图 $K_{3,4}$.

2. 求图 6.9.1 所示各图的点着色数.

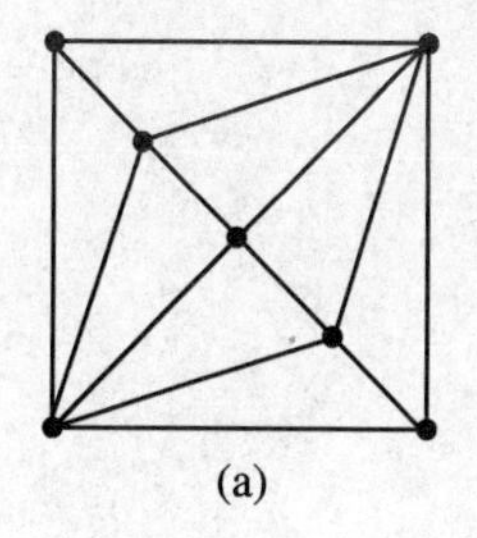
(a)

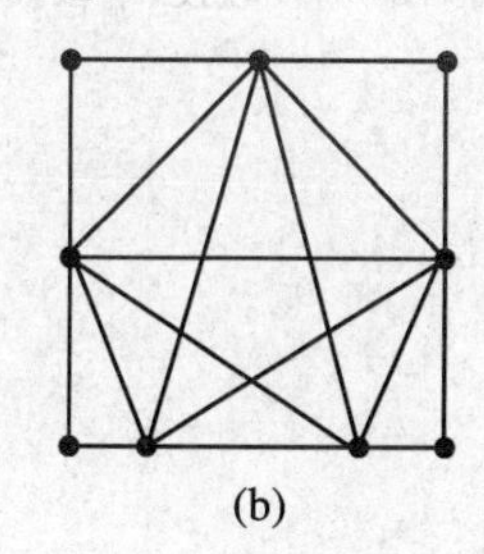
(b)

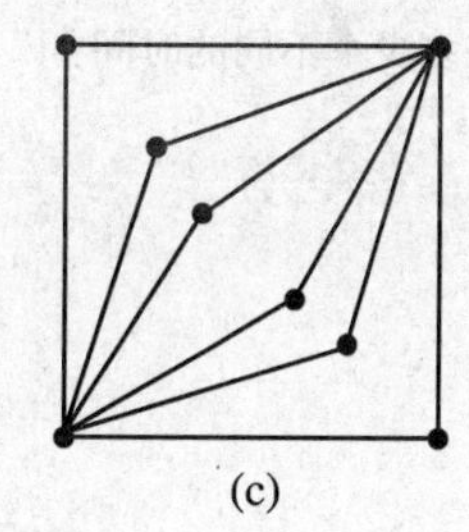
(c)

图 6.9.1

3. 设 T 是非平凡图的无向树,证明:$\chi(T) = 2$.

4. 给定两个平面图 G_1 和 G_2,如图 6.9.2 所示.试确定它们的着色数 $\chi(G_1)$与 $\chi(G_2)$.

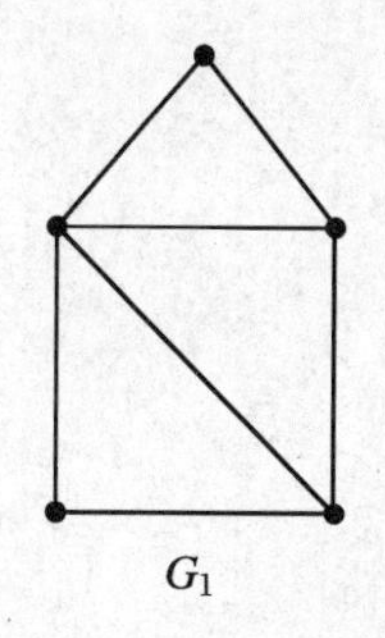
G_1

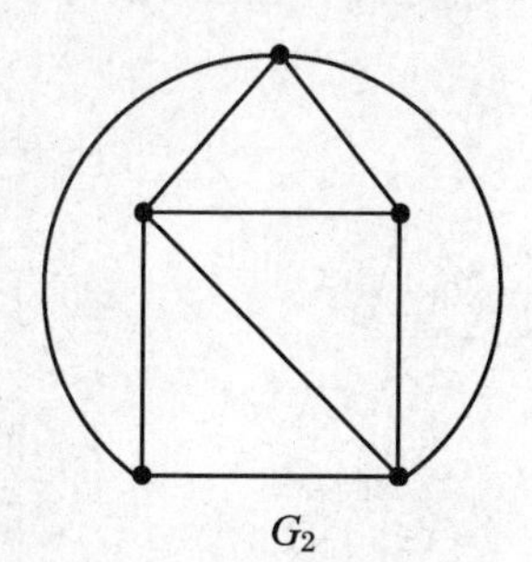
G_2

图 6.9.2

5. 用尽量少的颜色给图 6.9.3 所示的图面着色.

6. 通过求图 6.9.3 所示各图的对偶图的点色数,求各图的面色数.

7. 用尽可能少的颜色给完全图 K_4 和 K_5 的边着色.

8. 用尽可能最少的颜色给 $K_{3,3}$的边着色.

9. 设 G 是简单图,若 G 的结点表示期末考试的科目,边表示关联的两结点所对应的科目不能在同一时间考试,图 G 的结点着色的实际意义是什么? $\chi(G)$的实际意义是什么?

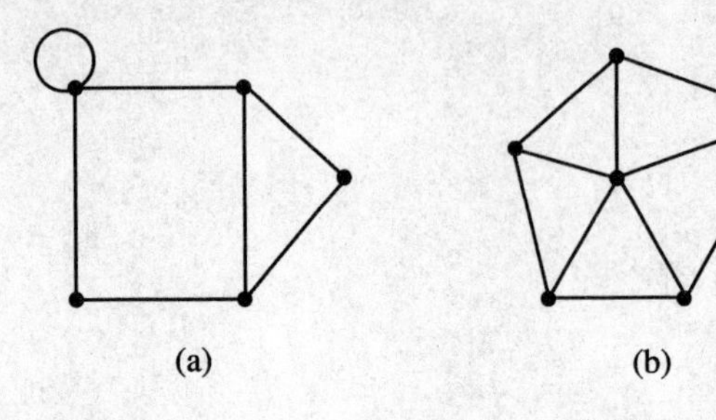

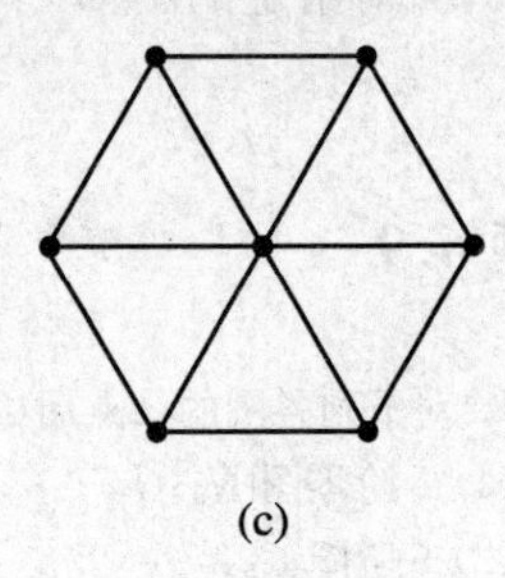

(a) (b) (c)

图 6.9.3

10. 有 6 名博士生要进行论文答辩,答辩委员会的成员分别为 A_1 = {张教授,李教授,王教授}, A_2 = {赵教授,李教授,刘教授}, A_3 = {张教授,刘教授,王教授}, A_4 = {赵教授,刘教授,王教授}, A_5 = {张教授,李教授,孙教授}, A_6 = {刘教授,李教授,王教授},那么这次论文答辩需要安排在多少个不同的时间?

部分习题解答

习题 1.1

1. 命题(3),(4),(6)的真值为真;命题(1)和(10)的真值为假;(7)的真值虽然现在不知道,但客观存在,也是命题.

(2),(5),(8)分别是疑问句、祈使句和感叹句,都不是命题.(9)不是命题.

习题 1.2

1. (2)和(7);(3)和(8);(4)和(9);(5)和(10).

2. (1) 00,10,11;(2) 01;(3) 01;(4) 001,011,101,110.

习题 1.3

1. (1) 子公式有:$P,Q,R,Q\rightarrow R$ 和 $P\vee(Q\rightarrow R)$;

(2) 子公式有:$P,Q,R,P\leftrightarrow Q$ 和 $(P\leftrightarrow Q)\wedge R$.

2. (1) P:直线 a 和直线 b 平行;Q:直线 a 和直线 b 的内错角相等;原命题符号化为 $P\leftrightarrow Q$.

(2) P:$a^2\geqslant 0$;Q:a 是正数;原命题符号化为 $\neg(P\rightarrow Q)$.

(3) P:你学好了英语;Q:你能看懂英文文献;原命题符号化为 $Q\rightarrow P$.

(4) P:你学好了英语;Q:你能看懂英文文献;原命题符号化为 $P\rightarrow Q$.

3. (1)为永真式,其余均为可满足式.

4. (1)和(4)是命题公式;(2)和(3)不是命题公式.

习题 1.4

2. (1) $P\rightarrow(\neg Q\vee R)\Leftrightarrow\neg P\vee\neg Q\vee R\Leftrightarrow\neg P\vee(Q\rightarrow R)\Leftrightarrow P\rightarrow(Q\rightarrow R)$.

(2) $P\wedge(\neg Q\rightarrow R)\Leftrightarrow P\wedge(Q\vee R)\Leftrightarrow(P\wedge Q)\vee(P\wedge R)$.

(3) $P\rightarrow(P\wedge Q\wedge R)\Leftrightarrow(P\rightarrow P)\wedge(P\rightarrow Q)\wedge(P\rightarrow R)\Leftrightarrow \mathrm{T}\wedge(P\rightarrow Q)\wedge(P\rightarrow R)\Leftrightarrow(P\rightarrow Q)\wedge(P\rightarrow R)$.

(4) $(P\vee Q)\leftrightarrow(\neg Q\rightarrow P)\Leftrightarrow(P\vee Q)\leftrightarrow(Q\vee P)\Leftrightarrow \mathrm{T}$.

3. 如表 A1.1 所示.

表 A1.1

P	$P\wedge\neg P$	P	$\neg P$	$P\vee\neg P$
0	0	0	1	1
1	0	1	0	1

4. (1) 不一定.例如,设 $A\Leftrightarrow \mathrm{F}$,虽然 $A\wedge B\Leftrightarrow A\wedge C$,但是 $B\Leftrightarrow C$ 可以不成立.

(2) 不一定.例如,设 $A\Leftrightarrow \mathrm{T}$,虽然 $A\vee B\Leftrightarrow A\vee C$,但是 $B\Leftrightarrow C$ 可以不成立.

习题 1.5

1. (1) $(P\wedge Q)\to Q$ 是永真式,因此 $P\wedge Q\Rightarrow Q$ 成立.

(2) $((P\vee Q)\to R)\to Q$ 有成假指派 000,001,101,$((P\vee Q)\to R)\to Q$ 不是永真式,因此 $(P\vee Q)\to R\Rightarrow Q$ 不成立.

(3) $(P\wedge\neg Q\wedge R)\to(Q\vee R)$是永真式,因此 $P\wedge\neg Q\wedge R\Rightarrow Q\vee R$ 成立.

2. 即证$(A\to C)\wedge(B\to C)\wedge(A\vee B)\Rightarrow C$.

若$(A\to C)\wedge(B\to C)\wedge(A\vee B)$为真,则 $A\to C$ 为 1,$B\to C$ 为 1,$A\vee B$ 为 1.如果 A 为 1,由 $A\to C$ 为 1 可知 C 为 1;如果 B 为 1,由 $B\to C$ 为 1 可知 C 为 1.

3. (1) 设 A 为永假式,那么 B 和 C 为任意命题公式时,均有 $A\wedge B\Rightarrow A\wedge C$ 成立.所以 $A\wedge B\Rightarrow A\wedge C$ 时,未必就有 $B\Rightarrow C$.

(2) 设 A 为永真式,那么 B 和 C 为任意命题公式时,均有 $A\vee B\Rightarrow A\vee C$ 成立.所以 $A\vee B\Rightarrow A\vee C$ 时,未必就有 $B\Rightarrow C$.

4. (1) 若 $A\wedge C$ 为1,则 A 与 C 均为1,又由 $A\Rightarrow B$ 且 $C\Rightarrow D$ 得 B 与 D 均为1,即 $B\wedge D$ 为1,所以 $A\wedge C\Rightarrow B\wedge D$.

(2) 若 $B\vee D$ 为 0,则 B 与 D 均为 0,又由 $A\Rightarrow B$ 且 $C\Rightarrow D$ 得 A 与 C 均为 0,即 $A\vee C$ 为 0,所以 $A\vee C\Rightarrow B\vee D$.

(3) 当 A 为 0,B 为 1,C 为 0,D 为 0 时,$(A\to C)\to(B\to D)$为 0,即$(A\to C)\to(B\to D)$不是永真式,所以 $A\to C\Rightarrow B\to D$ 未必成立.

(4) 当 A 为 0,B 为 1,C 为 0,D 为 0 时,$(A\leftrightarrow C)\to(B\leftrightarrow D)$为 0,即$(A\leftrightarrow C)\to(B\leftrightarrow D)$不是永真式,所以 $A\leftrightarrow C\Rightarrow B\leftrightarrow D$ 未必成立.

5. (1) $P\vee(Q\wedge\neg R)$.

(2) $(\neg P\wedge Q)\vee(R\wedge \mathrm{T})$.

(3) $(P\vee(\neg Q\vee R))\wedge(Q\vee \mathrm{F})$.

习题 1.6

1. (1) 不成立.因为在指派 111 下,$P\vee(Q\nabla R)$的真值是 1,而$(P\vee Q)\nabla(P\vee R)$的真值是 0.

(2) 不成立.因为在指派 011 下,$P\to(Q\nabla R)$的真值是 1,而$(P\to Q)\nabla(P\to R)$的真值是 0.

2. (1) $P \to Q \Leftrightarrow \neg P \vee Q \Leftrightarrow \neg(P \wedge \neg Q)$;

(2) $P \to Q \Leftrightarrow \neg P \vee Q$;

(3) $P \to Q \Leftrightarrow \neg P \vee Q \Leftrightarrow \neg(P \wedge \neg Q) \Leftrightarrow P \uparrow \neg Q \Leftrightarrow P \uparrow (Q \uparrow Q)$;

(4) $P \to Q \Leftrightarrow \neg P \vee Q \Leftrightarrow (\neg P \downarrow Q) \downarrow (\neg P \downarrow Q) \Leftrightarrow ((P \downarrow P) \downarrow Q) \downarrow ((P \downarrow P) \downarrow Q)$.

3. $P \to (Q \vee R) \Leftrightarrow \neg(P \mapsto (Q \vee R)) \Leftrightarrow \neg(P \mapsto \neg(\neg Q \mapsto R))$.

4. (1) $P \uparrow (Q \downarrow R) \Leftrightarrow \neg(P \wedge \neg(Q \vee R)) \Leftrightarrow \neg P \vee (Q \vee R) \Leftrightarrow \neg P \vee Q \vee R$;

(2) $P \downarrow (Q \uparrow R) \Leftrightarrow \neg(P \vee \neg(Q \wedge R)) \Leftrightarrow \neg P \wedge (Q \wedge R) \Leftrightarrow \neg P \wedge Q \wedge R$.

5. 都不是.例如,$P \vee Q$ 不能用 $\wedge$ 来表示,而 $P \wedge Q$ 不能用 $\vee$ 来表示.

习题 1.7

1. (1) $(P \vee (Q \wedge R)) \to \neg P \Leftrightarrow \prod(4,5,6,7) \Leftrightarrow \sum(0,1,2,3)$;

(2) $P \vee ((Q \wedge R) \to \neg P) \Leftrightarrow \sum(0,1,2,3,4,5,6,7)$;

(3) $\neg P \leftrightarrow (\neg Q \wedge \neg R) \Leftrightarrow \prod(1,2,3,4) \Leftrightarrow \sum(0,5,6,7)$;

(4) $\neg P \wedge (P \vee \neg Q \vee R) \Leftrightarrow \sum(0,1,3) \Leftrightarrow \prod(2,4,5,6,7)$.

2. (1) $(P \wedge Q) \vee (P \wedge R) \Leftrightarrow \prod(0,1,2,3,4)$;$(P \vee Q) \wedge (P \vee R) \Leftrightarrow \sum(3,4,5,6,7)$;

(2) $(P \to Q) \to R \Leftrightarrow \prod(0,2,6)$;$(P \vee R) \wedge (\neg Q \vee R) \Leftrightarrow \sum(1,3,4,5,7)$;

(3) $\neg P \leftrightarrow (Q \wedge \neg R) \Leftrightarrow \sum(2,4,5,7)$;$(P \leftrightarrow \neg Q) \wedge \neg R \Leftrightarrow \sum(2,4)$;

(4) $P \vee (Q \wedge R) \Leftrightarrow \prod(0,1,2)$;$(P \vee Q) \wedge (P \vee R) \Leftrightarrow \sum(3,4,5,6,7)$.

3. 设 P:开关 1 打开;Q:开关 2 打开;R:开关 3 打开;$A(P,Q,R)$:水闸打开.$A(P,Q,R)$ 的成真指派有 001,010,100,得

$$A(P,Q,R) \Leftrightarrow (\neg P \wedge \neg Q \wedge R) \vee (\neg P \wedge Q \wedge \neg R) \vee (P \wedge \neg Q \wedge \neg R)$$

4. 设 P:甲在上午值班;Q:甲在下午值班;R:乙在下午值班;S:乙在晚上值班;T:丙在上午值班;U:丙在晚上值班.由题意可得

$$(P \nabla Q) \wedge (R \nabla S) \wedge (T \nabla U) \wedge (P \uparrow T) \wedge (Q \uparrow R) \wedge (S \uparrow U)$$
$$\Leftrightarrow (\neg P \wedge Q \wedge \neg R \wedge S \wedge T \wedge \neg U) \vee (P \wedge \neg Q \wedge R \wedge \neg S \wedge \neg T \wedge U)$$

所以上午丙,下午甲,晚上乙;或者上午甲,下午乙,晚上丙.

5. 设 P:选派甲;Q:选派乙;R:选派丙;S:选派丁;T:选派戊.由题意可得

$$(P \to Q) \wedge (S \vee T) \wedge (Q \nabla R) \wedge (R \leftrightarrow S) \wedge (T \to (P \wedge Q))$$
$$\Leftrightarrow (\neg P \wedge \neg Q \wedge R \wedge S \wedge \neg T) \vee (P \wedge Q \wedge \neg R \wedge \neg S \wedge T)$$

所以选派丙和丁参加奥运会,或者选派甲、乙和戊.

习题 1.8

1. 设 P:我上班;Q:我放假;R:我做饭;S:我去餐馆吃午饭.

前提：$P\nabla Q, P\to\neg R, \neg R\to S$；结论：$\neg S\to Q$.

证明：

(1) $\neg S$	P(附加前提)
(2) $\neg R\to S$	P
(3) R	T(1)合取(2)
(4) $P\to\neg R$	P
(5) $\neg P$	T(3)合取(4)
(6) $P\nabla Q$	P
(7)$(P\vee Q)\wedge(\neg P\vee\neg Q)$	T(6),E
(8)$P\vee Q$	T(7),I
(9) Q	T(5)(6)
(10) $\neg S\to Q$	CP

2. 设 P:甲作案；Q:乙作案；R:甲给死者打过电话；S:乙回过酒店；M:死亡时间在 20:00 之后.

前提：$P\nabla Q, P\to R, S\to M, \neg S\to\neg R, \neg M$.

证明：

(1) $\neg M$	P
(2) $S\to M$	P
(3) $\neg S$	T(1)合取(2),I
(4) $\neg S\to\neg R$	P
(5) $\neg R$	T(3)合取(4),I
(6) $P\to R$	P
(7) $\neg P$	T(5)合取(6),I
(8) $P\nabla Q$	P
(9) $(\neg P\vee\neg Q)\wedge(P\vee Q)$	T(8),E
(10) $P\vee Q$	T(9),I
(11) Q	T(7)合取(10),I

所以是乙作案.

3. 设 P:派甲出差；Q:派乙出差；R:派丙出差.

前提：$(Q\vee\neg R)\to P, P\uparrow Q, Q\nabla R$.

证明(反证法)：

(1) $\neg R$	P
(2) $Q\nabla R$	P
(3) $(\neg Q\vee\neg R)\wedge(Q\vee R)$	T(2),E
(4) $Q\vee R$	T(3),I
(5) Q	T(1)合取(4),I
(6) $Q\vee\neg R$	T(5),I
(7) $(Q\vee\neg R)\to P$	P

(8) P T(6)合取(7),I

(9) $P \uparrow Q$ P

(10) $\neg P \vee \neg Q$ T(9),I

(11) $\neg Q$ T(8)合取(10),I

(12) $Q \wedge \neg Q$ T(5)合取(11),I

所以派丙出差,甲和乙留公司.

4. 设 A:乙第一;B:丙第二;C:乙第三;D:甲第四;M:丁第二;N:甲第三.

前提:$A \nabla B, C \nabla D, M \nabla N, A \uparrow C, D \uparrow N, B \uparrow M, C \uparrow N$.

证明:

(1) $C \nabla D$ P

(2) $(\neg C \vee \neg D) \wedge (C \vee D)$ T(1),E

(3) $C \vee D$ T(2),I

(4) $C \uparrow N$ P

(5) $D \uparrow N$ P

(6) $\neg C \vee \neg N$ T(4),E

(7) $C \rightarrow \neg N$ T(6),E

(8) $\neg D \vee \neg N$ T(5),E

(9) $D \rightarrow \neg N$ T(8),E

(10) $\neg N$ T(3)(7)(9),I

(11) $M \nabla N$ P

(12) $(\neg M \vee \neg N) \wedge (M \vee N)$ T(11),E

(13) $M \vee N$ T(12),I

(14) M T(10)(13),I

(15) $B \uparrow M$ P

(16) $(\neg B \vee \neg M) \wedge (B \vee M)$ T(15),E

(17) $B \vee M$ T(16),I

(18) $\neg B$ T(14)(17),I

(19) $A \nabla B$ P

(20) $(\neg A \vee \neg B) \wedge (A \vee B)$ T(19),E

(21) $A \vee B$ T(20),I

(22) A T(18)(21),I

(23) $A \uparrow C$ P

(24) $(\neg A \vee \neg C) \wedge (A \vee C)$ T(23),E

(25) $A \vee C$ T(24),I

(26) $\neg C$ T(22)(25),I

(27) $C \nabla D$ P

(28) $(\neg C \vee \neg D) \wedge (C \vee D)$ T(27),E

(29) $C \vee D$ T(28),I

(30) D T(26)(29),I

(31) $A \wedge D \wedge M$ T(22)(30)(14),I

所以比赛名次为:乙第一,丁第二,丙第三,甲第四.

习题 2.1

1. (1) $P(n)$:n 是偶数,$Q(n)$:$n>2$,$R(n)$:n 是质数.命题符号化为$(P(n)\wedge Q(n))\rightarrow \neg R(n)$.

(2) a:小陈,$P(x)$:x 努力,$Q(x)$:x 抓住机会.命题符号化为$\neg\neg P(a)\wedge\neg Q(a)$.

(3) $P(x,y)$:x 和 y 是相似三角形,$Q(x,y)$:x 和 y 对应角相等.命题符号化为 $P(x,y)\leftrightarrow Q(x,y)$.

(4) $P(x)$:x 想学会开车,$Q(x)$:x(在学开车上)多花时间.命题符号化为 $P(x)\rightarrow Q(x)$.

(5) $P(x)$:x 爱吃巧克力,$Q(x)$:x 容易发胖.命题符号化为 $P(x)\rightarrow Q(x)$.

(6) $S(x)$:x 为我认识的人,$P(x)$:x 喜欢唱歌,$Q(x)$:x 喜欢听歌,$R(x)$:x 会写歌.命题符号化为$(S(x)\wedge P(x))\rightarrow(Q(x)\wedge\neg R(x))$.

2. (1) $P(0,2)\wedge P(2,3)$.

(2) $P(0,x)\rightarrow(P(0,x-1)\nabla Q(0,x-1))$.

(3) $(P(0,x)\leftrightarrow P(0,2x))\wedge(Q(0,x)\leftrightarrow Q(0,2x))$.

(4) $(P(0,y)\leftrightarrow P(-5y,0))\wedge(P(y,0)\leftrightarrow P(0,-5y))$.

3. 1/2.

习题 2.2

1. (1) 方法一:个体域为自然数集.$P(x)$:x 能被 4 整除,$Q(x)$:x 能被 2 整除.命题符号化为$\forall x(P(x)\rightarrow Q(x))$.

方法二:个体域为自然数集.$P(x,y)$:x 能被 y 整除,a:4,b:2.命题符号化为$\forall x(P(x,a)\rightarrow P(x,b))$.

(2) 方法一:个体域为人的全体.$P(x)$:x 想打球,$Q(x)$:x 把球带过去,a:我.命题符号化为$\exists xP(x)\rightarrow Q(a)$.

方法二:$P(x)$:x 想打球,$Q(x)$:x 把球带过去,$R(x)$:x 是人,a:我.命题符号化为$\exists x(R(x)\wedge P(x))\rightarrow Q(a)$.

(3) 方法一:个体域为在座的人的全体.$P(x)$:x 是学生,$Q(x)$:x 是大学生.命题符号化为$\forall xP(x)\wedge\neg\forall xQ(x)$.

方法二:$P(x)$:x 是学生,$Q(x)$:x 是大学生,$R(x)$:x 是在座的人.命题符号化为$\forall x(R(x)\rightarrow P(x))\wedge\neg\forall x(R(x)\rightarrow Q(x))$.

(4) 方法一:个体域为整数集.$P(x)$:x 是最小的整数,$Q(x)$:x 是最大的整数.命题符号化为$\exists xP(x)\rightarrow\exists xQ(x)$.

方法二:设 $P(x,y):x\leqslant y$,$Q(x):x$ 是整数.命题符号化 $\exists x(Q(x)\land\forall y(Q(y)\to P(x,y)))\to\exists x(Q(x)\land\forall y(Q(y)\to P(y,x)))$.

2. (1) $P(x):x$ 能被 4 整除;(2) $R(x):x$ 是人;(3) $R(x):x$ 是在座的人;(4) $Q(x):x$ 是整数.

3. (1) 个体域为有理数集.命题符号化为 $\neg\exists x\ \forall y(P(y,x)\nabla Q(y,x))$.

(2) 个体域为实数集.命题符号化为 $\forall x\ \forall y((P(0,y)\land P(y,x))\to(P(0,\ln y)\land P(\ln y,\ln x)))$.

(3) 个体域为实数集.命题符号化为 $\neg\forall x(P(0,x)\nabla(Q(0,x)\to P(0,x^2)))$.

(4) ε 和 a_n 的论域为实数集,n 和 N 的论域为正整数集.

命题符号化为 $\forall\varepsilon(P(0,\varepsilon)\to\exists N\ \forall n(P(N,n)\to P(|a_n-A|,\varepsilon)))$.

4. $\forall x((\neg P(x)\land R(x))\to Q(x))$.

习题 2.3

1. (1) $\exists y$ 的辖域是 $R(x,y,z)$,y 有 1 次约束出现,x 和 z 各有 1 次自由出现;

$\forall z$ 的辖域是 $\exists yR(x,y,z)$,y 和 z 各有 1 次约束出现,x 有 1 次自由出现;

$\forall x$ 的辖域是 $Q(x,y,z)$,x 有 1 次约束出现,y 和 z 各有 1 次自由出现;

$\exists x$ 的辖域是 $P(x)\to\forall xQ(x,y,z)$,x 有 2 次约束出现,y 和 z 各有 1 次自由出现;

整个公式中,x 有 2 次约束出现,1 次自由出现;y 有 1 次约束出现,1 次自由出现;z 有 1 次约束出现,1 次自由出现.

(2) $\forall x$ 的辖域是 $P(x,a,z)$,x 有 1 次约束出现,z 有 1 次自由出现,a 为个体常量;

$\exists x$ 的辖域是 $Q(x,y,b)$,x 有 1 次约束出现,y 有 1 次自由出现,b 为个体常量;

$\exists y$ 的辖域是 $R(x,y,z)$,y 有 1 次约束出现,x 和 z 各有 1 次自由出现;

整个公式中,x 有 2 次约束出现,1 次自由出现;y 有 1 次约束出现,1 次自由出现;z 有 2 次自由出现.

2. (1) $\exists x(P(x)\to\forall xQ(x,y,z))\lor\forall z\ \exists yR(x,y,z)\Leftrightarrow\exists m(P(m)\to\forall tQ(t,y,z))\lor\forall s\ \exists nR(x,n,s)$.

(2) $\forall xP(x,a,z)\land(\exists xQ(x,y,b)\to\exists yR(x,y,z))\Leftrightarrow\forall mP(m,a,z)\land(\exists nQ(n,y,b)\to\exists sR(x,s,z))$.

3. (1) 该公式在解释 I 下的含义:对任意正整数 x,若 $x<1$,则存在正整数 y,使得 $1=y$.

该公式在解释 I 下为真.

(2) 该公式在解释 I 下的含义:若存在正整数 y,使 $1=y$,则对任意正整数 x,有 $x<1$.

该公式在解释 I 下为假.

(3) 该公式在解释 I 下的含义:存在正整数 y,使得对任意正整数 x,有 $x+1<y$ 或 $0=y$.

该公式在解释 I 下为假.

(4) 该公式在解释 I 下的含义:对任意正整数 x,存在正整数 y,使得 $x+1<y$ 或 $0=y$.

该公式在解释 I 下为真.

(5) 该公式在解释 I 下的含义:对任意正整数 x,有 $x<y+1$;且存在正整数 y,使 $0=y$.

该公式在解释 I 下为假.

(6) 该公式在解释 I 下的含义:存在正整数 x,使得 $x+1=y$ 当且仅当 $0<y$(y 为正整数).该公式在解释 I 下为真值未定(不真不假).

注:$y=1$ 时为假,$y=2$ 时为真.

4. (1) 真;(2) 假;(3) 假;(4) 真;(5) 假;(6) 真值未定.

习题 2.4

1. (1) $\exists x \forall y(P(x)\to Q(y))\Leftrightarrow\exists x(P(x)\to\forall y Q(y))\Leftrightarrow\forall x P(x)\to\forall y Q(y)$.

(2) $\forall x\exists y(P(x)\to Q(y))\Leftrightarrow\forall x(P(x)\to\exists y Q(y))\Leftrightarrow\exists xP(x)\to\exists y Q(y)$.

(3) $\exists x(P(x)\vee(Q(y)\wedge R(x)))\Leftrightarrow\exists x((P(x)\vee Q(y))\wedge(P(x)\vee R(x)))$
$\Rightarrow\exists x(P(x)\vee Q(y))\wedge\exists x(P(x)\vee R(x))$.

(4) $\forall x(P(x)\wedge Q(y))\vee\forall x(P(x)\wedge R(x))\Rightarrow\forall x((P(x)\wedge Q(y))\vee(P(x)\wedge R(x)))$
$\Leftrightarrow\forall x(P(x)\wedge(Q(y)\vee R(x)))$.

2. (1) $\exists x(P(x,y)\vee\forall xQ(x,y))\to\forall yR(x,y)\Leftrightarrow\exists m(P(m,y)\vee\forall sQ(s,y))\to\forall nR(x,n)$
$\Leftrightarrow\neg\exists m(P(m,y)\vee\forall sQ(s,y))\vee\forall nR(x,n)$
$\Leftrightarrow\forall m(\neg P(m,y)\wedge\exists s\neg Q(s,y))\vee\forall nR(x,n)$
$\Leftrightarrow\forall m\exists s\forall n((\neg P(m,y)\wedge\neg Q(s,y))\vee R(x,n))$

(2) $\forall xP(x,y)\to\forall y(Q(x,y)\wedge\exists yR(x,y))\Leftrightarrow\forall mP(m,y)\to\forall n(Q(x,n)\wedge\exists sR(x,s))$
$\Leftrightarrow\neg\forall mP(m,y)\vee\forall n(Q(x,n)\wedge\exists sR(x,s))$
$\Leftrightarrow\exists m\neg P(m,y)\vee\forall n(Q(x,n)\wedge\exists sR(x,s))$
$\Leftrightarrow\exists m\forall n\exists s(\neg P(m,y)\vee(Q(x,n)\wedge R(x,s)))$

3. (1) 设 I 为任意解释.个体域为 D_I.因为 $A(x)\Rightarrow B(x)$,所以 $\bigwedge_{x\in D_I}A(x)\Rightarrow\bigwedge_{x\in D_I}B(x)$,于是 $\forall xA(x)\Leftrightarrow\bigwedge_{x\in D_I}A(x)\Rightarrow\bigwedge_{x\in D_I}B(x)\Leftrightarrow\forall xB(x)$.

(2) 设 I 为任意解释.个体域为 D_I.因为 $A(x)\Rightarrow B(x)$,所以 $\bigvee_{x\in D_I}A(x)\Rightarrow\bigvee_{x\in D_I}B(x)$,于是 $\exists xA(x)\Leftrightarrow\bigvee_{x\in D_I}A(x)\Rightarrow\bigvee_{x\in D_I}B(x)\Leftrightarrow\exists xB(x)$.

综上,两式都成立.

4. (1) 不成立.设解释 I:个体域 D_I 为 $\{1,2,3\}$,$P(x)$:$x>2$,则 $\forall xP(x)\vee\forall x\neg P(x)$ 在解释 I 下为假.

(2) 成立.$\exists xP(x)\vee\exists x\neg P(x)\Leftrightarrow\exists x(P(x)\vee\neg P(x))\Leftrightarrow\exists x\mathrm{T}\Leftrightarrow\mathrm{T}$.

(3) 成立.$\forall xP(x)\wedge\forall x\neg P(x)\Leftrightarrow\neg(\exists xP(x)\vee\exists x\neg P(x))\Leftrightarrow\neg\mathrm{T}\Leftrightarrow\mathrm{F}$.

(4) 不成立.设解释 I:个体域 D_I 为 $\{1,2,3\}$,$P(x)$:$x>2$,则 $\forall xP(x)\vee\forall x\neg P(x)$ 在解释 I 下为真.

5. 证明(3):$\forall x(A(x)\to B(x))\Rightarrow\forall xA(x)\to\forall xB(x)$:

① $\forall xA(x)$ P(附加前提)

② $A(x)$ US①

③ $\forall x(A(x)\rightarrow B(x))$ P

④ $A(x)\rightarrow B(x)$ US③

⑤ $B(x)$ T②④,I

⑥ $\forall xB(x)$ UG⑤

证明(4):$\forall x(A(x)\rightarrow B(x))\Rightarrow\exists xA(x)\rightarrow\exists xB(x)$:

① $\exists xA(x)$ P(附加前提)

② $A(a)$ ES①

③ $\forall x(A(x)\rightarrow B(x))$ P

④ $A(a)\rightarrow B(a)$ US③

⑤ $B(a)$ T②④,I

⑥ $\exists xB(x)$ EG⑤

证明(5):$\exists xA(x)\rightarrow\exists xB(x)\Rightarrow\exists x(A(x)\rightarrow B(x))$:

① $\neg\exists x(A(x)\rightarrow B(x))$ P(附加前提)

② $\forall x\neg(A(x)\rightarrow B(x))$ T①,E

③ $\neg(A(a)\rightarrow B(a))$ US②

④ $A(a)\wedge\neg B(a)$ T③,E

⑤ $A(a)$ T④,I

⑥ $\exists xA(x)$ EG⑤

⑦ $\exists xA(x)\rightarrow\exists xB(x)$ P

⑧ $\exists xB(x)$ *T*⑥⑦,*I*

⑨ $B(b)$ ES⑧

⑩ $\neg(A(b)\rightarrow B(b))$ US②

⑪ $A(b)\wedge\neg B(b)$ T⑩,E

⑫ $\neg B(b)$ T⑪,I

⑪ 0 T⑨⑫,E

习题 2.5

1. 证明(1):

① $\neg\exists x(P(x)\wedge Q(x))$ P

② $\forall x(P(x)\rightarrow\neg Q(x))$ T①,E

③ $P(x)\rightarrow\neg Q(x)$ US②

④ $\forall x(R(x)\rightarrow P(x))$ P

⑤ $R(x)\rightarrow P(x)$ US④

⑥ $R(x)\rightarrow\neg Q(x)$ T③合取⑤,I

⑦ $\forall x(R(x)\rightarrow\neg Q(x))$ UG⑥

证明(2)：

① $\exists x(P(x)\wedge Q(x))$　P

② $P(c)\wedge Q(c)$　ES①

③ $P(c)$　T②,I

④ $Q(c)$　T②,I

⑤ $\forall x(P(x)\rightarrow(\neg Q(x)\vee R(x)))$　P

⑥ $P(c)\rightarrow(\neg Q(c)\vee R(c))$　US⑤

⑦ $\neg Q(c)\vee R(c)$　T③合取⑥,I

⑧ $R(c)$　T④合取⑦,I

⑨ $\exists xR(x)$　EG⑧

证明(3)：

① $\exists xP(x)$　P

② $P(c)$　ES①

③ $\neg\exists xR(x,a)$　P

④ $\forall x\neg R(x,a)$　T③,E

⑤ $\neg R(c,a)$　US④

⑥ $\forall x(P(x)\rightarrow(Q(x)\rightarrow R(x,a)))$　P

⑦ $P(c)\rightarrow(Q(c)\rightarrow R(c,a))$　US⑥

⑧ $Q(c)\rightarrow R(c,a)$　T②合取⑦,I

⑨ $\neg Q(c)$　T⑤合取⑧,I

⑩ $\exists x\neg Q(x)$　EG⑨

证明(4)：

① $\exists xP(x)$　P

② $P(c)$　ES①

③ $\forall z((P(z)\wedge\forall x\exists yR(x,y))\rightarrow\exists x(S(x)\rightarrow\neg Q(x)))$　P

④ $((P(c)\wedge\forall x\exists yR(x,y))\rightarrow\exists x(S(x)\rightarrow\neg Q(x)))$　US③

⑤ $P(c)\rightarrow(\forall x\exists yR(x,y)\rightarrow\exists x(S(x)\rightarrow\neg Q(x)))$　T④,E

⑥ $\forall x\exists yR(x,y)\rightarrow\exists x(S(x)\rightarrow\neg Q(x))$　T②合取⑤,I

⑦ $\forall x(S(x)\wedge Q(x))\rightarrow\exists x\forall y\neg R(x,y)$　T⑥,E

⑧ $\forall x(S(x)\wedge Q(x))$　P

⑨ $\exists x\forall y\neg R(x,y)$　T⑦合取⑧,I

⑩ $\forall y\exists x\neg R(x,y)$　T⑨,I

2. (1) 论域为学员的全体. $P(x)$：x 是大学生；$Q(x)$：x 是党员；$R(x)$：x 小于 20 岁. 命题符号化为$\forall x(P(x)\wedge Q(x)),\exists xR(x)\Rightarrow\exists x(P(x)\wedge R(x))$.

证明：

① $\exists xR(x)$　P

② $R(c)$　ES①

③ $\forall x(P(x)\wedge Q(x))$　P

④ $P(c)\wedge Q(c)$ US③

⑤ $P(c)\wedge R(c)$ T②合取④,I

⑥ $\exists x(P(x)\wedge R(x))$ EG⑤

(2) $P(x)$:x 是大学生;$Q(x)$:x 是青年;$R(x)$:x 爱跳舞;c:小蔡.命题符号化为

证明:

$$\forall x(P(x)\rightarrow Q(x)),P(c)\wedge R(c)\Rightarrow \exists x(Q(x)\wedge R(x))$$

① $\forall x(P(x)\rightarrow Q(x))$ P

② $P(c)\rightarrow Q(c)$ US①

③ $P(c)\wedge R(c)$ P

④ $P(c)$ T③,I

⑤ $R(c)$ T③,I

⑥ $Q(c)$ T②合取④,I

⑦ $Q(c)\wedge R(c)$ T⑤合取⑥,I

⑧ $\exists x(Q(x)\wedge R(x))$ EG⑦

(3) $P(x)$:x 是网友;$Q(x)$:x 是专家;$R(x)$:x 是骗子;$S(x,y)$:x 相信 y.命题符号化为

$$\exists x(P(x)\wedge \forall y(Q(y)\rightarrow S(x,y)))$$

$$\forall x(P(x)\rightarrow \forall y(R(y)\rightarrow \neg S(x,y)))\Rightarrow \forall x(Q(x)\rightarrow \neg R(x))$$

证明:

① $\exists x(P(x)\wedge \forall y(Q(y)\rightarrow S(x,y)))$ P

② $P(c)\wedge \forall y(Q(y)\rightarrow S(c,y))$ ES①

③ $P(c)$ T②,I

④ $\forall y(Q(y)\rightarrow S(c,y))$ T②,I

⑤ $\forall x(P(x)\rightarrow \forall y(R(y)\rightarrow \neg S(x,y)))$ P

⑥ $P(c)\rightarrow \forall y(R(y)\rightarrow \neg S(c,y))$ US⑤

⑦ $\forall y(R(y)\rightarrow \neg S(c,y))$ T③合取⑥,I

⑧ $Q(x)\rightarrow S(c,x)$ US④

⑨ $R(x)\rightarrow \neg S(c,x)$ US⑦

⑩ $Q(x)\rightarrow \neg R(x)$ T⑧合取⑨,I

⑪ $\forall x(Q(x)\rightarrow \neg R(x))$ UG⑩

3. 个体域为人的全体.$P(x)$:x 是凶手,$Q(x)$:x 打开过房门,$R(x)$:x 进入过厨房,$S(x)$:x 进入过卧室,a:小徐,b:小陈.

前提:$P(a)\rightarrow \exists x(Q(x)\vee \forall x(R(x)\vee S(x)))$,$\neg \exists xQ(x)$,$\neg S(a)$,$\neg \exists xR(x)$,$P(a)\nabla P(b)$.

证明(反证法):

(1) $\neg P(b)$ P

(2) $P(a)\nabla P(b)$ P

(3) $P(a)$ T(1)合取(2),I

(4) $P(a)\rightarrow \exists x(Q(x)\vee \forall x(R(x)\vee S(x)))$ P

(5) $\exists x(Q(x)\vee \forall x(R(x)\vee S(x)))$ T(3)合取(4),I

(6) $\exists xQ(x)\vee\forall x(R(x)\vee S(x))$ T(5),E

(7) $\neg\exists xQ(x)$ P

(8) $\forall x(R(x)\vee S(x))$ T(6)合取(7),I

(9) $R(a)\vee S(a)$ US(8)

(10) $\neg S(a)$ P

(11) $R(a)$ T(9)合取(10),I

(12) $\neg\exists xR(x)$ P

(13) $\forall x\neg R(x)$ T(12),E

(14) $\neg R(a)$ US(13)

(15) $R(a)\wedge\neg R(a)$ T(11)合取(14),I

所以小陈是凶手.

习题3.1

1. (1) $A=\{0,1,2,3,4,5\}$.

(2) $A=\{23,29,31,37\}$.

(3) $A=\{x-1,x+1,x^2+1,x^2-1,x^3-x^2+x-1,x^3+x^2+x+1,x^4-1\}$.

2. 设 $\mathbf{Z}$ 为整数集,$\mathbf{R}$ 为实数集.

(1) $A=\{x\mid x\in\mathbf{Z}$ 且 $\frac{12}{x}\in\mathbf{Z}\}$.

(2) $Z_3=\{3x\mid x\in\mathbf{Z}\}$.

(3) $A=\{(x,y,z)\mid x,y,z\in\mathbf{R}$ 且 $x^2+y^2+z^2=1\}$.

3. (1) 不正确.

(2) 正确.虽然$\{3\}$是集合,但是它又是 B 中的元素.

(3) 不正确.虽然$\{3\}$是一个集合,但是它只是 B 中的一个元素,不能有包含关系.

(4) 不正确.因为 $3\notin B$.

(5) 不正确.理由同(3).

(6) 正确.虽然$\{a,\{b\},d\}$是 A 的真子集,但是同时满足子集定义,故可以这样表示.

(7) 正确.符合定义.

(8) 不正确.$\varnothing$不是$\{\{b\},c\}$中的元素,不能有属于关系,若写成$\varnothing\subseteq\{\{b\},c\}$则可以.

(9) 不正确.因为 B 中本没有元素$\varnothing$.

(10) 正确.都符合定义.

4. (1)为真,(2),(3),(4)为假.

5. 若 $A\in B$ 且 $B\in C$,$A\in C$ 有时成立,有时不成立.例如 $A=\{x\}$,$B=\{\{x\}\}$,$C=\{\{x\},\{\{x\}\}\}$,则有 $A\in C$;若取 $A=\{x\}$,$B=\{\{x\}\}$,$C=\{\{\{x\}\}\}$时,$A\in C$ 则不成立.

6. (1) $|P(A)|=C_{2013}^0+C_{2013}^1+C_{2013}^2+\cdots+C_{2013}^{2013}=2^{2013}$;

(2) 元素个数为奇数的子集有 $C_{2013}^1+C_{2013}^3+\cdots+C_{2013}^{2013}=2^{2012}$,元素个数为偶数的子集有 $2^{2013}-2^{2012}=2^{2012}$.

7. B.

8. D.

9. (1) $P(A)=\{\varnothing,\{1\},\{\{2\}\},\{1,\{2\}\}\}$.

(2) $P(B)=\{\varnothing,\{a\},\{\{b,c\}\},\{a,\{b,c\}\}\}$.

(3) $P(C)=\{\varnothing,\{\varnothing\},\{x\},\{\{y\}\},\{\varnothing,x\},\{\varnothing,\{y\}\},\{x,\{y\}\},\{\varnothing,x,\{y\}\}\}$.

(4) $P(D)=\{\varnothing,\{\varnothing\}\}$.

10. $P(A)=\{\varnothing,\{1\},\{2\},\{1,2\}\}$;

$$P(P(A))=\{\varnothing,\{\varnothing\},\{\{1\}\},\{\{2\}\},\{\{1,2\}\},\{\varnothing,\{1\}\},\{\varnothing,\{2\}\},\{\varnothing,\{1,2\}\},\{\{1\},\{2\}\},\{\{1\},\{1,2\}\},\{\{2\},\{1,2\}\},\{\varnothing,\{1\},\{2\}\},\{\varnothing,\{1\},\{1,2\}\},\{\varnothing,\{2\},\{1,2\}\},\{\{1\},\{2\},\{1,2\}\},\{\varnothing,\{1\},\{2\},\{1,2\}\}\}.$$

习题 3.2

1. A.

2. (1) 恒成立.因为 $X\subseteq X\cup Y$,若 $x\in X$,则 $x\in X\cup Y$.

(2) 有时成立.若 $x\in X$,但 $x\notin Y$,则 $x\notin X\cap Y$;若 $x\in X$,且 $x\in Y$,则 $x\in X\cap Y$.

(3) 有时成立.若 $x\in X\cup Y$,可能有三种情形:$x\in X$ 但 $x\notin Y$,或者 $x\notin X$ 但 $x\in Y$,或者 $x\in X$ 且 $x\in Y$,对于第一、三种情形,有 $x\in X$,但是第二种情形,$x\notin X$.

(4) 恒成立.因为 $x\in X\cap Y$,必有 $x\in X$,且 $x\in Y$.

(5) 有时成立.$x\notin X$ 时,会有 $x\in Y$ 或 $x\notin Y$ 两种可能,若 $x\notin Y$,则 $x\notin X\cup Y$;若 $x\in Y$,有 $x\in X\cup Y$.

(6) 恒不成立.因为 $x\notin X$,即使 $x\in Y$,也有 $x\notin X\cap Y$,若 $x\notin Y$,更有 $x\notin X\cap Y$.

(7) 恒成立.当 $X\subseteq Y$,X 是 Y 的子集,当然满足 $X\cap Y=X$.

(8) 有时成立.既然 $X\subseteq Y$,就有两种可能:$X=Y$ 或者 $X\subset Y$.若 $X=Y$,则 $X\cap Y=Y$ 成立;若 $X\subset Y$,则 $X\cap Y=Y$ 就不成立.

3. (1) $\sim A=\{1,3,4\}$,所以 $\sim A\cap B=\{1,3,4\}\cap\{2,3,4\}=\{3,4\}$;

(2) $\sim A\cap(B\cup C)=\{1,3,4\}\cap(\{2,3,4\}\cup\{1,4\})=\{1,3,4\}\cap\{1,2,3,4\}=\{1,3,4\}$;

(3) $\sim(B\cap C)=\sim B\cup\sim C=\{1,5\}\cup\{2,3,5\}=\{1,2,3,5\}$;

(4) $\sim B\cup\sim C=\sim(B\cap C)=\{1,2,3,5\}$;

(5)
$$\begin{aligned}P(A)\cap P(B)&=\{\varnothing,\{2\},\{5\},\{2,5\}\}\cap\\&\quad\ \{\varnothing,\{2\},\{3\},\{4\},\{2,3\},\{2,4\},\{3,4\},\{2,3,4\}\}\\&=\{\varnothing,\{2\}\}.\end{aligned}$$

(6)
$$\begin{aligned}P(A)-P(B)&=\{\varnothing,\{2\},\{5\},\{2,5\}\}\\&\quad-\{\varnothing,\{2\},\{3\},\{4\},\{2,3\},\{2,4\},\{3,4\},\{2,3,4\}\}\\&=\{\{5\},\{2,5\}\}.\end{aligned}$$

4. $P(A)=\{\varnothing,\{\varnothing\},\{a\},\{\{a\}\},\{\varnothing,a\},\{\varnothing,\{a\}\},\{a,\{a\}\},\{\varnothing,a,\{a\}\}\}$.

$P(B)-\{b\}=\{\varnothing,\{b\},\{\{b\}\},\{b,\{b\}\}\}-\{b\}=\{\varnothing,\{b\},\{\{b\}\},\{b,\{b\}\}\}$.

$P(B)\oplus B=(P(B)-B)\cup(B-P(B))$

$=\{\varnothing,\{\{b\}\},\{b,\{b\}\}\}\cup\{b\}$

$=\{\varnothing,b,\{\{b\}\},\{b,\{b\}\}\}$.

5. (1) 不正确.例如,$X=\{1\}$,$Y=\{1,2\}$,$Z=\{2\}$,则 $X\cup Y=X\cup Z$,但 $Y=Z$ 不成立.

(2) 不正确.例如,$X=\{1\}$,$Y=\{1,2\}$,$Z=\{1,3\}$,则 $X\cap Y=X\cap Z$,但 $Y=Z$ 不成立.

6. (1) $(X\cap Y)\cup(X\cap\sim Y)=X\cap(Y\cup\sim Y)=X\cap E=X$.

(2) $Y\cup\sim((\sim X\cup Y)\cap X)=Y\cup\sim((\sim X\cap X)\cup(Y\cap X))$ (分配律)

$=Y\cup\sim(\varnothing\cup(Y\cap X))$ (互补律)

$=Y\cup\sim(Y\cap X)$ (同一律)

$=Y\cup(\sim Y\cup\sim X)$ (德·摩根律)

$=(Y\cup\sim Y)\cup\sim X$ (结合律)

$=E\cup\sim X$ (互补律)

$=E$.

7. (1) $X-(Y\cup Z)=X\cap\sim(Y\cup Z)$

$=X\cap(\sim Y\cap\sim Z)$

$=(X\cap\sim Y)\cap(X\cap\sim Z)$

$=(X-Y)\cap(X-Z)$.

(2) $(X\cup Y)-Z=(X\cup Y)\cap\sim Z$

$=(X\cap\sim Z)\cup(Y\cap\sim Z)$

$=(X-Z)\cup(Y-Z)$.

(3) $(X\cup Y)\cap(Y\cup Z)\cap(Z\cup X)=((X\cup Y)\cap(Z\cup Y))\cap(X\cup Z)$

$=((X\cap Z)\cup Y)\cap(X\cup Z)$

$=((X\cap Z)\cap(X\cup Z))\cup(Y\cap(X\cup Z))$

$=(X\cap Z\cap X)\cup(X\cap Z\cap Z)\cup(Y\cap X)\cup(Y\cap Z)$

$=(X\cap Z)\cup(Y\cap X)\cup(Y\cap Z)$

$=(X\cap Y)\cup(Y\cap Z)\cup(Z\cap X)$.

(4) 右边 $=(X\cap Y)\cup(\sim X\cap Y\cap Z)\cup(X\cap\sim Y\cap Z)$

$=(X\cap Y)\cup(((\sim X\cap Y)\cup(X\cap\sim Y))\cap Z)$

$=(X\cap Y)\cup(((\sim X\cup X)\cap(\sim X\cup\sim Y)\cap(Y\cup X)\cap(Y\cup\sim Y))\cap Z)$

$=(X\cap Y)\cup((\sim(X\cap Y)\cap(X\cup Y)\cap Z))$

$=((X\cap Y)\cup(\sim(X\cap Y))\cap((X\cap Y)\cup(X\cup Y))\cap((X\cap Y)\cup Z)))$

$=(((X\cap Y)\cup X)\cup Y)\cap((X\cup Z)\cap(Y\cup Z))$

$=(X\cup Y)\cap(Y\cup Z)\cap(X\cup Z)=$ 左边.

8. $((X\cup Y\cup Z)\cap(X\cup Y))-((X\cup(Y-Z))\cap X)$

$=((X\cup Y)\cap((X\cup Y)\cup Z))-((X\cup(Y\cap\sim Z))\cap X)$

$=(X\cup Y)-((X\cup Y)\cap(X\cup\sim Z)\cap X)$

$=(X\cup Y)-(X\cap(X\cup\sim Z))$

$=(X\cup Y)-X$

$=(X\cup Y)\cap\sim X$

$=(X\cap\sim X)\cup(Y\cap\sim X)$

$=\varnothing\cup(\sim X\cap Y)$

$=\sim X\cap Y.$

9\. $B=B\oplus\varnothing=B\oplus(A\oplus A)=(B\oplus A)\oplus A=(A\oplus B)\oplus A$

$=(A\oplus C)\oplus A=(C\oplus A)\oplus A=C\oplus(A\oplus A)=C.$

10\. 任取 $x\in P(A)\cap P(B)$,有 $x\in P(A)$ 且 $x\in P(B)$,即 $x\subseteq A$ 且 $x\subseteq B$,从而 $x\subseteq A\cap B$,故 $x\in P(A\cap B)$,由于上述过程可逆,故 $P(A)\cap P(B)=P(A\cap B)$.

11\. 设 A,B,C 分别表示学习 Pascal 语言、C 语言、COBOL 语言的学生组成的集合,则 $|A|=35,|B|=15,|C|=23,|A\cap B\cap C|=2,|\bar{A}\cap\bar{B}\cap\bar{C}|=3$. 而 $|A\cup B\cup C|=60-|\bar{A}\cap\bar{B}\cap\bar{C}|=57$.

由容斥原理,得

$$|A\cup B\cup C|=|A|+|B|+|C|-|A\cap B|-|A\cap C|-|B\cap C|+|A\cap B\cap C|$$

所以

$$\begin{aligned}&|A\cap B|+|A\cap C|+|B\cap C|\\&=|A|+|B|+|C|+|A\cap B\cap C|-|A\cup B\cup C|\\&=35+15+23+2-57=18\end{aligned}$$

又因为 $|A\cap B\cap\bar{C}|=|A\cap B|-|A\cap B\cap C|$,所以

$$\begin{aligned}&|A\cap B\cap\bar{C}|+|A\cap\bar{B}\cap C|+|\bar{A}\cap B\cap C|\\&=|A\cap B|+|A\cap C|+|B\cap C|-3|A\cap B\cap C|\\&=18-6=12.\end{aligned}$$

因此仅学习两门语言的学生数是 12 人.

12\. 设 A,B,C 分别表示玩摩天轮、过山车、宇宙飞船的同学组成的集合,则

$$|A\cap B\cap C|=25,\ |A\cap B|+|A\cap C|+|B\cap C|-2|A\cap B\cap C|=52$$

$$|A|+|B|+|C|=144/1=144$$

由容斥原理,得

$$|A\cup B\cup C|=|A|+|B|+|C|-|A\cap B|-|A\cap C|-|B\cap C|+|A\cap B\cap C|$$

所以

$$\begin{aligned}&|\bar{A}\cap\bar{B}\cap\bar{C}|=80-|A\cup B\cup C|\\&=80-(|A|+|B|+|C|-|A\cap B|-|A\cap C|-|B\cap C|+|A\cap B\cap C|)\\&=80-(|A|+|B|+|C|)+(|A\cap B|+|A\cap C|+|B\cap C|-2|A\cap B\cap C|)\\&\quad+|A\cap B\cap C|\\&=80-144+52+25=13\end{aligned}$$

因此,没有玩过其中任何一种的同学共 13 人.

习题 3.3

1\. C.

2. $n!$.

3. $A\times B=\{\langle 1,a\rangle,\langle 1,b\rangle,\langle 2,a\rangle,\langle 2,b\rangle,\langle\{1,2\},a\rangle,\langle\{1,2\},b\rangle\}$.

$B\times A=\{\langle a,1\rangle,\langle a,2\rangle,\langle a,\{1,2\}\rangle,\langle b,1\rangle,\langle b,2\rangle,\langle b,\{1,2\}\rangle\}$.

$B\times B=\{\langle a,a\rangle,\langle a,b\rangle,\langle b,a\rangle,\langle b,b\rangle\}$.

$A\times B\times C=\{\langle 1,a,x\rangle,\langle 1,b,x\rangle,\langle 2,a,x\rangle,\langle 2,b,x\rangle,\langle\{1,2\},a,x\rangle,\langle\{1,2\},b,x\rangle,$
$\langle 1,a,y\rangle,\langle 1,b,y\rangle,\langle 2,a,y\rangle,\langle 2,b,y\rangle,\langle\{1,2\},a,y\rangle,\langle\{1,2\},b,y\rangle\}$.

4. $P(A)=\{\varnothing,\{1\},\{2\},\{1,2\}\}$.

$A\times P(A)=\{\langle 1,\varnothing\rangle,\langle 1,\{1\}\rangle,\langle 1,\{2\}\rangle,\langle 1,\{1,2\}\rangle,\langle 2,\varnothing\rangle,\langle 2,\{1\}\rangle,\langle 2,\{2\}\rangle,$
$\langle 2,\{1,2\}\rangle\}$.

5. (1) 设任意 $x\in X$,则$\langle x,x\rangle\in X\times X$,因为 $X\times X=Y\times Y$,有$\langle x,x\rangle\in Y\times Y$,故 $x\in Y$,因此 $X\subseteq Y$;反之,对任意 $y\in Y$,有$\langle y,y\rangle\in Y\times Y$,则$\langle y,y\rangle\in X\times X$,于是 $y\in X$,因此 $Y\subseteq X$,所以 $X=Y$.

(2) 若 $Y=\varnothing$,则 $X\times Y=\varnothing$,因为 $X\times Y=X\times Z$,于是 $X\times Z=\varnothing$,而 $X\neq\varnothing$,因而 $Z=\varnothing$,故 $Y=Z$;

若 $Y\neq\varnothing$,设任意 $y\in Y$,因为 $X\neq\varnothing$,再设 $x\in X$,则$\langle x,y\rangle\in X\times Y$,又因为 $X\times Y=X\times Z$,则$\langle x,y\rangle\in X\times Z$,于是 $y\in Z$,所以 $Y\subseteq Z$,同理可证,$Z\subseteq Y$.所以 $Y=Z$.

6. $\forall\langle x,y\rangle\in(A-B)\times C\Leftrightarrow(x\in(A-B))\wedge(y\in C)$

$\Leftrightarrow((x\in A)\wedge(x\notin B))\wedge(y\in C)$

$\Leftrightarrow((x\in A)\wedge(y\in C))\wedge((x\notin B)\wedge(y\in C))$

$\Leftrightarrow(\langle x,y\rangle\in A\times C)\wedge(\langle x,y\rangle\notin B\times C)$

$\Leftrightarrow\langle x,y\rangle\in((A\times C)-(B\times C))$.

从而,$(A-B)\times C=(A\times C)-(B\times C)$.

7. (2) $\forall\langle x,y\rangle\in A\times(B\cup C)\Leftrightarrow(x\in A)\wedge(y\in B\cup C)$

$\Leftrightarrow(x\in A)\wedge((y\in B)\vee(y\in C))$

$\Leftrightarrow((x\in A)\wedge(y\in B))\vee((x\in A)\wedge(y\in C))$

$\Leftrightarrow(\langle x,y\rangle\in(A\times B))\vee(\langle x,y\rangle\in(A\times C))$

$\Leftrightarrow\langle x,y\rangle\in(A\times B)\cup(A\times C)$.

故 $A\times(B\cup C)=(A\times B)\cup(A\times C)$.

(4) $\forall\langle x,y\rangle\in(B\cup C)\times A\Leftrightarrow(x\in B\cup C)\wedge(y\in A)$

$\Leftrightarrow((x\in B)\vee(x\in C))\wedge(y\in A)$

$\Leftrightarrow((x\in B)\wedge(y\in A))\vee((x\in C)\wedge(y\in A))$

$\Leftrightarrow(\langle x,y\rangle\in(B\times A))\vee(\langle x,y\rangle\in(C\times A))$

$\Leftrightarrow\langle x,y\rangle\in(B\times A)\cup(C\times A)$.

所以$(B\cup C)\times A=(B\times A)\cup(C\times A)$.

8. (1)不成立.例如,设 $A=\{a\},B=\{b\},C=\{c\},D=\{d\}$,则

$A\cup B=\{a,b\},C\cup D=\{c,d\},(A\cup B)\times(C\cup D)=\{\langle a,c\rangle,\langle a,d\rangle,\langle b,c\rangle,\langle b,d\rangle\}$

$A\times C=\{\langle a,c\rangle\},B\times D=\{\langle b,d\rangle\},(A\times C)\cup(B\times D)=\{\langle a,c\rangle,\langle b,d\rangle\}$

故$(A\cup B)\times(C\cup D)\neq(A\times C)\cup(B\times D)$.

(2)成立.因为

$$(A \oplus B) \times C = [(A-B) \cup (B-A)] \times C$$
$$= [(A-B) \times C] \cup [(B-A) \times C]$$
$$= [(A \times C)-(B \times C)] \cup [(B \times C)-(A \times C)]$$
$$= (A \times C) \oplus (B \times C)$$

9. $X \times Y = \{\langle x,y\rangle \mid x,y$ 为实数且 $-3 \leqslant x \leqslant 2, -2 \leqslant y \leqslant 0\}$.

$Y \times X = \{\langle y,x\rangle \mid x,y$ 为实数且 $-2 \leqslant y \leqslant 0, -3 \leqslant x \leqslant 2\}$.

习题3.4

1. A 上的二元关系有 2^{n^2} 个,则从 A 到 B 共有 2^{mn} 种不同的二元关系.

2. 集合 A 到集合 B 的关系总数为 $2^{3\times 1}=8$ 个,分别表示为

$$R_1=\varnothing,\quad R_2=\{\langle x,1\rangle\}$$
$$R_3=\{\langle y,1\rangle\},\quad R_4=\{\langle z,1\rangle\}$$
$$R_5=\{\langle x,1\rangle,\langle y,1\rangle\},\quad R_6=\{\langle x,1\rangle,\langle z,1\rangle\}$$
$$R_7=\{\langle y,1\rangle,\langle z,1\rangle\},\quad R_8=\{\langle x,1\rangle,\langle y,1\rangle,\langle z,1\rangle\}$$

3. $R \cup S=\{\langle 1,2\rangle,\langle 1,3\rangle,\langle 2,4\rangle,\langle 4,4\rangle,\langle 2,2\rangle,\langle 3,4\rangle\}$.

$R \cap S=\{\langle 1,3\rangle\}$.

$R-S=\{\langle 1,2\rangle,\langle 2,4\rangle,\langle 4,4\rangle\}$.

$S-R=\{\langle 2,2\rangle,\langle 3,4\rangle\}$.

$A \times A=\{\langle 1,1\rangle,\langle 1,2\rangle,\langle 1,3\rangle,\langle 1,4\rangle,\langle 2,1\rangle,\langle 2,2\rangle,\langle 2,3\rangle,\langle 2,4\rangle,\langle 3,1\rangle,\langle 3,2\rangle,\langle 3,3\rangle.$
$\langle 3,4\rangle,\langle 4,1\rangle,\langle 4,2\rangle,\langle 4,3\rangle,\langle 4,4\rangle\}$.

$\sim R=A \times A-R=\{\langle 1,1\rangle,\langle 1,4\rangle,\langle 2,1\rangle,\langle 2,2\rangle,\langle 2,3\rangle,\langle 3,1\rangle,\langle 3,2\rangle,\langle 3,3\rangle,\langle 3,4\rangle.$
$\langle 4,1\rangle,\langle 4,2\rangle,\langle 4,3\rangle\}$.

$\sim S=A \times A-S=\{\langle 1,1\rangle,\langle 1,2\rangle,\langle 1,4\rangle,\langle 2,1\rangle,\langle 2,3\rangle,\langle 2,4\rangle,\langle 3,1\rangle,\langle 3,2\rangle,\langle 3,3\rangle,$
$\langle 4,1\rangle,\langle 4,2\rangle,\langle 4,3\rangle,\langle 4,4\rangle\}$.

4. $\mathrm{dom}(A)=\{a,b,d\}$;$\mathrm{ran}(A)=\{b,c,d\}$.

$\mathrm{dom}(B)=\{a,b,d\}$;$\mathrm{ran}(B)=\{b,c\}$.

$\mathrm{dom}(A \cup B)=\mathrm{dom}(R) \cup \mathrm{dom}(S)=\{a,b,d\}$.

$\mathrm{ran}(A \cup B)=\mathrm{ran}(R) \cup \mathrm{ran}(S)=\{b,c,d\}$.

5. 充分性 设 $A \subseteq \mathrm{dom}(A) \times \mathrm{ran}(A)$,因为 $\mathrm{dom}(A) \times \mathrm{ran}(A)$ 为序偶的集合,因而 A 也是序偶的集合,故 A 是一个关系.

必要性 设 A 是一个关系,任取 $\langle a,b\rangle \in A$,则 $a \in \mathrm{dom}(A)$,$b \in \mathrm{ran}(A)$,因此 $\langle a,b\rangle \in \mathrm{dom}(A) \times \mathrm{ran}(A)$,即 $A \subseteq \mathrm{dom}(A) \times \mathrm{ran}(A)$.

6. $L_A=\{\langle 1,1\rangle,\langle 1,2\rangle,\langle 1,3\rangle,\langle 1,4\rangle,\langle 1,8\rangle,\langle 1,9\rangle,\langle 2,2\rangle,\langle 2,3\rangle,\langle 2,4\rangle,\langle 2,8\rangle,\langle 2,9\rangle,$
$\langle 3,3\rangle,\langle 3,4\rangle,\langle 3,8\rangle,\langle 3,9\rangle,\langle 4,4\rangle,\langle 4,8\rangle,\langle 4,9\rangle,\langle 8,8\rangle,\langle 8,9\rangle,\langle 9,9\rangle\}$.

$D_A=\{\langle 1,1\rangle,\langle 1,2\rangle,\langle 1,3\rangle,\langle 1,4\rangle,\langle 1,8\rangle,\langle 1,9\rangle,\langle 2,2\rangle,\langle 2,4\rangle,\langle 2,8\rangle,\langle 3,3\rangle,\langle 3,9\rangle,$
$\langle 4,4\rangle,\langle 4,8\rangle,\langle 8,8\rangle,\langle 9,9\rangle\}$.

$L_A \cap D_A = D_A = \{\langle 1,1\rangle,\langle 1,2\rangle,\langle 1,3\rangle,\langle 1,4\rangle,\langle 1,8\rangle,\langle 1,9\rangle,\langle 2,2\rangle,\langle 2,4\rangle,\langle 2,8\rangle,$
$\langle 3,3\rangle,\langle 3,9\rangle,\langle 4,4\rangle,\langle 4,8\rangle,\langle 8,8\rangle,\langle 9,9\rangle\}.$

$L_A \cup D_A = L_A = \{\langle 1,1\rangle,\langle 1,2\rangle,\langle 1,3\rangle,\langle 1,4\rangle,\langle 1,8\rangle,\langle 1,9\rangle,\langle 2,2\rangle,\langle 2,3\rangle,\langle 2,4\rangle,\langle 2,8\rangle,$
$\langle 2,9\rangle,\langle 3,3\rangle,\langle 3,4\rangle,\langle 3,8\rangle,\langle 3,9\rangle,\langle 4,4\rangle,\langle 4,8\rangle,\langle 4,9\rangle,\langle 8,8\rangle,\langle 8,9\rangle,\langle 9,9\rangle\};$

$L_A - D_A = \{\langle 2,3\rangle,\langle 2,9\rangle,\langle 3,4\rangle,\langle 3,8\rangle,\langle 4,9\rangle,\langle 8,9\rangle\}.$

7. $A \cup B = \{1,2,3,4\}$.

$E_{A\cup B} = \{\langle 1,1\rangle,\langle 1,2\rangle,\langle 1,3\rangle,\langle 1,4\rangle,\langle 2,1\rangle,\langle 2,2\rangle,\langle 2,3\rangle,\langle 2,4\rangle,\langle 3,1\rangle,\langle 3,2\rangle,$
$\langle 3,3\rangle,\langle 3,4\rangle,\langle 4,1\rangle,\langle 4,2\rangle,\langle 4,3\rangle,\langle 4,4\rangle\}.$

$I_{A\cup B} = \{\langle 1,1\rangle,\langle 2,2\rangle,\langle 3,3\rangle,\langle 4,4\rangle\}.$

8. (1) $A \cap B = \{1,2\}, A \cup B = \{1,2,3,4,6,8\}$.

$R_1 = \{\langle 1,1\rangle,\langle 1,2\rangle,\langle 1,3\rangle,\langle 1,4\rangle,\langle 1,6\rangle,\langle 1,8\rangle,\langle 2,1\rangle,\langle 2,2\rangle,\langle 2,3\rangle,\langle 2,4\rangle,$
$\langle 2,6\rangle,\langle 2,8\rangle\}.$

其关系图如图 A3.1 所示.

关系矩阵为 $M_{R_1} = \begin{bmatrix} 1 & 1 & 1 & 1 & 1 & 1 \\ 1 & 1 & 1 & 1 & 1 & 1 \end{bmatrix}$.

(2) $R_2 = \{\langle 2,3\rangle,\langle 4,1\rangle\}$.

其关系图如图 A3.2 所示.

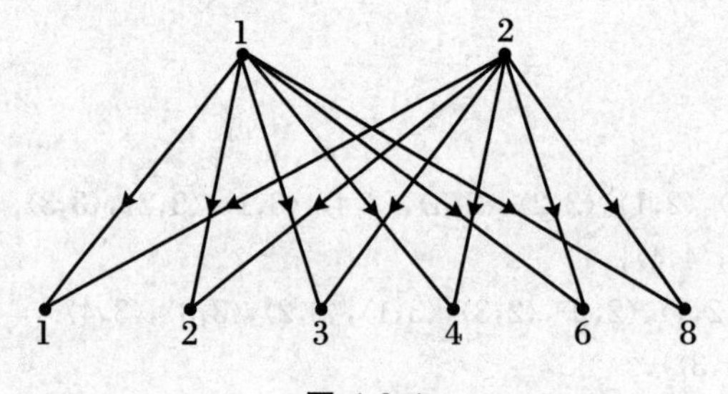

图 A3.1

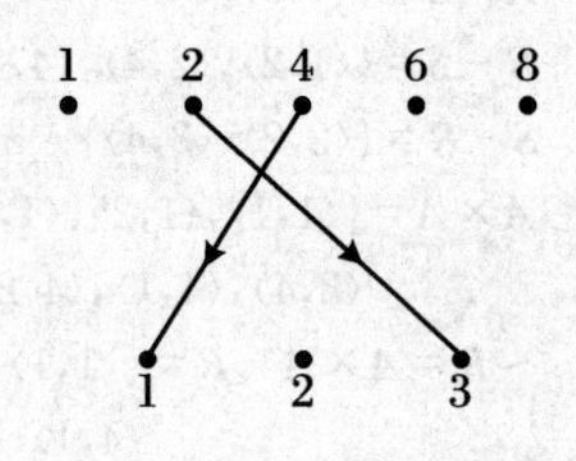

图 A3.2

关系矩阵为 $M_{R_2} = \begin{bmatrix} 0 & 0 & 0 \\ 0 & 0 & 1 \\ 1 & 0 & 0 \\ 0 & 0 & 0 \\ 0 & 0 & 0 \end{bmatrix}$.

(3) $R_3 = \{\langle 1,2\rangle,\langle 1,3\rangle,\langle 2,1\rangle,\langle 2,3\rangle,\langle 4,2\rangle,\langle 4,3\rangle\}$.

其关系图如图 A3.3 所示.

关系矩阵为 $M_{R_3} = \begin{bmatrix} 0 & 1 & 1 \\ 1 & 0 & 1 \\ 0 & 1 & 1 \\ 0 & 0 & 0 \\ 0 & 0 & 0 \end{bmatrix}$.

(4) $R_4 = \{\langle 2,3\rangle,\langle 4,3\rangle,\langle 8,3\rangle\}$.

其关系图如图 A3.4 所示.

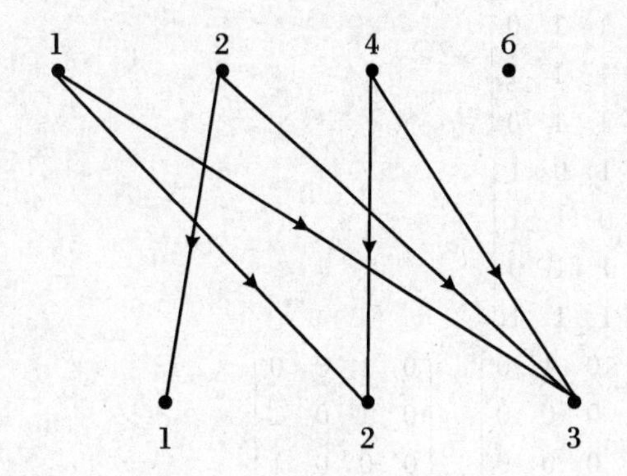

图 A3.3

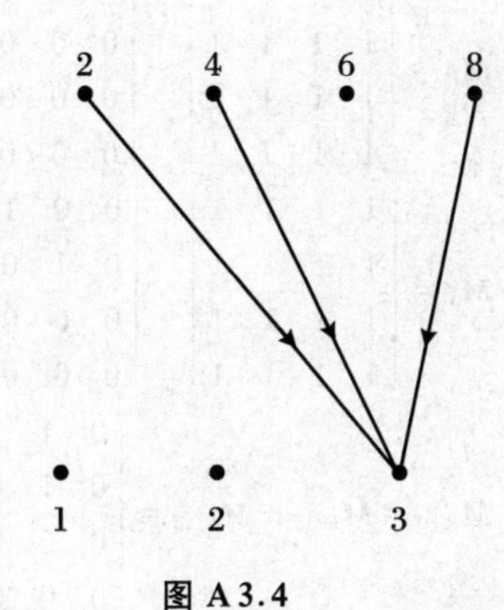

图 A3.4

关系矩阵为 $M_{R_4}=\begin{bmatrix}0&0&0\\0&0&1\\0&0&1\\0&0&0\\0&0&1\end{bmatrix}$.

9. $M_R=\begin{bmatrix}0&1&1&0\\0&0&0&1\\0&0&0&0\\0&0&0&1\end{bmatrix}$, $M_S=\begin{bmatrix}0&0&1&0\\0&1&0&0\\0&0&0&1\\0&0&0&0\end{bmatrix}$.

$$M_{R\cup S}=\begin{bmatrix}0&1&1&0\\0&0&0&1\\0&0&0&0\\0&0&0&1\end{bmatrix}\vee\begin{bmatrix}0&0&1&0\\0&1&0&0\\0&0&0&1\\0&0&0&0\end{bmatrix}=\begin{bmatrix}0&1&1&0\\0&1&0&1\\0&0&0&1\\0&0&0&1\end{bmatrix}.$$

$$M_{R\cap S}=\begin{bmatrix}0&1&1&0\\0&0&0&1\\0&0&0&0\\0&0&0&1\end{bmatrix}\wedge\begin{bmatrix}0&0&1&0\\0&1&0&0\\0&0&0&1\\0&0&0&0\end{bmatrix}=\begin{bmatrix}0&0&1&0\\0&0&0&0\\0&0&0&0\\0&0&0&0\end{bmatrix}.$$

$$M_{R-S}=\begin{bmatrix}0&1&1&0\\0&0&0&1\\0&0&0&0\\0&0&0&1\end{bmatrix}-\left(\begin{bmatrix}0&1&1&0\\0&0&0&1\\0&0&0&0\\0&0&0&1\end{bmatrix}\wedge\begin{bmatrix}0&0&1&0\\0&1&0&0\\0&0&0&1\\0&0&0&0\end{bmatrix}\right)=\begin{bmatrix}0&1&0&0\\0&0&0&1\\0&0&0&0\\0&0&0&1\end{bmatrix}.$$

$$M_{S-R}=\begin{bmatrix}0&1&1&0\\0&0&0&1\\0&0&0&0\\0&0&0&1\end{bmatrix}-\left(\begin{bmatrix}0&1&1&0\\0&0&0&1\\0&0&0&0\\0&0&0&1\end{bmatrix}\wedge\begin{bmatrix}0&0&1&0\\0&1&0&0\\0&0&0&1\\0&0&0&0\end{bmatrix}\right)=\begin{bmatrix}0&0&0&0\\0&1&0&0\\0&0&0&1\\0&0&0&0\end{bmatrix}.$$

$$M_{\bar{R}}=\begin{bmatrix}1&1&1&1\\1&1&1&1\\1&1&1&1\\1&1&1&1\end{bmatrix}-\begin{bmatrix}0&1&1&0\\0&0&0&1\\0&0&0&0\\0&0&0&1\end{bmatrix}=\begin{bmatrix}1&0&0&1\\1&1&1&0\\1&1&1&1\\1&1&1&0\end{bmatrix}.$$

$$M_{\bar{S}}=\begin{bmatrix}1&1&1&1\\1&1&1&1\\1&1&1&1\\1&1&1&1\end{bmatrix}-\begin{bmatrix}0&0&1&0\\0&1&0&0\\0&0&0&1\\0&0&0&0\end{bmatrix}=\begin{bmatrix}1&1&0&1\\1&0&1&1\\1&1&1&0\\1&1&1&1\end{bmatrix}.$$

$$M_{R\oplus S}=M_{R\cup S}-M_{R\cap S}=\begin{bmatrix}0&1&1&0\\0&1&0&1\\0&0&0&1\\0&0&0&1\end{bmatrix}-\begin{bmatrix}0&0&1&0\\0&0&0&0\\0&0&0&0\\0&0&0&0\end{bmatrix}=\begin{bmatrix}0&1&0&0\\0&1&0&1\\0&0&0&1\\0&0&0&1\end{bmatrix}.$$

因此

$R\cup S=\{\langle 1,2\rangle,\langle 1,3\rangle,\langle 2,4\rangle,\langle 4,4\rangle,\langle 2,2\rangle,\langle 3,4\rangle\}$

$R\cap S=\{\langle 1,3\rangle\}$

$R-S=\{\langle 1,2\rangle,\langle 2,4\rangle,\langle 4,4\rangle\}$

$S-R=\{\langle 2,2\rangle,\langle 3,4\rangle\}$

$\sim R=A\times B-R$

$=\{\langle 1,1\rangle,\langle 1,4\rangle,\langle 2,1\rangle,\langle 2,2\rangle,\langle 2,3\rangle,\langle 3,1\rangle,\langle 3,2\rangle,\langle 3,3\rangle,\langle 3,4\rangle,\langle 4,1\rangle,\langle 4,2\rangle,\langle 4,3\rangle\}$

$\sim S=A\times B-S$

$=\{\langle 1,1\rangle,\langle 1,2\rangle,\langle 1,4\rangle,\langle 2,1\rangle,\langle 2,3\rangle,\langle 2,4\rangle,\langle 3,1\rangle,\langle 3,2\rangle,\langle 3,3\rangle,\langle 4,1\rangle,\langle 4,2\rangle,\langle 4,3\rangle,\langle 4,4\rangle\}$

$R\oplus S=(R-S)\cup(R-S)=\{\langle 1,2\rangle,\langle 2,4\rangle,\langle 4,4\rangle,\langle 2,2\rangle,\langle 3,4\rangle\}$

习题 3.5

1. B.
2. 2.
3. 反自反关系.
4. 关系 R_1,R_2,R_3 的性质如表 A3.1 所示.

表 A3.1

关系	自反的	反自反的	对称的	反对称的	传递的
R_1	√		√		√
R_2		√	√		
R_3		√		√	

5. $\boldsymbol{M}_{R_1}=\begin{bmatrix}1&0&0\\0&1&0\\0&0&1\end{bmatrix}$，$R_1$ 具有自反性、对称性、反对称性和传递性.

$\boldsymbol{M}_{R_2}=\begin{bmatrix}1&0&0\\0&1&1\\0&1&1\end{bmatrix}$，$R_2$ 具有自反性、对称性和传递性.

$\boldsymbol{M}_{R_3}=\begin{bmatrix}0&1&0\\0&0&1\\1&0&0\end{bmatrix}$，$R_3$ 具有反自反性、反对称性和传递性.

$\boldsymbol{M}_{R_4}=\begin{bmatrix}0&0&0\\0&0&0\\0&0&0\end{bmatrix}$，$R_4$ 具有反自反性、对称性、反对称性和传递性.

6. (1) R 的关系图如图 A3.5 所示.

(2) R 的关系矩阵为 $\boldsymbol{M}_R=\begin{bmatrix}1&1&1&0\\0&0&0&0\\1&1&1&0\\1&1&1&0\end{bmatrix}$.

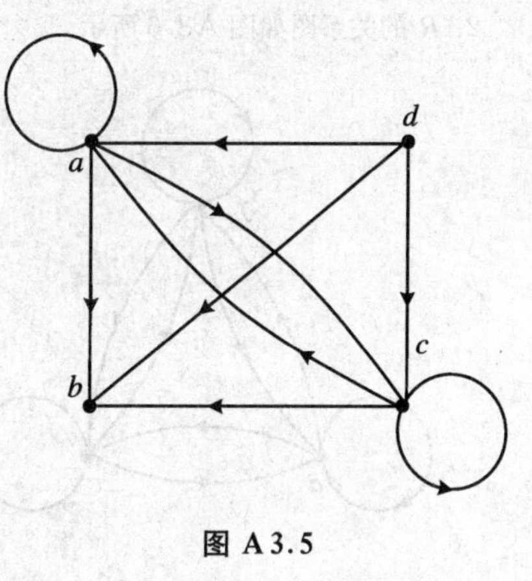

图 A3.5

(3) 对于 R 的关系矩阵，由于对角线上不全为 1，R 不是自反的；由于对角线上存在非 0 元，R 不是反自反的；由于矩阵不对称，R 不是对称的.

另外，经过计算可得 $\boldsymbol{M}_{R^2}=\begin{bmatrix}1&1&1&0\\0&0&0&0\\1&1&1&0\\1&1&1&0\end{bmatrix}=\boldsymbol{M}_R$，所以 R 是传递的.

7. (1) $R_1=\{\langle 1,2\rangle,\langle 2,2\rangle,\langle 2,3\rangle\}$.

(2) $R_2=\{\langle 1,1\rangle,\langle 1,2\rangle,\langle 2,1\rangle,\langle 2,3\rangle\}$.

(3) $R_3=\{\langle 1,1\rangle,\langle 3,3\rangle\}$.

(4) $R_4=\{\langle 1,2\rangle\}$.

8. 设 $R=\{\langle 1,1\rangle,\langle 1,2\rangle,\langle 2,1\rangle,\langle 2,3\rangle\}$，由于 $\langle 2,2\rangle\notin R$，故 R 不自反；因为 $\langle 1,1\rangle\in R$，故 R 不反自反；因为 $\langle 2,3\rangle\in R$ 而 $\langle 3,2\rangle\notin R$，故 R 不对称；因为 $\langle 1,2\rangle\in R$ 且 $\langle 2,1\rangle\in R$，故 R 不反对称；因为 $\langle 2,1\rangle\in R$，$\langle 1,2\rangle\in R$，但 $\langle 2,2\rangle\notin R$，故 R 不传递.

9. 必要性　任取 $a,b,c\in A$，若 $\langle a,b\rangle,\langle a,c\rangle\in R$，由 R 对称性知，$\langle b,a\rangle,\langle c,a\rangle\in R$，又由 R 具有传递性知，$\langle b,c\rangle\in R$.

充分性　若 $\langle a,b\rangle,\langle a,c\rangle\in R$，有 $\langle b,c\rangle\in R$，任取 $a,b\in A$，因为 $\langle a,a\rangle\in R$，若 $\langle a,b\rangle\in R$，必有 $\langle b,a\rangle\in R$，所以 R 是对称的.

若 $\langle a,b\rangle\in R$，$\langle b,c\rangle\in R$，则有对称性知 $\langle b,a\rangle\in R$ 且 $\langle b,c\rangle\in R$，而 $\langle a,c\rangle\in R$，故 R 具有传递性.

10. R 的关系矩阵为$\boldsymbol{M}_R=\begin{bmatrix}1&0&0\\1&1&0\\1&0&1\end{bmatrix}$.

其自乘矩阵 $\boldsymbol{B}=\begin{bmatrix}1&0&0\\1&1&0\\1&0&1\end{bmatrix}\circ\begin{bmatrix}1&0&0\\1&1&0\\1&0&1\end{bmatrix}=\begin{bmatrix}1&0&0\\1&1&0\\1&0&1\end{bmatrix}$.

可见,矩阵 $\boldsymbol{B}$ 中 $b_{11},b_{21},b_{22},b_{31}$ 以及 b_{33} 等于 1,而对应的 $\boldsymbol{M}_R$ 中的 $r_{11},r_{21},r_{22},r_{31}$ 及 r_{33} 也等于 1,根据定理 3.5.2 知,关系 R 具有传递性.

习题 3.6

1. (1) 不是等价关系,因为$\langle 1,1\rangle\notin R$,$R$ 不具有自反性.

(2) 不是等价关系,因为$\langle 1,4\rangle\in R$,$\langle 4,2\rangle\in R$,但$\langle 1,2\rangle\notin R$,$R$ 不具有传递性.

2. R 的关系图如图 A3.6 所示.

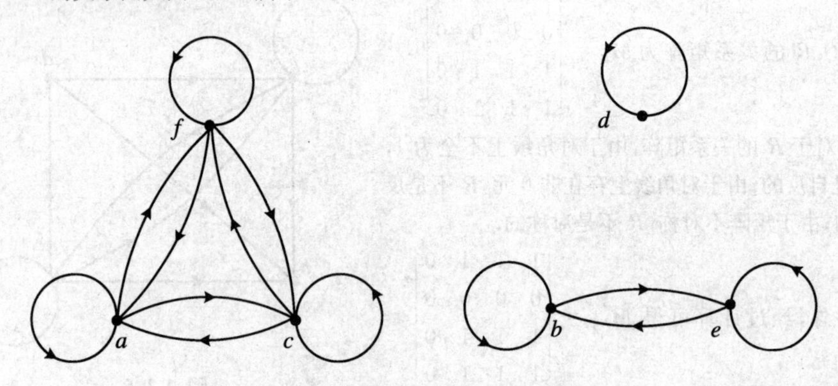

图 A3.6

由关系图可以看出,R 具有自反性、对称性、传递性,所以 R 是等价关系.

3. (1) 因为等价关系 R 具有自反性,所以 $I_A\subseteq R$,而 $I_A=\{\langle 1,1\rangle,\langle 2,2\rangle,\langle 3,3\rangle,\langle 4,4\rangle,\langle 5,5\rangle\}$.

因为 1,2,3 在同一个等价类中,所以$\{\langle 1,2\rangle,\langle 2,1\rangle,\langle 1,3\rangle,\langle 3,1\rangle,\langle 2,3\rangle,\langle 3,2\rangle\}\subseteq R$.

又因为 4,5 在同一个等价类中,所以$\{\langle 4,5\rangle,\langle 5,4\rangle\}\subseteq R$.

因此,$R=I_A\cup\{\langle 1,2\rangle,\langle 2,1\rangle,\langle 1,3\rangle,\langle 3,1\rangle,\langle 2,3\rangle,\langle 3,2\rangle,\langle 4,5\rangle,\langle 5,4\rangle\}$

$=\{\langle 1,1\rangle,\langle 2,2\rangle,\langle 3,3\rangle,\langle 4,4\rangle,\langle 5,5\rangle,\langle 1,2\rangle,\langle 2,1\rangle,\langle 1,3\rangle,\langle 3,1\rangle,\langle 2,3\rangle,\langle 3,2\rangle,\langle 4,5\rangle,\langle 5,4\rangle\}$.

(2) R 的关系矩阵为$\boldsymbol{M}_R=\begin{bmatrix}1&1&1&0&0\\1&1&1&0&0\\1&1&1&0&0\\0&0&0&1&1\\0&0&0&1&1\end{bmatrix}$.

(3) R 的关系图如图 A3.7 所示.

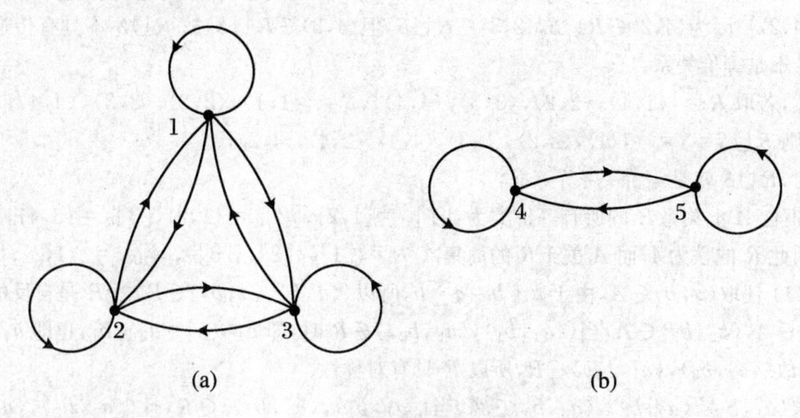

图 A3.7

4. 对任意的$\langle a,b\rangle\in A\times B$,由 R_1 是 A 上的等价关系可得$\langle a,a\rangle\in R_1$,由 R_2 是 B 上的等价关系,可得$\langle b,b\rangle\in R_2$.再由 R 的定义有$\langle\langle a,b\rangle,\langle a,b\rangle\rangle\in R$,所以 R 是自反的.

对任意的$\langle a,b\rangle,\langle c,d\rangle\in A\times B$,若$\langle a,b\rangle R\langle c,d\rangle$,则$\langle a,c\rangle\in R_1$ 且$\langle b,d\rangle\in R_2$,由 R_1 对称得$\langle c,a\rangle\in R_1$,由 R_2 对称得$\langle d,b\rangle\in R_2$,再由 R 的定义有$\langle\langle c,d\rangle,\langle a,b\rangle\rangle\in R$,即$\langle c,d\rangle R\langle a,b\rangle$,所以 R 是对称的.

对任意的$\langle a,b\rangle,\langle c,d\rangle,\langle e,f\rangle\in A\times B$,若$\langle a,b\rangle R\langle c,d\rangle$且$\langle c,d\rangle R\langle e,f\rangle$,则$\langle a,c\rangle\in R_1$ 且$\langle b,d\rangle\in R_2$,$\langle c,e\rangle\in R_1$ 且$\langle d,f\rangle\in R_2$;由$\langle a,c\rangle,\langle c,e\rangle\in R_1$ 及 R_1 的传递性,得$\langle a,e\rangle\in R_1$,由$\langle b,d\rangle,\langle d,f\rangle\in R_2$ 及 R_2 的传递性,得$\langle b,f\rangle\in R_2$;再由 R 的定义,有$\langle\langle a,b\rangle,\langle e,f\rangle\rangle\in R$,即$\langle a,b\rangle R\langle e,f\rangle$,所以 R 是传递的.

综上可得,R 是$A\times B$ 上的等价关系.

5. (1) $\forall a\in A$,因为 R 和 S 是自反关系,所以$\langle a,a\rangle\in R$ 且$\langle a,a\rangle\in S$,因而$\langle a,a\rangle\in R\cap S$,故 $R\cap S$ 是自反的;

$\forall a,b\in A$,若$\langle a,b\rangle\in R\cap S$,则$\langle a,b\rangle\in R$ 且$\langle a,b\rangle\in S$,因为 R 和 S 是对称关系,所以$\langle b,a\rangle\in R$ 且$\langle b,a\rangle\in S$,因而$\langle b,a\rangle\in R\cap S$,故 $R\cap S$ 是对称的;

$\forall a,b,c\in A$,若$\langle a,b\rangle\in R\cap S$ 且$\langle b,c\rangle\in R\cap S$,则$\langle a,b\rangle\in R$,$\langle a,b\rangle\in S$ 且$\langle b,c\rangle\in R$,$\langle b,c\rangle\in S$,因为 R 和S 是传递的,所以$\langle a,c\rangle\in R$ 且$\langle a,c\rangle\in S$,因而$\langle a,c\rangle\in R\cap S$,故 $R\cap S$ 是传递的.

所以 $R\cap S$ 是等价关系.

(2) 因为

$$\begin{aligned}a\in[a]_{R\cap S}&\Leftrightarrow\langle a,a\rangle\in R\cap S\\&\Leftrightarrow(\langle a,a\rangle\in R)\wedge(\langle a,a\rangle\in S)\\&\Leftrightarrow(a\in[a]_R)\wedge(a\in[a]_S)\\&\Leftrightarrow a\in[a]_R\cap[a]_S\end{aligned}$$

所以$[a]_{R\cap S}=[a]_R\cap[a]_S$.

6. 设 $A=\{1,2,3,4\}$,取 $R=\{\langle 1,1\rangle,\langle 2,2\rangle,\langle 3,3\rangle,\langle 4,4\rangle,\langle 2,3\rangle,\langle 3,2\rangle\}$,$S=\{\langle 1,1\rangle$,

$\langle 2,2\rangle,\langle 3,3\rangle,\langle 4,4\rangle,\langle 2,4\rangle,\langle 4,2\rangle\}$，则 $R\cup S=\{\langle 1,1\rangle,\langle 2,2\rangle,\langle 3,3\rangle,\langle 4,4\rangle,\langle 2,3\rangle,\langle 3,2\rangle,\langle 2,4\rangle,\langle 4,2\rangle\}$. 因为 $\langle 4,2\rangle\in R\cup S$，$\langle 2,3\rangle\in R\cup S$，但 $\langle 4,3\rangle\notin R\cup S$，故 $R\cup S$ 不具有传递性，因此 $R\cup S$ 不是等价关系.

当然，若取 $R=\{\langle 1,1\rangle,\langle 2,2\rangle,\langle 3;3\rangle,\langle 4,4\rangle\}$，$S=\{\langle 1,1\rangle,\langle 2,2\rangle,\langle 3,3\rangle,\langle 4,4\rangle,\langle 2,4\rangle,\langle 4,2\rangle\}$，则 $R\cup S=S=\{\langle 1,1\rangle,\langle 2,2\rangle,\langle 3,3\rangle,\langle 4,4\rangle,\langle 2,4\rangle,\langle 4,2\rangle\}$.

此时，$R\cup S$ 就是等价关系了.

7. 集合 A 上关系 R 的所有等价类为：$[1]_R=\{1,2\}$，$[2]_R=\{1,2\}$，$[3]_R=\{3,4\}$，$[4]_R=\{3,4\}$，因此 R 的秩为 4；而 A 关于 R 的商集 $A/R=\{[1]_R,[2]_R,[3]_R,[4]_R\}=\{\{1,2\},\{3,4\}\}$.

8. (1) 任取 $\langle a,b\rangle\in A$，由于 $a+b=a+b$，所以 $\langle\langle a,b\rangle,\langle a,b\rangle\rangle\in R$，故 R 是自反的；任取 $\langle a_1,b_1\rangle\in A$，$\langle a_2,b_2\rangle\in A$，当 $\langle\langle a_1,b_1\rangle,\langle a_2,b_2\rangle\rangle\in R$ 时，即 $a_1+b_2=a_2+b_1$，也即 $a_2+b_1=a_1+b_2$，故 $\langle\langle a_2,b_2\rangle,\langle a_1,b_1\rangle\rangle\in R$，所以 R 具有对称性.

任取 $\langle a_1,b_1\rangle,\langle a_2,b_2\rangle,\langle a_3,b_3\rangle\in A$，当 $\langle\langle a_1,b_1\rangle,\langle a_2,b_2\rangle\rangle\in R$，且 $\langle\langle a_2,b_2\rangle,\langle a_3,b_3\rangle\rangle\in R$ 时，即 $a_1+b_2=a_2+b_1$，$a_2+b_3=a_3+b_2$，两等式两边对应相加得 $a_1+b_2+a_2+b_3=a_2+b_1+a_3+b_2$，即 $a_1+b_3=a_3+b_1$，故 $\langle\langle a_1,b_1\rangle,\langle a_3,b_3\rangle\rangle\in R$.

因此，R 是 A 上的等价关系.

(2) $A/R=\{[\langle 1,2\rangle]_R\}=A$.

9. 因为 4 可以划分为：4，1+3，1+1+2，2+2 和 1+1+1+1，因此 A 上所有划分的个数为：$C_4^4+C_4^1+C_4^2+\frac{1}{2}C_4^2+C_4^4=15$，即 A 中共有 15 个划分，因为集合 A 的等价关系和 A 的划分是一一对应的，因此 A 上共有 15 个等价关系.

10. $R_1=\{a,d\}\times\{a,d\}=\{\langle a,a\rangle,\langle a,d\rangle,\langle d,a\rangle,\langle d,d\rangle\}$；

$R_2=\{b,e,f\}\times\{b,e,f\}=\{\langle b,b\rangle,\langle b,e\rangle,\langle b,f\rangle,\langle e,b\rangle,\langle e,e\rangle,\langle e,f\rangle,\langle f,b\rangle,\langle f,e\rangle,\langle f,f\rangle\}$；

$R_3=\{c\}\times\{c\}=\{\langle c,c\rangle\}$；

$R=R_1\cup R_2\cup R_3=\{\langle a,a\rangle,\langle a,d\rangle,\langle d,a\rangle,\langle d,d\rangle,\langle b,b\rangle,\langle b,e\rangle,\langle b,f\rangle,\langle e,b\rangle,\langle e,e\rangle,\langle e,f\rangle,\langle f,b\rangle,\langle f,e\rangle,\langle f,f\rangle,\langle c,c\rangle\}$.

习题 3.7

1. 因为 $I_A\subseteq R\cup R^{-1}\cup I_A$，故 $R\cup R^{-1}\cup I_A$ 具有自反性；任取 $\langle x,y\rangle\in R$，则有 $\langle y,x\rangle\in R^{-1}$，因此 $\langle x,y\rangle$ 和 $\langle y,x\rangle$ 均属于 $R\cup R^{-1}\cup I_A$，故具有对称性. 所以 $R\cup R^{-1}\cup I_A$ 是相容关系.

2. 令 $x_1=$mouse，$x_2=$cattle，$x_3=$tiger，$x_4=$rabbit，$x_5=$dragon，$x_6=$snake，则

$R=\{\langle x_1,x_1\rangle,\langle x_1,x_2\rangle,\langle x_1,x_3\rangle,\langle x_1,x_5\rangle,\langle x_1,x_6\rangle,\langle x_2,x_1\rangle,\langle x_2,x_2\rangle,\langle x_2,x_3\rangle,\langle x_2,x_4\rangle,\langle x_2,x_5\rangle,\langle x_2,x_6\rangle,\langle x_3,x_1\rangle,\langle x_3,x_2\rangle,\langle x_3,x_3\rangle,\langle x_3,x_4\rangle,\langle x_3,x_5\rangle,\langle x_3,x_6\rangle,\langle x_4,x_2\rangle,\langle x_4,x_3\rangle,\langle x_4,x_4\rangle,\langle x_4,x_5\rangle,\langle x_4,x_6\rangle,\langle x_5,x_1\rangle,\langle x_5,x_2\rangle,\langle x_5,x_3\rangle,\langle x_5,x_4\rangle,\langle x_5,x_5\rangle,\langle x_5,x_6\rangle,\langle x_6,x_1\rangle,\langle x_6,x_2\rangle,\langle x_6,x_3\rangle,\langle x_6,x_4\rangle,$

$\langle x_6, x_5\rangle, \langle x_6, x_6\rangle\}$

因为 $I_A \in R$,故 R 具有自反性;又任意 $\langle x_i, x_j\rangle \in R$,均有 $\langle x_j, x_i\rangle \in R$,故 R 具有对称性;但 R 不具有传递性,因为有 $\langle x_1, x_5\rangle \in R$, $\langle x_5, x_4\rangle \in R$,却没有 $\langle x_1, x_4\rangle \in R$,因此 R 为 A 上的相容关系.

3. 任取 $x \in A$,则有 $\langle x,x\rangle \in R_1$ 且 $\langle x,x\rangle \in R_2$,所以 $\langle x,x\rangle \in R_1 \cap R_2$,即 $R_1 \cap R_2$ 是自反的;对于任意的 $x, y \in A$,若 $\langle x,y\rangle \in R_1 \cap R_2$,则 $\langle x,y\rangle \in R_1$ 且 $\langle x,y\rangle \in R_2$,由 R_1 和 R_2 的对称性知, $\langle y,x\rangle \in R_1$ 且 $\langle y,x\rangle \in R_2$,即 $\langle y,x\rangle \in R_1 \cap R_2$,故 $R_1 \cap R_2$ 是对称的.

因而, $R_1 \cap R_2$ 是 A 上的相容关系.

类似地,可以证明 $R_1 \cup R_2$ 也是 A 上的相容关系.

4. R 的关系矩阵为 $\boldsymbol{M}_R = \begin{bmatrix} 1 & 1 & 1 & 1 & 0 \\ 1 & 1 & 1 & 0 & 0 \\ 1 & 1 & 1 & 0 & 0 \\ 1 & 0 & 0 & 1 & 0 \\ 0 & 0 & 0 & 0 & 1 \end{bmatrix}$.

由于关系矩阵 $\boldsymbol{M}_R$ 对角线元素全是 1,所以 R 是自反的,又由于 $\boldsymbol{M}_R$ 是对称的,所以 R 是对称的,因而 R 是相容关系.

R 简化后的关系矩阵为 $\boldsymbol{M}_R' = \begin{bmatrix} 1 & & & \\ 1 & 1 & & \\ 1 & 0 & 0 & \\ 0 & 0 & 0 & 0 \end{bmatrix}$.

简化后的关系图如图 A3.8 所示.

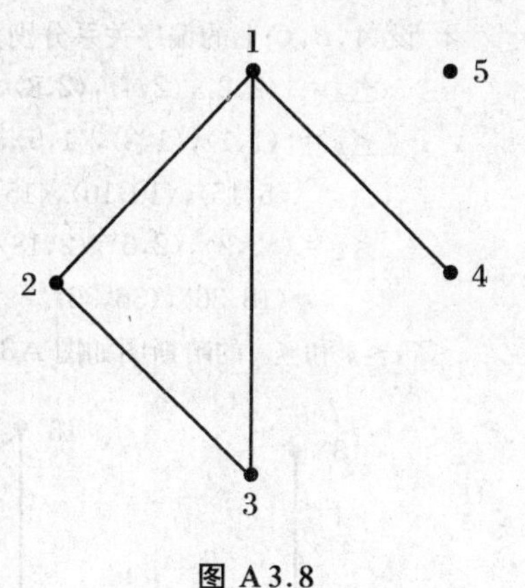

图 A3.8

5. 由简图 3.7.3 可知,该相容关系极大相容类为 $\{1,2,4,6\}$, $\{3,4,6\}$, $\{4,5\}$ 以及 $\{7\}$.

6. 由关系矩阵知,相容关系 R 的极大相容类为: $\{a,b,d\}$、$\{a,c\}$ 及 $\{e\}$,因而集合 A 的完全覆盖为 $C_R(A) = \{\{a,b,d\},\{a,c\},\{e\}\}$.

7. 根据划分及覆盖的定义知: A_1, A_2, A_3, A_5, A_6 是 A 的覆盖,其中 A_3, A_5, A_6 是 A 的划分,而 A_4, A_7 既不是划分也不是覆盖.

8. 由覆盖 B 确定的相容关系得

$$\begin{aligned} R &= (\{1,2,4\} \times \{1,2,4\}) \cup (\{2,3\} \times \{2,3\}) \\ &= \{\langle 1,1\rangle, \langle 1,2\rangle, \langle 1,4\rangle, \langle 2,1\rangle, \langle 2,2\rangle, \langle 2,4\rangle, \langle 4,1\rangle, \langle 4,2\rangle, \langle 4,4\rangle, \langle 2,2\rangle, \\ &\quad \langle 2,3\rangle, \langle 3,2\rangle, \langle 3,3\rangle\} \end{aligned}$$

习题3.8

1. (1) R 的关系矩阵为$\boldsymbol{M}_R=\begin{bmatrix}1&1&1&1&1\\0&1&1&0&1\\0&0&1&0&1\\0&0&0&1&1\\0&0&0&0&1\end{bmatrix}$.

(2) 由关系矩阵可知,对角线上所有元素全为1,故 R 是自反的;在非对角元上当 $r_{ij}=1$,则在其对称位置上 $r_{ji}=0$,故 R 是反对称的;可计算对应的关系矩阵为

$$\boldsymbol{M}_{R_2}=\begin{bmatrix}1&1&1&1&1\\0&1&1&0&1\\0&0&1&0&1\\0&0&0&1&1\\0&0&0&0&1\end{bmatrix}=\boldsymbol{M}_R.$$

由以上矩阵可知 R 是传递的,因而,R 是偏序关系.

2. 设 A,B,C 上的偏序关系分别为$\preceq_A$,$\preceq_B$ 和$\preceq_C$,则

$\preceq_A=\{\langle 2,2\rangle,\langle 2,4\rangle,\langle 2,8\rangle,\langle 4,4\rangle,\langle 4,8\rangle,\langle 8,8\rangle\}$

$\preceq_B=\{\langle 1,1\rangle,\langle 1,3\rangle,\langle 1,5\rangle,\langle 1,10\rangle,\langle 1,15\rangle,\langle 3,3\rangle,\langle 3,15\rangle,\langle 5,5\rangle,\langle 5,10\rangle,$
$\langle 5,15\rangle,\langle 10,10\rangle,\langle 15,15\rangle\}$

$\preceq_C=\{\langle 2,2\rangle,\langle 2,6\rangle,\langle 2,18\rangle,\langle 2,36\rangle,\langle 6,6\rangle,\langle 6,18\rangle,\langle 6,36\rangle,\langle 18,18\rangle,$
$\langle 18,36\rangle,\langle 36,36\rangle\}$

$\preceq_A$,$\preceq_B$ 和$\preceq_C$ 的哈斯图如图 A3.9 至图 A3.11 所示.

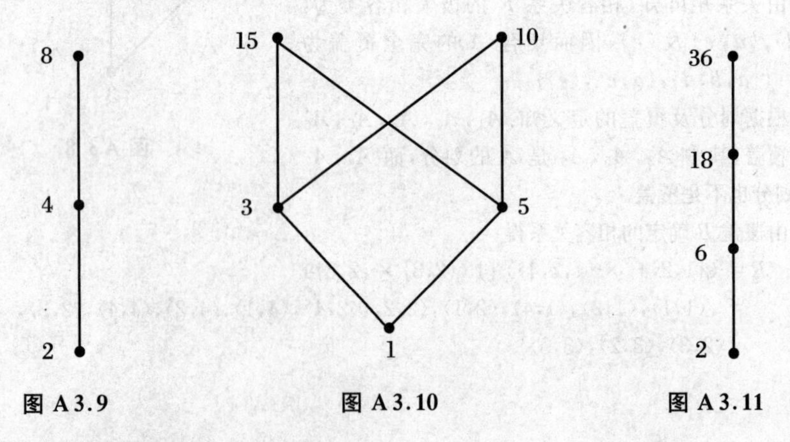

图 A3.9 图 A3.10 图 A3.11

其中,$\preceq_A$ 和$\preceq_C$ 是全序关系.

3. $A=\{1,2,3,4,5,6,7,8\}$

$R=\{\langle 2,4\rangle,\langle 2,5\rangle,\langle 2,6\rangle,\langle 3,4\rangle,\langle 3,5\rangle,\langle 3,6\rangle,\langle 4,6\rangle,\langle 5,6\rangle,\langle 7,8\rangle\}\cup I_A$

$=\{\langle 2,4\rangle,\langle 2,5\rangle,\langle 2,6\rangle,\langle 3,4\rangle,\langle 3,5\rangle,\langle 3,6\rangle,\langle 4,6\rangle,\langle 5,6\rangle,\langle 7,8\rangle,$
$\langle 1,1\rangle,\langle 2,2\rangle,\langle 3,3\rangle,\langle 4,4\rangle,\langle 5,5\rangle,\langle 6,6\rangle,\langle 7,7\rangle,\langle 8,8\rangle\}.$

4. (1) 哈斯图如图 A3.12 所示.

A 的极大元为 1,3,4,5,极小元为 1,2,4,5;无最大元和最小元.

(2) 哈斯图如图 A3.13 所示.

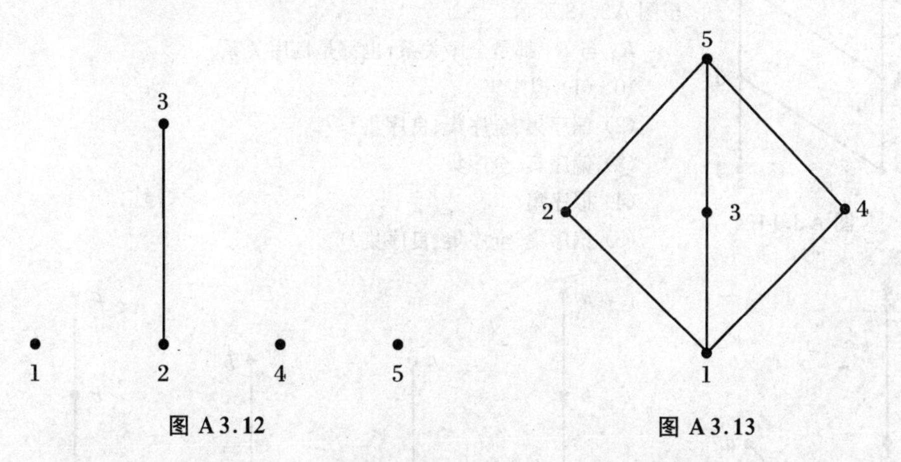

图 A3.12　　图 A3.13

A 的极大元与最大元都是 5,极小元和最小元都是 1.

5. 对于任意 $x\in B$,因为 $B\subseteq A$,故 $x\in A$,因为 R 是 A 上的偏序关系,故 R 在 A 上具有自反性,于是 $\langle x,x\rangle\in R$,且 $\langle x,x\rangle\in B\times B$,于是有 $\langle x,x\rangle\in R\cap(B\times B)=R'$,即 R' 在 B 上是自反的;

任取 $x,y\in B$,且 $x\neq y$,若 $\langle x,y\rangle\in R'$,可得 $\langle x,y\rangle\in R$,且 $\langle x,y\rangle\in B\times B$,因为 R 具有反对称性,所以必有 $\langle y,x\rangle\notin R$,故 $\langle y,x\rangle\notin R'$,即 R' 在 B 上具有反对称性;

任意 $x,y\in B$,因 $B\subseteq A$,故 $x,y\in A$,若 $\langle x,y\rangle\in R'$ 且 $\langle y,z\rangle\in R'$,而 $R'=R\cap(B\times B)$,故 $\langle x,y\rangle\in R\cap(B\times B)$ 且 $\langle y,z\rangle\in R\cap(B\times B)$,由 $\langle x,y\rangle\in R\cap(B\times B)$ 得 $\langle x,y\rangle\in R$ 且 $\langle x,y\rangle\in B\times B$,即当 $\langle x,y\rangle\in R$,同时 $x\in B$ 且 $y\in B$,同理,当 $\langle y,z\rangle\in R\cap(B\times B)$,也有 $\langle y,z\rangle\in R$,同时 $y\in B$ 且 $z\in B$.

因为 R 在 A 上具有传递性,由 $\langle x,y\rangle\in R$ 且 $\langle y,z\rangle\in R$,得 $\langle x,z\rangle\in R$.又 $x,z\in B$,故 $\langle x,z\rangle\in B\times B$,因此 $\langle x,z\rangle\in R\cap(B\times B)$,因而 R' 满足传递性,所以 R' 是 B 上的偏序关系.

6. 显然 $\langle A,\subseteq\rangle$ 是偏序集.

又因为 $\varnothing\subseteq\{b\}\subseteq\{b,c\}\subseteq\{a,b,c\}\subseteq\{a,b,c,d\}$,所以对于 A 中的任何 x,y,都有 $x\subseteq y$ 或 $y\subseteq x$,因此"$\subseteq$"是全序关系.

7. 设 $\langle A,\preceq\rangle$ 为有限的全序集,任取 $x_1\in A$,如果 x_1 是最大元,则定理成立;否则存在 $x_2\in A$,$x_1\neq x_2$,且 $x_1\preceq x_2$,如果 x_2 是最大元,则定理成立;否则存在 $x_3\in A$,$x_3\neq x_2$,且 $x_1\preceq x_2\preceq x_3$,当然 $x_3\neq x_1$,不然由传递性和反对称性知 $x_1=x_2=x_3$,这与 $x_1\neq x_2$ 矛盾;如此进行下去,当到第 k 步时,有 $x_1\preceq x_2\preceq x_3\preceq\cdots\preceq x_k$,$x_i\in A(i=1,2,\cdots,k)$,$x_i$ 互异,由于 A 为有限集,故一定在有限步后停止,假设进行到第 n 步时停止,则 x_n 就是最大元.

同理可证,有限的全序集也一定有最小元.

8. (1) 偏序集$\langle A,R\rangle$的哈斯图如图 A3.14 所示.

(2) 集合 A 中的最大元是 24,无最大小元,极大元也是 24,极小元是 2 和 3.

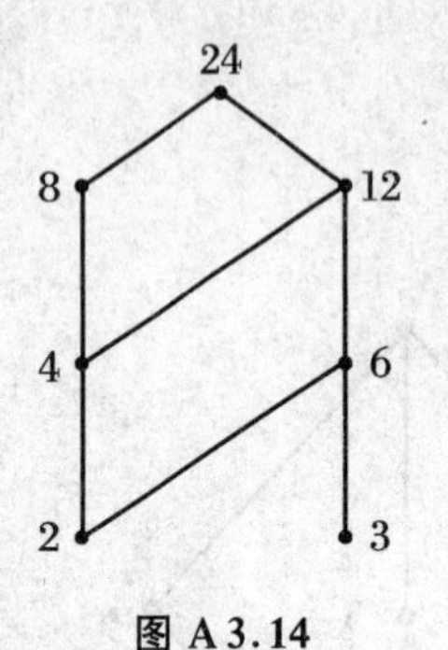

图 A 3.14

(3) 集合 B 的上界是 12 与 24,无下界,最小上界是 12,无最大下界.

9. 集合 A 上偏序关系R_1,R_2,R_3 及 R_4 的哈斯图分别如图 A3.15 至图 A3.18 所示.

R_2 与 R_4 都是全序关系,也都是良序关系.

10. (1) 拟序集.

(2) 偏序集、全序集、良序集.

(3) 偏序集、全序集.

(4) 拟序集.

(5) 偏序集、全序集、良序集.

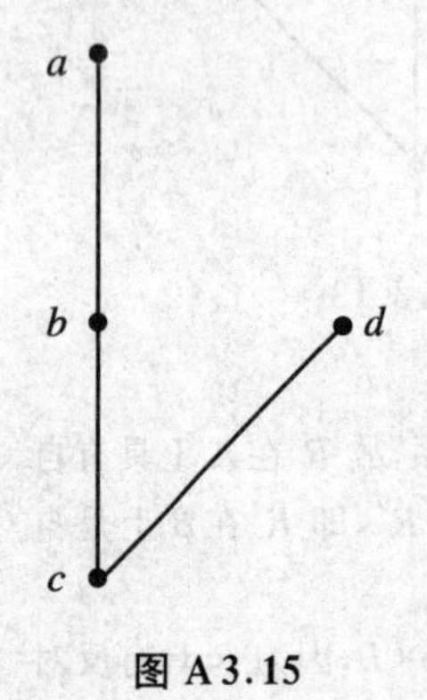

图 A 3.15

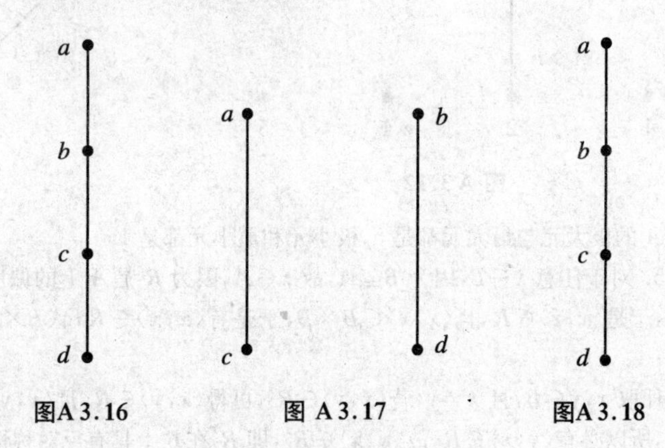

图A 3.16　　图 A 3.17　　图A 3.18

习题 3.9

1. $R=\{\langle 1,2\rangle,\langle 1,3\rangle,\langle 1,4\rangle,\langle 2,3\rangle,\langle 2,4\rangle,\langle 3,4\rangle\}$.

$R^{-1}=\{\langle 2,1\rangle,\langle 3,1\rangle,\langle 4,1\rangle,\langle 3,2\rangle,\langle 4,2\rangle,\langle 4,3\rangle\}$.

$$M_{R^{-1}}=\begin{bmatrix}0&0&0&0\\1&0&0&0\\1&1&0&0\\1&1&1&0\end{bmatrix}.$$

2. (1) 对于任意给定的 m,对 n 施行数学归纳法.

若 $n=0$,则 $R^m\circ R^0=R^m\circ I_A=R^m=R^{m+0}$.假设 $R^m\circ R^n=R^{m+n}$,则有 $R^m\circ R^{n+1}=R^m\circ(R^n\circ R)=(R^m\circ R^n)\circ R=R^{m+n}\circ R=R^{m+n+1}$.所以对任意自然数 n,$R^m\circ R^n=R^{m+n}$.

(2) 对于任意给定的 m,对 n 施行数学归纳法.

若 $n=0$,则有$(R^m)^0=I_A=R^0=R^{m\times 0}$,假设$(R^m)^n=R^{mn}$,则有$(R^m)^{n+1}=(R^m)^n\circ R^m=R^{mn+m}=R^{m(n+1)}$,所以对一切 $m,n\in\mathbf{N}$ 有$(R^m)^n=R^{mn}$.

3. (3) $\forall\langle x,y\rangle\in(R\cup S)^{-1}\Leftrightarrow\langle y,x\rangle\in R\cup S$

$\Leftrightarrow(\langle y,x\rangle\in R)\vee(\langle y,x\rangle\in S)$

$\Leftrightarrow(\langle x,y\rangle\in R^{-1})\vee(\langle x,y\rangle\in S^{-1})$

$\Leftrightarrow\langle x,y\rangle\in R^{-1}\cup S^{-1}$.

所以$(R\cup S)^{-1}=R^{-1}\cup S^{-1}$.

(6) $\forall\langle x,y\rangle\in(A\times B)^{-1}\Leftrightarrow\langle y,x\rangle\in A\times B$

$\Leftrightarrow(y\in A)\wedge(x\in B)$

$\Leftrightarrow(x\in B)\wedge(y\in A)$

$\Leftrightarrow\langle x,y\rangle\in B\times A$.

所以$(A\times B)^{-1}=B\times A$.

(7) 因为 $R=S$,所以$\forall\langle x,y\rangle\in R\Leftrightarrow\langle x,y\rangle\in S$,又由关系的逆的定义知,$\langle x,y\rangle\in R\Leftrightarrow\langle y,x\rangle\in R^{-1}$,$\langle x,y\rangle\in S\Leftrightarrow\langle y,x\rangle\in S^{-1}$,所以$\langle y,x\rangle\in R^{-1}\Leftrightarrow\langle y,x\rangle\in S^{-1}$,故 $R^{-1}=S^{-1}$.

4. (1) 真.因为任取 $x\in A$,由于 R 和 S 是自反的,所以有$\langle x,x\rangle\in R$,$\langle x,x\rangle\in S$,于是$\langle x,x\rangle\in R\circ S$,即 $R\circ S$ 也是自反的.

(2) 假.如取集合 $A=\{1,2\}$,$R=\{\langle 1,2\rangle\}$,$S=\{\langle 2,1\rangle\}$,显然 R 和 S 是反自反的,但由关系的复合知,$R\circ S=\{\langle 1,1\rangle\}$,说明 $R\circ S$ 是 A 上的自反关系,而不是反自反关系.

(3) 假.如取集合 $A=\{1,2,3\}$,$R=\{\langle 1,2\rangle,\langle 2,1\rangle\}$,$S=\{\langle 2,3\rangle,\langle 3,2\rangle\}$,显然 R 和 S 是对称的,但 $R\circ S=\{\langle 1,3\rangle\}$不是对称的.

(4) 假.如取集合 $A=\{1,2,3\}$,$R=\{\langle 1,2\rangle,\langle 2,3\rangle,\langle 1,3\rangle\}$,$S=\{\langle 2,3\rangle,\langle 3,1\rangle,\langle 2,1\rangle\}$,显然 R 和 S 是传递的,但 $R\circ S=\{\langle 1,3\rangle,\langle 1,1\rangle,\langle 2,1\rangle\}$不是传递的.

5. $R\circ S=\{\langle a,c\rangle,\langle a,b\rangle,\langle b,d\rangle,\langle c,c\rangle,\langle c,b\rangle\}$.

$S\circ R=\{\langle a,a\rangle,\langle a,c\rangle,\langle b,d\rangle,\langle c,d\rangle\}$.

$R^2=\{\langle a,a\rangle,\langle a,b\rangle,\langle a,d\rangle,\langle c,a\rangle,\langle c,b\rangle,\langle c,c\rangle\}$.

$R^{-1}=\{\langle a,a\rangle,\langle a,c\rangle,\langle b,a\rangle,\langle c,c\rangle,\langle d,b\rangle\}$.

$S^{-1}=\{\langle b,b\rangle,\langle b,c\rangle,\langle c,a\rangle,\langle d,d\rangle\}$.

$R^{-1}\circ S^{-1}=\{\langle a,a\rangle,\langle c,a\rangle,\langle d,b\rangle,\langle d,c\rangle\}$.

6. $\boldsymbol{M}_R=\begin{bmatrix}0&1&0&0\\1&0&1&0\\0&0&0&1\\0&0&0&0\end{bmatrix}$,因此

$$\boldsymbol{M}_{R^2}=\begin{bmatrix}0&1&0&0\\1&0&1&0\\0&0&0&1\\0&0&0&0\end{bmatrix}\circ\begin{bmatrix}0&1&0&0\\1&0&1&0\\0&0&0&1\\0&0&0&0\end{bmatrix}=\begin{bmatrix}1&0&1&0\\0&1&0&1\\0&0&0&0\\0&0&0&0\end{bmatrix}$$

$$\boldsymbol{M}_{R^3}=\begin{bmatrix}1&0&1&0\\0&1&0&1\\0&0&0&0\\0&0&0&0\end{bmatrix}\circ\begin{bmatrix}0&1&0&0\\1&0&1&0\\0&0&0&1\\0&0&0&0\end{bmatrix}=\begin{bmatrix}0&1&0&1\\1&0&0&1\\0&0&0&0\\0&0&0&0\end{bmatrix}$$

$$M_{R^4} = \begin{bmatrix} 0 & 1 & 0 & 1 \\ 1 & 0 & 0 & 1 \\ 0 & 0 & 0 & 0 \\ 0 & 0 & 0 & 0 \end{bmatrix} \circ \begin{bmatrix} 0 & 1 & 0 & 0 \\ 1 & 0 & 1 & 0 \\ 0 & 0 & 0 & 1 \\ 0 & 0 & 0 & 0 \end{bmatrix} = \begin{bmatrix} 1 & 0 & 1 & 0 \\ 0 & 1 & 0 & 1 \\ 0 & 0 & 0 & 0 \\ 0 & 0 & 0 & 0 \end{bmatrix}$$

即

$$R^2 = \{\langle a,a\rangle,\langle a,c\rangle,\langle b,b\rangle,\langle b,d\rangle\}$$
$$R^3 = \{\langle a,b\rangle,\langle a,d\rangle,\langle b,a\rangle,\langle b,c\rangle\}$$
$$R^4 = \{\langle a,a\rangle,\langle a,c\rangle,\langle b,b\rangle,\langle b,d\rangle\}$$

7. $R^{-1}=\{\langle y,x\rangle \mid x,y\in N$ 且 $y=x^2\}$;$R\circ S=\{\langle x,y\rangle \mid x,y\in N$ 且 $y=x^2+1\}$;$S\circ R=\{\langle x,y\rangle \mid x,y\in N$ 且 $y=(x+1)^2\}$.

8. 由 $M_R = \begin{bmatrix} 1 & 0 & 1 \\ 1 & 1 & 0 \\ 1 & 1 & 1 \end{bmatrix}, M_S = \begin{bmatrix} 1 & 0 & 0 & 1 & 0 \\ 1 & 0 & 1 & 0 & 1 \\ 0 & 1 & 0 & 1 & 0 \end{bmatrix}$ 得

$$M_{R\circ S} = M_R \circ M_S = \begin{bmatrix} 1 & 0 & 1 \\ 1 & 1 & 0 \\ 1 & 1 & 1 \end{bmatrix} \circ \begin{bmatrix} 1 & 0 & 0 & 1 & 0 \\ 1 & 0 & 1 & 0 & 1 \\ 0 & 1 & 0 & 1 & 0 \end{bmatrix} = \begin{bmatrix} 1 & 1 & 0 & 1 & 0 \\ 1 & 0 & 1 & 1 & 1 \\ 1 & 1 & 1 & 1 & 1 \end{bmatrix}$$

$$M_{(R\circ S)^{-1}} = M_{R\circ S}^{T} = \begin{bmatrix} 1 & 1 & 1 \\ 1 & 0 & 1 \\ 0 & 1 & 1 \\ 1 & 1 & 1 \\ 0 & 1 & 1 \end{bmatrix}$$

$$M_{R^{-1}} = \begin{bmatrix} 1 & 1 & 1 \\ 0 & 1 & 1 \\ 1 & 0 & 1 \end{bmatrix}, \quad M_{S^{-1}} = \begin{bmatrix} 1 & 1 & 0 \\ 0 & 0 & 1 \\ 0 & 1 & 0 \\ 1 & 0 & 1 \\ 0 & 1 & 0 \end{bmatrix}$$

$$M_{S^{-1}}\circ M_{R^{-1}} = \begin{bmatrix} 1 & 1 & 0 \\ 0 & 0 & 1 \\ 0 & 1 & 0 \\ 1 & 0 & 1 \\ 0 & 1 & 0 \end{bmatrix} \circ \begin{bmatrix} 1 & 1 & 1 \\ 0 & 1 & 1 \\ 1 & 0 & 1 \end{bmatrix} = \begin{bmatrix} 1 & 1 & 1 \\ 1 & 0 & 1 \\ 0 & 1 & 1 \\ 1 & 1 & 1 \\ 0 & 1 & 1 \end{bmatrix}$$

故 $M_{(R\circ S)^{-1}} = M_{S^{-1}}\circ M_{R^{-1}}$

9. ① $\forall a\in A \Rightarrow \langle a,a\rangle\in R$

$$\Rightarrow(\langle a,a\rangle\in R)\wedge(\langle a,a\rangle\in R)$$
$$\Rightarrow(\langle a,a\rangle\in R)\wedge(\langle a,a\rangle\in R^{-1})$$
$$\Rightarrow\langle a,a\rangle\in R\cap R^{-1}.$$

因此,$R\cap R^{-1}$具有自反性.

② $\forall \langle a,b\rangle\in R\cap R^{-1}\Rightarrow(\langle a,b\rangle\in R)\wedge(\langle a,b\rangle\in R^{-1})$

$\Rightarrow(\langle b,a\rangle\in R^{-1})\wedge(\langle b,a\rangle\in R)$

$\Rightarrow\langle b,a\rangle\in R\cap R^{-1}$.

因此 $R\cap R^{-1}$ 具有对称性.

③ 任取 $\langle a,b\rangle,\langle b,c\rangle\in R\cap R^{-1}$.

$(\langle a,b\rangle\in R\cap R^{-1})\wedge(\langle b,c\rangle\in R\cap R^{-1})$

$\Rightarrow(\langle a,b\rangle\in R)\wedge(\langle a,b\rangle\in R^{-1})\wedge(\langle b,c\rangle\in R)\wedge(\langle b,c\rangle\in R^{-1})$

$\Rightarrow((\langle a,b\rangle\in R)\wedge(\langle b,c\rangle\in R))\wedge((\langle a,b\rangle\in R^{-1})\wedge(\langle b,c\rangle\in R^{-1}))$

$\Rightarrow(\langle a,c\rangle\in R)\wedge(\langle a,c\rangle\in R^{-1})$

$\Rightarrow\langle a,c\rangle\in R\cap R^{-1}$

因此 $R\cap R^{-1}$ 具有传递性.

由①,②,③知,$R\cap R^{-1}$ 为 A 上的等价关系.

10. (1) 对任意 $\langle x,z\rangle\in R_1\circ R_3$,由复合的定义知,存在 $y\in A$,使得 $\langle x,y\rangle\in R_1$,$\langle y,z\rangle\in R_3$. 由 $R_1\subseteq R_2$ 知,$\langle x,y\rangle\in R_2$,又 $\langle y,z\rangle\in R_3$,故由复合的定义有 $\langle x,z\rangle\in R_2\circ R_3$. 所以 $R_1\circ R_3\subseteq R_2\circ R_3$.

(2) 对任意的 $\langle y,x\rangle\in R_1^{-1}$,有 $\langle x,y\rangle\in R_1$. 由 $R_1\subseteq R_2$ 知,$\langle x,y\rangle\in R_2$,即 $\langle y,x\rangle\in R_2^{-1}$. 所以 $R_1^{-1}\subseteq R_2^{-1}$.

(3) 对任意的 $\langle x,y\rangle\in\sim R_2$,有 $\langle x,y\rangle\notin R_2$. 因为 $R_1\subseteq R_2$,所以 $\langle x,y\rangle\notin R_1$,即 $\langle x,y\rangle\in\sim R_1$,故 $\sim R_2\subseteq\sim R_1$.

习题 3.10

1. B.
2. B.
3. C.
4. B.
5. $\{\langle 1,1\rangle,\langle 2,2\rangle,\langle 3,3\rangle,\langle 4,4\rangle,\langle 5,5\rangle,\langle 6,6\rangle,\langle 2,6\rangle,\langle 6,2\rangle,\langle 3,5\rangle,\langle 5,3\rangle\}$.
6. $\{\langle 1,9\rangle\}$;$\{\langle 1,9\rangle,\langle 9,1\rangle\}$;$\{\langle 1,1\rangle,\langle 2,2\rangle,\langle 3,3\rangle,\langle 4,4\rangle,\langle 5,5\rangle,\langle 6,6\rangle,\langle 7,7\rangle,\langle 8,8\rangle,\langle 9,9\rangle,\langle 1,3\rangle,\langle 3,1\rangle,\langle 2,6\rangle,\langle 6,2\rangle,\langle 3,9\rangle,\langle 9,3\rangle\}$.
7. (1) $r(R_1\cap R_2)=(R_1\cap R_2)\cup I_A=(R_1\cup I_A)\cap(R_2\cup I_A)=r(R_1)\cap r(R_2)$.

(2)
$$\begin{aligned}s(R_1\cap R_2)&=(R_1\cap R_2)\cup(R_1\cap R_2)^{-1}\\&=(R_1\cap R_2)\cup(R_1{}^{-1}\cap R_2{}^{-1})\\&=((R_1\cap R_2)\cup R_1{}^{-1})\cap((R_1\cap R_2)\cup R_2{}^{-1})\\&=((R_1\cup R_1{}^{-1})\cap(R_2\cup R_1{}^{-1}))\cap((R_1\cup R_2{}^{-1})\cap(R_2\cup R_2{}^{-1}))\\&=(s(R_1)\cap(R_2\cup R_1{}^{-1}))\cap((R_1\cup R_2{}^{-1})\cap s(R_2))\subseteq s(R_1)\cap s(R_2).\end{aligned}$$

(3) 因为 $(R_1\cap R_2)\subseteq R_1$,由定理 3.10.3 知 $t(R_1\cap R_2)\subseteq t(R_1)$,同理 $t(R_1\cap R_2)\subseteq t(R_2)$,所以 $t(R_1\cap R_2)\subseteq t(R_1)\cap t(R_2)$ 成立.

8. $r(R)=\{\langle a,a\rangle,\langle a,b\rangle,\langle b,d\rangle,\langle c,b\rangle,\langle b,b\rangle,\langle c,c\rangle,\langle d,d\rangle\}$.

$s(R)=\{\langle a,a\rangle,\langle a,b\rangle,\langle b,d\rangle,\langle c,b\rangle,\langle b,a\rangle,\langle d,b\rangle,\langle b,c\rangle\}$.

$t(R)=\{\langle a,a\rangle,\langle a,b\rangle,\langle b,d\rangle,\langle c,b\rangle,\langle a,d\rangle,\langle c,d\rangle\}$.

9. R 的关系矩阵为 $\boldsymbol{M}_R=\begin{bmatrix}0&0&1&0\\1&0&0&1\\1&1&0&0\\0&0&0&0\end{bmatrix}$.

① $i=1$ 时，将第一行元素对应逻辑加到第二、三行.

$$\boldsymbol{M}=\begin{bmatrix}0&0&1&0\\1&0&1&1\\1&1&1&0\\0&0&0&0\end{bmatrix}$$

② $i=2$ 时，将第二行元素对应逻辑加到第三行.

$$\boldsymbol{M}=\begin{bmatrix}0&0&1&0\\1&0&1&1\\1&1&1&1\\0&0&0&0\end{bmatrix}$$

③ $i=3$ 时，将第三行元素对应逻辑加到第一、二、三行.

$$\boldsymbol{M}=\begin{bmatrix}1&1&1&1\\1&1&1&1\\1&1&1&1\\0&0&0&0\end{bmatrix}$$

④ $i=4$ 时，矩阵 $\boldsymbol{M}$ 的赋值不变.

$$\boldsymbol{M}_{t(R)}=\begin{bmatrix}1&1&1&1\\1&1&1&1\\1&1&1&1\\0&0&0&0\end{bmatrix}$$

所以 $t(R)=\{\langle a,a\rangle,\langle a,b\rangle,\langle a,c\rangle,\langle a,d\rangle,\langle b,a\rangle,\langle b,b\rangle,\langle b,c\rangle,\langle b,d\rangle,$
$\langle c,a\rangle,\langle c,b\rangle,\langle c,c\rangle,\langle c,d\rangle\}$.

10. (1) $r(R)=R\cup I_A=\{\langle a,c\rangle,\langle b,d\rangle,\langle c,c\rangle,\langle d,c\rangle,\langle a,a\rangle,\langle b,b\rangle,\langle d,d\rangle\}$.

$r(R)^2=r(R)^3=r(R)^4=\{\langle a,c\rangle,\langle b,d\rangle,\langle c,c\rangle,\langle d,c\rangle,\langle a,a\rangle,\langle b,b\rangle,\langle d,d\rangle,\langle b,c\rangle\}$.

所以 $R'=t(r(R))=r(R)\cup r(R)^2\cup r(R)^3\cup r(R)^4=\{\langle a,c\rangle,\langle b,d\rangle,\langle c,c\rangle,\langle d,c\rangle,$
$\langle a,a\rangle,\langle b,b\rangle,\langle d,d\rangle,\langle b,c\rangle\}$.

(2) $s(R)=R\cup R^{-1}=\{\langle a,c\rangle,\langle b,d\rangle,\langle c,c\rangle,\langle d,c\rangle,\langle c,a\rangle,\langle d,b\rangle,\langle c,d\rangle\}$

$s(R)^2=\{\langle a,c\rangle,\langle a,a\rangle,\langle b,c\rangle,\langle b,b\rangle,\langle c,c\rangle,\langle c,a\rangle,\langle d,c\rangle,\langle d,a\rangle,\langle d,d\rangle,\langle c,b\rangle\}$

$s(R)^3=\{\langle a,c\rangle,\langle a,a\rangle,\langle b,c\rangle,\langle b,a\rangle,\langle b,d\rangle,\langle c,c\rangle,\langle c,a\rangle,\langle d,c\rangle,\langle d,a\rangle,\langle d,b\rangle,\langle c,d\rangle\}$

$s(R)^4=\{\langle a,c\rangle,\langle a,a\rangle,\langle b,c\rangle,\langle b,a\rangle,\langle b,b\rangle,\langle c,c\rangle,\langle c,a\rangle,\langle d,c\rangle,\langle d,a\rangle,\langle d,d\rangle,\langle c,b\rangle\}$

所以 $R'=t(s(R))=s(R)\cup s(R)^2\cup s(R)^3\cup s(R)^4=\{\langle a,c\rangle,\langle b,d\rangle,\langle c,c\rangle,\langle d,c\rangle,\langle c,a\rangle,$
$\langle d,b\rangle,\langle c,d\rangle,\langle a,a\rangle,\langle b,c\rangle,\langle b,b\rangle,\langle d,a\rangle,\langle d,d\rangle,\langle c,b\rangle,\langle b,a\rangle\}$.

(3) $r(R)=\{\langle a,c\rangle,\langle b,d\rangle,\langle c,c\rangle,\langle d,c\rangle,\langle a,a\rangle,\langle b,b\rangle,\langle d,d\rangle\}$

$s(r(R))=r(R)\cup r(R)^{-1}=\{\langle a,c\rangle,\langle b,d\rangle,\langle c,c\rangle,\langle d,c\rangle,\langle a,a\rangle,\langle b,b\rangle,\langle d,d\rangle,\langle c,a\rangle,\langle d,b\rangle,\langle c,d\rangle\}$

$s(r(R))^2=\{\langle a,c\rangle,\langle a,a\rangle,\langle a,d\rangle,\langle b,c\rangle,\langle b,d\rangle,\langle b,b\rangle,\langle c,c\rangle,\langle c,a\rangle,\langle c,d\rangle,\langle d,a\rangle,\langle d,d\rangle,\langle d,c\rangle,\langle d,b\rangle,\langle c,b\rangle\}$

$s(r(R))^3=s(r(R))^4=\{\langle a,a\rangle,\langle a,b\rangle,\langle a,c\rangle,\langle a,d\rangle,\langle b,a\rangle,\langle b,b\rangle,\langle b,c\rangle,\langle b,d\rangle,\langle c,a\rangle,\langle c,b\rangle,\langle c,c\rangle,\langle c,d\rangle,\langle d,a\rangle,\langle d,b\rangle,\langle d,c\rangle,\langle d,d\rangle\}$

所以 $R'=\mathrm{tsr}(R)=t(s(r(R)))=s(r(R))\cup s(r(R))^2\cup s(r(R))^3\cup s(r(R))^4=\{\langle a,a\rangle,\langle a,b\rangle,\langle a,c\rangle,\langle a,d\rangle,\langle b,a\rangle,\langle b,b\rangle,\langle b,c\rangle,\langle b,d\rangle,\langle c,a\rangle,\langle c,b\rangle,\langle c,c\rangle,\langle c,d\rangle,\langle d,a\rangle,\langle d,b\rangle,\langle d,c\rangle,\langle d,d\rangle\}$.

11. $r(R)=R\cup I_A=\{\langle a,b\rangle,\langle b,b\rangle,\langle b,c\rangle,\langle c,d\rangle,\langle d,b\rangle\}\cup\{\langle a,a\rangle,\langle b,b\rangle,\langle c,c\rangle,\langle d,d\rangle\}$
$=\{\langle a,b\rangle,\langle b,c\rangle,\langle c,d\rangle,\langle d,b\rangle,\langle a,a\rangle,\langle b,b\rangle,\langle c,c\rangle,\langle d,d\rangle\}$

$s(r(R))=r(R)\cup r(R)^{-1}$
$=\{\langle a,b\rangle,\langle b,c\rangle,\langle c,d\rangle,\langle d,b\rangle,\langle b,a\rangle,\langle c,b\rangle,\langle d,c\rangle,\langle b,d\rangle,\langle a,a\rangle,\langle b,b\rangle,\langle c,c\rangle,\langle d,d\rangle\}$

$s(r(R))^2=s(r(R))^3=s(r(R))^4$
$=\{\langle a,c\rangle,\langle a,a\rangle,\langle a,d\rangle,\langle a,b\rangle,\langle b,d\rangle,\langle b,b\rangle,\langle b,c\rangle,\langle c,b\rangle,\langle c,c\rangle,\langle c,d\rangle,\langle d,c\rangle,\langle d,a\rangle,\langle d,d\rangle,\langle d,b\rangle,\langle b,a\rangle,\langle c,a\rangle\}$

所以 $tsr(R)=t(s(r(R)))=s(r(R))\cup s(r(R))^2\cup s(r(R))^3\cup s(r(R))^4=\{\langle a,c\rangle,\langle a,a\rangle,\langle a,d\rangle,\langle a,b\rangle,\langle b,d\rangle,\langle b,b\rangle,\langle b,c\rangle,\langle c,b\rangle,\langle c,c\rangle,\langle c,d\rangle,\langle d,c\rangle,\langle d,a\rangle,\langle d,d\rangle,\langle d,b\rangle,\langle b,a\rangle,\langle c,a\rangle\}$.

12. 显然 $R\subseteq t(R)$；假设 $n\geqslant 1$ 时，$R^n\subseteq t(R)$；任取$\langle a,b\rangle\in R^{n+1}$，而 $R^{n+1}=R^n\circ R$，所以存在 $x\in A$ 使得$\langle a,x\rangle\in R^n$ 且$\langle x,b\rangle\in R$，从而$\langle a,x\rangle\in t(R)$且$\langle x,b\rangle\in t(R)$，于是$\langle a,b\rangle\in t(R)$，因此 $R^{n+1}\subseteq t(R)$. 由数学归纳法得证，对任意正整数 n 均有 $R^n\subseteq t(R)$.

13. $R^2=\{\langle 1,3\rangle,\langle 2,5\rangle,\langle 3,6\rangle,\langle 4,6\rangle,\langle 5,7\rangle,\langle 6,4\rangle,\langle 7,5\rangle\}$；

$R^3=\{\langle 1,5\rangle,\langle 2,6\rangle,\langle 3,7\rangle,\langle 4,7\rangle,\langle 5,4\rangle,\langle 6,5\rangle,\langle 7,6\rangle\}$；

$R^4=\{\langle 1,6\rangle,\langle 2,7\rangle,\langle 3,4\rangle,\langle 4,4\rangle,\langle 5,5\rangle,\langle 6,6\rangle,\langle 7,7\rangle\}$；

$R^5=\{\langle 1,7\rangle,\langle 2,4\rangle,\langle 3,5\rangle,\langle 4,5\rangle,\langle 5,6\rangle,\langle 6,7\rangle,\langle 7,4\rangle\}$；

$R^6=\{\langle 1,4\rangle,\langle 2,5\rangle,\langle 3,6\rangle,\langle 4,6\rangle,\langle 5,7\rangle,\langle 6,4\rangle,\langle 7,5\rangle\}$；

$R^7=\{\langle 1,5\rangle,\langle 2,6\rangle,\langle 3,7\rangle,\langle 4,7\rangle,\langle 5,4\rangle,\langle 6,5\rangle,\langle 7,6\rangle\}$.

由此可见

$$R^3=R^7=R^{11}=\cdots=R^{4n-1}=\cdots$$
$$R^4=R^8=R^{12}=\cdots=R^{4n}=\cdots$$
$$R^5=R^9=R^{13}=\cdots=R^{4n+1}=\cdots$$
$$R^6=R^{10}=R^{14}=\cdots=R^{4n+2}=\cdots$$

其中，$n=1,2,\cdots$

所以 $t(R)=R\cup R^2\cup R^3\cup R^4\cup R^5\cup R^6=\{\langle 1,3\rangle,\langle 2,5\rangle,\langle 3,6\rangle,\langle 4,6\rangle,\langle 5,7\rangle,\langle 6,4\rangle,\langle 7,$

5⟩,⟨1,5⟩,⟨2,6⟩,⟨3,7⟩,⟨4,7⟩,⟨5,4⟩,⟨6,5⟩,⟨7,6⟩,⟨1,6⟩,⟨2,7⟩,⟨3,4⟩,⟨4,4⟩,⟨5,5⟩,⟨6,6⟩,⟨7,7⟩,⟨1,7⟩,⟨2,4⟩,⟨3,5⟩,⟨4,5⟩,⟨5,6⟩,⟨6,7⟩,⟨7,4⟩,⟨1,4⟩}.

习题 4.1

1. 设 f 是单射,则 $|A|=|f(A)|$,因为 $|f(A)|=|B|$,从 f 的定义知 $f(A)\subseteq B$,而且 $|f(A)|=|B|$,且 B 是有限集,故 $f(A)=B$,即 f 是满射.

设 f 是满射,则 $f(A)=B$,于是 $|A|=|B|=|f(A)|$.因为 $|A|=|f(A)|$,且 A 是有限集,故 f 是单射.

若 A 和 B 均是无限集,结论不一定成立.

例如,函数 $f:\mathbf{Z}\to\mathbf{Z}$,其中 $\mathbf{Z}$ 是整数集,且 $f(x)=2x$,即整数映射到偶整数,显然 f 是单射,但不是满射.

2. 因为 $f=\{\langle x,f(x)\rangle \mid x\in \mathrm{dom}(f)\}$,$g=\{\langle x,g(x)\rangle \mid x\in \mathrm{dom}(g)\}$,所以

$f\subseteq g \Leftrightarrow$ 对任意 $\langle x,f(x)\rangle \in f$ 且 $x\in \mathrm{dom}(f)$ 有 $\langle x,f(x)\rangle \in g$ 且 $x\in \mathrm{dom}(g)$

$\Leftrightarrow(\langle x,f(x)\rangle \in f)\to(\langle x,f(x)\rangle \in g)$ 且 $(x\in \mathrm{dom}(f))\to(x\in \mathrm{dom}(g))$

$\Leftrightarrow \mathrm{dom}(f)\subseteq \mathrm{dom}(g)$,且对任意 $x\in \mathrm{dom}(f)$ 均有 $f(x)=g(x)$.

3. 由 $f\subseteq g$ 有 $\mathrm{dom}(f)\subseteq \mathrm{dom}(g)$,且对任意 $x\in \mathrm{dom}(f)$ 均有 $f(x)=g(x)$.故得 $\mathrm{dom}(f)=\mathrm{dom}(g)$ 和 $f(x)=g(x)$.所以 $f=\{\langle x,f(x)\rangle \mid x\in \mathrm{dom}(f)\}=\{\langle x,g(x)\rangle \mid x\in \mathrm{dom}(g)\}=g$.

4. $f\cap g=\{\langle x,y\rangle \mid x\in \mathrm{dom}(f), x\in \mathrm{dom}(g), y=f(x), y=g(x)\}$

$=\{\langle x,y\rangle \mid x\in \mathrm{dom}(f)\cap \mathrm{dom}(g), y=f(x)=g(x)\}$

则 $\mathrm{dom}(f\cap g)=\{x \mid x\in \mathrm{dom}(f)\cap \mathrm{dom}(g), f(x)=g(x)\}$.若 $y_1\neq y_2$,因为 f 是函数,故必有 $y_1=f(x_1)$,$y_2=f(x_2)$,且 $x_1\neq x_2$,所以 $f\cap g$ 是函数.因为 $f\cap g=\{\langle x,y\rangle \mid x\in \mathrm{dom}(f\cap g), y=(f\cap g)(x)=f(x)=g(x)\}$.

5. 任取 $y\in f(A)-f(C)$,则对某个 $x\in A$,$f(x)=y$.但对每个 $z\in C$,$y\neq f(z)$,因此 $x\in A-C$.因为 $y=f(x)$,故 $y\in f(A-C)$,由 y 的任意性得 $f(A)-f(C)\subseteq f(A-C)$.

6. (1) 任取 $y\in f(A\cup B)$,则存在 $x\in A\cup B$ 使 $f(x)=y$,即 $x\in A$ 或 $x\in B$ 时有 $y=f(x)$.故 $f(x)\in f(A)$ 或 $f(x)\in f(B)$,因此 $f(x)\in f(A)\cup f(B)$,于是 $f(A\cup B)\subseteq f(A)\cup f(B)$.

任取 $y\in f(A)\cup f(B)$,则 $y\in f(A)$ 或 $y\in f(B)$,由此有 $x\in A$ 使 $f(x)=y$ 或 $x\in B$ 使 $f(x)=y$ 或 $x\in A$ 且 $x\in B$ 使 $f(x)=y$,即存在 $x\in A\cup B$ 使 $f(x)=y$,故 $y\in f(A\cup B)$.故得证 $f(A)\cup f(B)\subseteq f(A\cup B)$.

(2) 任取 $y\in f(A\cap B)$,则存在 $x\in A\cap B$ 使 $f(x)=y$,即 $x\in A$ 且 $x\in B$ 时有 $y=f(x)$.故 $f(x)\in f(A)$ 且 $f(x)\in f(B)$,因此 $f(x)\in f(A)\cap f(B)$,于是 $f(A\cap B)\subseteq f(A)\cap f(B)$.

任取 $y\in f(A)\cap f(B)$,则 $y\in f(A)$ 且 $y\in f(B)$,由此有 $x\in A$ 且 $x\in B$ 使 $f(x)=y$,即存在 $x\in A\cap B$ 使 $f(x)=y$,故 $y\in f(A\cap B)$.于是就有 $f(A)\cap f(B)\subseteq f(A\cap B)$.

7. D.

8. C.

9. A.

10. $2^{nm},m^n,n!C_m^n,\sum_{k=s}^{m}(-1)^{m-k}C_m^k k^n,n!$.

11. (1)是双射;(2)是双射;(3)既不是单射也不是满射;(4)既不是单射也不是满射;(5)是满射.

习题 4.2

1. 任取 $y\in Y$,则必有 $z=g(y)\in Z$.由于 $g\circ f$ 是一个满射,故对任意 $z\in Z$,必有 $x\in X$ 使得 $g\circ f(x)=z$,为此有 $g\circ f(x)=g(y)$,即 $g(f(x))=g(y)$.因为 g 是单射,故有 $f(x)=y$,所以对任意的 $y\in Y$,必有 $x\in X$ 使 $f(x)=y$.于是 f 是满射.

2. 设函数 $S:A\times B\to A$ 使得 $S(\langle x,y\rangle)=x$,函数 $T:A\times B\to B$ 使得 $T(\langle x,y\rangle)=y$,则 S 和 T 是满射.定义函数 $h:X\to A\times B$ 使得对所有 $x\in X$ 有 $h(x)=\langle f(x),g(x)\rangle$,则

$$S\circ h(x)=S(h(x))=S(\langle f(x),g(x)\rangle)=f(x)$$
$$T\circ h(x)=T(h(x))=T(\langle f(x),g(x)\rangle)=g(x)$$

令 $H:X\to A\times B$ 为不同于函数 $h:X\to A\times B$ 的任意函数,且 $S\circ H=f,T\circ H=g$.

因为 $S:A\times B\to A$ 和 $f:X\to A$,故要使 $S\circ H=f$,则必有 $H:X\to A\times B$.假定 $H(x)=\langle m,n\rangle$,则 $S(\langle m,n\rangle)=m=f(x),T(\langle m,n\rangle)=n=g(x)$.于是 $\langle m,n\rangle=\langle f(x),g(x)\rangle$,即 $h=H$.

3. 例如 $f=\{\langle 1,2\rangle,\langle 2,3\rangle,\langle 3,1\rangle,\langle 4,4\rangle\}$,则

$$f^{-2}=\{\langle 1,3\rangle,\langle 2,1\rangle,\langle 3,2\rangle,\langle 4,4\rangle\}$$
$$f^{-3}=\{\langle 1,1\rangle,\langle 2,2\rangle,\langle 3,3\rangle,\langle 4,4\rangle\}$$
$$f^{-1}=\{\langle 2,1\rangle,\langle 3,2\rangle,\langle 1,3\rangle,\langle 4,4\rangle\}$$
$$f\circ f^{-1}=\{\langle 1,1\rangle,\langle 2,2\rangle,\langle 3,3\rangle,\langle 4,4\rangle\}$$
$$g=\{\langle 1,2\rangle,\langle 2,1\rangle,\langle 3,4\rangle,\langle 4,3\rangle\}$$
$$g\circ g=\{\langle 1,1\rangle,\langle 2,2\rangle,\langle 3,3\rangle,\langle 4,4\rangle\}=I_A$$

4. f 是 A 上的传递关系当且仅当 $f^{-2}\subseteq f$.

必要性　因为 $f^{-2}=f$,所以 $f^{-2}\subseteq f$,故 f 是 A 上的传递关系.

充分性　因为 f 是 A 上的传递关系,所以 $f^{-2}\subseteq f$.

任取 $\langle x,y\rangle\in f$,则 $y\in A$.由于 $f\in A^A$,故必有 $z\in A$ 使得 $\langle y,z\rangle\in f$.从而 $\langle x,z\rangle\in f^{-2}$.又由 f 是 A 上的传递关系知,每当 $\langle x,y\rangle\in f$ 与 $\langle y,z\rangle\in f$ 时,必有 $\langle x,z\rangle\in f$.但因 f 是函数,故由 $\langle x,y\rangle\in f$ 与 $\langle x,z\rangle\in f$ 知 $y=z$.这样,对任意 $\langle x,y\rangle\in f$,必有 $\langle x,y\rangle\in f^{-2}$.于是 $f\subseteq f^{-2}$.

综上得 $f^{-2}=f$.

5. (1) 设 $y\in f(f^{-1}(Y))$,则必存在 $x\in f^{-1}(Y)$ 使得 $f(x)=y$,故 $f(x)\in Y$,即 $y\in Y$,故 $f(f^{-1}(Y))\subseteq Y$.

(2) 由(1)知 $f(f^{-1}(Y))\subseteq Y$.

对任意 $y\in Y$,因为 f 是满射,故必有 $x\in f^{-1}(Y)$ 使得 $f(x)=y$.因为 $x\in f^{-1}(Y)$,故 $y\in f(f^{-1}(Y))$,从而 $Y\subseteq f(f^{-1}(Y))$.

(3) 对任意 $x\in X,f(x)\in f(X)$,因为 $X\subseteq A$,故 $f(X)\subseteq B$.设 $f(X)=Y$,由 $f(x)\in Y$ 得 $x\in f(f^{-1}(A))$,所以 $f^{-1}(f(X))\supseteq X$.

(4) 设 $x\in f^{-1}(f(X))$，则 $f(x)\in f(X)$，在 X 中必存在 t，使得 $f(x)=f(t)$. 因为 f 是单射，故必有 $x=t$. 即 $x\in X$，所以 $X\supseteq f^{-1}(f(X))$，于是 $f^{-1}(f(X))=X$.

6. 假定 g 不是单射，则存在 y_1 和 y_2，使得 $y_1\neq y_2$ 时有 $g(y_1)=g(y_2)$. 因为 f 是满射，对于 y_1 和 y_2 必存在 x_1 和 x_2 使得 $f(x_1)=y_1$，$f(x_2)=y_2$. 因为 f 是函数，所以 $f(x_1)\neq f(x_2)$ 时必有 $x_1\neq x_2$. 现考虑在 x_1 和 x_2 时 $g\circ f$ 的值：

$$g\circ f(x_1) = g(f(x_1)) = g(y_1) = g(y_2) = g(f(x_2)) = g\circ f(x_2)$$

这与 $g\circ f$ 是单射矛盾.

例如，设 $\mathbf{R}$ 是实数集，$\mathbf{R}_+$ 正实数集，定义函数

$$f:\mathbf{R}_+\to\mathbf{R}，且\ f(x) = x$$

$$g:\mathbf{R}\to\mathbf{R}，且\ g(x) = x^2$$

则 $g\circ f$ 是一个单射，f 不是满射，但 g 不是单射.

7. (1) 递增. (2) 递增. (3) 不一定单调递增.

8. 任取 $x_1,x_2\in X$ 且 $x_1\neq x_2$，假设 $f(x_1)=f(x_2)$. 由于 $g\circ f(x_1)=x_1$，$g\circ f(x_2)=x_2$，故存在 $a,b\in Y$，使得 $f(x_1)=a$，$g(a)=x_1$；$f(x_2)=b$，$g(b)=x_2$. 这样有 $a=b$，从而再由 g 是函数知 $g(a)=g(b)$，于是导出 $x_1=x_2$，与题设矛盾.

假设 g 不是满射，则必有某个 $x\in X$，对所有 $y\in Y$ 有 $g(y)\neq x$. 但 $g\circ f(x)=x$，即存在 $c\in Y$，使得 $f(x)=c$，$g(c)=x$. 导致矛盾.

9. 设 $f,g,h\in X^X$ 且 $h\circ f=h\circ g$.

充分性　已知 $f=g$. 假设 h 不是单射，则必有 $x_1,x_2\in X$ 使 $f(x_1)=f(x_2)$ 时 $x_1\neq x_2$. 定义函数 $f,g\in X^X$ 如下：

$$g:X\to X，对所有\ x\in X\ 有\ g(x) = x_1$$

$$f:X\to X，对所有\ x\in X\ 有\ f(x) = x_2$$

这样 $f,g\in X^X$ 且 $h\circ f=h\circ g$，但 $f(x)\neq g(x)$，与题设 $f=g$ 矛盾.

必要性　已知 h 是单射. 假设 $f\neq g$，则必有某个 $x\in X$ 有 $f(x)\neq g(x)$，但 $h\circ f(x)=h\circ g(x)$，即 $h(f(x))=h(g(x))$，从而 h 不是单射. 导致矛盾.

10. 设 $f,g,h\in X^X$ 且 $f\circ h=g\circ h$.

充分性　已知 $f=g$. 假设 h 不是满射，则必有 $x_1\in X$ 使得对所有 $x\in X$，$h(x)\neq x_1$. 因为 $h\in X^X$，所以 $X\neq\{x_1\}$. 故必有 $x_2\in X$ 且 $x_1\neq x_2$. 定义函数 $f,g\in X^X$ 如下：

$$f:X\to X，对所有\ x\in X\ 有\ f(x) = \begin{cases} x_2, & x\neq x_1 \\ x_1, & x = x_1 \end{cases}$$

$$g:X\to X，对所有\ x\in X\ 有\ g(x) = x_2$$

这样 $f(h(x))=g(h(x))$，但 $f\neq g$，与题设矛盾.

必要性　已知 h 是满射. 假设 $f\neq g$，则必有某个 $x_1\in X$，有 $f(x_1)\neq g(x_1)$，因此对所有 $x\in X$，必有 $h(x)\neq x_1$，否则 $f(h(x))\neq g(h(x))$，即 $f\circ h(x)\neq g\circ h(x)$，与题设矛盾. 而对所有 $x\in X$，必有 $h(x)\neq x_1$ 说明 h 不是满射. 故 $f=g$.

11. $n=1$ 时，$f=I_X$，故 f 是双射.

设 $n>1$ 时，$f^n=I_X$. 假设 f 不是单射，则必有 $x_1,x_2\in X$，使 $x_1\neq x_2$ 时有 $f(x_1)=f(x_2)$，即 $x_1\neq x_2$ 时有 $f^{n-1}\circ f(x_1)=f^{n-1}\circ f(x_2)$，故当 $x_1\neq x_2$ 时有 $f^n(x_1)=f^n(x_2)$，即 f^n 不是单射，

这与题设 $f^n = I_X$ 矛盾.

假设 f 不是满射,则必有 $y \in X$ 使得对所有 $x \in X, f(x) \neq y$. 为此可推出对所有 $z \in X$, $f^{n-1} \circ f(z) \neq y$,这样 f^n 不是满射,与题设 $f^n = I_X$ 矛盾.

12. 因为 $g \circ f = I_A$,故有 $g \circ f(x_1) = g(f(x_1)) = x_1$, $g \circ f(x_2) = g(f(x_2)) = x_2$. 若 $x_1 \neq x_2$,则 $g(f(x_1)) \neq g(f(x_2))$,从而 $f(x_1) \neq f(x_2)$,故 f 是单射.

又对任意 $x \in A$, $g \circ f(x) = g(f(x)) = x$,即存在 $y = f(x) \in B$ 使得 $g(y) = x$,因此 g 是满射.

同理可证 g 是单射 f 是满射.

现设 $\langle x, y \rangle \in f$,因为 $\langle x, x \rangle \in I_A$,而 $g \circ f = I_A$,故必有某个 $z \in B$ 使得 $\langle x, z \rangle \in f$ 且 $\langle z, x \rangle \in g$. 由 $\langle x, y \rangle \in f$ 且 $\langle x, z \rangle \in f$ 得 $y = z$,因此 $\langle y, x \rangle \in g$. 反之,若 $\langle y, x \rangle \in g$,由 $\langle y, y \rangle \in I_B$,故必有某个 $a \in A$ 有 $\langle y, a \rangle \in g$ 且 $\langle a, y \rangle \in f$. 由 $\langle y, x \rangle \in g$ 且 $\langle y, a \rangle \in g$ 得 $x = a$,因此 $\langle x, y \rangle \in f$.

上述证明得到 $\langle x, y \rangle \in f$ 当且仅当 $\langle y, x \rangle \in g$,所以 $g = f^{-1}$ 且 $f = g^{-1}$.

13. 满射;单射.

14. $f = I_X$; $f = I_X$.

15. $6x + 11$; $\{\langle x, 8x + 21 \rangle \mid x \in \mathbf{R}\}$; $\{\langle x, 2x + 7 \rangle \mid x \in \mathbf{R}\}$.

16. B.

17. A.

18. $\left\{\langle x, \frac{x-3}{2} \rangle \mid x \in R\right\}$; $g^{-1}(x) = x - 2$.

19. $f^{-1} = \{\langle 1,2 \rangle, \langle 2,3 \rangle, \langle 3,1 \rangle\}$.

习题 4.4

1. 解 $S = \{f_1, f_2, f_3, f_4\}$,其中 $f_1 = \{\langle 2,2 \rangle, \langle 3,2 \rangle\}$, $f_2 = \{\langle 2,2 \rangle, \langle 3,3 \rangle\}$, $f_3 = \{\langle 2,3 \rangle, \langle 3,2 \rangle\}$, $f_4 = \{\langle 2,3 \rangle, \langle 3,3 \rangle\}$. 于是所求运算表如表 A4.1 所示.

表 A4.1

$\circ$	f_1	f_2	f_3	f_4
f_1	f_1	f_1	f_1	f_1
f_2	f_1	f_2	f_3	f_4
f_3	f_4	f_3	f_2	f_1
f_4	f_4	f_4	f_4	f_4

2. 证明: $a * b = a * (a * a) = (a * a) * a = b * a$.

3. 证明: $(a * b) * (a * b) = a * (b * a) * b = a * (a * b) * b = (a * a) * (b * b) = a * b$.

习题 4.5

9. ① 任意 $x \in A$,因 $x * x = x$,所以 $\langle x, x \rangle \in R$,即 R 自反;

② 设$\langle x,y\rangle\in R$，$\langle y,x\rangle\in R$，则 $x*y=x$，$y*x=y$，又 $x*y=y*x$

所以 $x=y$，即 R 反对称；

③ 设$\langle x,y\rangle\in R$，$\langle y,z\rangle\in R$，则 $x*y=x$，$y*z=y$，又 $x*z=(x*y)*z=x*(y*z)=x*y=x$，所以$\langle x,z\rangle\in R$，即 R 传递.

10. 由题意知，$x*y=y*x$ 时必有 $x=y$.

(1) 由于$(x*x)*x=x*(x*x)$，所以 $x*x=x$；

(2) 由于 $x*(x*y*x)=(x*x)*y*x=x*y*(x*x)=(x*y*x)*x$，所以$x*y*x=x$；

(3) 由于$(x*z)*(x*y*z)=(x*z*x)*(y*z)=x*(y*z)=(x*y)*z=(x*y)*(z*x*z)=(x*y*z)*(x*z)$，所以 $x*y*z=x*z$.

习题 5.1

1. 设$\langle G,*\rangle$的幺元为 e. S 为 G 的所有可逆元组成的集合.

① 任取 $a,b\in S$，由 S 的定义知有 $a^{-1},b^{-1}\in G$ 使得

$$a*a^{-1}=e=a^{-1}*a$$

$$b*b^{-1}=e=b^{-1}*b$$

于是

$$(a*b)*(b^{-1}*a^{-1})=a*(b*b^{-1})*a^{-1}=a*a^{-1}=e$$

$$(b^{-1}*a^{-1})*(a*b)=b^{-1}*(a^{-1}*a)*b=b*b^{-1}=e$$

所以$(a*b)^{-1}=b^{-1}*a^{-1}$. 故 $a*b\in S$，即 $*$ 运算在 S 上封闭.

② 运算 $*$ 在 S 上结合显然.

③ 因为幺元 e 的逆元是幺元 e 本身，所以 e 也是 G 的逆元，故 $e\in S$. 又对任意 $a\in S\subseteq G$，有 $a*e=a=e*a$，所以 e 为 S 的幺元.

④ 任取 $a\in S\subseteq G$，因为$(a^{-1})^{-1}=a$，所以 a^{-1}是 G 的逆元，故 $a^{-1}\in S$.

又因为 $a*a^{-1}=e=a^{-1}*a$，所以 a^{-1}为任意元素 a 在 S 中的逆元.

由①，②，③，④，证得$\langle S,*\rangle$为群.

2. 设$\langle G,*\rangle$为偶数阶群，为其幺元. 假设 G 中没有 2 阶元，则对任意 $a\in G$ 均有$a^2\neq e$，从而 $a\neq a^{-1}$. 于是 G 中除幺元 e 外，其余元素均成对以 a,a^{-1}形式出现. 这样 G 的阶为奇数，与题设矛盾. 因此命题得证.

3. 由(2)知，存在元素 $c\in G$ 使 $c*b=e$，于是 $a*b=e*(a*b)=(c*b)*(a*b)=c*(b*a)*b=c*b=e$，所以 G 中任意元素 a 都有逆元 a^{-1}.

又由于 $a*e=a*(a^{-1}*a)=(a*a^{-1})*a=e*a=a$，所以 G 有幺元 e.

4. 对任意 $a\in G$：

(1) 存在唯一元素 $e\in G$，使得 $e*a=a$；

(2) 存在唯一元素 $x\in G$，使得 $x*a=e$.

由习题 5.1 第 3 题得证$\langle G,*\rangle$是群.

5. 设 $G=\{a_1,a_2,\cdots,a_n\}$，任意 $a\in G$，记 $H=\{a_1*a,a_2*a,\cdots,a_n*a\}$，由封闭可知

$H\subseteq G$.又 $a_1*a,a_2*a,\cdots,a_n*a$ 互不相同,否则,若 $a_i*a=a_j*a(i\neq j)$,则 $a_i=a_j$,所以 $H=G$.亦即对任意 $a,b\in G$,存在唯一 $a_i\in G$ 使得 $a_i*a=b$.

由习题 5.1 第 4 题得证 $\langle G,*\rangle$ 是群.

习题 5.2

1. ① 任取 $x\in G$,因为幺元 $x^{-1}*x\in H$,所以 $\langle x,x\rangle\in R$,即 R 是 G 上的自反关系.

② 设 $\langle x,y\rangle\in R$,则 $x^{-1}*y\in H$,从而 $(x^{-1}*y)^{-1}=y^{-1}*x\in H$,所以 $\langle y,x\rangle\in R$,即 R 是 G 上的对称关系.

③ 设 $\langle x,y\rangle\in R,\langle y,z\rangle\in R$,则 $x^{-1}*y\in H,y^{-1}*z\in H$.由 $*$ 运算在 H 上的封闭性知 $(x^{-1}*y)*(y^{-1}*z)\in H$,即有 $x^{-1}*z\in H$,所以 $\langle x,z\rangle\in R$,即 R 是 G 上的传递关系.

由①,②,③证得 R 是 G 上的等价关系.

2. $\langle\{0\},+_6\rangle,\langle\{0,2\},+_6\rangle,\langle\{0,2,4\},+_6\rangle,\langle N_6,+_6\rangle$.

3. 由异或∇运算,易知 $*$ 运算在 G 上的封闭、结合.

任取 $\langle a,b,c,d\rangle\in G,\langle a,b,c,d\rangle*\langle 0,0,0,0\rangle=\langle a,b,c,d\rangle=\langle 0,0,0,0\rangle*\langle a,b,c,d\rangle$,所以 $\langle 0,0,0,0\rangle$ 为 $\langle G,*\rangle$ 的幺元.

任取 $\langle a,b,c,d\rangle\in G,\langle a,b,c,d\rangle*\langle a,b,c,d\rangle=\langle 0,0,0,0\rangle$,所以 $\langle a,b,c,d\rangle$ 的逆元为其本身.

这就证明了 $\langle G,*\rangle$ 是群.

子群 $\langle\{\langle 0,0,0,0\rangle,\langle 1,1,1,1\rangle\},*\rangle$.

4. ① 任取 $a*b,c*d\in HK$,由于 $\langle H,*\rangle$ 与 $\langle K,*\rangle$ 均是群 $\langle G,*\rangle$ 的子群,所以 $(c*d)^{-1}=d^{-1}*c^{-1}\in KH$.

又因为 $HK=KH$,所以存在 $s*t\in HK$ 使得 $s*t=d^{-1}*c^{-1}$,于是

$$\begin{aligned}(a*b)*(c*d)^{-1}&=(a*b)*(d^{-1}*c^{-1})\\&=(a*b)*(s*t)\\&=a*(b*s)*t\quad(b*s\in KH)\\&=a*(g*h)*t\quad(g*h\in HK)\\&=(a*g)*(h*t)\in HK\quad(a*g\in H,h*t\in K)\end{aligned}$$

故得证 $\langle HK,*\rangle$ 是群 $\langle G,*\rangle$ 的子群.

② 任取 $a*b\in HK$,由于 $\langle HK,*\rangle$ 是群 $\langle G,*\rangle$ 的子群,所以 $(a*b)^{-1}\in HK$,于是存在 $c\in H$ 且 $d\in K$ 使得 $(a*b)^{-1}=c*d$.于是 $a*b=(c*d)^{-1}=d^{-1}*c^{-1}\in KH$,故 $HK\subseteq KH$.

任取 $a*b\in KH$,则 $(a*b)^{-1}=b^{-1}*a^{-1}\in HK$,而 $\langle HK,*\rangle$ 是群 $\langle G,*\rangle$ 的子群,所以 $(b^{-1}*a^{-1})^{-1}=((a*b)^{-1})^{-1}=a*b\in HK$.

由①,②证得 $KH\subseteq HK$.

习题 5.3

1. 设 e 为 $\langle G,*\rangle$ 的幺元,则 $eH=H$ 是 $\langle G,*\rangle$ 的一个子群.而 H 在 G 中的所有左陪集构

成G的一个划分,即H的左陪集或者相同或者不相交,即eH以外的所有左陪集均不含e.

又群$\langle G,*\rangle$的幺元e必是其子群的幺元.

2. 设e为$\langle G,*\rangle$的幺元.

(1) ① 任取$x\in G$,因为$e\in H$且$e\in K$使得$x=e*x*e$,所以$\langle x,x\rangle\in R$.

② 设$\langle x,y\rangle\in R$,则存在$h\in H$且$k\in K$使$y=h*x*k$,从而$x=h^{-1}*y*k^{-1}$,所以$\langle y,x\rangle\in R$.

③ 设$\langle x,y\rangle\in R,\langle y,z\rangle\in R$,则存在$h\in H$且$k\in K$使$y=h*x*k$;存在$s\in H$且$t\in K$使$z=s*y*t$.

于是$z=s*y*t=s*(h*x*k)*t=(s*h)*x*(k*t)$,而$s*h\in H,k*t\in K$,所以$\langle x,z\rangle\in R$.

(2) 等价类$[a]_R=\{x\mid x\in G$且$\langle a,x\rangle\in R\}$,任取$x\in[a]_R\Leftrightarrow\langle a,x\rangle\in R\Leftrightarrow$存在$h\in H$且$k\in K$使$x=h*a*k\Leftrightarrow x\in HaK$.

(3) ① 已知$b\in[a]_R$,则$[a]_R=[b]_R=HbK$,而$Hb=Hbe\subseteq HbK=[a]_R$.

② 已知$Hb\subseteq[a]_R$,因为$b=eb\in Hb$,所以$b\in[a]_R$,于是$[a]_R=[b]_R=HbK$,又$bK=ebK\subseteq HbK=[b]_R=[a]_R$.即$bK\subseteq[a]_R$.

③ 已知$bK\subseteq[a]_R$,因为$b=be\in bK$,所以$b\in[a]_R$,于是$\langle a,b\rangle\in R$,从而存在$h\in H$且$k\in K$使$b=h*a*k$.这样$b*k^{-1}=h*a$,显然$b*k^{-1}\in bK,h*a\in Ha$,故$Ha\cap bK\neq\varnothing$.

④ 已知$Ha\cap bK\neq\varnothing$,则存在$h\in H$且$k\in K$使$h*a=b*k$,于是$b=h*a*k^{-1}$,又$k^{-1}\in K$,所以$\langle a,b\rangle\in R$,即$b\in[a]_R$.

3. (1) $H=\langle a\rangle=\{e,a,b\}$.

(2) $cH=\{c*e,c*a,c*b\}=\{e,f,d\},Hc=\{e*c,a*c,b*c\}=\{e,d,f\}$.

(3) $\{e,c\},\{e,bd\},\{e,f\}$.

(4) $\langle d\rangle=\{e,d\},|G/\langle d\rangle|=|G|/|\langle d\rangle|=3$.

(5) $\langle d\rangle=\{e,d\},\langle d\rangle a=\{a,c\},\langle d\rangle b=\{b,f\}$.

5. 易证$\langle C,*\rangle$是$\langle G,*\rangle$的子群.

任意$a\in G$,任意$x\in C$,有$a*x=x*a$,即$aC=Ca$.

6. 任意$a\in G$:

若$a\in H$,则$aH=H=Ha$.

若$a\notin H$,则aH与H是G的划分的两个不同块,即$G=aH\cup H$.同理Ha与H是G的划分的两个不同块,即$G=Ha\cup H$.

又$aH\cap H=\varnothing$,于是由$aH\subseteq G=Ha\cup H$得$aH\subseteq Ha$.

又$Ha\cap H=\varnothing$,于是由$Ha\subseteq G=aH\cup H$得$Ha\subseteq aH$.

故$aH=Ha$.

习题 5.4

1. 定义映射$f:A\to B$且$f(a)=3,f(b)=2,f(c)=1,f(d)=4$.则$f$是$\langle A,*\rangle$到$\langle B,\Delta\rangle$的同构映射.

2. 对任意 $a,b\in A$,有 $f(a\Delta b)=f(a)\bigstar f(b)$.对任意 $c,d\in B$,有 $g(c\bigstar d)=g(c)*g(d)$.所以对任意 $a,b\in A$,有 $g\circ f(a\Delta b)=g(f(a\Delta b))=g(f(a)\bigstar f(b))=g(f(a))*g(f(b))=g\circ f(a)*g\circ f(b)$.因此 $g\circ f$ 是 $\langle A,\Delta\rangle$ 到 $\langle C,*\rangle$ 的同态映射.

3. 对任意 $x,y\in G$ 且 $x\neq y$,假设 $f(x)=f(y)$,则 $a*x*a^{-1}=a*y*a^{-1}$,从而由群的消去律知 $x=y$,故 f 是 G 到 G 的单射.

对任意 $y\in G$,由群的封闭性知 $a^{-1}*y*a\in G$,不妨设 $x=a^{-1}*y*a$,而此时 $f(x)=f(a^{-1}*y*a)=a*(a^{-1}*y*a)*a^{-1}=y$,亦即对任意 $y\in G$ 必存在 $x\in G$ 使得 $f(x)=y$,因此 f 是 G 到 G 的满射.

对任意 $x,y\in G$,有 $f(x*y)=a*(x*y)*a^{-1}=(a*x*a^{-1})*(a*y*a^{-1})=f(x)*f(y)$,因此,$f$ 为 G 的自同构.

4. 对任意 $a,b\in A$,有 $h(a\Delta b)=f(a\Delta b)*g(a\Delta b)=(f(a)*f(b))*(g(a)*g(b))=(f(a)*g(a))*(f(b)*g(b))=h(a)*h(b)$,所以 h 是 $\langle A,\Delta\rangle$ 到 $\langle B,*\rangle$ 的同态映射.

5. 设循环群 $\langle G,*\rangle$ 的生成元为 a,同态像为 $\langle f(G),*\rangle$. 于是对任意整数 m,n 有 $f(a^m*a^n)=f(a^m)*f(a^n)$.

对任意整数 k,$f(a^k)=f(a^{k-1}*a)=f(a^{k-1})*f(a)=f(a^{k-2}*a)*f(a)=f(a^{k-2})*f(a)*f(a)=f(a^{k-2})*(f(a))^2=f(a^{k-3}*a)*(f(a))^2=f(a^{k-3})*f(a)*(f(a))^2=f(a^{k-3})*(f(a))^3=\cdots=(f(a))^k$,所以 $\langle f(G),*\rangle$ 是以为生成元的循环群.

6. 假设 f 是群 $\langle R,+\rangle$ 到群 $\langle R-\{0\},\times\rangle$ 的一个同构映射.则对任意 $a\in R$ 有 $f(a)=f(a+0)=f(a)\times f(0)=f(0)\times f(a)$,所以 $f(0)$ 是 $\langle R-\{0\},\times\rangle$ 的幺元,于是 $f(0)=1$.

又对于 $-1\in R-\{0\}$,必存在 $b\in R$ 使得 $f(b)=-1$,于是 $f(b+b)=f(b)\times f(b)=-1\times(-1)=1$,所以 $b=0$,于是 $f(0)=-1$.

矛盾!

7. 设有代数系统 $\langle A,\Delta\rangle$,R 和 H 是 A 上的同余关系.则对任意 $\langle a,b\rangle,\langle c,d\rangle\in R$ 时必有 $\langle a\Delta c,b\Delta d\rangle\in R$ 且 $\langle a\Delta c,b\Delta d\rangle\in H$,从而 $\langle a\Delta c,b\Delta d\rangle\in R\cap H$.

8. (1) 等价关系,非同余关系:因 $\langle -2,-2\rangle,\langle 1,4\rangle\in R$,但 $\langle -2+1,-2+4\rangle=\langle -1,2\rangle\notin R$.

(2) 非传递关系:因 $\langle 2,5\rangle,\langle 5,13\rangle\in R$,但 $\langle 2,13\rangle\notin R$.

(3) 等价关系,非同余关系:因 $\langle -4,6\rangle,\langle 6,-6\rangle\in R$,但 $\langle -4+6,6-6\rangle=\langle 2,0\rangle\notin R$.

(4) 非对称关系:因 $\langle 2,1\rangle\in R$,但 $\langle 1,2\rangle\notin R$.

9. 显然 C 是 A 的子集.

设群 $\langle A,\Delta\rangle$ 与群 $\langle B,*\rangle$ 的幺元分别为 e 与 e',则 $f(e)=e'=g(e)$,即 $e\in C$,故 $C\subseteq A$.

对任意 $a,b\in C$,则 $f(a)=g(a)$ 且 $f(b)=g(b)$.而 $f(a\Delta b^{-1})=f(a)*f(b^{-1})=f(a)*(f(b))^{-1}=g(a)*(g(b))^{-1}=g(a)*g(b^{-1})=g(a\Delta b^{-1})$,所以 $a\Delta b^{-1}\in C$.

10. (1) $f(x\times y)=|x\times y|=|x|\times|y|=f(x)\times f(y)$,$\mathrm{Ker}(f)=\{1,-1\}$.

(2) $f(x\times y)=2(x\times y)=2xy$,$f(x)\times f(y)=2x\times 2y=4xy$

(3) $f(x\times y)=(x\times y)^2=x^2\times y^2=f(x)\times f(y)$,$\mathrm{Ker}(f)=\{1,-1\}$.

(4) $f(x\times y)=\dfrac{1}{x\times y}=\dfrac{1}{x}\times\dfrac{1}{y}=f(x)\times f(y)$,$\mathrm{Ker}(f)=\{1\}$

习题 5.5

1. 设$\langle G, * \rangle$是四阶群,由 Lagrange 定理知,除幺元 e 外,G 的其他元素的阶为 2 或 4.

若 G 有 4 阶元 a,则 $G=\langle a \rangle$;

若 G 没有 4 阶元,则 $a^2=b^2=c^2=e$.由 $a*b\neq a, b*a\neq a, a*b\neq b, b*a\neq b$ 知 $a*b=b*a=c$;同理 $a*c=c*a=b$; $b*c=c*b=a$.

2. 1 阶群显然是交换群.

模 n 剩余类加群$\langle Z_n, +_n \rangle$为循环群,质数阶群为循环群. n 阶有限循环群$\langle G, * \rangle$同构$\langle Z_n, +_n \rangle$,所以不同构质数 $p(p=2,3,5,7,\cdots)$阶群只有一个$\langle Z_p, +_p \rangle$,显然都是交换群.

不同构 4 阶群只有两个:模 4 剩余类加群$\langle Z_4, +_4 \rangle$和 *Klein* 四元群,它们都是交换群.

不同构 6 阶群只有两个:模 4 剩余类加群$\langle Z_4, +_4 \rangle$和 3 元对称群$\langle S_3, \circ \rangle$.而不是交换群,因为$(1,2)(1,3)=(1,3,2),(1,3)(1,2)=(1,2,3)$.

3. 任取 $a, b\in G$,则 $a^2=b^2=(a*b)^2=e$,即 $a=a^{-1}, b=b^{-1}, a*b=(a*b)^{-1}$.于是 $a*b=(a*b)^{-1}=a^{-1}*b^{-1}=b*a$,所以$\langle G, * \rangle$是交换群.

4. 任取 $a\in G$,令 $H=\{a, a^2, a^3, \cdots, a^m, \cdots\}$.

由封闭性可知 $H\subseteq G$,又由于 G 有限,所以 H 也是有限集.故必存在整数 $n, k>0$ 使得 $a^n=a^{n+k}=a^n*a^k$,即 $a^n*e=a^n*a^k$(e 为幺元).于是 $a^k=e$,所以 $a^{-1}=a^{k-1}$.

5. 设$\langle G, * \rangle$的幺元为 e,$a*b$ 的阶为 t,因为

$$(a*b)^{mn}=\underbrace{(a*b)(a*b)\cdots(a*b)}_{mn\text{个}(a*b)}=a^{mn}*b^{mn}=(a^m)^n*(b^n)^m=e$$

所以 $t|(mn)$.又 $e=(a*b)^{tm}=a^{tm}*b^{tm}=b^{tm}$,所以 $n|(tm)$.而 $\gcd(m,n)=1$,所以 $n|t$.

同理可证 $m|t$,故 $mn|t$,即 $a*b$ 的阶为 mn.

习题 5.6

1. 列$\langle F, * \rangle$的运算表如表 A5.1 所示.

因为运算 $*$ 封闭,有幺元 e.每个元素以其自身为逆元,所以$\langle F, * \rangle$是群.又因为 f, g, h 的阶均为 2;e 的阶为 1,所以$\langle F, * \rangle$不是循环群.

表 A5.1

*	e	f	g	h
e	e	f	g	h
f	f	e	h	g
g	g	h	e	f
h	h	g	f	e

2. 一元对称群$\langle S_1, \circ \rangle$和二元对称群$\langle S_2, \circ \rangle$都是阿贝尔群.三元对称群$\langle S_3, \circ \rangle$有置换$\begin{pmatrix}1&2&3\\2&1&3\end{pmatrix}$和$\begin{pmatrix}1&2&3\\2&3&1\end{pmatrix}$,而

$$\begin{pmatrix}1&2&3\\2&1&3\end{pmatrix}\circ\begin{pmatrix}1&2&3\\2&3&1\end{pmatrix}=\begin{pmatrix}1&2&3\\1&3&2\end{pmatrix}$$

$$\begin{pmatrix}1&2&3\\2&3&1\end{pmatrix}\circ\begin{pmatrix}1&2&3\\2&1&3\end{pmatrix}=\begin{pmatrix}1&2&3\\3&2&1\end{pmatrix}$$

所以三元对称群$\langle S_3, \circ \rangle$不是阿贝尔群.

对任意 $n \geqslant 4$，n 元对称群 $\langle S_n,\circ\rangle$ 总有置换

$$\begin{pmatrix}1 & 2 & 3 & 4 & 5 & \cdots & n\\ 2 & 1 & 3 & 4 & 5 & \cdots & n\end{pmatrix} \quad 和 \quad \begin{pmatrix}1 & 2 & 3 & 4 & 5 & \cdots & n\\ 2 & 3 & 1 & 4 & 5 & \cdots & n\end{pmatrix}$$

这两个置换间的$\circ$运算是不交换的，所以 $\langle S_n,\circ\rangle(n \geqslant 3)$ 不是阿贝尔群.

4. 若棍棒 1 节与 6 节涂同色，2 节与 5 节涂同色，3 节与 4 节涂同色，则棍棒正向拿和反向拿是同一着色方案. 作置换

$$f_1 = \begin{pmatrix}1 & 2 & 3 & 4 & 5 & 6\\ 6 & 5 & 4 & 3 & 2 & 1\end{pmatrix} = (1,6)(2,5)(3,4)$$

$$f_2 = \begin{pmatrix}1 & 2 & 3 & 4 & 5 & 6\\ 1 & 2 & 3 & 4 & 5 & 6\end{pmatrix} = (1)(2)(3)(4)(5)(6)$$

易证明 $\langle G,\circ\rangle$ 为置换群，其中 $G=\{f_1,f_2\}$.

设 S 是不考虑等价时所有着色方案的集合，显然 $|S| = 4^6$. 令 $R = \{\langle a,b\rangle \mid a,b \in S, \lambda(a) = b, \lambda \in G\}$ 为 $\langle G,\circ\rangle$ 诱导的 S 上的等价关系. 于是 R 确定 S 的划分，即把 S 中在顺时针旋转下相同的方案放在同一等价类中，因此所求不同的方案数为 $\frac{1}{|G|}\sum_{f\in G}\psi(f)$. 而 $\psi(f_1) = 4^3$，$\psi(f_2) = 4^6$，因此所求不同的方案数为 $\frac{1}{|G|}\sum_{f\in G}\psi(f) = \frac{1}{2}(4^3 + 4^6) = 2\,080$.

5. 构造置换群 $\langle\{f_1,f_2\},\circ\rangle$，其中 f_1 是恒等置换，f_2 是这样的置换：当一个数倒转过来不可读时，这个置换将该数映射为它自身；当一个数倒转过来可读时，这个置换将该数映射为倒转过来的数. 例如 $f_2(16764)=16764$，$f_2(89198)=86168$.

所有十进制五位数的个数为 10^5，故 $\psi(f_1)=10^5$.

仅由 0,1,6,8,9 构成的 5 位数是倒转可读的，共 5^5 个（这其中还包含 0,1,8 居中，第一位数与第五位数互为倒转，第二位数与第四位数互为倒转的五位数，这样的五位数倒转过来还是自身，共有 3×5^2 个），所以 $\psi(f_2)=10^5-5^5+3\times5^2$.

因而所需卡片的张数为 $(10^5+10^5-5^5+3\times5^2)/2=100\,025$.

习题 6.1

1. $\frac{kn}{2}$.

2. K_n.

3. 4.

4. 2.

5. 将每个同学分别作为一个结点，如果两个人握过一次手就在相应的两个结点之间画一条无向边，于是得到一个无向图.

一个人握手的次数就是这个结点与其他结点所连结的边的条数，进而可得出所有人握手的次数之和.

6. 不妨认为从北岸到南岸，在北岸可能出现的状态为 $2^4=16$ 种，其中安全状态有下面 10

种:(人,狼,羊,菜),(人,狼,羊),(人,狼,菜),(人,羊,菜),(人,羊),(菜),(羊),(狼),(狼,菜),($\varnothing$);不安全的状态有下面6种:(人),(人,菜),(人,狼),(狼,羊,菜),(狼,羊),(羊,菜).

现将北岸的10种安全状态看作10个结点,而渡河的过程则是状态之间的转移,这样就得到一个无向图,如图A6.1所示.从图A6.1可以得到安全的渡河方案有两种:

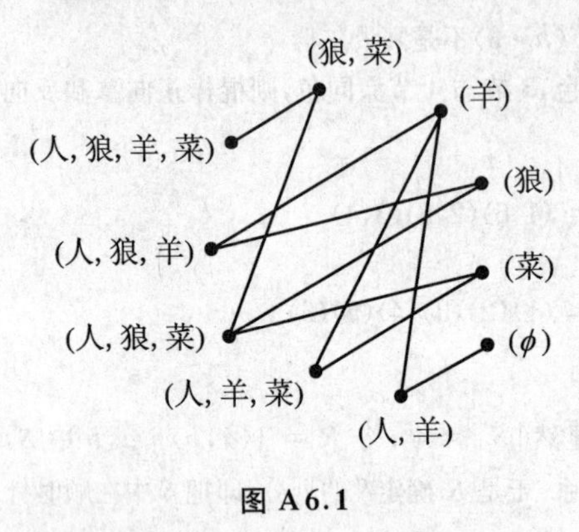

图 A6.1

第一种:(人,狼,羊,菜)→(狼,菜)→(人,狼,菜)→(狼)→(人,狼,羊)→(羊)→(人,羊)→($\varnothing$);

第二种:(人,狼,羊,菜)→(狼,菜)→(人,狼,菜)→(菜)→(人,羊,菜)→(羊)→(人,羊)→($\varnothing$).

7. 不同构.从给定的图6.1.9中可知,图6.1.9(a)与图6.1.9(b)中均有4个度为3的结点,但图6.1.9(a)中每个度为3的结点均与2个度为2的结点邻接,而图6.1.9(b)中每个度为3的结点都只与1个度为2的结点邻接.

8. 相对于完全图的补图如图A6.2所示.

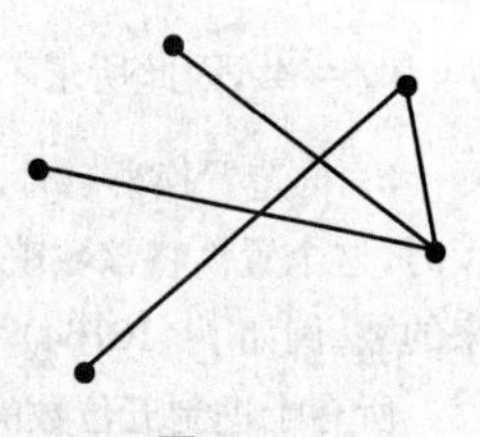

图 A6.2

9. 因为图中所有结点的度数之和应为边数的2倍,即$12\times2=24$,去掉度数为3的6个结点的总度数18,还剩6度,又由于其余结点的度数小于3,故度数只能是0,1,2,其余结点的度数为2,则至少需要3个结点,故图G中至少有9个结点.

10. 假设$d_1,d_2,\cdots,d_n$是可简单图化的,则存在无向简单图以它为度数列.由于$d_1,d_2,\cdots,d_n$是互不相同的正整数,所以$\min\{d_1,d_2,\cdots,d_n\}\geqslant1$,进而$\max\{d_1,d_2,\cdots,d_n\}\geqslant n$.这与$n$阶简单图的最大度$\leqslant n-1$相矛盾.

11. (1) 不存在,因为有3个数为奇数,与任何图中必须有偶数个结点度数为奇数矛盾.

(2) 存在,因为恰有2个数为奇数.图A6.3的度数序列为4,4,3,3,2,2,2,2.

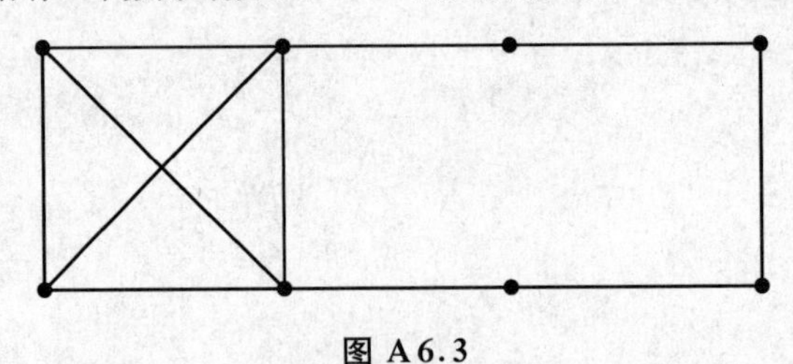

图 A6.3

12. 由于3度和4度结点各2个,而图G的边数为10,根据握手定理知,其余结点度数之和为$2\times10-(3\times2+4\times2)=6$,这时$G$至少还有3个结点,进而$G$至少有$2+2+3=7$个结点,在这种情况下$G$的度数序列为4,4,3,3,2,2,2,最大度$\Delta(G)=4$和最小度$\delta(G)=2$.

13. 充分性 由握手定理知,$\sum_{i=1}^{n}d_i\equiv0\ (\bmod 2)$.

必要性　由于 $\sum_{i=1}^{n} d_i \equiv 0 \pmod 2$，于是 d_i 为奇数的个数是偶数，对于任意 $i(1 \leqslant i \leqslant n)$，若 $d_i = 2k$，则在结点 v_i 处作 k 个环；若 $d_i = 2k+1$，则在结点 v_i 处作 k 个环，由于 d_i 为奇数的个数是偶数，进而可以配对用一条无向边连接，这样就得到一个图 G，其度数序列为 $d_1, d_2, \cdots, d_n$.

习题 6.2

1. 图 6.2.1(a)中包含所有边的简单通路为：2345215，图 6.2.1(b)中包含所有边的简单通路为：126534523614.

2. (1) A 到 D 长度为 1 和 2 的通路：没有. A 到 D 长度为 3 的通路一条：$ABCD$.

(2) A 到 A 长度为 1 的回路一条：AA. A 到 A 长度为 2 的回路一条：AAA. A 到 A 长度为 3 的回路两条：$AAAA$，$ABCA$.

(3) 图中长度为 3 的通路共有 30 条，分别是 A 到 A 有 2 条，A 到 B 有 2 条，A 到 C 有 1 条，A 到 D 有 1 条，B 到 A 有 2 条，B 到 B 有 1 条，B 到 C 有 2 条，C 到 A 有 4 条，C 到 B 有 4 条，C 到 C 有 1 条，C 到 D 有 2 条，D 到 A 有 3 条，D 到 B 有 2 条，D 到 C 有 3 条. 长度为 3 的回路共有 4 条，分别是 A 到 A 有 2 条，B 到 B 有 1 条，C 到 C 有 1 条.

3. ① 在 K_n 中，任意圈的长度 l 均满足 $3 \leqslant l \leqslant n$. 对于长度为 l 的圈，有 l 个结点. 从 n 个结点任取 l 个结点有 C_n^l 种选取方式. 而对于任意的长度为 l 的圈，它有 l 个结点，由于任意两个结点都是邻接的，所以在这种情况下，圈是从第一个结点(与其关联的边有 $l-1$ 条)到第二个结点(与其关联的边有 $l-2$ 条)，一直下去，但注意到，每一个圈重复了一次，于是这样的圈有 $(l-1)!/2$. 因此 K_n 中共有 $\sum_{l=3}^{n} C_n^l \cdot (l-1)!/2$ 个圈.

② 对于包含边 e 的圈，已经有两个结点，那就是 e 的两个端点. 从 K_n 的其余 $n-2$ 个结点任取 i 个结点，可以得到长度为 $i+2$ 的圈，有 $C_n^i(1 \leqslant i \leqslant n-2)$ 种取法. 考虑从 e 的其中一个端点 u 出发最后通过 e 返回到 u 的圈，在端点 u 处除 e 外还有 i 条边与 u 关联，当从 u 出发到达第二个结点时，虽然第二个结点本身有 $i+1$ 个结点与之关联，但只有通过其中 $i-1$ 条边中某条才能最终通过 e 返回到 u，一直下去，这样的圈有 $i!$ 个，所以包含某条边的圈有 $\sum_{l=1}^{n-2} C_{n-2}^i \cdot i!$ 个.

③ 与 ② 类似，对于任意两个不同结点 u 和 v，从 u 到 v 的路径若与 $\{u, v\}$ 形成圈，则有 $\sum_{l=1}^{n-2} C_{n-2}^i \cdot i!$ 条；否则只有直接从 u 到 v 一条路径. 故从 u 到 v 共有 $\sum_{l=1}^{n-2} C_{n-2}^i \cdot i! + 1$ 条路径.

4. (1) 有两个非同构的圈，长度分别为 1,2.

(2) D 存在经过所有顶点的通路，但无经过所有顶点的回路，因而它是单向连通的，但不是强连通的.

(3) 长度为 1 的通路为 8 条，其中 1 条回路. 长度为 2 的通路为 11 条，其中有 3 条是回路. 长度为 3 的通路为 14 条，其中有 1 条是回路. 长度为 4 的通路为 17 条，其中有 3 条回路.

(4) 长度小于或等于 4 的通路共 $8+11+14+17=50$ 条，其中有 $1+3+1+3=8$ 条回路.

5. 该有向图所对应的强分支、单向分支和弱分支分别如图 A6.4(a),A6.4(b),A6.4(c)所示.

6. 必要性　设 e 是连通图 G 的割边,e 关联的两个结点为 u 和 v.若 e 包含在 G 的一个简单回路中,则除边 $e=(u,v)$外还有一条以 u,v 为端点的通路,故删去边 e 后,G 仍是连通的,这与 e 是割边矛盾.

充分性　若边 e 不包含在 G 的任一回路中,那么连接结点 u 和 v 只有边 e,而不会有其他连接 u 和 v 的通路,因为若连接 u 和 v 还有不同于边 e 的通路,此通路与边 e 就组成一条包含 e 的回路,从而导致矛盾,所以删去边 e 后,u 和 v 就不连通,故边 e 是割边.

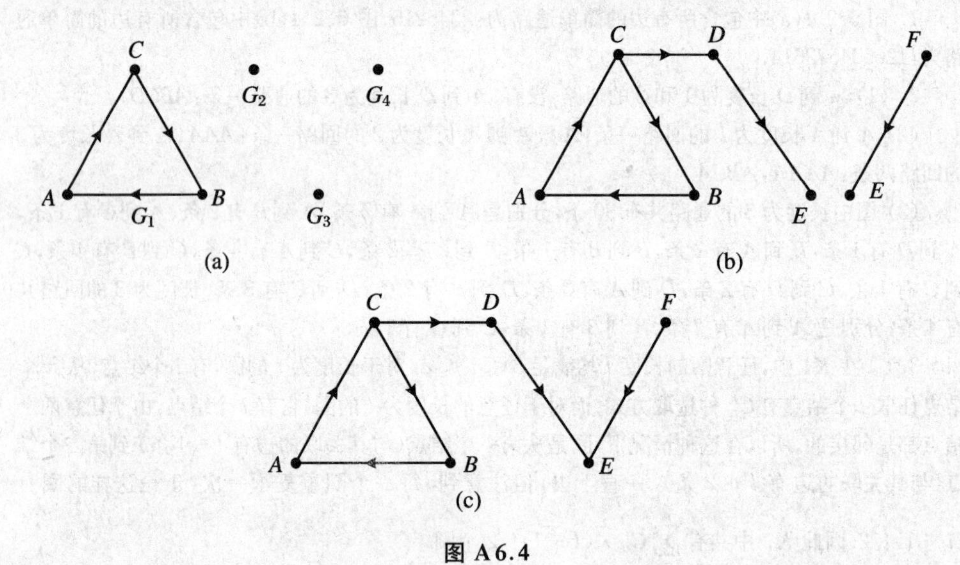

图 A6.4

7. (1) 点割集 2 个:$\{a,c\}$,$\{d\}$,其中 d 是割点.边割集有 7 个:$\{e_5\}$,$\{e_1,e_3\}$,$\{e_2,e_4\}$,$\{e_1,e_2\}$,$\{e_2,e_3\}$,$\{e_3,e_4\}$,$\{e_1,e_4\}$,其中 e_5 是桥.

(2) 因为既有割点又有桥,所以 $\kappa=\lambda=1$.

8. 3 个割点,3 个桥,$\kappa=\lambda=1$.

9. (1) 设与边 e 关联的结点为 u 和 v,由于 e 是简单回路 C 上的一条边,在图 G-e 中,u 和 v 是可达的.由于 G 是连通图,于是对于任意的 G-e 中的两个结点均是可达的,因此 G-e 连通图.

(2)在图 G-v 中,对于任意结点 v_1 和 v_2,由于 G 是连通图且 $\deg(v)=1$,显然 v_1 和 v_2 在 G-v 中是可达的,因此 G-v 是连通图.

10. 显然,使得 K_n 不连通或是 1 阶图,至少要删除 $n-1$ 个结点,于是有 $\kappa(K_n)=n-1$.由于 $\delta(K_n)=n-1$,使得 K_n 不连通或是平凡图,至少要删除 $n-1$ 条边,于是有 $\lambda(K_n)=n-1$.所以 $\kappa(K_n)=\lambda(K_n)=n-1$.

11. 充分性(反证)　若存在$\varnothing\neq W\subset V$,而不存在 G 中起点在 W,终点在 V-W 的边,显然 W 中结点不可达 V-W 中结点,这与 G 是强连通图条件矛盾.

必要性　对于任意 $u,v\in V$,由于 G 的边连通度至少为 1,因此 u 到 V-$\{u\}$中结点 u_1 有边,即$(u,u_1)\in E$.对于 $W=\{u,u_1\}$,必存在结点 $u_2\in V$-W 使得$(u,u_2)\in E$ 或$(u_1,u_2)\in E$,

于是总存在从 u 到 u_2 的路.继续这个过程,一定存在从 u 到 v 的路.

由于 $u,v\in V$ 的任意性知,G 是强连通图.

12. 图 6.2.7(a)彼得森图不是二部图,因为图中存在一个长度为 5 的圈 $abcdea$.

图 6.2.7(b)所示的图是二部图,其互补结点集为 $V_1=\{a,d,f,h\}$和 $V_2=\{b,c,e,g\}$.

习题 6.3

1. 图 6.3.3(a):

$$A(G_1)=\begin{bmatrix}1&1&0\\1&0&2\\0&2&0\end{bmatrix},\quad P(G_1)=\begin{bmatrix}1&1&1\\1&1&1\\1&1&1\end{bmatrix}$$

图 6.3.3(b):

$$A(G_2)=\begin{bmatrix}1&1&0\\0&0&0\\0&2&0\end{bmatrix},\quad P(G_2)=\begin{bmatrix}1&1&0\\0&1&0\\0&1&1\end{bmatrix}$$

2. 图 G 的邻接矩阵为$A=\begin{bmatrix}0&0&0&1\\1&0&1&1\\1&1&0&1\\0&0&1&0\end{bmatrix}$,于是

$$A^2=\begin{bmatrix}0&0&1&0\\1&1&1&2\\1&0&2&2\\1&1&0&1\end{bmatrix},\quad A^3=\begin{bmatrix}1&1&0&1\\2&1&3&3\\2&2&2&3\\1&0&2&2\end{bmatrix},\quad A^4=\begin{bmatrix}1&0&2&2\\4&3&4&6\\4&2&5&6\\2&2&2&3\end{bmatrix}$$

(1) 由 A^4 知,从 v_3 到 v_2 长度为 4 的通路有 2 条,分别为 $v_3v_1v_4v_3v_2$ 和 $v_3v_2v_4v_3v_2$.

(2) 由 A^3 知,G 中长度为 3 的通路的数目为 A^3 中所有元素之和,于是 G 中长度为 3 的通路共有 26 条.主对角线上元素之和为 G 中长度为 3 的回路的数目,即有 6 条回路.

(3) 由 $A^i(i=1,2,3,4)$知,G 中任意两个结点均相互可达,所以 G 是强连通图.

3. (1) 图 G 的邻接矩阵$A=\begin{bmatrix}1&2&1&0\\0&0&1&0\\0&0&0&1\\0&0&1&0\end{bmatrix}$.

(2) 由(1)得

$$A^2=\begin{bmatrix}1&2&3&1\\0&0&0&1\\0&0&1&0\\0&0&0&1\end{bmatrix},\quad A^3=\begin{bmatrix}1&2&4&3\\0&0&1&0\\0&0&0&1\\0&0&1&0\end{bmatrix},\quad A^4=\begin{bmatrix}1&2&6&4\\0&0&0&1\\0&0&1&0\\0&0&0&1\end{bmatrix}$$

于是,G 中 v_1 到 v_4 的长度为 4 的路有 4 条,分别为 $v_1e_1v_1e_1v_1e_4v_3e_6v_4$,$v_1e_4v_3e_6v_4e_7v_3e_6v_4$,$v_1e_1v_1e_2v_2e_5v_3e_6v_4$,$v_1e_1v_1e_3v_2e_5v_3e_6v_4$.

(3) 由 $\boldsymbol{A}^3$ 知，G 中 v_1 到 v_1 的长度为3的回路有1条，它是 $v_1e_1v_1e_1v_1e_1v_1$.

(4) 由 $\boldsymbol{A}^4$ 知，G 中长度为4的通路的数目为 $\boldsymbol{A}^4$ 中所有元素之和，于是 G 中长度为4的通路共有16条.主对角线上元素之和为 G 中长度为4的回路的数目，即有3条回路.

(5) G 中长度≤4的通路的数目为 $\boldsymbol{A}^i(i=1,2,3,4)$ 中所有元素之和，于是 G 中长度≤4的通路共有46条，而所有主对角线上元素之和为8，因此 G 中长度≤4的回路有8条.

(6) 由 $\boldsymbol{A}^i(i=1,2,3,4)$ 知，v_1 可达 v_2，v_2 可达 v_3，v_3 可达 v_4，而 v_3 不可达 v_1，所以 G 是单向连通图.

4. 图6.3.6(a) G_1 的关联矩阵为 $\boldsymbol{M}(G_1)=\begin{bmatrix}0&0&0&1&0&1\\2&1&1&0&0&0\\0&1&1&0&1&1\\0&0&0&1&1&0\end{bmatrix}$.

图6.3.6(b) G_2 的关联矩阵为 $\boldsymbol{M}(G_2)=\begin{bmatrix}-1&0&0&1&0\\1&1&-1&0&0\\0&-1&1&0&1\\0&0&0&-1&-1\end{bmatrix}$.

5. 图 G 的图形如图A6.5所示.

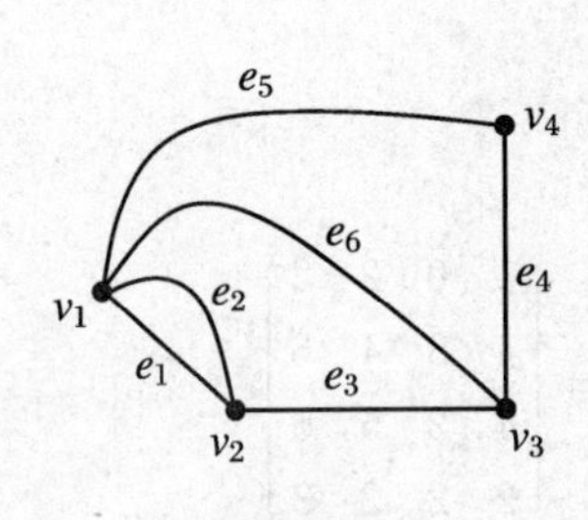

图 A6.5

6. 图6.3.7为有向图，其邻接矩阵为 $\boldsymbol{A}=\begin{bmatrix}0&1&0&1\\0&0&1&1\\0&1&0&1\\0&1&0&0\end{bmatrix}$.

从 v_1 到 v_4 的长度为2的通路为：$v_1v_2v_4$.

从 v_1 到 v_4 的长度为4的通路为：$v_1v_2v_4v_2v_4$，$v_1v_2v_3v_2v_4$，$v_1v_4v_2v_3v_4$.

$$\boldsymbol{A}^2=\begin{bmatrix}0&1&2&1\\0&2&1&0\\0&0&1&1\\0&1&1&1\end{bmatrix},\quad \boldsymbol{A}^3=\begin{bmatrix}0&3&2&1\\0&1&2&2\\0&2&1&0\\0&2&2&1\end{bmatrix},\quad \boldsymbol{A}^4=\begin{bmatrix}0&3&4&3\\0&4&3&1\\0&1&2&2\\0&3&3&2\end{bmatrix}$$

由 $\boldsymbol{A}^2$ 知从 v_1 到 v_4 的长度为2的通路只有1条，由 $\boldsymbol{A}^4$ 知从 v_1 到 v_4 的长度为4的通路有3条.

7. 邻接矩阵为 $\boldsymbol{A}=\begin{bmatrix}0&0&0&0&0\\1&0&1&1&0\\1&0&0&0&0\\0&0&1&0&0\\0&0&0&0&0\end{bmatrix}$，可得可达矩阵为 $\boldsymbol{P}=\begin{bmatrix}0&0&0&0&0\\1&0&1&1&0\\1&0&0&0&0\\1&0&1&0&0\\0&0&0&0&0\end{bmatrix}$.

习题6.4

1. 在一个边赋权的图中，若边上的权为0，可以认为通过该边的流量为0，也可以认为与该边关联的两个结点是同一个结点.

将边上的权理解为该边的长度最好,虽然图中的边是没有“长度”概念的.

2. 以表格形式简化 Dijkstra 算法求解的过程如表 A6.1 所示,这时只需要将 v_4 写在最前面即可,其中 v_6 所在列 $\frac{6}{v_5}$ 表示 v_5 在 v_4 到 v_6 的最短路径上,并且与 v_6 邻接,依次类推.

表 A6.1

	v_4	v_2	v_3	v_1	v_5	v_6	v_7
1	$\underline{0}$	∞	∞	∞	5	∞	∞
2					$\frac{5}{v_4}$	6	12
3						$\frac{6}{v_5}$	11
4							$\frac{11}{v_6}$

于是,从 v_4 到其余结点的最终路径如图 A6.6 所示. 由图 A6.6 知, v_4 到 v_1, v_2, v_3 的不存在路径, v_4 到 v_5, v_6, v_7 的最短路径分别为 $v_4v_5, v_4v_5v_6, v_4v_5v_6v_7$.

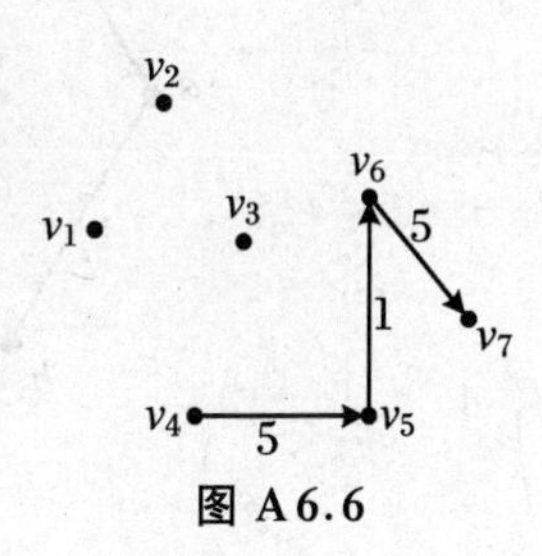

图 A6.6

3. 以表格形式简化 Dijkstra 算法求解的过程如表 A6.2 所示,这时只需要将 u 写在最前面即可,其中 h 所在列 $\frac{8}{f}$ 表示 f 在 u 到 h 的最短路径上,并且与 h 邻接,依次类推.

表 A6.2

	u	a	b	c	d	e	f	g	h	i	v
1	0	2	∞	6	1	∞	∞	∞	∞	∞	∞
2		2	∞	6	$\frac{1}{u}$	4	∞	3	∞	∞	10
3		$\frac{2}{u}$	3	6		4	∞	3	∞	∞	10
4			$\frac{3}{a}$	6		4	9	3	∞	∞	10
5				6		4	9	$\frac{3}{d}$	∞	9	10
6				5		$\frac{4}{d}$	8		∞	9	10
7				$\frac{5}{e}$			7		∞	9	10

续表

	u	a	b	c	d	e	f	g	h	i	v
8							$\frac{\underline{7}}{c}$		8	9	10
9									$\frac{\underline{8}}{f}$	9	9
10										9	$\frac{\underline{9}}{h}$
11										$\frac{\underline{9}}{v}$	

于是,从 u 到其余各节点的最短路径如图 A6.7 所示.

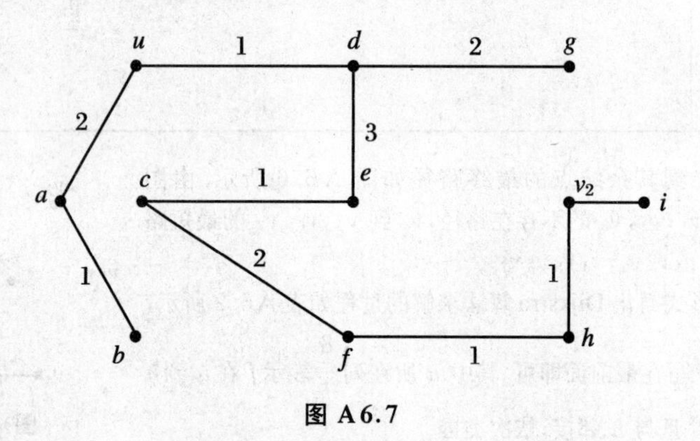

图 A6.7

由图 A6.7 知,从 u 到 v 的最短路径只有一条 $udecfhv$,其权为 9.

4. (1) 从图 6.4.3 可得,$\boldsymbol{D}=\begin{bmatrix}0 & 1 & \infty & 1 & 1\\ \infty & 0 & \infty & \infty & \infty\\ \infty & \infty & 0 & \infty & \infty\\ \infty & 2 & \infty & 0 & 1\\ \infty & 1 & \infty & \infty & 0\end{bmatrix}$.

(2) 由图 6.4.3 可得邻接矩阵 $\boldsymbol{A}=\begin{bmatrix}0 & 1 & 0 & 1 & 1\\ 0 & 0 & 0 & 0 & 0\\ 0 & 0 & 0 & 0 & 0\\ 0 & 0 & 0 & 0 & 1\\ 0 & 1 & 0 & 0 & 0\end{bmatrix}$.

于是

$$\boldsymbol{A}^2=\begin{bmatrix}0 & 1 & 0 & 0 & 1\\ 0 & 0 & 0 & 0 & 0\\ 0 & 0 & 0 & 0 & 0\\ 0 & 1 & 0 & 0 & 0\\ 0 & 0 & 0 & 0 & 0\end{bmatrix},\quad \boldsymbol{A}^3=\begin{bmatrix}0 & 1 & 0 & 0 & 0\\ 0 & 0 & 0 & 0 & 0\\ 0 & 0 & 0 & 0 & 0\\ 0 & 0 & 0 & 0 & 0\\ 0 & 0 & 0 & 0 & 0\end{bmatrix},\quad \boldsymbol{A}^4=\begin{bmatrix}0 & 0 & 0 & 0 & 0\\ 0 & 0 & 0 & 0 & 0\\ 0 & 0 & 0 & 0 & 0\\ 0 & 0 & 0 & 0 & 0\\ 0 & 0 & 0 & 0 & 0\end{bmatrix}$$

因此可得距离矩阵 $\boldsymbol{D}=\begin{bmatrix}0 & 1 & \infty & 1\\ \infty & 0 & \infty & \infty\\ \infty & \infty & 0 & \infty\\ \infty & 2 & \infty & 0\\ \infty & 1 & \infty & \infty\end{bmatrix}$.

5. 图 G 的边权矩阵$\boldsymbol{D}$为(结点顺序为 v_1,v_2,v_3,v_4,v_5,v_6)：

$$\boldsymbol{D}=\begin{bmatrix}\infty & 1 & 2 & \infty & \infty & \infty\\ \infty & \infty & 1 & 3 & \infty & 7\\ \infty & \infty & \infty & 1 & 2 & \infty\\ \infty & \infty & \infty & \infty & \infty & 3\\ \infty & \infty & \infty & \infty & \infty & 6\\ \infty & \infty & \infty & \infty & \infty & \infty\end{bmatrix}$$

$$\boldsymbol{D}^{(2)}=\begin{bmatrix}\infty & 1 & 2 & \infty & \infty & \infty\\ \infty & \infty & 1 & 3 & \infty & 7\\ \infty & \infty & \infty & 1 & 2 & \infty\\ \infty & \infty & \infty & \infty & \infty & 3\\ \infty & \infty & \infty & \infty & \infty & 6\\ \infty & \infty & \infty & \infty & \infty & \infty\end{bmatrix}\times\begin{bmatrix}\infty & 1 & 2 & \infty & \infty & \infty\\ \infty & \infty & 1 & 3 & \infty & 7\\ \infty & \infty & \infty & 1 & 2 & \infty\\ \infty & \infty & \infty & \infty & \infty & 3\\ \infty & \infty & \infty & \infty & \infty & 6\\ \infty & \infty & \infty & \infty & \infty & \infty\end{bmatrix}$$

$$=\begin{bmatrix}\infty & \infty & 2 & 3 & 4 & 8\\ \infty & \infty & \infty & 2 & 3 & 6\\ \infty & \infty & \infty & \infty & \infty & 4\\ \infty & \infty & \infty & \infty & \infty & \infty\\ \infty & \infty & \infty & \infty & \infty & \infty\\ \infty & \infty & \infty & \infty & \infty & \infty\end{bmatrix}$$

同理可得

$$\boldsymbol{D}^{(3)}=\begin{bmatrix}\infty & \infty & \infty & 3 & 4 & 6\\ \infty & \infty & \infty & \infty & \infty & 5\\ \infty & \infty & \infty & \infty & \infty & \infty\\ \infty & \infty & \infty & \infty & \infty & \infty\\ \infty & \infty & \infty & \infty & \infty & \infty\\ \infty & \infty & \infty & \infty & \infty & \infty\end{bmatrix},\quad \boldsymbol{D}^{(4)}=\begin{bmatrix}\infty & \infty & \infty & \infty & \infty & 6\\ \infty & \infty & \infty & \infty & \infty & \infty\\ \infty & \infty & \infty & \infty & \infty & \infty\\ \infty & \infty & \infty & \infty & \infty & \infty\\ \infty & \infty & \infty & \infty & \infty & \infty\\ \infty & \infty & \infty & \infty & \infty & \infty\end{bmatrix}$$

$$\boldsymbol{D}^{(5)}=(d_{ij}^{(5)})_{n\times n}\quad (d_{ij}^{(5)}=\infty)$$
$$\boldsymbol{D}^{(6)}=(d_{ij}^{(6)})_{n\times n}\quad (d_{ij}^{(6)}=\infty)$$

所以 $S=\boldsymbol{D}*\boldsymbol{D}^{(2)}*\boldsymbol{D}^{(3)}*\boldsymbol{D}^{(4)}=(S_{ij})_{n\times n}=\begin{bmatrix}\infty & 1 & 2 & 3 & 4 & 6\\ \infty & \infty & 1 & 2 & 3 & 5\\ \infty & \infty & \infty & 1 & 2 & 4\\ \infty & \infty & \infty & \infty & \infty & 3\\ \infty & \infty & \infty & \infty & \infty & 6\\ \infty & \infty & \infty & \infty & \infty & \infty\end{bmatrix}$.

由 $\boldsymbol{S}_{16}=6$ 知,从结点 v_1 到 v_6 的最短有向路的长度为6;由 $S_{35}=2$ 知,从结点 v_3 到 v_5 的最短有向路的长度为2;由 $\boldsymbol{S}_{45}=\infty$ 知,从结点 v_4 到 v_5 没有有向路,等.

已知 G 的边权矩阵 $\boldsymbol{D}$,运用 Warshall 算法得:

$$k=1\text{ 时},\boldsymbol{D}=\begin{bmatrix}\infty & 1 & 2 & \infty & \infty & \infty\\ \infty & \infty & 1 & 3 & \infty & 7\\ \infty & \infty & \infty & 1 & 2 & \infty\\ \infty & \infty & \infty & \infty & \infty & 3\\ \infty & \infty & \infty & \infty & \infty & 6\\ \infty & \infty & \infty & \infty & \infty & \infty\end{bmatrix}.$$

$$k=2\text{ 时},\boldsymbol{D}=\begin{bmatrix}\infty & 1 & 2 & 4^* & \infty & 8^*\\ \infty & \infty & 1 & 3 & \infty & 7\\ \infty & \infty & \infty & 1 & 2 & \infty\\ \infty & \infty & \infty & \infty & \infty & 3\\ \infty & \infty & \infty & \infty & \infty & 6\\ \infty & \infty & \infty & \infty & \infty & \infty\end{bmatrix}.$$

$$k=3\text{ 时},\boldsymbol{D}=\begin{bmatrix}\infty & 1 & 2 & 3^* & 4^* & 8\\ \infty & \infty & 1 & 2^* & 3^* & 7\\ \infty & \infty & \infty & 1 & 2 & \infty\\ \infty & \infty & \infty & \infty & \infty & 3\\ \infty & \infty & \infty & \infty & \infty & 6\\ \infty & \infty & \infty & \infty & \infty & \infty\end{bmatrix}.$$

$$k=4\text{ 时},\boldsymbol{D}=\begin{bmatrix}\infty & 1 & 2 & 3 & 4 & 6^*\\ \infty & \infty & 1 & 2 & 3 & 5^*\\ \infty & \infty & \infty & 1 & 2 & 4^*\\ \infty & \infty & \infty & \infty & \infty & 3\\ \infty & \infty & \infty & \infty & \infty & 6\\ \infty & \infty & \infty & \infty & \infty & \infty\end{bmatrix}.$$

$$k=5\text{ 时},\boldsymbol{D}=\begin{bmatrix}\infty & 1 & 2 & 3 & 4 & 6\\ \infty & \infty & 1 & 2 & 3 & 5\\ \infty & \infty & \infty & 1 & 2 & 4\\ \infty & \infty & \infty & \infty & \infty & 3\\ \infty & \infty & \infty & \infty & \infty & 6\\ \infty & \infty & \infty & \infty & \infty & \infty\end{bmatrix}.$$

$$k=6\text{ 时},\boldsymbol{D}=\begin{bmatrix}\infty & 1 & 2 & 3 & 4 & 6\\ \infty & \infty & 1 & 2 & 3 & 5\\ \infty & \infty & \infty & 1 & 2 & 4\\ \infty & \infty & \infty & \infty & \infty & 3\\ \infty & \infty & \infty & \infty & \infty & 6\\ \infty & \infty & \infty & \infty & \infty & \infty\end{bmatrix}.$$

习题 6.5

1. V_1 到 V_2 的最大匹配有多个，这里只给出一例，如$\{[v_1, v_8], [v_2, v_7], [v_3, v_6], [v_5, v_9]\}$.

2. 任取初始匹配 $M=\{x_2y_2, x_3y_3, x_5y_5\}$，解题过程如表 A6.3 所示.

表 A6.3

M	x	S	T	$N(S)$	$y\in N(S)-T$	$\{y,u\}\in M$	P
$\{x_2y_2, x_3y_3, x_5y_5\}$	x_1	(x_1)	φ	$\{y_2, y_3\}$	y_2 饱和	$\{y_2, x_2\}$	
		$\{x_1, x_2\}$	$\{y_2\}$	$\{y_1, y_2, y_3, y_4, y_5\}$	y_1 非饱和		$\{x_1y_2, x_2y_2\}$
$\{x_1y_2, x_2y_1, x_3y_3, x_5y_5\}$	x_4	$\{x_4\}$	φ	$\{y_2, y_3\}$	y_2 饱和	$\{y_2, x_1\}$	
		$\{x_4, x_1\}$	$\{y_2\}$	$\{y_2, y_3\}$	y_3 饱和	$\{y_3, x_3\}$	
		$\{x_4, x_1, x_3\}$	$\{y_2, y_3\}$	$\{y_2, y_3\}$	$N(S)=T$，停止		

因此，$M=\{x_1y_2, x_2y_1, x_3y_3, x_5y_5\}$即为图 G 的最大匹配.

3. 取初始匹配 $M=\{x_1y_4, x_4y_1, x_5y_5\}$，求得完美匹配为$\{x_1y_4, x_2y_1, x_3y_3, x_4y_2, x_5y_5\}$.

4. 令 $V_1=\{p_1, p_2, \cdots, p_7\}$，$V_2=\{a_1, a_2, \cdots, a_{10}\}$，由申请者与其胜任的工作构成边，边集 E. 于是构成二部图 $G=\langle V_1, V_2, E\rangle$，如图 A6.8 所示.

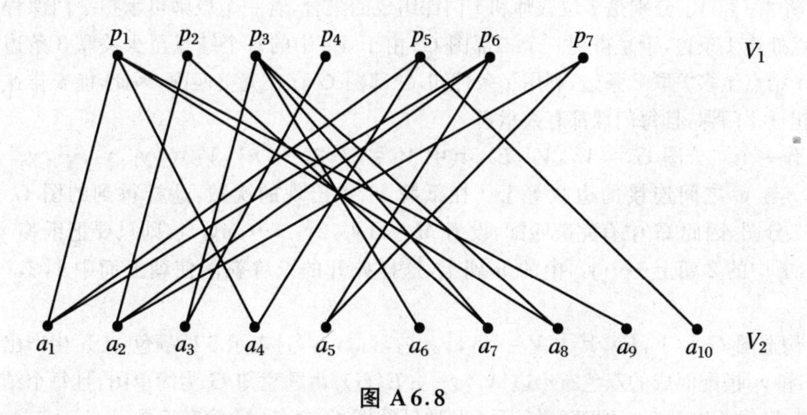

图 A6.8

要确定由胜任工作的申请者肩负工作职位的数目即是从 V_1 到 V_2 的最大匹配，从图中可得最大匹配为：$\{[p_1, a_9], [p_2, a_2], [p_3, a_6], [p_4, a_3], [p_5, a_{10}], [p_6, a_1], [p_7, a_5]\}$

5. 将 6 人作为结点 a, b, c, d, e, f，若两人至少会同一中语言则相应的两个结点邻接，得到

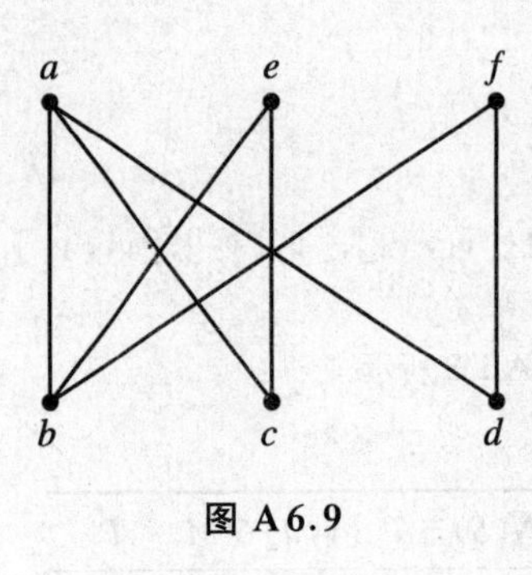

图 A6.9

一个无向图 G,如图 A6.9 所示.

显然,图 G 是二部图,其互补结点集为 $V_1=\{a,e,f\}$ 和 $V_2=\{b,c,d\}$,即将 6 人中的 a,e,f 和 b,c,d 分别监禁在不同的房间里,可使得在同一房间里的任意两个人不能相互直接交谈.

6. 将 6 位老师:张、王、李、赵、孙、周作为 6 个结点 Zhang、Wang、Li、Zhao、Sun、Zhou,将 6 门课:数学、化学、物理、语文、英语和计算机作为另外 6 个结点 Math.、Chemistry、Physics、Chinese、English、Computer,若一个老师能教一门课则在老师所在结点与课程所在结点之间连一条边,这样得到一个二部图 G,如图 A6.10 所示.

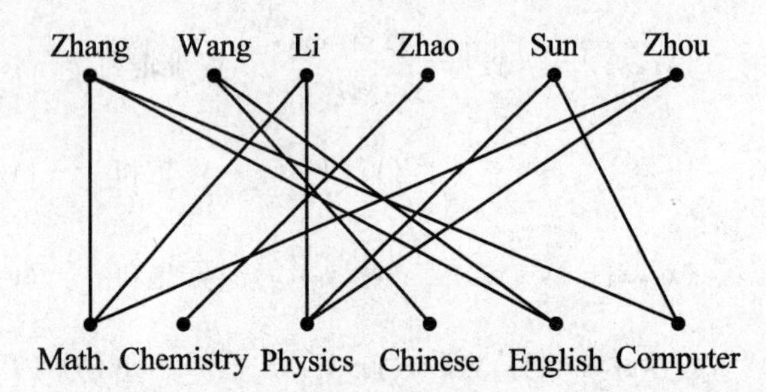

图 A6.10

由于图 G 存在完美匹配 M:{Zhang, English}, {Wang, Chinese}, {Li, Math.}, {Zhao, Chemistry}, {Sun, Computer}, {Zhou, Physics},所以按上面的安排就能使得每门课都有人教,每个人都只教一门课.

7. 将 V_1 和 V_2 分别是 7 位教师和 7 门课组成的集合,若一个教师可承担一门课程就在相应的结点处连 1 条边,于是得到一个二部图 G. 由于 V_1 中的每个结点至少关联 3 条边,而 V_2 中的每个结点至多关联 3 条边,利用 t 条件知,二部图 G 存在完美匹配. 因此,能安排这 7 位教师每人担任 1 门课,且每门课都有人承担.

8. 作一个二分图 $G=\langle V_1,V_2,E\rangle$,其中 $V_1=\{1,2,\cdots,n\}$, $V_2=\{y_1,y_2,\cdots,y_n\}$ 表示这 n 张牌,i 与 y_i 之间连接的边数等于 i 在纸牌 y_i 中出现的次数,这样得到的图 G 是一个 2-正则二分图,因此 G 中有完美匹配,设为 $M=\{1y_i,2y_{i_2},\cdots,ny_{i_n}\}$,则只要把纸牌 y_{i_1} 中的 1 朝上, y_{i_2} 中的 2 朝上…… y_{i_n} 中的 n 朝上,这样摊开的纸牌就能使朝上面中 $1,2,\cdots,n$ 都出现.

9. 构造图 $G=\langle V,E\rangle$,其中 $V=\{v_1,v_2,v_3,v_4,v_5,v_6\}$ 表示 6 种颜色,工厂生产出一种由颜色 v_i 和 v_j 搭配而成的双色布 $\Leftrightarrow$ 边 $\{v_i,v_j\}\in E(G)$. 由题意知 G 为简单图,且每个结点的度数至少为 3,每条边对应一种双色布. 下面只要证明图 G 含有一个完美匹配.

不妨设边 $\{v_1,v_2\}\in E(G)$,由于 $d(v_j)\geqslant 3$,存在一个不同与 v_1 和 v_2 的顶点 $v_i(4\leqslant i\leqslant 6)$,使 $\{v_3,v_i\}\in E(G)$,不妨设 $v_i=4$,即 $\{v_3,v_4\}\in E(G)$.

如果边 $\{v_5,v_6\}\notin E(G)$,由于 $d(v_5)\geqslant 3$,则 v_1,v_2,v_3,v_4 中至少有 3 个顶点与 v_5 相邻,即

v_5 与边$\{v_1,v_2\}$,$\{v_3,v_4\}$中的每一边的某一个端点相邻,不妨设$\{v_1,v_5\}\in E(G)$和$\{v_3,v_5\}\in E(G)$.

对于顶点 v_6,同样与 v_1,v_2,v_3,v_4 中至少有 3 个顶点相邻,即 v_2 和 v_4 中至少有 1 个顶点与 v_6 相邻.如果$\{v_2,v_6\}\in E(G)$,则边$\{v_1,v_5\}$,$\{v_3,v_4\}$,$\{v_2,v_6\}$是 G 的一个完美匹配;如果$\{v_4,v_6\}\in E(G)$,则$\{v_1,v_2\}$,$\{v_3,v_5\}$,$\{v_4,v_6\}$是 G 的一个完美匹配.

综上所述,G 总存在完美匹配,完美匹配中的三条边所对应的三种双色布即为所求.

习题 6.6

1. (1) 满足条件(1)的欧拉(n,m)-图如图 A6.11 所示.

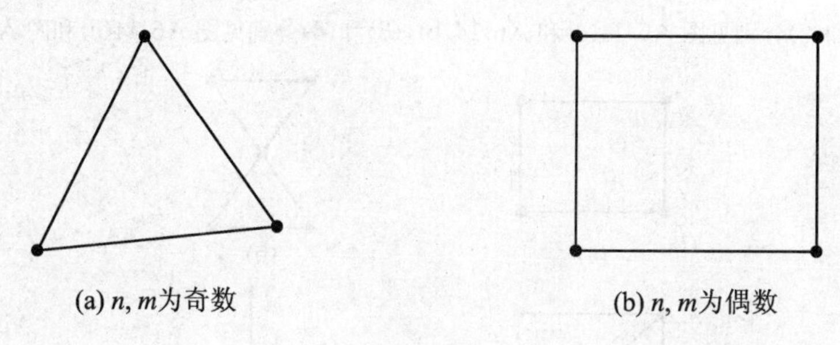

(a) n, m为奇数　　(b) n, m为偶数

图 A6.11

(2) 满足条件(2)的欧拉(n,m)-图如图 A6.12 所示.

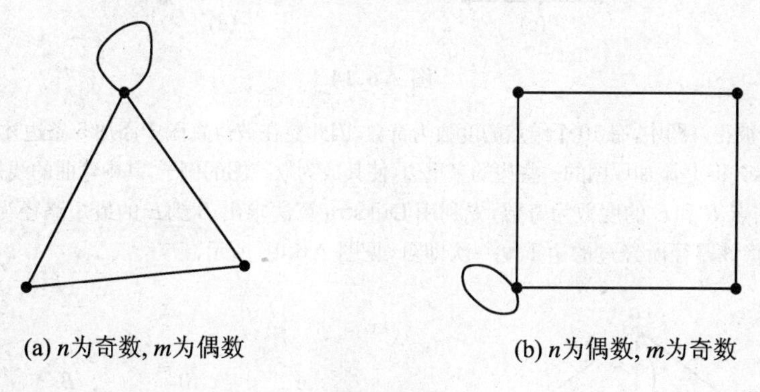

(a) n为奇数, m为偶数　　(b) n为偶数, m为奇数

图 A6.12

2. 两图均为哈密顿图,其哈密顿回路从 1 开始按图 A6.13 所示.
依次到 2,3,…最后回到出发结点 1 即可.

3. n 阶完全无向图 K_n 是连通图且每个结点的度数均为 $n-1$,于是 K_n 是欧拉图当且仅当 $n-1$ 是偶数,即 n 为奇数.

4. 因为图 G 的哈密顿回路要经过结点 v,这时显然 $\deg(v)\geqslant 2$,故 G 不是哈密顿图.

5. (1) 在(a)中有 8 个结点的度数为奇数,需要 4 笔可以画出:*aei*, *kgc*, *badcbfjilkj*, *dhefghl*.

(2) 在(b)中有 4 个结点的度数为奇数,需要 2 笔可以画出:*eabiadhg*, *fgcjdcbfeh*.

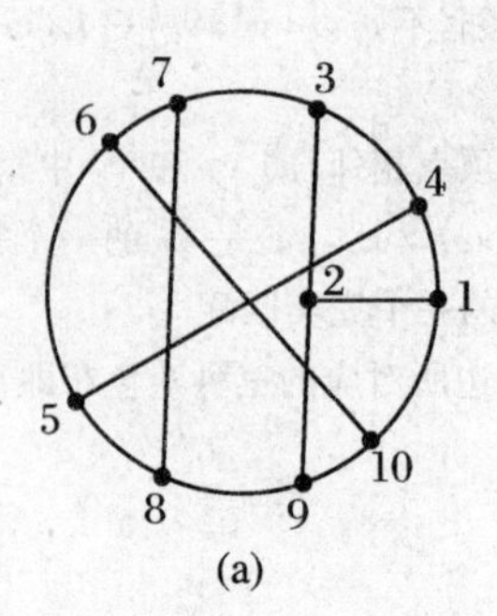

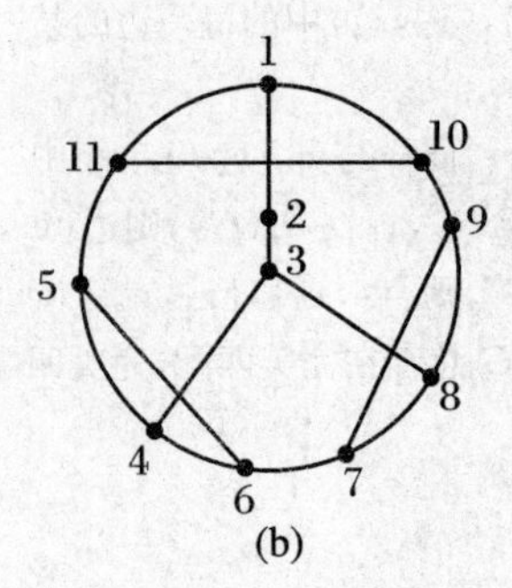

图 A6.13

6. (1)和(2)分别见图 A6.14(a)和 A6.14(b),(3)和(4)分别见图 A6.14(c)和图 A6.14(d).

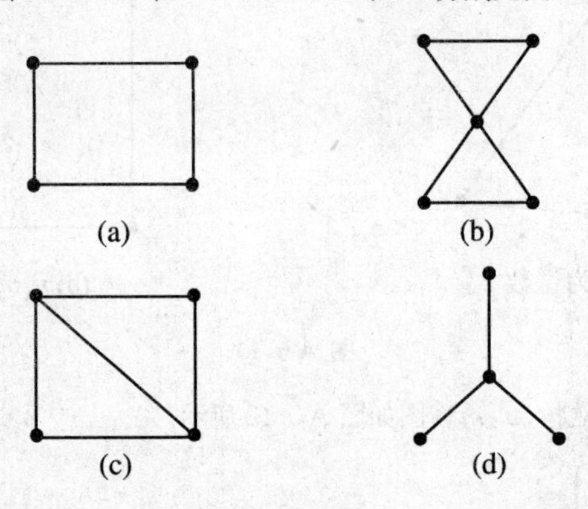

图 A6.14

7. 由于彼得森图中,有 10 个结点的度数为奇数,因此要在彼得森图中添加 5 条边才能使其成为欧拉图.图 A6.15 是添加原图的一些边的多重边,使其成为欧拉图的例子,其中弯曲的线是添加的边.

8. 仅结点 B 和 E 的度数为奇数,先利用 Dijkstra 算法求出 B 到 E 的最短路径为 BGE,其权值为 28,再将该路径所经过的边重复一次即可,见图 A6.16 所示.

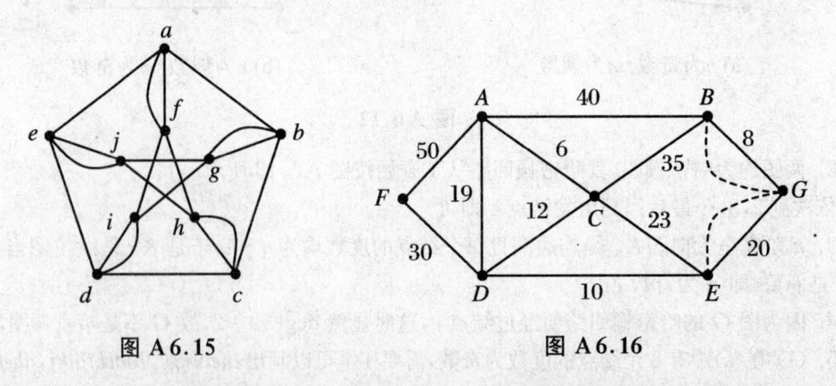

图 A6.15 图 A6.16

在图 A6.16 中,从邮局 C 出发的一条欧拉回路为 $CBGEGBAFDACDEC$,其权值为 281.

9. 将立方体投影在平面上得图 A6.17，显然在图 A6.17 中 123456781 是一条哈密顿回路.

10. 由于 K_4 中共存在 3 条不同的哈密顿回路，分别为 $v_1v_2v_4v_3v_1$，$v_1v_4v_3v_2v_1$ 和 $v_1v_3v_2v_4v_1$，其权分别为 48，47 和 49. 于是权最小的哈密顿回路为 $v_1v_4v_3v_2v_1$.

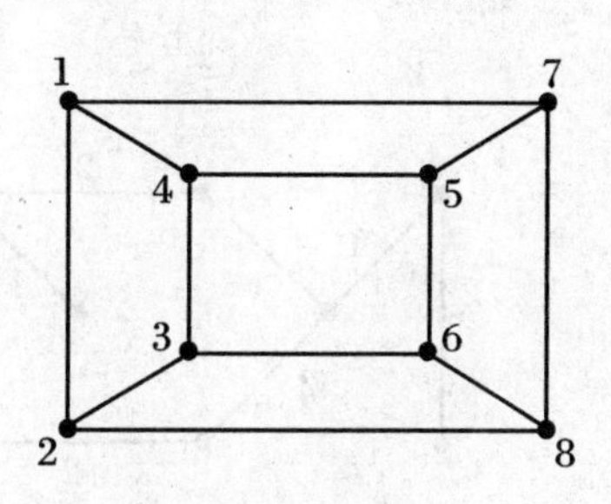

图 A6.17

习题 6.7

1. 6 个结点的不同树如图 A6.18 所示.

2. (1) 设该无向树 G 有 x 个叶节点，于是 G 共有 $2+3+x=x+5$ 个结点. 根据无向树的性质知，G 有 $x+4$ 条边. 由握手定理有 $2\cdot4+3\cdot3+x\cdot1=2(x+4)$. 于是 $x=9$，进而 G 有 $9+5=14$ 个结点.

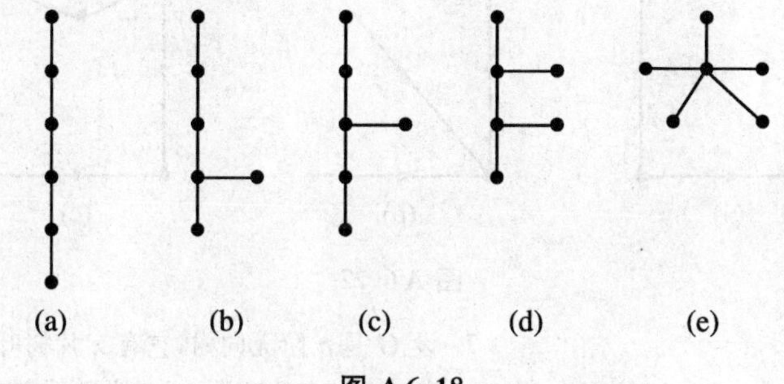

图 A6.18

(2) 如图 A6.19 所示是两棵不同构的满足上述要求的无向树.

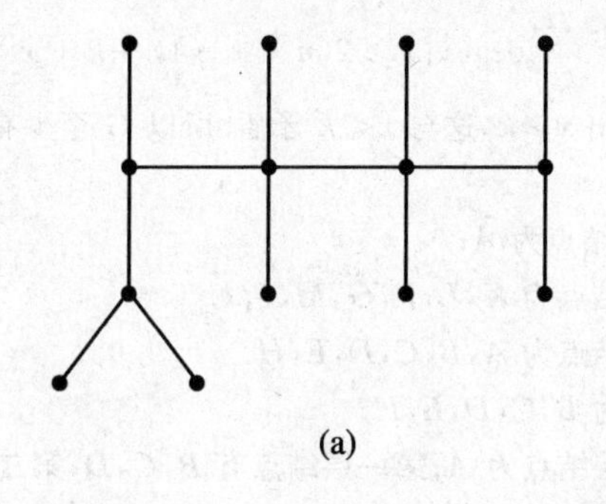

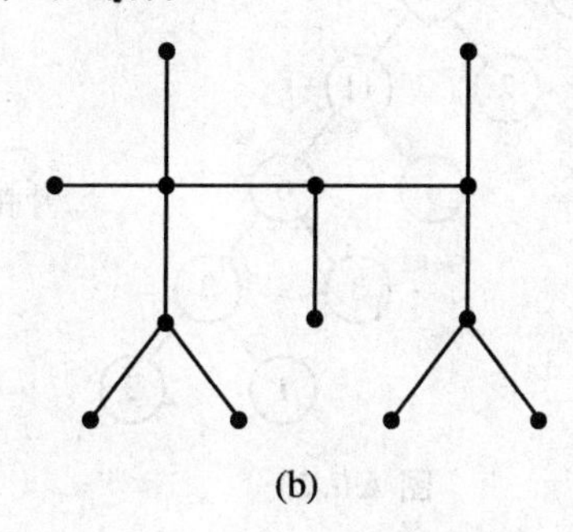

图 A6.19

3. 利用 Kraskal 算法，求给定图的最小生成树如图 A6.20 所示.

4. G 的对应的二叉树如图 A6.21 所示.

5. 存在. 有 3 棵非同构的，见图 A6.22(a)，图 A6.22(b)，图 A6.22(c)的高度分别为 2，2，3.

6. 所求的最优树如图 A6.23 所示.

最优树的对应前缀码为：{0，10，110，1110，11110，11111}.

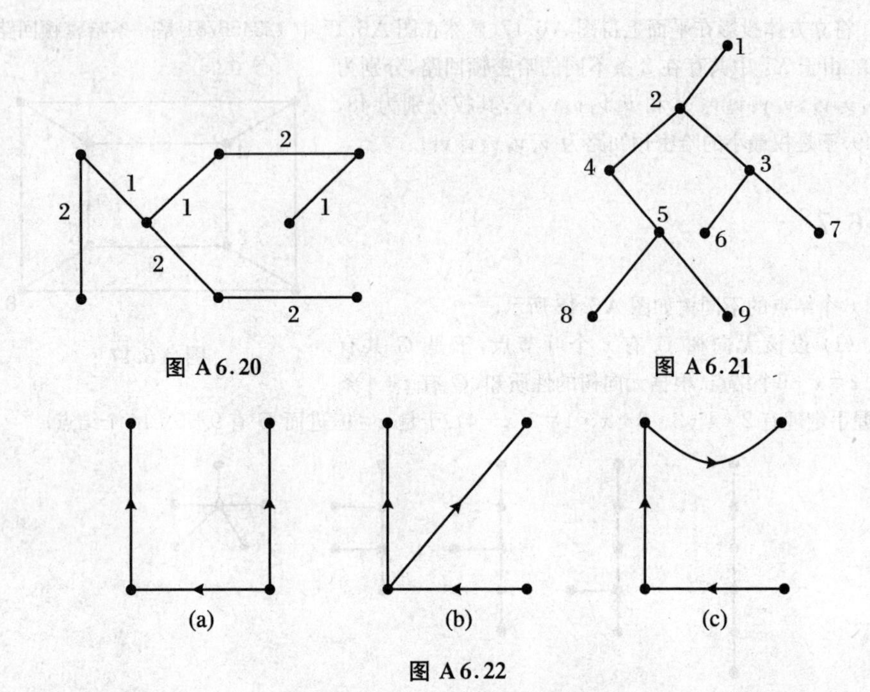

图 A6.20

图 A6.21

图 A6.22

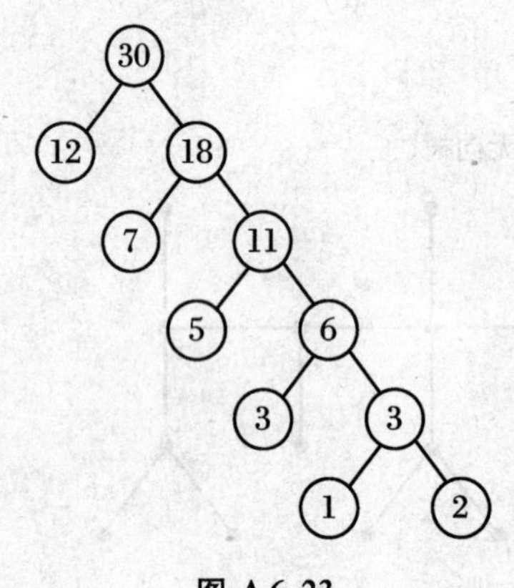

图 A6.23

7. 设 G 是 n 阶无向树，它有 x 片树叶. 若 $x<k$，由于 G 至少有一个结点的度数$\geqslant k$，则 G 的其余 $n-x-1$ 结点度数均$\geqslant 2$，根据握手定理，有

$$2(n-1)=\sum_{i=1}^{n}\deg(v_i)\geqslant 2(n-x-1)+k+x$$

由此可得出 $x\geqslant k$，这与 $x<k$ 矛盾. 所以 G 至少有 k 片树叶.

8. (1) 根结点为 A.

(2) 树叶结点为 K,L,F,G,M,I,J.

(3) 分枝结点为 A,B,C,D,E,H.

(4) 内点为 B,C,D,E,H.

(5) 第 0 层结点为 A；第一层结点有 B,C,D；第二层结点有 E,F,G,H,I,J；第 3 层结点有 K,L,M.

(6) 结点 A 无父结点；结点 B,C,D 的父结点为 A；结点 E,F 的父结点为 B；结点 G 的父结点为 C；结点 H,I,J 的父结点为 D；结点 K,L 的父结点为 E；结点 M 的父结点为 H.

(7) 结点 A 的子结点为 B,C,D；结点 B 的子结点为 E,F；结点 C 的子结点为 G；结点 D 的子结点为 H,I,J；结点 E 的子结点为 K,L；结点 H 的子结点为 M；叶结点 K,L,F,G,M,I,J 均无子结点.

(8) 树高为 3.

(9) 最大出度为 3.

(10) 所有子(根)树分别为:根树本身,$T[B,E,F,K,L]$,$T[C,G]$,$T[D,H,I,J,M]$,$T[E,K,L]$,$T[H,M]$,平凡子树分别是 K,L,F,G,M,I,J.

9. 应该用较短的符号串传输出现频率较高的数字,可以用各数字出现的频率作为二叉树的树叶的权,求得最优二叉树(Huffman树),然后用这样的二叉树产生的前缀码去传输上面的数字.

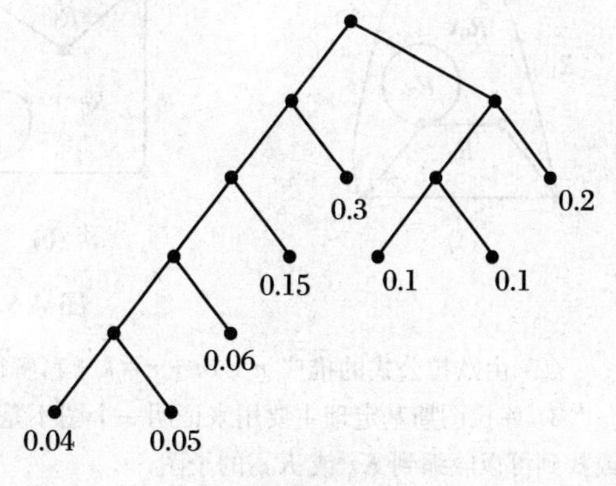

图 A6.24

(1) 将各数字出现的频率按从小到大的顺序排列为 0.04,0.05,0.06,0.1,0.1,0.15,0.2,0.3. 于是,根据 Huffman 算法得到的 Huffman 树如图 A6.24 所示.

(2) 根据 Huffman 树可得出前缀码为 0:01;1:11;2:001;3:100;4:101;5:0001;6:00000;7:00001.

(3) 由(1)知,最优二叉树的权为

$$0.3\times2+0.2\times2+0.15\times3+0.1\times3+0.1\times3+0.06\times4+0.05\times5+0.04\times5=2.74$$

所以传输 10 000 个按上述比例出现的数字时,至少要用 $2.74\times10\,000=27\,400$ 个二进制数字.

10. {01,10,001,110,111,0000,0001}.

11. 公式$(P\vee(\neg P\wedge Q))\wedge((\neg P\vee Q)\wedge\neg R)$的根树如图 A6.25 所示.

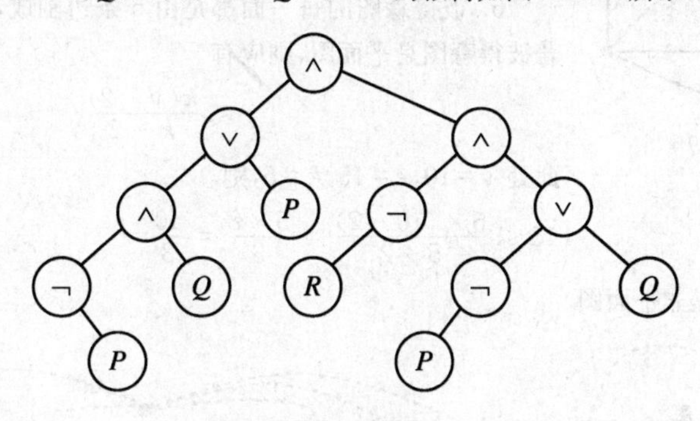

图 A6.25

习题 6.8

1. 平面图的平面嵌入的外部面可以由它的任何面充当.

外部面记为 R_0,$\deg(R_0)=6$,$\deg(R_1)=3$,$\deg(R_2)=4$,$\deg(R_3)=1$. 让 R_1,R_2,R_3 分别充当外部面,所得平面嵌入如图 A6.26(a),A6.26(b),A6.26(c)所示. 外部面的次数分别为 3,4,1.

2. (1) 由欧拉公式 $n-m+r=2$,解得 $r=2+m-n=2+7-5=4$.

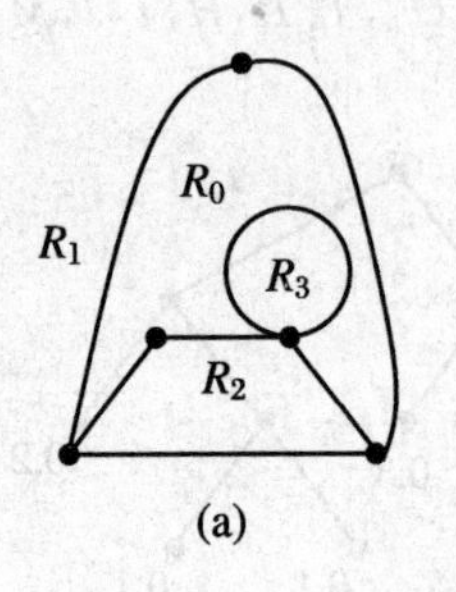

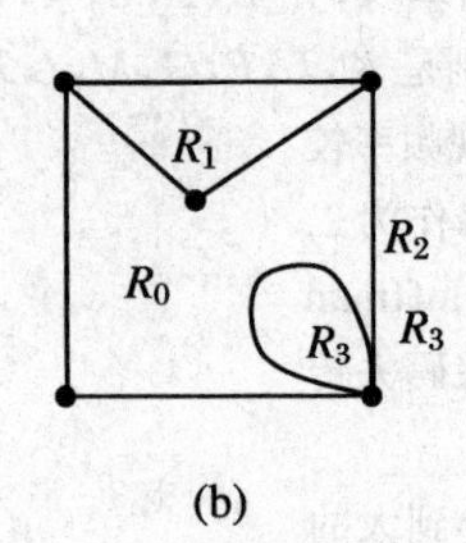

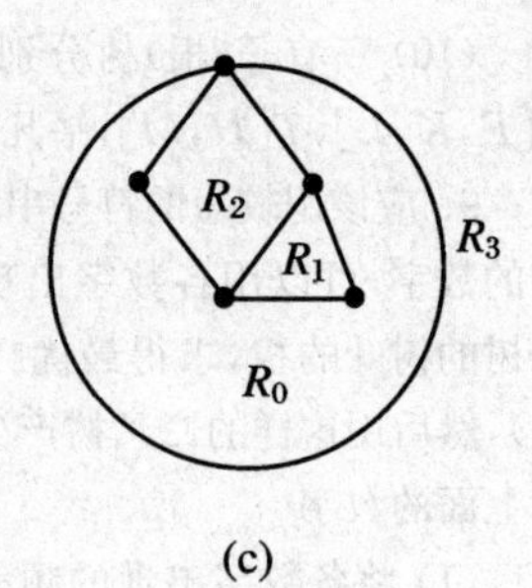

图 A6.26

(2) 由欧拉公式的推广 $n-m+r=k+1$，解得 $k=n+r-m-1=10+3-8-1=4$.

3. 库拉图斯基定理主要用来证明一个图不是平面图，只需找到与 K_5 或 $K_{3,3}$ 同胚的子图，或找到可以收缩到 K_5 或 $K_{3,3}$ 的子图.

图 A6.27 为图 6.8.2 的子图，它本身就是 $K_{3,3}$，互补顶点子集为 $V_1=\{a,b,f\}$，$V_2=\{c,d,e\}$. 由此可以证明图 A6.27 为非平面图.

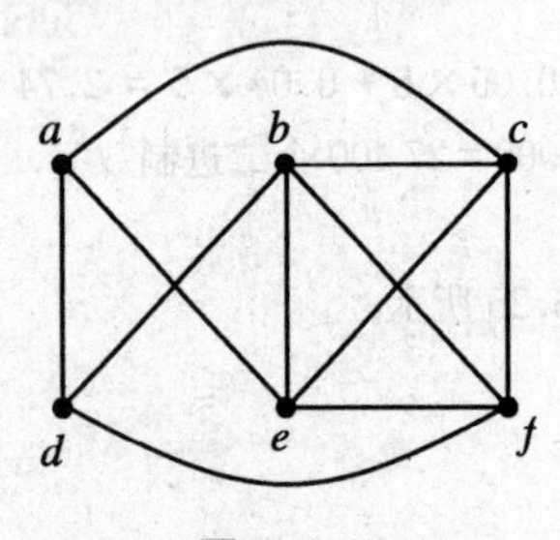

图 A6.27

4. 由对偶图的定义可知，$n^*=r=3$，$m^*=m=10$. 由于任何平面图的对偶图都是连通的平面图，因而 n^*、m^* 和 r^* 满足欧拉公式 $n^*-m^*+r^*=2$，解得 $r^*=2-n^*+m^*=2-3+10=9$.

5. 它们的对偶图如图 A6.28 所示.

6. 彼得森图的每一面都是由 5 条边围成，$v=10$，$e=15$，又若彼得森图是平面图，则应有

$$e\leqslant\frac{k(v-2)}{k-2}$$

此处 $v=10$，$e=15$，$k=5$，则

$$15\leqslant\frac{5\times(10-2)}{5-2}=\frac{5\times 8}{3}=\frac{40}{3}$$

矛盾，故彼得森图是非平面图.

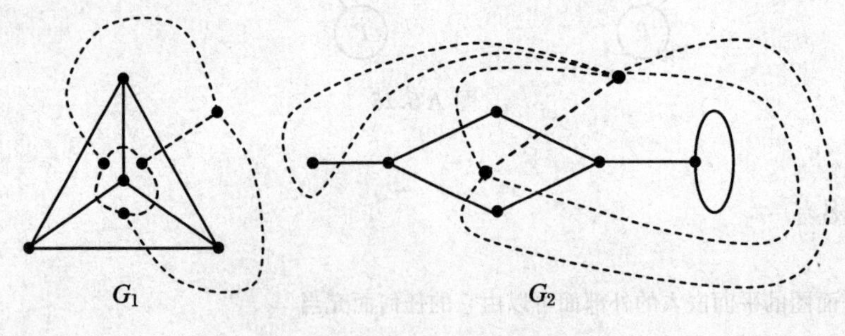

图 A6.28

7. 反证法：设 G 和 $\bar{G}$ 都是平面图. 设 G 和 $\bar{G}$ 的结点数分别为 v 和 $\bar{v}$，边数分别为 e 和 $\bar{e}$，则 $v=\bar{v}$，$e+\bar{e}=v(v-1)/2$. 由于 $v=\bar{v}\geqslant 11$，故由欧拉公式的推论可知 $e\leqslant 3v-6$，$\bar{e}\leqslant 3v-6$，即

$v(v-1)/2=e+\bar{e}\leqslant 3v-6+3v-6=6v-12$，得 $v^2-13v+24\leqslant 0$.

由不等式得 $v<11$，与已知 $v\geqslant 11$ 矛盾，故 G 和 $\bar{G}$ 不可能同时为平面图，即当 $v\geqslant 11$ 时，G 或 $\bar{G}$ 是非平面图.

8. 首先 K_5 和 $K_{3,3}$ 都不是平面图.

(1) 对于 K_5，任意去掉一条对角线所在边 e 所得到的图 K_5-e 和去掉非对角线所在边 e 所得到的图 K_5-e 都是平面图，其平面表示分别见图 A6.29(a)和图 A6.29(b)，因此 K_5 是极小非平面图.

(2) 对于 $K_{3,3}$，任意去掉一条边 e 所得到的图 $K_{3,3}$-e 是平面图，其平面表示见图 A6.29(c)，因此 $K_{3,3}$ 都是极小非平面图.

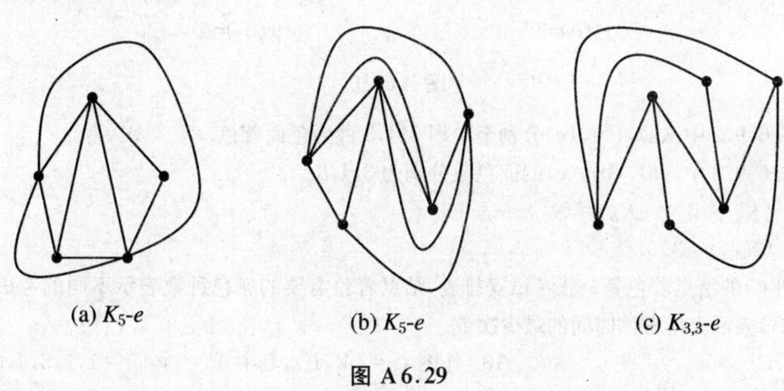

图 A6.29

9. 根据欧拉公式知，面数 $r=m-n+2=12-6+2=8$. 由于每条边恰为两个面的边界，因此围所有面的边数之和为 $2\times 12=24$. 又由于简单平面图的每个面至少 3 条边围成，所以围每个面所需的边数恰为 3.

10. 不妨设 G 是连通的，否则 G 至少有 2 个连通分支，若存在一个连通分支其结点个数大于等于 3 或每个连通分支的结点个数均小于等于 2 均成立. 当 $n\geqslant 3$ 时，若恰有 2 个结点度数小于等于 5，则其余 $n-2$ 个结点的度数均大于等于 6，于是 $\sum\limits_{v}\deg(v)\geqslant 6(n-2)+2$. 根据推论知 $m\leqslant 3n-6$，由握手定理有 $\sum\limits_{v}\deg(v)=2m\leqslant 2(3n-6)$.

习题 6.9

1. (1) $\chi(N_5)=1$.

(2) $\chi(C_5)=3$.

(3) $\chi(C_6)=2$.

(4) $\chi(K_6)=6$.

(5) $\chi(K_{3,4})=2$.

2. (a)，(b)，(c)中图的点色数分别为 3，5，2.

3. 非平凡树 T 是至少有 1 条边的二部图，所以 $\chi(T)=2$.

4. 如图 A6.30 所示.

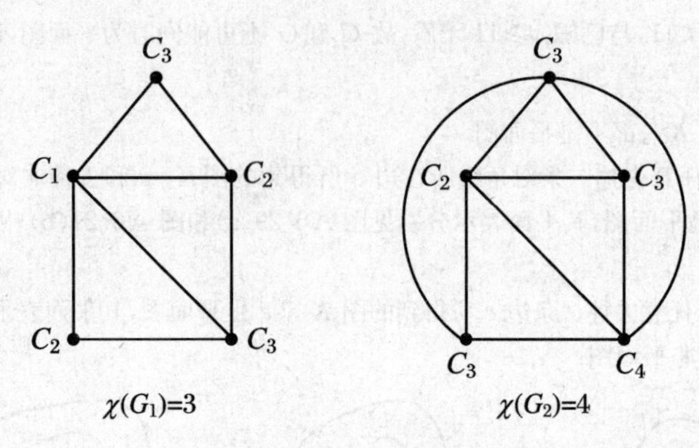

图 A6.30

5. 图 6.9.3 中,(a),(b),(c)分别至少用 3,4,3 种颜色面着色.

6. 图 6.9.3 中,(a),(b),(c)的面色数分别为 3,4,3.

7. $\chi'(K_4)=3, \chi'(K_5)=5$.

8. $\chi'(K_{3,3})=3$.

9. 图 G 的结点着色是一张考试安排表,结点着色需要的颜色种数表示不同的考试时间的次数. $\chi(G)$表示安排考试时间的最少次数.

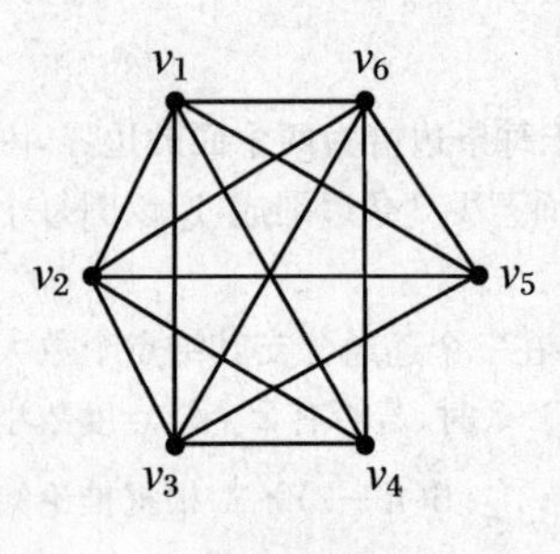

图 A6.31

10. 作图 $G=\langle V,E\rangle$,其中 $V=\{v_i \mid i=1,2,3,4,5,6\}$,每个 v_i 代表一名博士生,$E=\{(v_i,v_j) \mid A_i \cap A_j \neq \varnothing, 1 \leqslant i, j \leqslant 6, i \neq j\}$,如图 A6.31 所示. v_i 与 v_j 的答辩会可以同时进行当且仅当 A_i 与 A_j 中没有共同的成员,这又当且仅当 v_i 与 v_j 不相邻.因而,这个问题恰好对应 G 的着色点,着不同颜色的顶点所代表的博士生的答辩会必须安排在不同时间,需要的最少不同时间等于 $\chi(G)$.不难看出 $\chi(G)=5$.因此,这次论文答辩至少要安排 5 个不同的时间.

符 号 注 释

(1) $\neg$	否定联结词
(2) $\wedge$	合取联结词
(3) $\vee$	析取联结词
(4) $\rightarrow$	条件联结词
(5) $\leftrightarrow$	双条件联结词
(6) ∇	异或联结词
(7) $\uparrow$	与非联结词
(8) $\downarrow$	或非联结词
(9) $\mapsto$	条件否定联结词
(10) $\Leftrightarrow$	等价或逻辑相等
(11) $\Rightarrow$	蕴涵
(12) $\forall$	全称量词
(13) $\exists$	存在量词
(14) 1 或 T	真
(15) 0 或 F	假
(16) $a \in A$	a 属于 A
(17) $a \notin A$	a 不属于 A
(18) $A \subseteq B$	A 包含于 B
(19) $B \supseteq A$	B 包含 A
(20) $A \subset B$	A 真包含于 B
(21) $B \supset A$	B 真包含 A
(22) $A = B$	集合 A 与 B 相等
(23) $A \neq B$	集合 A 与 B 不相等
(24) $A \not\subset B$	A 不是 B 的真子集
(25) $\lvert A \rvert$	有限集 A 的基数或群 A 的阶
(26) $\varnothing$	空集
(27) E 或 U	全集
(28) $P(A)$ 或 2^A	集合 A 的幂集
(29) $A \cap B$	集合 A 与 B 的交
(30) $A \cup B$	集合 A 与 B 的并
(31) $A - B$	集合 A 与 B 的差
(32) $\sim A$ 或 $\bar{A}$	集合 A 的绝对差(补)
(33) $A \oplus B$	集合 A 与 B 的对称差
(34) $A \times B$	集合 A 与 B 的笛卡儿积

(35) $\langle a,b\rangle$	二元组或序偶
(36) $\langle a_1,a_2,\cdots,a_n\rangle$	n 元组
(37) $A_1\times A_2\times\cdots\times A_n$	n 个集合 $A_1,A_2,\cdots,A_n$ 的笛卡儿积
(38) A^n	n 个集合 A 的笛卡儿积
(39) aRb	$\langle a,b\rangle\in R$
(40) $a\bar{R}b$	$\langle a,b\rangle\notin R$
(41) $\mathrm{dom}(R)$	关系 R 的前域
(42) $\mathrm{ran}(R)$或 $\mathrm{ran}(f)$	关系 R 的值域或函数 f 的值域
(43) $\mathrm{FLD}(R)$	关系 R 的域
(44) I_A	集合 A 上的恒等关系或集合 A 上的恒等函数
(45) E_A	集合 A 上的全域关系
(46) $x\equiv y\ (\mathrm{mod}\ k)$	模 k 同余运算
(47) $[a]_R$	a 确定的在 R 下的等价类
(48) A/R	A 关于 R 的商集
(49) $C_R(A)$	R 确定的集合 A 的完全覆盖
(50) $\leq$	偏序关系
(51) $\langle A,\leq\rangle$	偏序集
(52) $\prec$	拟序关系
(53) $\langle A,\prec\rangle$	拟序集
(54) 盖住关系	$\mathrm{COV}(A)=\{\langle x,y\rangle \mid x,y\in A, y$ 盖住 $x\}$
(55) $\mathrm{LUB}(A)$	集合 A 的上确界
(56) $\mathrm{GLB}(A)$	集合 A 的下确界
(57) $R\circ S$ 或 $g\circ f$	R 与 S 的复合关系 或 f 与 g 的复合函数
(58) R^n 或 f^n	n 个关系 R 的复合关系或 n 个函数 f 的复合函数
(59) R^{-1}或 f^{-1}	关系 R 的逆关系或函数 f 的逆函数
(60) $M_R\circ M_S$	关系矩阵 M_R 与 M_S 的布尔乘积
(61) $r(R)$	关系 R 的自反闭包
(62) $s(R)$	关系 R 的对称闭包
(63) $t(R)$	关系 R 的传递闭包
(64) $rst(R)$	关系 R 的等价闭包
(65) $f:A\to B$	集合 A 到集合 B 的函数 f
(66) B^A	$\{f \mid f:A\to B\}$
(67) $f=\begin{pmatrix}1 & 2 & \cdots & n\\ f(1) & f(2) & \cdots & f(n)\end{pmatrix}$	集合$\{1,2,\cdots,n\}$上的 n 次置换
(68) $\begin{pmatrix}1 & 2 & \cdots & n\\ 1 & 2 & \cdots & n\end{pmatrix}$	集合$\{1,2,\cdots,n\}$上的恒等置换
(69) gf	置换 f 与 g 的积
(70) f^n	n 个置换 f 的积

(71) f^{-1}	置换 f 的逆
(72) $(i_1, i_2, \cdots, i_k)$	k 循环(轮换)
(73) $n \mid m$	n 整除 m
(74) $Z_m = \{[0],[1],\cdots,[m-1]\}$	
(75) $[a] +_m [b] = [(a+b) \bmod m]$	
(76) $[a] \times_m [b] = [(a \times b) \bmod m]$	
(77) $N_k = \{0,1,2,\cdots,k-1\}$	
(78) $x +_k y = (x+y) \bmod k$	
(79) $x \times_k y = (xy) \bmod k$	
(80) a^{-1}	元素 a 的逆元
(81) $\mid a \mid$	元素 a 的阶
(82) AB	集合 A 与 B 的乘积
(83) aH	H 的左陪集
(84) Ha	H 的右陪集
(85) $[G:H]$	H 在 G 中的指数
(86) G/H	群 G 关于 H 的商群
(87) $\gcd(a,b)$	a,b 的最大公约数
(88) $\mathrm{lcm}(a,b)$	a,b 的最小公倍数
(89) $A \backsim B$	A 同态 B
(90) $A \cong B$	A 同构 B
(91) $\mathrm{Ker}(f)$	f 的同态核
(92) $\langle a \rangle$	以 a 为生成元的循环群
(93) $\langle S_n, \circ \rangle$	集合 S 的 n 元对称群
(94) $\psi(f)$	置换 f 作用下的不变元的个数
(95) $e_i = (v_j, v_t)$	以 v_j 和 v_t 为端点的无向边 e_i
(96) $e_i = \langle v_j, v_t \rangle$	以 v_j 为起点 v_t 为终点的有向边 e_i
(97) K_n	n 个结点完全图
(98) K_n^*	n 个结点完全有向图
(99) $\deg(x)$ 或 $d(x)$	结点 x 的度数
(100) $\deg^+(x)$ 或 $d^+(x)$	结点 x 的出度
(101) $\deg^-(x)$ 或 $d^-(x)$	结点 x 的入度
(102) $\Delta(G) = \max\{d_G(x) \mid x \in V(G)\}$	图 G 的最大结点度
(103) $\delta(G) = \min\{d_G(x) \mid x \in V(G)\}$	图 G 的最小结点度
(104) $\Delta^+(D) = \max\{d_D^+(x) \mid x \in V(D)\}$	图 G 的最大出度
(105) $\Delta^-(D) = \max\{d_D^-(x) \mid x \in V(D)\}$	图 G 的最大入度
(106) $\delta^+(D) = \min\{d_D^+(x) \mid x \in V(D)\}$	图 G 的最小出度
(107) $\delta^-(D) = \min\{d_D^-(x) \mid x \in V(D)\}$	图 G 的最小入度
(108) $N(v)$	v 的邻域

(109) $\bar{N}(v)=N(v)\cup\{v\}$	v 的闭邻域
(110) $G_1 \cong G_2$	图 G_1 和 G_2 同构
(111) $G_1 \subseteq G$	G_1 是 G 的子图
(112) $G[V_1]$	结点集 V_1 的导出子图
(113) $G[E_1]$	边集 E_1 的导出子图
(114) $\bar{G}$	G 的补图
(115) $G_1 \cup G_2$	图 G_1 和 G_2 的并
(116) $G_1 \cap G_2$	图 G_1 和 G_2 的交
(117) $G_1 - G_2$	图 G_1 和 G_2 的差
(118) $G_1 \oplus G_2$	图 G_1 和 G_2 的环和
(119) $p(G)$	无向图 G 的连通分支数
(120) $K(G)=\min\{\|T\| \mid T$ 是 G 的点割$\}$	图 G 的点连通度或连通度
(121) $\lambda(G)=\min\{\|S\| \mid S$ 是 G 的边割$\}$	图 G 的边连通度
(122) $K_{m,n}$	结点 m 和 n 的完全二分图
(123) $C(G)$	图 G 的闭包
(124) $x(G)$	图 G 的色数
(125) $\chi'(G)$	图 G 的边色数

参 考 文 献

[1] 左孝陵,李为槛,刘永才.离散数学[M].上海:上海科学技术文献出版社,2010.

[2] 殷剑宏,吴开亚.图论及其算法[M].合肥:中国科学技术大学出版社,2007.

[3] 殷剑宏.组合数学[M].北京:机械工业出版社,2010.

[4] Rosen K H.离散数学及其应用[M].5版.袁崇义,屈婉玲,王捍贫,等,译.北京:机械工业出版社,2009.

[5] 屈婉玲,耿素云.离散数学[M].北京:高等教育出版社,2010.

[6] 韩士安,林磊.近世代数[M].北京:科学出版社,2005.

[7] 左孝陵,李为槛,刘永才.离散数学:理论分析题解[M].上海:上海科学技术文献出版社,2000.

[8] 段禅伦,魏仕民.离散数学[M].北京:北京大学出版社,2006.

[9] 孙吉贵,杨凤杰,欧阳丹彤,等.离散数学[M].北京:高等教育出版社,2002.

[10] Baugh R J.离散数学及其应用[M].4版.王孝喜,邵秀丽,朱思俞,译.北京:电子工业出版社,1999.

[11] Bollobas B. Modern Graph Theory[M]. New York: Springer, 1998.

[12] Kolman B,Busby R C,Sharon C R. Discrete Mathematical Structures[M].北京:高等教育出版社,2001.

[13] 王萼芳.有限群论基础[M].北京:清华大学出版社,2002.

[14] 卜月华,吴建专,顾国华,等.图论及其应用[M].南京:东南大学出版社,2002.

[15] Enderton H B . Elements of Set Theory[M].北京:人民邮电出版社,2006.